Franck Laloë

Comprenons-nous vraiment la mécanique quantique ?

SAVOIRS ACTUELS

EDP Sciences/CNRS Éditions

Illustration de couverture : La figure de couverture symbolise un processus de mesure quantique non-local tel qu'il est décrit dans le point de vue standard de la théorie (interprétation de Copenhague). Le dé symbolise le caractère fondamentalement aléatoire du processus, les deux flèches le fait que ce tirage de dé influence simultanément des résultats de mesure obtenus en des points arbitrairement éloignés de l'espace, et les rectangles avec des cadrans en bas de la figure les appareils de mesure utilisés.

Imprimé en France.

ISBN EDP Sciences 978-2-7598-0621-8

ISBN CNRS Éditions 978-2-271-07232-0

Table des matières

Préface

La mécanique quantique est désormais une discipline scientifique de base, enseignée dans toutes les universités. Elle permet de rendre compte du comportement du monde microscopique avec une précision impressionnante, et en particulier du fonctionnement de tous les objets techniques (ordinateurs, téléphones mobiles, disques laser, etc.) que nous utilisons dans notre vie courante. Une pratique quotidienne de cette discipline permet au physicien d'acquérir une certaine maitrise dans le maniement du formalisme quantique, une certaine intuition des erreurs qu'il ne faut pas commettre, de la démarche qu'il faut suivre pour parvenir au résultat correct. Cependant, lequel d'entre nous n'a pas ressenti, au moins une fois dans son parcours scientifique, un certain trouble concernant les fondements de la théorie quantique, l'impression qu'une formulation convaincante et satisfaisante de cette théorie restait encore à élaborer.

Un grand nombre d'ouvrages d'enseignement de la mécanique quantique sont désormais disponibles, qui présentent en détail le formalisme quantique traditionnel et la manière dont il permet de rendre compte des propriétés des atomes et molécules, des corps solides et liquides, des interactions matière - rayonnement, et plus généralement du monde physique qui nous entoure. D'autres livres retracent l'histoire de l'élaboration de cette discipline, et décrivent les diverses étapes qui ont conduit à sa formulation moderne. Rares sont cependant ceux qui présentent, d'une part une revue des difficultés conceptuelles de la théorie, et d'autre part un panorama complet de toutes les tentatives de reformulation de la mécanique quantique ayant pour but de résoudre, au moins partiellement, ces difficultés.

L'ouvrage présent de Franck Laloë répond à ces deux objectifs. Il introduit et discute en détail un certain nombre de résultats et de notions, comme le théorème d'Einstein-Podolsky-Rosen, le théorème de Bell, l'intrication quantique, qui illustrent clairement le caractère étrange du comportement quantique. Au cours des dernières décennies, des progrès expérimentaux importants ont été réalisés. Par exemple, il est devenu possible de suivre l'évolution en temps réel d'un atome unique. De nombreuses expériences, considérées comme des « expériences de pensée » par les pères fondateurs de la mécanique quantique sont devenues réalisables. Ces expériences sont brièvement passées en revue, ce qui permet de faire le point sur les résultats acquis à ce jour, comme par exemple la démonstration convaincante d'une violation des inégalités de Bell.

Une grande partie de ce livre est par ailleurs consacrée à une présentation claire et objective des différentes formulations alternatives qui ont été jusqu'ici proposées pour remplacer la théorie « orthodoxe » traditionnelle. Un grand soin est apporté au respect de la logique propre et de la cohérence interne de chacune de ces formulations. Le lecteur peut ainsi se forger une idée précise de ces tentatives et acquérir une vision globale de l'état de la discipline. A une époque où la spécialisation des recherches s'accentue de plus en plus, il me paraît crucial de ménager des temps de réflexion, où l'on essaie de prendre du recul et de se poser des questions sur la signification profonde des concepts que l'on utilise. Je suis sur que le présent ouvrage sera précieux pour entreprendre une telle réflexion. J'y reconnais les qualités de clarté, de rigueur intellectuelle, de profondeur de l'analyse que j'ai toujours grandement appréciées chez l'auteur tout au long de nombreuses années de collaboration amicale. Je souhaite à cet ouvrage de rencontrer le succès qu'il mérite.

Claude Cohen-Tannoudji

Avant-propos

La mécanique quantique est une théorie étonnante dans tous les sens du terme. C'est un lieu commun que de faire remarquer qu'elle est peu intuitive, souvent contraire à toute représentation des phénomènes physiques issue de notre expérience journalière. Mais elle est également étonnante par le contraste qu'elle présente entre ses triomphes et ses difficultés.

D'une part, de toutes les théories scientifiques, la mécanique quantique est probablement l'une des plus couronnées de succès. Inventée initialement dans le cadre de la physique atomique, elle a rapidement débordé dans de très nombreux domaines, permettant de concevoir et de réaliser maintes expériences en optique, en physique du solide, des liquides, en astrophysique, etc. Plus qu'une simple théorie, c'est ainsi devenu une méthode générale, un cadre qui a permis de développer la théorie des fluides et des solides, celle des champs, celle des particules élémentaires et l'unification des interactions en physique. Elle a ainsi très largement dépassé les objectifs initiaux de ses inventeurs sans qu'il soit nécessaire, ce qui est vraiment remarquable, de modifier les principes généraux de la théorie qu'ils avaient élaborée. Ses applications sont multiples, peuplant notre environnement au XXIe siècle de multiples dispositifs qui auraient été inimaginables il y a 50 ans.

D'autre part, cependant, cette théorie reste relativement fragile du fait des difficultés conceptuelles et d'interprétation qu'elle présente, sans d'ailleurs que cela n'affecte son efficacité. Ce n'est pas que les physiciens aient voulu ignorer ou occulter ces difficultés, bien au contraire ! En témoigne le nombre important d'interprétations de la théorie qui ont été proposées au cours des décennies, mettant en jeu des méthodes d'approche et des techniques mathématiques souvent très diverses. C'est une situation rare dans l'histoire des sciences : un consensus général se dégage concernant une approche des phénomènes et des méthodes de calcul, dont la puissance prédictive est extraordinaire ; et cependant, presque un siècle après l'introduction de ces méthodes, le même consensus est loin d'être obtenu en ce qui concerne l'interprétation de la théorie, sa base en quelque sorte. On retrouve l'image du colosse d'airain aux pieds d'argile.

L'essentiel des difficultés fondamentales de la mécanique quantique tient au vecteur d'état $|\Psi\rangle$ qu'elle utilise pour décrire les systèmes physiques. Alors qu'en mécanique classique un système est décrit de façon directe par des positions et des vitesses, en mécanique quantique il s'y substitue l'objet mathématique $|\Psi\rangle$, qui n'en donne qu'une description relativement indirecte. C'est un énorme changement, non seulement sur le plan mathématique, mais aussi conceptuel ; c'est lui qui ouvre la porte à de nombreuses discussions concernant l'interprétation de la théorie. Beaucoup des difficultés rencontrées par ceux qui ont essayé (ou essayent toujours) de « vraiment comprendre » la mécanique quantique sont liées aux questions concernant le statut exact de $|\Psi\rangle$. Le vecteur d'état décrit-il la réalité physique elle-même, ou seulement une connaissance (partielle) que nous aurions de cette réalité ? Décrit-il seulement des ensembles de systèmes (description statistique), ou un système physique unique (une seule réalisation, un événement unique) ? Si $|\Psi\rangle$ contient une composante reliée à notre connaissance imparfaite de la réalité du système, n'est-il alors pas naturel de rechercher une description plus précise, qui devrait exister au moins en principe ? Dans ce cas, quelle serait cette meilleure description de la réalité ?

Une autre propriété troublante de $|\Psi\rangle$ est que, pour des systèmes physiques qui sont étendus dans l'espace (par exemple un système physique constitué de deux particules éloignées), le vecteur d'état donne une description globale de toutes les propriétés physiques du système, en un tout indissociable d'où la notion d'espace semble avoir disparu ; les propriétés des deux systèmes peuvent être « intriquées » d'une telle façon que les notions habituelles d'espace-temps et d'événement (au sens de la relativité) paraissent s'être en quelque sorte diluées. En particulier il peut devenir difficile, voire impossible, de donner une représentation spatio-temporelle de leurs corrélations qui reste compatible avec la relativité. Tout cela est évidemment très contraire aux concepts habituels en physique classique, où l'on attribue des propriétés locales aux systèmes physiques en spécifiant en chaque point de l'espace la densité, la valeur du champ, etc. En mécanique quantique, cette séparabilité entre les contenus physiques des différents points de l'espace n'est plus possible en général. Bien sûr, on pourrait penser que cette perte d'une description locale est juste une propriété innocente du formalisme, sans conséquence particulière. On sait par exemple, en électromagnétisme classique, qu'il est souvent commode d'introduire de façon intermédiaire un choix de jauge pour décrire les champs ; dans la jauge de Coulomb, le potentiel se propage de façon instantanée, alors que la relativité d'Einstein interdit la propagation d'un signal plus rapidement qu'à la vitesse de la lumière. Mais cette propagation instantanée est juste un artefact mathématique qui disparaît dès qu'un calcul complet est effectué : on voit alors apparaître des annulations entre termes opposés qui, au bout du compte, font que la limitation relativiste est parfaitement respectée. N'en serait-il pas de même pour le formalisme de la mécanique quantique ? En réalité nous verrons que, dans le cadre de cette théorie, la situation est bien plus compliquée qu'en électromagnétisme classique ; en fait, une intrication contenue dans l'expression mathématique de $|\Psi\rangle$ peut parfaitement avoir des conséquences physiques importantes sur les résultats des expériences, et même conduire à des prédictions qui, en un certain sens, sont en contradiction avec la localité. Sans aucun doute, le vecteur d'état est vraiment un curieux objet pour décrire la réalité !

Il n'est donc pas surprenant que la mécanique quantique ait donné lieu à des interprétations variées. De par leur diversité même, ces interprétations sont intéressantes. Chacune apporte son cadre conceptuel et sa conception générale propre de la physique, lui donnant parfois un statut particulier parmi les autres sciences de la Nature. Plusieurs d'entre elles permettent de jeter des regards complémentaires sur la théorie, mettant en lumière certaines propriétés particulières qui autrement seraient passées inaperçues. L'exemple le plus connu est celui de la théorie de Bohm, dont l'étude a conduit Bell à un théorème illustrant des propriétés générales de la mécanique quantique, mais qui dépasse largement le cadre de cette théorie. On peut en citer d'autres, comme par exemple l'utilisation de la dynamique de Schrödinger stochastique qui permet de mieux comprendre l'évolution d'un sous-système quantique, l'interprétation des histoires et son éclairage sur la complémentarité, etc.

Ce livre s'adresse au lecteur curieux qui désire connaître la situation générale de la physique quantique, ainsi que la nature des interprétations auxquelles elle a donné lieu, sans que les difficultés soient passées sous silence. Ce n'est pas un « textbook », destiné aux étudiants voulant apprendre les premiers éléments de mécanique quantique ; il existe déjà de nombreux ouvrages de référence qui sont excellents. D'ailleurs, à partir du chapitre 1, le texte suppose une certaine familiarité du lecteur avec la mécanique quantique et son formalisme de base (notation de Dirac, notion de fonction d'onde, etc.). Tout étudiant qui a déjà derrière lui une année de mécanique quantique n'aura cependant aucune difficulté à suivre les équations. L'ouvrage en contient relativement peu car il se concentre, non pas sur les difficultés techniques, mais logiques et conceptuelles. De plus, un chapitre « zéro » est inséré en début du livre pour aider ceux qui n'ont guère l'habitude du formalisme quantique. Il propose un premier contact avec les notations ; le lecteur pourra, au fur et à mesure de sa progression dans les autres chapitres, revenir sur un paragraphe du chapitre zéro afin de préciser tel ou tel point particulier.

Les chapitres 1 et 2 retracent le contexte historique depuis l'origine de la mécanique quantique jusqu'à la situation actuelle, tout en mentionnant les difficultés qui subsistent. Nous pourrons ainsi rappeler quelles ont été les étapes successives qui ont fait émerger le statut actuel du vecteur d'état $|\Psi\rangle$. Prendre le temps de se pencher sur l'histoire de l'émergence des idées n'est pas inutile dans un domaine où, souvent et de façon récurrente, les mêmes idées sont redécouvertes ; elles refont surface régulièrement, soit parfois presque identiques à des décennies de distance, soit parfois mises au goût du jour avec un vocabulaire différent, tout en restant très semblables sur le fond. Dans ces conditions, commencer par un examen du passé n'est pas forcément une perte de temps ! Les chapitres 3, 4 et 5 sont consacrés à deux théorèmes importants qui s'enchaînent, celui de EPR (Einstein, Podolsky et Rosen) et celui de Bell, ce dernier donnant lieu à différentes variantes dont certaines sont décrites. Le chapitre 6 aborde de façon plus générale les propriétés de l'intrication quantique, et les illustre par une discussion de quelques processus physiques qui la mettent en œuvre, comme cryptographie quantique ou téléportation. Quelques expériences sont décrites au chapitre 7 ; parmi la multitude de celles qui illustrent la mécanique quantique, elles ont été choisies parce qu'elles permettent de voir « en temps réel » les effets de la réduction du vecteur d'état dans un processus de mesure quantique. Enfin le chapitre 8, le plus important en nombre de pages, discute les différentes interprétations de la mécanique quantique. Ce plan n'est pas un passage obligé pour le lecteur, les chapitres étant relativement indépendants.

Le but du présent ouvrage n'est certainement pas de mettre en avant telle ou telle interprétation, comme l'ont déjà fait de nombreux ouvrages et articles excellents (nous en citerons un bon nombre). Il est encore moins de proposer une nouvelle interprétation qui serait propre à l'auteur. Son objectif est plutôt de passer en revue ces diverses interprétations, afin de dégager un point de vue général sur la façon dont elles s'articulent, leurs différences ou leurs points communs, leur cohérence individuelle. Chacune de ces interprétations possède en effet sa logique propre, qu'il est important de respecter. Une erreur classique est de mélanger des composantes de différentes interprétations. Par exemple, la mécanique quantique « bohmienne » a parfois été critiquée à partir de constructions intellectuelles qui en retiennent certains éléments, mais pas tous, ou y insèrent des éléments qui lui sont étrangers ; on arrive alors à des contradictions. Cette nécessité de cohérence logique est générale dans le contexte des fondements de la mécanique quantique. Il est arrivé que l'argument EPR ou le théorème de Bell soient mal compris, par exemple à cause d'une confusion entre hypothèses et conclusions. Nous nous efforcerons de signaler au passage quand de telles erreurs sont possibles, afin d'aider à les éviter. Précisons d'emblée qu'il n'est pas question de prétendre donner une présentation exhaustive de toutes les interprétations de la mécanique quantique ! Elles peuvent être combinées de tant de façons différentes qu'il est impossible de rendre compte de toutes les associations ou nuances possibles. Nous nous limiterons donc à une introduction des grandes familles d'interprétations. Une bibliographie relativement abondante est proposée au lecteur mais, même sur ce plan il n'est pas possible d'atteindre une quelconque exhaustivité ; l'auteur a dû procéder à des choix, parfois quelque peu arbitraires, pour rester dans les limites d'un volume raisonnable.

Pour finir le but principal de ce livre est de tenter de donner une vue honnête de la situation générale concernant une théorie qui est indiscutablement l'un des plus grands succès de l'esprit humain, la mécanique quantique, sans en occulter ni les difficultés ni les réussites. Nous l'avons dit, sa force prédictive extraordinaire ne cesse de triompher dans des domaines toujours nouveaux, parfois totalement imprévisibles, mais pourtant cet édifice intellectuel reste l'objet de discussions sur le plan des concepts fondamentaux, parfois même de controverses. Personne ne songerait à discuter de la même façon la mécanique rationnelle ou les équations de Maxwell. Peut-être faut-il y voir le présage que la mécanique quantique n'a pas encore atteint sa forme définitive et optimale ?

Remerciements : Nombreux sont ceux qui ont joué un rôle important dans la naissance de ce livre. En tout premier lieu, c'est Claude Cohen-Tannoudji à qui vont mes remerciements. Il m'a fait bénéficier, comme d'ailleurs tant d'autres, de sa façon unique et profonde d'aborder (et même de penser) la mécanique quantique ; plus de 40 années d'amitié (et de rédactions communes) m'ont permis de bénéficier d'innombrables discussions passionnantes et éclairantes pour moi. Alain Aspect est un autre ami avec qui, depuis le début de sa thèse au milieu des années 70, l'échange d'idées sur la mécanique quantique a été et continue à être riche et fructueux ; à l'époque, les fondements de la mécanique quantique n'avaient souvent pas très bonne presse parmi les physiciens « mainstream », et nous nous sommes abondamment appuyés l'un sur l'autre pour progresser dans un domaine qui nous passionnait tous deux, ainsi que Bernard d'Espagnat. Jean Dalibard et Philippe Grangier ont été d'autres interlocuteurs privilégiés, disponibles et toujours d'une grande précision intellectuelle, que je tiens également à remercier chaleureusement. Le titre « Comprenons-nous vraiment la mécanique quantique ? » m'a été suggéré il y a bien longtemps par Pierre Fayet, à l'occasion de deux séminaires qu'il m'avait demandé de présenter ; je l'ai gardé depuis. À la source de ce livre se trouve une première version d'un texte publié en 2001, sous la forme d'un article avec le même titre dans l'*American Journal of Physics*, et initié lors d'un séjour à l'Institut de physique théorique de l'Université de Californie à Santa Barbara. Lors d'une session consacrée à la condensation de Bose-Einstein, j'ai eu la chance de pouvoir discuter de mécanique quantique avec son organisateur, Antony Leggett ; une autre chance favorisant les échanges a été de partager le bureau de Wojciech Zurek ! Un peu plus tard, un séjour à l'Institut Lorentz de Leyde m'a fait bénéficier de contacts stimulants et d'une relecture fort utile de Stig Stenhlom. Quant à Abner Shimony, il m'a guidé de maints conseils utiles et encouragé dans la rédaction de cette première version.

Parmi ceux qui ont beaucoup aidé pour la version actuelle du texte, Michel Le Bellac a joué un rôle important, en effectuant une lecture détaillée de l'ensemble et en donnant des conseils avisés, sources de nombreuses améliorations. Michèle Leduc et lui ont participé à la mise au point de ce livre, en particulier en trouvant un excellent rapporteur anonyme qui, lui aussi, a fait des remarques fort pertinentes ; que tous trois en soient vivement remerciés. Parmi les autres amis qui ont également joué un rôle essentiel figurent Roger Balian, Serge Reynaud, William Mullin, Olivier Darrigol, et Catherine Chevalley ; je les remercie tous vivement pour de nombreux avis scientifiques, conseils, précisions, etc., qui m'ont été précieux.

Pour le dernier chapitre qui décrit les diverses interprétations de la mécanique quantique, j'ai demandé à des spécialistes de chacune d'entre elles de bien vouloir vérifier leur accord avec mon texte. Je remercie Sheldon Goldstein pour une relecture de la mécanique quantique de Bohm, Philip Pearle et Giancarlo Ghirardi pour leurs conseils sur la dynamique de Schrödinger modifiée, Robert Griffiths et Roland Omnès pour leurs commentaires sur l'interprétation des histoires, Bernard d'Espagnat pour ceux sur l'interprétation du réel voilé, Richard Healey pour son aide concernant l'interprétation modale, Carlo Rovelli pour ses avis et suggestions concernant l'interprétation relationnelle, et Thibault Damour pour sa relecture de la présentation de l'interprétation d'Everett. Comme le veut la tradition ajoutons que, si toutefois des erreurs avaient subsisté dans le texte, la responsabilité en serait celle de l'auteur ! Enfin, sans le cadre exceptionnel de travail qu'offre le LKB, sans les échanges constants avec ses membres, et sans l'environnement intellectuel de l'ENS, rien n'aurait été possible.

Chapitre 0

Formalisme de base de la mécanique quantique standard

La numérotation particulière de ce chapitre zéro est destinée à encourager le lecteur à aller directement au chapitre un, qui constitue le véritable début de cet ouvrage. Le chapitre zéro rappelle et résume le formalisme mathématique de base de la mécanique quantique, avec une courte bibliographie placée directement à la fin. C'est donc plutôt un complément destiné aux lecteurs pour lesquels ce qui sera rappelé au passage au cours de l'ouvrage ne serait pas suffisant ; chacun pourra donc, s'il désire, y revenir en cours de lecture, pour en savoir un peu plus sur les outils mathématiques utilisés en choisissant le paragraphe pertinent du chapitre zéro. Un certain nombre de résultats sont énoncés sans que les démonstrations soient explicitées ; on les trouvera par exemple dans les chapitres II et IV de la Ref. [0 – 1]. Il existe de nombreux ouvrages de mécanique quantique où son formalisme général est présenté de façon plus complète, comme dans le chapitre VII de la Ref. [0 – 2], le chapitre 3 de la Ref. [0 – 3], ou encore le chapitre 2 de la Ref. [0 – 4].

Nous commençons par résumer le cadre général et le formalisme quantique s'appliquant à un système physique quelconque (§ 0.A), en utilisant la notation de Dirac ; nous étudions ensuite comment ce formalisme traite la réunion de plusieurs systèmes physiques (§ 0.B) ; enfin nous traitons quelques cas particuliers simples (§ 0.C), comme celui d'une particule unique dans un potentiel extérieur, avec ou sans spin ; le lecteur peu enclin à une présentation générale et préférant raisonner en termes de fonctions d'onde pourra commencer directement par ce paragraphe s'il le désire.

0.A Système physique général

Le formalisme général de la mécanique quantique s'applique à tous les systèmes physiques, qu'ils comprennent une seule particule ou au contraire de nombreuses particules de natures diverses, un ou plusieurs champs, etc.

0.A.1 Espace des états quantiques

En mécanique quantique, l'état à chaque instant d'un système physique est défini par un vecteur d'état qui, en notation de Dirac, est noté $|\Psi\rangle$ ou $|\Psi(t)\rangle$ si l'on désire expliciter la dépendance en temps. Ce vecteur $|\Psi\rangle$ appartient à un espace vectoriel des états $\mathcal{E}$ complexe, qui peut avoir une structure plus ou moins compliquée selon le système considéré ; en notation de Dirac, on appelle souvent « kets » les vecteurs de $\mathcal{E}$. Nous verrons plus bas (§ 0.A.3) comment on peut calculer les propriétés physiques du système à partir de $|\Psi\rangle$. L'espace $\mathcal{E}$ est appelé, soit « espace des états », soit également « espace de Hilbert » pour des raisons historiques.

Par définition d'un espace vectoriel complexe, toute combinaison linéaire avec des coefficients complexes quelconques α, β, ... de vecteurs $|\Psi_1\rangle$, $|\Psi_2\rangle$, ... appartenant à $\mathcal{E}$:

$$\alpha\,|\Psi_1\rangle + \beta\,|\Psi_2\rangle + ... \tag{1}$$

est un autre vecteur $|\Psi\rangle$ appartenant au même espace. Le « principe de superposition » indique que toute combinaison linéaire de vecteurs d'état donne également un autre vecteur d'état possible pour le système physique considéré ; ce principe a de nombreuses conséquences physiques dont plusieurs seront discutées dans cet ouvrage.

Dans cet espace on définit le produit scalaire de deux vecteurs d'état ; le produit scalaire du vecteur $|\Psi\rangle$ par le vecteur $|\Phi\rangle$ est un nombre en général complexe que l'on écrit :

$$\langle \Phi\,|\Psi\rangle \tag{2}$$

Ce nombre dépend linéairement de $|\Psi\rangle$ (il est multiplié par λ si l'on multiplie $|\Psi\rangle$ par λ) et antilinéairement de $|\Phi\rangle$ (il est multiplié par le complexe conjugué μ^* de μ si l'on multiplie $|\Phi\rangle$ par μ). En notation de Dirac, on appelle souvent « bra » l'objet mathématique $\langle\Phi|$.

Une base $\{|u_i\rangle\}$ de $\mathcal{E}$ est un ensemble de vecteurs $|u_i\rangle$ qui permet d'écrire tout vecteur de $\mathcal{E}$ selon la décomposition linéaire :

$$|\Psi\rangle = \sum_i x_i\ |u_i\rangle \tag{3}$$

et de façon unique ; les x_i sont appelés les composantes de $|\Psi\rangle$ dans la base correspondante.

Si la dimension de l'espace des états est finie et égale à P, le nombre de vecteurs $|u_i\rangle$ (et donc de termes dans cette somme) est nécessairement égal à P. La base $\{|u_i\rangle\}$ est orthonormée si les produits scalaires entre ses vecteurs satisfont aux relations :

$$\langle u_i | u_j\rangle = \delta_{i,j} \tag{4}$$

où $\delta_{i,j}$ est le delta de Kronecker. Avec une base orthonormée, on montre facilement que les composantes x_i apparaissant dans (3) sont donnés par :

$$x_i = \langle u_i | \Psi\rangle \tag{5}$$

de sorte que :

$$|\Psi\rangle = \sum_i \langle u_i | \Psi\rangle \; |u_i\rangle \tag{6}$$

On a également :

$$\langle \Psi | \Psi\rangle = \sum_i |x_i|^2 \qquad \langle \Phi | \Psi\rangle = \sum y_i^* \; x_i \tag{7}$$

où les y_i sont les composantes du ket $|\Phi\rangle$.

Si la dimension de l'espace des états est infinie, seuls les kets normalisables représentent un état physique, c'est-à-dire ceux tels que :

$$\sum_i |x_i|^2 = \text{ nombre fini} \tag{8}$$

Certaines « bases » [1] sont, non seulement infinies, mais également continues, ce qui signifie que les sommes discrètes de (3), (6) et (7) sont toutes remplacées par des intégrales ; il faut également dans (4) remplacer le delta de Kronecker par une distribution delta de Dirac.

0.A.2 Opérateurs, hermiticité

On définit également l'action d'opérateurs linéaires dans l'espace des états. Un opérateur A est linéaire lorsque l'action de A sur le vecteur $\alpha |\Psi\rangle + \beta |\Phi\rangle$, où α et β sont des constantes complexes, est donnée par :

$$A [\alpha |\Psi\rangle + \beta |\Phi\rangle] = \alpha A |\Psi\rangle + \beta A |\Phi\rangle \tag{9}$$

Dans une base finie quelconque, l'opérateur A peut s'écrire comme une matrice $P \times P$, dont les éléments de matrice sont notés $A_{i,j}$; les colonnes de cette matrice contiennent les composantes des transformés des vecteurs de base sous l'action de A. Dans une base orthonormée $\{|u_i\rangle\}$, les éléments de matrice $A_{i,j}$ sont donnés par le produit scalaire de $A|u_j\rangle$ par $|u_i\rangle$:

$$A_{i,j} = \langle u_i | A | u_j\rangle \tag{10}$$

1. Les vecteurs de bases continues ne sont pas normalisables et n'appartiennent donc pas véritablement à $\mathcal{E}$, ce qui explique les guillemets ; voir par exemple la discussion du § A-3 de la Ref. [0 – 1] .

On peut définir aisément le produit d'un opérateur par une constante complexe α, la somme d'opérateurs, ou plus généralement la combinaison linéaire $\alpha A + \beta B$ de deux opérateurs A et B par :

$$[\alpha A + \beta B] |\Psi\rangle = \alpha (A |\Psi\rangle) + \beta (B |\Psi\rangle) \tag{11}$$

Le produit de deux opérateurs A et B est défini par son action sur un ket quelconque $|\Psi\rangle$:

$$AB |\Psi\rangle = A |\Psi'\rangle \quad \text{où :} \quad |\Psi'\rangle = B |\Psi\rangle \tag{12}$$

Le produit AB correspond donc simplement à l'action de l'opérateur B suivie de celle de A. La matrice représentant l'opérateur produit $C = AB$ est simplement donnée par le produit des matrices associées à A et B, avec la règle habituelle de multiplication des matrices (multiplication des lignes de la matrice de gauche par les colonnes de la matrice de droite). L'opérateur produit AB est en général distinct de l'opérateur produit dans l'ordre inverse BA ; on appelle commutateur de A et B l'opérateur noté $[A, B]$ et défini par :

$$[A, B] = AB - BA \tag{13}$$

Si ce commutateur est nul, on dit que A et B commutent.

Les vecteurs propres $|a_k\rangle$ de A associés aux valeurs propres a_k sont définis par le fait que l'action de A sur ces vecteurs propres est une simple multiplication par le nombre a_k :

$$A |a_k\rangle = a_k |a_k\rangle \tag{14}$$

Une façon d'obtenir les valeurs propres et les vecteurs propres de A est de procéder à la diagonalisation de la matrice des coefficients $A_{i,j}$; pour certaines matrices, la diagonalisation complète n'est d'ailleurs pas toujours possible. Si une valeur propre donne lieu à plusieurs vecteurs propres qui ne sont pas proportionnels, on dit qu'elle est « dégénérée ».

On associe à tout opérateur A un opérateur hermitique conjugué $A^\dagger$ dont les éléments de matrice sont les complexes conjugués de ceux de A, avec inversion des indices de lignes et colonnes :

$$\langle u_i| A^\dagger |u_j\rangle = \langle u_j| A |u_i\rangle^* \tag{15}$$

Un opérateur A est hermitique s'il est égal à son propre hermitique conjugué, $A = A^\dagger$, c'est-à-dire si tous ses éléments de matrice satisfont les relations[2] :

$$A_{i,j} = [A_{j,i}]^* \tag{16}$$

(en d'autres termes, les éléments de matrice qui sont symétriques par rapport à la première diagonale de la matrice sont complexes conjugués). On peut

2. On montre que, si cette relation est satisfaite dans la base $\{|u_i\rangle\}$, elle l'est également dans toute autre base orthonormée.

montrer qu'un opérateur hermitique est toujours diagonalisable et que toutes ses valeurs propres sont réelles (ce qui n'implique pas qu'elles soient toutes distinctes : certaines peuvent être dégénérées).

La trace d'un opérateur est un nombre, la somme de ses éléments de matrice diagonaux :

$$Tr\{A\} = \sum_i A_{ii} \tag{17}$$

On montre que la valeur de la trace est indépendante de la base choisie pour la calculer. De plus, on montre que les opérateurs peuvent être permutés de façon circulaire sous la trace ; pour trois opérateurs A, B et C quelconques :

$$Tr\{ABC\} = Tr\{BCA\} = Tr\{CAB\} \tag{18}$$

0.A.3 Probabilités

Les opérateurs hermitiques jouent un rôle particulièrement important en mécanique quantique, car toute grandeur physique qu'on peut mesurer sur le système (comme son énergie, sa quantité de mouvement, son moment angulaire, etc.) correspond à un opérateur hermitique agissant dans son espace des états $\mathcal{E}$.

Nous avons vu que, lorsque A est hermitique, il est « diagonalisable ». Ceci signifie qu'on peut trouver une base de vecteurs de $\mathcal{E}$ qui sont tous des vecteurs propres $|a_k\rangle$ de A associés aux valeurs propres réelles a_k ; l'opérateur est alors représenté dans cette base par une matrice diagonale (dont tous les éléments sont nuls, sauf les éléments diagonaux qui sont les a_k).

Un postulat fondamental de la mécanique quantique est la règle des probabilités de Born. Nous la rappellerons au cours du chapitre suivant (§1.B.1.c) mais, pour la cohérence de ce chapitre zéro, nous la rappelons brièvement ici. La règle dit que, lorsque la grandeur associée à l'opérateur A est mesurée sur un système physique décrit par l'état normalisé $|\Psi\rangle$:

(i) les seuls résultats possibles sont les valeurs propres a_k

(ii) la probabilité $\mathcal{P}(a_k)$ de trouver un résultat particulier a_k est donnée par le carré du module du produit scalaire de $|\Psi\rangle$ par le vecteur propre normé correspondant :

$$\mathcal{P}(a_k) = |\langle a_k |\Psi\rangle|^2 \tag{19}$$

Pour simplifier, nous avons supposé qu'un seul vecteur propre correspond à la valeur propre a_k (valeur propre non-dégénérée) ; si plusieurs vecteurs propres distincts lui correspondent, il faut ajouter les probabilités (19) associées à tous les vecteurs propres orthonormés associés à a_k, comme dans l'équation (1.4).

Si l'on dispose d'un ensemble de systèmes préparés dans le même état $|\Psi\rangle$, et si l'on effectue un grand nombre de mesures de la grandeur physique associée à l'opérateur A, on obtient en général des valeurs différentes à chaque mesure, mais on peut aussi en déduire une valeur moyenne qu'on note $\langle A\rangle$. À partir de la règle de Born, un calcul simple montre que :

$$\langle A \rangle = \sum_k a_k \; \mathcal{P}(a_k) = \langle \Psi | \, A \, | \Psi \rangle \tag{20}$$

Considérons l'opérateur :

$$P_\Phi = | \Phi \rangle \, \langle \Phi | \tag{21}$$

où $|\Phi\rangle$ est supposé normé ($\langle \Phi \, | \Phi \rangle = 1$). Son action sur un ket quelconque $|\Psi\rangle$ est :

$$P_\Phi \, | \Psi \rangle = | \Phi \rangle \, \langle \Phi \, | \Psi \rangle = c \, | \Phi \rangle \tag{22}$$

où $c = \langle \Phi \, | \Psi \rangle$ est un nombre. Tout ket est donc transformé par action de P_Φ en un ket proportionnel à $|\Phi\rangle$; ceci indique que P est le projecteur sur l'état $|\Phi\rangle$, satisfaisant à la relation des projecteurs $P^2 = P$. Notons maintenant $P(a_k)$ le projecteur sur le vecteur propre $|a_k\rangle$:

$$P(a_k) = | a_k \rangle \, \langle a_k | \tag{23}$$

lorsque a_k est non-dégénérée ; si elle est dégénérée, $P(a_k)$ est défini comme la somme des projecteurs sur un ensemble de vecteurs propres orthonormés correspondant à cette même valeur propre. L'application de la règle de Born pour les probabilités montre que la probabilité d'obtenir le résultat a_k est alors donnée par :

$$\mathcal{P}(a_k) = \langle \Psi | \, P(a_k) \, | \Psi \rangle = \langle P(a_k) \rangle \tag{24}$$

0.A.4 Évolution dans le temps

Jusqu'ici nous n'avons considéré que les propriétés du système physique à un seul instant. Lorsque son évolution dans le temps est prise en compte, le vecteur d'état devient un vecteur $|\Psi(t)\rangle$ dépendant du temps, dont l'évolution est donnée par l'équation de Schrödinger : :

$$i\hbar \frac{d}{dt} \, | \Psi(t) \rangle = H(t) \, | \Psi(t) \rangle \tag{25}$$

où $H(t)$ est l'opérateur Hamiltonien à l'instant t (opérateur associé à l'énergie du système) et où $\hbar$ est la constante de Planck h divisée par 2π. Comme cette équation est une équation différentielle du premier ordre en temps, elle permet de calculer l'évolution temporelle du vecteur d'état à partir d'une valeur initiale quelconque, et conduit à une évolution continue. Bien sûr, selon le système physique considéré, l'opérateur $H(t)$ peut prendre des formes très diverses, parfois très compliquées, de sorte qu'on ne sait pas nécessairement résoudre exactement l'équation (25) ; cependant elle s'applique toujours.

0.A.5 Opérateur densité

Des expressions comme (19), (20) et (24) ne sont pas linéaires par rapport au vecteur d'état $|\Psi\rangle$. On peut cependant obtenir des expression linéaires en fonction d'un opérateur appelé « opérateur densité » ρ, qui remplace $|\Psi\rangle$.

0.A.5.a Définition

L'opérateur densité associé à un vecteur d'état normé $|\Psi\rangle$ est le projecteur sur cet état, défini par :

$$\rho = |\Psi\rangle\langle\Psi| \tag{26}$$

C'est un opérateur de trace unité[3] :

$$Tr\{\rho\} = 1 \tag{27}$$

et un opérateur hermitique :

$$\rho = \rho^\dagger \tag{28}$$

On peut alors remplacer les expressions (19) et (20) par :

$$\mathcal{P}(a_k) = Tr\{P(a_k)\rho\} \tag{29}$$

et :

$$\langle A\rangle = Tr\{A\rho\} \tag{30}$$

L'intérêt de ces expressions est d'être linéaires, ce qui peut permettre une combinaison commode entre les notions de probabilité classique et de probabilité quantique. Supposons en effet que l'état $|\Psi\rangle$ d'un système physique ne soit pas connu, mais que l'on sache qu'il a une probabilité p_1 de se trouver dans l'état normé $|\Psi_1\rangle$, une probabilité p_2 de se trouver dans l'état normé $|\Psi_2\rangle$,... une probabilité p_n de se trouver dans l'état normé $|\Psi_n\rangle$. Si l'on définit maintenant l'opérateur densité ρ comme la somme des opérateurs densités associés à chacun des états, pondérée par ces probabilités :

$$\rho = \sum_n p_n\ |\Psi_n\rangle\langle\Psi_n| \tag{31}$$

avec :

$$0 \leq p_n \leq 1 \quad ; \quad \sum_n p_n = 1 \tag{32}$$

les formules (27) à (30) restent valables. Par exemple, la trace (27), calculée dans une base orthonormée quelconque $\{|u_i\rangle\}$, découle de la normalisation des $|\Psi_n\rangle$ et des p_n :

$$Tr\{\rho\} = \sum_i \sum_n p_n\ |\langle\Psi_n|u_i\rangle|^2 = \sum_n p_n = 1 \tag{33}$$

3. C'est une conséquence de la normalisation de $|\Psi\rangle$ car le calcul de la trace dans une base orthonormée quelconque $\{|u_i\rangle\}$ donne $Tr\{|\Psi\rangle\langle\Psi|\} = \sum_i \langle u_i|\Psi\rangle\langle\Psi|u_i\rangle$, soit $\langle\Psi|\Psi\rangle = 1$.

0.A.5.b États purs et mélanges statistiques

L'opérateur densité est un opérateur hermitique, défini positif (ou, plus précisément, non-négatif) ; chacun de ses éléments diagonaux satisfait :

$$0 \leq \langle \Phi | \, \rho \, | \Phi \rangle \leq 1 \tag{34}$$

quel que soit le ket normé $|\Phi\rangle$. Il suffit pour le voir de remplacer ρ par sa définition (31), d'utiliser l'inégalité de Schwarz, et enfin de prendre en compte la relation (32). C'est donc un opérateur toujours diagonalisable, dont on note $|\theta_m\rangle$ les vecteurs propres et q_m les valeurs propres associées ; ceci permet d'écrire ρ sous la forme :

$$\rho = \sum_m q_m \; |\theta_m\rangle \langle \theta_m| \tag{35}$$

Comme $\langle \theta_m | \, \rho \, | \theta_m \rangle = q_m$ est compris entre 0 et 1 – relation (34) – on a :

$$0 \leq q_m \leq 1 \tag{36}$$

Chacune des valeurs propres q_m de ρ est donc comprise entre 0 et 1, et leur somme donne la trace de ρ, égale à 1 :

$$\sum_m q_m = \sum \langle \theta_m | \, \rho \, | \theta_m \rangle = \sum_{m,n} p_n \; |\langle \Psi_n \, | \theta_m \rangle|^2 = \sum_n p_n = 1 \tag{37}$$

On peut donc interpréter les valeurs propres de ρ comme des probabilités d'occupation des états $|\theta_m\rangle$; on retrouve alors une forme semblable à (31), avec toutefois des projecteurs sur des états propres qui sont toujours orthogonaux. De plus, si l'on élève (35) au carré, on obtient :

$$\rho^2 = \sum_m (q_m)^2 \; |\theta_m\rangle \langle \theta_m| \tag{38}$$

On distingue alors deux cas pour l'opérateur densité :

État pur Si une seule de ses valeurs propres q_m est égale à 1, toutes les autres étant nulles, un seul terme joue alors un rôle dans la sommation sur m de (35) ; ρ est alors le projecteur sur un état quantique unique, son premier vecteur propre qu'on peut renommer $|\Psi\rangle$. Nous sommes alors dans le cas où le système est décrit par un « état pur » $|\Psi\rangle$, comme en (26) ; cette description correspond à l'information maximale que l'on puisse donner sur un système physique dans le cadre de la mécanique quantique. Compte tenu de (38), et comme $1^2 = 1$ et $0^2 = 0$, on vérifie que $\rho^2 = \rho$; en terme d'opérateur densité on peut caractériser un état pur, soit par cette égalité entre ρ et son carré, soit par la relation :

$$Tr \left\{ \rho^2 \right\} = Tr \left\{ \rho \right\} = 1 \tag{39}$$

Mélange statistique Si plusieurs valeurs propres q_m sont non–nulles, il n'est plus possible de décrire le système par un état $|\Psi\rangle$ unique ; il faut lui associer plusieurs états pondérés par des probabilités dont la valeur n'est ni 0, ni 1, mais intermédiaire. On dit alors que l'opérateur densité ρ décrit un « mélange statistique ». Contrairement au cas précédent, la description quantique d'un système par ρ n'est pas la plus précise possible compatible avec la mécanique quantique ; elle peut même être très imprécise si de nombreux états $|\theta_m\rangle$ sont associés à des probabilités q_m égales ou comparables. Comme, pour tout nombre q compris entre 0 et 1 on a $q^2 < q$, on voit sur (38) que l'opérateur densité n'est pas égal à son carré ($\rho^2 \neq \rho$). Une autre façon de caractériser un mélange statistique est la relation :

$$Tr\left\{\rho^2\right\} < Tr\left\{\rho\right\} = 1 \tag{40}$$

0.A.5.c Évolution temporelle

Lorsque dans (31) les $|\Psi_n\rangle$ deviennent des fonctions du temps $|\Psi_n(t)\rangle$ qui évoluent selon l'équation de Schrödinger, l'opérateur densité ρ devient également une fonction du temps (les kets évoluent mais les probabilités p_n elles-mêmes, qui définissent le tirage au sort initial de l'état du système, restent constantes). En y reportant (25) et l'équation associée pour l'évolution temporelle du bra $\langle\Psi_n(t)|$, on obtient l'équation d'évolution de l'opérateur densité :

$$i\hbar\frac{d\rho(t)}{dt} = [H(t), \rho(t)] \tag{41}$$

où $[H(t), \rho(t)]$ est le commutateur de l'hamiltonien $H(t)$ et de $\rho(t)$. Cette équation est souvent appelée « équation de Von Neumann » .

Le raisonnement est aussi valable si l'on part de la décomposition (35) de ρ sur ses vecteurs propres ; on voit ainsi que les valeurs propres de ρ, sa trace ainsi que celle de ρ^2, restent constantes au cours de l'évolution temporelle.

0.A.5.d Entropie statistique

L'entropie statistique (ou entropie de Von Neumann) S associée à un opérateur densité quelconque ρ est définie par :

$$S = -k_B Tr\left\{\rho \ \ln\rho\right\} \tag{42}$$

où k_B est la constante de Boltzmann de la mécanique statistique (et de la thermodynamique) et où ln désigne le logarithme népérien (dans le domaine de l'information quantique, on prend souvent $k_B = 1$ et l'on préfère le logarithme de base 2, mais cela ne change rien d'essentiel). La formule (35) permet d'écrire :

$$S = -k_B \sum_m q_m \ \ln q_m \tag{43}$$

Pour un opérateur densité décrivant un état pur, toutes les valeurs propres sont nulles, sauf une qui vaut 1 ; on a donc $S = 0$. En revanche, pour un mélange statistique, les relations (36) entraînent[4] que $S > 0$; par exemple si le système a des probabilités égales d'être dans deux états orthogonaux, deux valeurs propres de ρ sont égales à 1/2 et $S = 2\ln 2$ (ou simplement 2 si l'on a choisi les logarithmes de base 2). La valeur de S caractérise donc l'écart entre la description quantique donnée par ρ et une description optimale par état pur, la plus précise possible en mécanique quantique.

Nous avons vu que les probabilités q_m restent constantes au cours de l'évolution temporelle de ρ selon (41) ; l'évolution hamiltonienne d'un opérateur densité conserve donc son entropie : $dS/dt = 0$.

0.A.6 Un cas simple : le spin 1/2

L'espace des états le plus simple est un espace à 2 dimensions (à part le cas trivial d'un espace à une seule dimension, qui est de peu d'intérêt puisque le système ne pourrait jamais changer d'état physique). C'est celui que l'on rencontre dans l'étude d'une particule de spin 1/2 dont la fonction d'onde orbitale est fixée (§ 0.C.2) ; on note alors habituellement les deux états de base $|+\rangle$ et $|-\rangle$ qui correspondent, comme nous le verrons plus bas, à deux états propres de la composante du spin le long de l'axe Oz. L'état le plus général s'écrit alors :

$$|\Psi\rangle = \alpha\,|+\rangle + \beta\,|-\rangle \tag{44}$$

où α et β sont deux nombres complexes quelconques, soumis à la condition $|\alpha|^2 + |\beta|^2 = 1$ si $|\Psi\rangle$ est normé ; ce ket est associé au vecteur colonne :

$$\begin{pmatrix} \alpha \\ \beta \end{pmatrix} \tag{45}$$

Les trois composantes $S_{x,y,z}$ du spin selon les trois directions Ox, Oy et Oz sont associées à trois opérateurs, dont l'action sur ce vecteur colonne (45) est caractérisée par les trois « matrices de Pauli » σ_x, σ_y et σ_z définies par[5] :

$$\sigma_x = \begin{pmatrix} 0 & 1 \\ 1 & 0 \end{pmatrix} \; \sigma_y = \begin{pmatrix} 0 & -i \\ i & 0 \end{pmatrix} \; \sigma_z = \begin{pmatrix} 1 & 0 \\ 0 & -1 \end{pmatrix} \tag{46}$$

Un calcul simple montre que les carrés des matrices de Pauli sont tous égaux à la matrice unité :

$$[\sigma_x]^2 = [\sigma_y]^2 = [\sigma_z]^2 = (1) \tag{47}$$

Les relations de commutation des matrices de Pauli sont :

$$[\sigma_x, \sigma_y] \equiv \sigma_x\sigma_y - \sigma_y\sigma_x = 2i\sigma_z \tag{48}$$

4. La fonction $-x\ln x$ est positive si $0 < x < 1$.

5. Plus précisément, les trois composantes du spin correspondent à ces trois matrices de Pauli multipliées par la constante $\hbar/2$; c'est pourquoi nous employons le mot « associées » et pas « égales ».

mais ces matrices anti-commutent :

$$[\sigma_x, \sigma_y]_+ \equiv \sigma_x\sigma_y + \sigma_y\sigma_x = 0 \tag{49}$$

(dans les deux cas, deux autres relations peuvent être obtenues par permutation circulaire des opérateurs σ_x, σ_y and σ_z).

La matrice de l'opérateur densité ρ correspondant à l'état $|\Psi\rangle$ s'écrit :

$$\rho = \begin{pmatrix} \alpha^*\alpha & \beta^*\alpha \\ \alpha^*\beta & \beta^*\beta \end{pmatrix} \tag{50}$$

qui correspond donc à un état pur (on peut facilement vérifier que $\rho^2 = \rho$ si $|\Psi\rangle$ est normé). On montre que l'opérateur densité le plus général (cas pur ou mélange statistique) s'écrit :

$$\rho = \frac{1}{2}\left[1 + a\sigma_x + b\sigma_y + c\sigma_z\right] = \frac{1}{2}\left[1 + \mathbf{M}\cdot\sigma\right] \tag{51}$$

où le vecteur $\mathbf{M}$, de composantes a, b et c sur les trois axes Ox, Oy et Oz, est appelé « vecteur de Bloch » ; sa longueur est égale à 1 si l'état est pur, inférieur à 1 pour un mélange statistique ($\rho^2 \neq \rho$). Le chapitre IV de la Ref. [0 − 1] donne plus d'exemples de calculs quantiques dans un espace des états de spin de dimension 2.

0.B Réunion de plusieurs systèmes physiques

Considérons deux systèmes physiques quantiques 1 et 2, l'un d'espace des états $\mathcal{F}$ dont les vecteurs d'état sont notés $|\Phi\rangle$, l'autre d'espace des états $\mathcal{G}$ dont les vecteurs d'état sont notés $|\Xi\rangle$; chacun d'entre eux peut être considéré comme un sous-système d'un système physique total plus grand les incluant tous les deux, dont l'espace des états sera appelé $\mathcal{E}$.

0.B.1 Produit tensoriel

Supposons que l'ensemble des vecteurs $\{|u_i\rangle\}$ constituent une base de $\mathcal{F}$, de sorte que tout vecteur $|\Phi\rangle$ peut s'écrire comme une combinaison linéaire :

$$|\Phi\rangle = \sum_i x_i\,|u_i\rangle \tag{52}$$

où les x_i sont les composantes (complexes) de $|\Phi\rangle$ dans cette base. De même, les vecteurs $\{|v_j\rangle\}$ constituent une base de $\mathcal{G}$ de sorte que l'on peut écrire :

$$|\Xi\rangle = \sum_j y_j\,|v_j\rangle \tag{53}$$

L'espace des états $\mathcal{E}$ du système physique constitué de la réunion des deux systèmes précédents est engendré par les vecteurs où l'on définit l'état individuel de l'un et l'autre sous-système, les « produits tensoriels » qui s'écrivent :

$$|1:u_i\rangle \otimes |2:v_j\rangle \tag{54}$$

Nous emploierons souvent pour ces kets des notations simplifiées, supposant que le premier état désigne toujours implicitement celui du système physique 1 :

$$|1:u_i\rangle \otimes |2:v_j\rangle \equiv |1:u_i;2:v_j\rangle \equiv |u_i,v_j\rangle \tag{55}$$

Si K est la dimension de $\mathcal{F}$ (donc le nombre de valeurs distinctes que peut prendre l'indice i) et Q celle de $\mathcal{G}$ (nombre de valeurs distinctes que peut prendre l'indice j), le nombre de vecteurs produits distincts est $R = KQ$, qui détermine également la dimension de $\mathcal{E}$. Un état quelconque $|\Psi\rangle$ de $\mathcal{E}$ s'écrira donc :

$$|\Psi\rangle = \sum_{i=1}^{K}\sum_{j=1}^{Q} z_{i,j}\,|u_i,v_j\rangle \tag{56}$$

où les nombres complexes $z_{i,j}$ sont ses KQ composantes. L'espace $\mathcal{E}$ est le produit tensoriel de $\mathcal{F}$ par $\mathcal{G}$:

$$\mathcal{E} = \mathcal{F} \otimes \mathcal{G} \tag{57}$$

Dans le cas particulier où toutes les composantes $z_{i,j}$ de $|\Psi\rangle$ dans (56) peuvent s'écrire comme des produits :

$$z_{i,j} = x_i\, y_j \tag{58}$$

le vecteur $|\Psi\rangle$ est un produit tensoriel :

$$|\Psi\rangle = |\Phi\rangle \otimes |\Xi\rangle \tag{59}$$

Ce cas correspond à celui où les deux systèmes quantiques n'ont aucune corrélation[6]. Mais ce n'est qu'un cas particulier : en général, il faut utiliser la relation (56), qui ne se factorise pas. Nous verrons au chapitre 6 le lien entre cette expression générale et la notion d'intrication quantique.

Nous avons traité explicitement le cas de deux systèmes physiques qui sont réunis en un seul, comme par exemple un système composé de deux particules (cf. § 0.C.3). Bien entendu, l'opération s'étend à un nombre quelconque de particules : l'espace des états $\mathcal{E}$ d'un système physique composé de N particules d'espaces des états individuels $\mathcal{F}_i$ ($i = 1, 2, ..N$) est le produit tensoriel de tous ces espaces :

$$\mathcal{E} = \mathcal{F}_1 \otimes \mathcal{F}_2 \otimes ... \otimes \mathcal{F}_N \tag{60}$$

et l'on généralise de même la relation (56).

6. De façon similaire, en probabilités classiques, une distribution de deux variables aléatoires qui est un produit correspond à des variables incorrélées.

Remarque : pour simplifier, nous avons raisonné en supposant que les espaces des états individuels $\mathcal{F}$ et $\mathcal{G}$ ont des dimensions finies P et Q, mais le raisonnement se généralise également au cas où l'une de ces dimensions est infinie, ou les deux. Par exemple, dans le cas de la particule de spin 1/2 discuté plus bas (§ 0.C.2.b), l'espace des états orbitaux (associé à la position) a une dimension infinie, alors que celui des état de spin a une dimension 2 ; le résultat est alors, bien sûr, que la dimension de l'espace des états total (produit tensoriel) est également infinie.

0.B.2 Ensemble de spins 1/2

Le cas le plus simple est celui où $\mathcal{F}$ et $\mathcal{G}$ sont tous deux les espaces des états de spins 1/2, de dimension 2 chacun. L'espace des états total $\mathcal{E}$ est alors de dimension 4, avec une base fournie par les vecteurs :

$$|1:+;2:+\rangle\,,\ |1:+;2:-\rangle\,,\ |1:-;2:+\rangle \text{ et } |1:-;2:-\rangle \tag{61}$$

où par exemple $|1:+;2:-\rangle$ désigne l'état où la composante sur Oz du premier spin est égale à $+\hbar/2$, celle du second spin à $-\hbar/2$. Pour simplifier, nous noterons ces 4 vecteurs sans expliciter la numérotation des particules sous la forme :

$$|+,+\rangle \qquad |+,-\rangle \qquad |-,+\rangle \qquad |-,-\rangle \tag{62}$$

Le vecteur d'état le plus général de $\mathcal{E}$ est donc une combinaison linéaire complexe quelconque de ces 4 vecteurs.

Un état particulier de cet espace qui apparaît dans de nombreux exemples est l'état dit « singulet » (ou « singlet » en anglais) :

$$|\Psi\rangle = \frac{1}{\sqrt{2}}\left[|+,-\rangle - |-,+\rangle\right] \tag{63}$$

Cet état a la particularité d'être invariant par rotation : il garde exactement la même forme si, au lieu d'un axe de référence selon Oz pour caractériser les composantes des deux spins, on choisit une autre direction Ou quelconque. On vérifie aisément que les deux spins y sont totalement anti-corrélés : si la composante de l'un sur un axe quelconque est trouvée positive, celle de l'autre sur un axe parallèle est nécessairement négative (en fait, opposée). Cette propriété est essentielle pour la discussion du § 4.A.1.

Pour N spins 1/2, on procède de même. Leur espace des états est le produit tensoriel de tous les espaces des spins individuels, de dimension 2^N et engendré par les 2^N vecteurs :

$$|\pm,\pm,\pm,..,\pm\rangle \tag{64}$$

Un état particulier qui généralise (63) est l'état souvent appelé « état GHZ », ou état « par tout ou rien » :

$$|\Psi\rangle = \left[\alpha\,|+,+,+,..,+\rangle + \beta\,|-,-,-,..,-\rangle\right] \tag{65}$$

(où α et β sont deux nombres complexes dont la somme des modules au carré vaut 1). Cet état est remarquable du fait qu'il contient uniquement deux composantes où tous les spins passent d'un état individuel vers un état orthogonal ; il possède d'ailleurs des propriétés quantiques très marquées, qui seront discutées aux §§ 5.A et 5.B. Il ne doit pas être confondu avec un état produit, où tous les spins sont non-corrélés, qui s'écrit :

$$|\Psi\rangle = [\alpha\,|+\rangle + \beta\,|-\rangle]\ [\alpha\,|+\rangle + \beta\,|-\rangle] ... [\alpha\,|+\rangle + \beta\,|-\rangle] \tag{66}$$

et qui, au contraire, possède des propriétés plus proches de celles d'un état classique.

0.B.3 Traces partielles

L'opérateur densité se prête à un calcul commode de « trace partielle ». Considérons un système physique composé de la réunion de deux autres, 1 et 2. Si les systèmes sont non-corrélés, chacun dans des états individuels $|\Phi(1)\rangle$ et $|\Xi(2)\rangle$, l'état du système total est donné par :

$$|\Psi(1,2)\rangle = |\Phi(1)\rangle\,|\Xi(2)\rangle \tag{67}$$

de sorte que l'opérateur densité de ce système est simplement le produit des projecteurs sur les états $|\Phi(1)\rangle$ et $|\Xi(2)\rangle$:

$$\rho_{12}(1,2) = |\Psi(1,2)\rangle\,\langle\Psi(1,2)| = |\Phi(1)\rangle\,\langle\Phi(1)| \otimes |\Xi(2)\rangle\,\langle\Xi(2)| = \rho_1(1)\rho_1(2) \tag{68}$$

Les 3 systèmes, total et partiels, sont alors dans des états purs.

Mais si $|\Psi(1,2)\rangle$ n'est pas un produit (si les deux sous-systèmes sont intriqués), la situation est plus compliquée. On peut partir de la matrice densité totale :

$$\rho_{12} = |\Psi(1,2)\rangle\,\langle\Psi(1,2)| \tag{69}$$

et effectuer une opération dite de « trace partielle » qui transforme ρ en un opérateur densité ρ_1 agissant uniquement dans l'espace des états du premier système :

$$\rho_1 = Tr_2\,\{\rho_{12}\} \tag{70}$$

Les éléments de matrice de ρ_1 sont définis par :

$$\langle u_i|\,\rho_1\,|u_j\rangle = \sum_k \langle u_i, v_k|\,\rho_{12}\,|u_j, v_k\rangle \tag{71}$$

Cette trace partielle permet de calculer toutes les probabilités et valeurs moyennes associées aux mesures portant uniquement sur le premier sous-système, car :

$$Tr\,\{A(1)\rho\} = Tr_1\,\{A(1)\rho_1\} \tag{72}$$

où $A(1) \equiv A(1) \otimes I(2)$ est un opérateur quelconque n'agissant que dans l'espace des états du premier sous-système (on note $I(2)$ l'opérateur identité dans l'espace du sous-système 2). Le membre de droite de cette équation contient une trace qui est prise uniquement dans l'espace des états du sous-système 1. Bien évidemment, on définit de même une seconde trace partielle ρ_2 qui concerne uniquement les propriétés du second sous-système.

Une propriété spécifique de la mécanique quantique est que, même si le système total est connu au mieux (il est décrit par un état pur), ses sous-systèmes ne sont en général pas dans ce cas : ils sont décrits par des mélanges statistiques, donc avec une précision qui n'est pas maximale. Un exemple classique est donné par deux spins dans l'état singulet (63), pour lequel le système total est dans un état pur ; si on calcule la trace partielle sur l'un quelconque des spins, on obtient les matrices des spins individuels :

$$\rho_1(1) = \rho_2(2) = \begin{pmatrix} 1/2 & 0 \\ 0 & 1/2 \end{pmatrix} \tag{73}$$

Ainsi l'état de chacun des spins est totalement inconnu : il a autant de chances d'être l'état $|+\rangle$ que l'état $|-\rangle$ ou, de fait, d'être n'importe quelle combinaison linéaire de ces états[7]. Ainsi, même lorsque le système total est connu au mieux dans le cadre de la mécanique quantique, dans ce cas strictement aucune information n'est disponible sur les deux sous-systèmes, une situation qui n'a aucun équivalent en mécanique classique (pour une discussion plus détaillée de cette situation inhabituelle, remarquée en particulier par Schrödinger, voir le § 6.A).

0.C Particules dans un potentiel

Appliquons maintenant le formalisme général précédent à quelques cas simples.

0.C.1 Une seule particule

En mécanique classique, on définit la position d'une particule ponctuelle par la donnée des trois composantes de sa position $\mathbf{r}$ à l'instant t. L'impulsion $\mathbf{p}$ de la particule est le vecteur dont les trois composantes sont les moments conjugués de celles de $\mathbf{r}$, soit :

$$\mathbf{p} = m\frac{d}{dt}\mathbf{r} \tag{74}$$

où m est la masse de la particule. L'état dynamique instantané de la particule est défini par la donnée simultanée de sa position $\mathbf{r}$ et de son impulsion $\mathbf{p}$, soit 6 grandeurs scalaires si la particule se déplace dans l'espace habituel à 3 dimensions.

7. La matrice est proportionnelle à la matrice unité, qui garde la même expression dans n'importe quelle base.

Lorsque la particule est soumise à l'action d'un potentiel $V(\mathbf{r})$, l'évolution de l'état de la particule peut être obtenue à partir de l'hamiltonien $\mathcal{H}$, qui est la somme de son énergie cinétique et de son énergie potentielle $\mathcal{V}$:

$$\mathcal{H}(\mathbf{r}, \mathbf{p}; t) = \frac{\mathbf{p}^2}{2m} + \mathcal{V}(\mathbf{r}, t) \tag{75}$$

0.C.1.a Fonction d'onde

En mécanique quantique, l'état de la particule à un instant donné n'est plus décrit par sa position et son impulsion, mais par un vecteur d'état $|\Psi(t)\rangle$ appartenant à un espace des états $\mathcal{E}_{\mathbf{r}}$ dont une « base » continue (cf. note 1) est donnée par l'ensemble des kets $|\mathbf{r}\rangle$ où la particule occupe la position $\mathbf{r}$. Selon (5), les composantes de $|\Psi\rangle$ dans cette base sont alors données par le fonction dépendant de $\mathbf{r}$:

$$\Psi(\mathbf{r}, t) = \langle \mathbf{r} \,|\Psi(t)\rangle \tag{76}$$

avec, selon (6) :

$$|\Psi(t)\rangle = \int d^3r \; \Psi(\mathbf{r}, t) \;\; |\mathbf{r}\rangle \tag{77}$$

La fonction complexe $\Psi(\mathbf{r}, t)$ est appelée « fonction d'onde » de la particule. Cette dernière pouvant s'étendre dans tout un domaine de l'espace, la position n'est plus une variable ayant une valeur parfaitement définie à un instant donné. La mécanique quantique indique seulement que la probabilité de trouver à l'instant t la particule dans un volume D de l'espace est donnée par :

$$\mathcal{P} = \int_D d^3r \;\; |\Psi(\mathbf{r}, t)|^2 \tag{78}$$

En d'autres termes, $|\Psi(\mathbf{r})|^2$ donne la densité de probabilité $n(\mathbf{r})$ associée à la variable position de la particule :

$$n(\mathbf{r}; t) = |\Psi(\mathbf{r}, t)|^2 \tag{79}$$

La condition de normalisation de la probabilité totale impose que l'intégrale soit égale à 1 lorsque D couvre tout l'espace :

$$\int d^3r \;\; |\Psi(\mathbf{r}, t)|^2 = \int d^3r \; n(\mathbf{r}, t) = 1 \tag{80}$$

Cette condition est bien sûr essentielle pour pouvoir interpréter $n(\mathbf{r})$ comme densité de probabilité. Si une fonction d'onde ne donne pas la valeur 1 pour l'intégrale de son module au carré, on dit qu'elle n'est pas normalisée, mais il suffit alors de la diviser par la racine carrée de cette intégrale pour la normaliser. Cependant, cette opération n'est possible que si l'intégrale dans tout l'espace converge ; seules sont normalisables les fonctions « de carré sommable », condition essentielle pour qu'une fonction soit acceptable comme fonction d'onde.

La probabilité de trouver l'impulsion dans un certain domaine est donnée par une formule semblable à (78) : la densité de probabilité correspondante $\overline{n}(\mathbf{p})$ est donnée par $\left|\overline{\Psi}(\mathbf{p})\right|^2$, où $\overline{\Psi}(\mathbf{p})$ est la transformée de Fourier de $\Psi(\mathbf{r})$.

0.C.1.b Équation de Schrödinger, courant de probabilité

L'évolution temporelle de la fonction d'onde $\Psi(\mathbf{r},t)$ est donnée par l'équation de Schrödinger :

$$i\hbar\frac{\partial}{\partial t}\Psi(\mathbf{r},t) = -\frac{\hbar^2}{2m}\Delta\Psi(\mathbf{r},t) + V(\mathbf{r},t)\ \Psi(\mathbf{r},t) \tag{81}$$

À partir de la fonction d'onde, on peut définir un courant de probabilité :

$$\mathbf{J}(\mathbf{r},t) = \frac{\hbar}{2im}\left\{\Psi^*(\mathbf{r},t)\nabla\Psi(\mathbf{r},t) - \Psi(\mathbf{r},t)\nabla\Psi^*(\mathbf{r},t)\right\} \tag{82}$$

et, en utilisant (81), démontrer l'équation de conservation locale de la probabilité :

$$\frac{\partial}{\partial t}n(\mathbf{r},t) + \nabla\cdot\mathbf{J}(\mathbf{r},t) = 0 \tag{83}$$

Intégrée sur tout l'espace, cette relation permet de vérifier que la norme d'une fonction d'onde reste constante au cours du temps : si elle est initialement normalisée par (80), l'équation de Schrödinger conserve cette normalisation au cours du temps.

0.C.2 Spin, expérience de Stern et Gerlach

Le formalisme que nous venons de décrire ne s'applique qu'aux particules sans spin, qu'on appelle également particules de spin zéro. Examinons maintenant ce qu'il devient pour les particules de spin non-nul, ce qui nous permettra de mieux comprendre l'origine de l'espace des états à deux dimensions introduit au § 0.A.6.

0.C.2.a Introduction du spin

À la période de l'apparition de la mécanique quantique, l'étude des raies spectrales des atomes a conduit les physiciens à comprendre assez rapidement qu'une particule comme l'électron doit posséder un degré de liberté supplémentaire, en plus de ceux associés à sa seule position dans l'espace – cette idée fut émise par Uhlenbeck et Goudsmit en 1925, Ref. [0 – 5]. Le degré de liberté supplémentaire est appelé « spin » ; il correspond à une rotation interne de la particule (rotation sur elle-même). Le spin ne peut toutefois être expliqué par une image classique : un objet classique ne peut tourner sur lui-même que s'il possède une extension spatiale, alors qu'en mécanique quantique le spin existe même pour une particule ponctuelle (comme l'électron par exemple).

Peu auparavant (1922), Stern et Gerlach (Ref. [0 – 6]) avaient réalisé une expérience permettant de mettre en évidence très directement l'existence d'une rotation interne de particules quantiques comme des atomes ; dans leur cas il s'agissait d'atomes d'Argent dont le spin provient en particulier des électrons qu'ils contiennent. L'expérience est schématisée d'une façon très simplifiée sur la Fig. 1. Un jet de particules (jet atomique) est issu d'une source S et se propage vers une région B où un aimant crée un champ magnétique avec un fort gradient le long d'une direction Oz. Comme les particules portent un moment magnétique proportionnel à leur spin, donc colinéaire, ce moment magnétique subit de la part du gradient local une force, qui a pour effet de dévier les particules d'une façon qui dépend de la composante de leur spin le long de Oz. La position des particules est ensuite enregistrée sur un écran E.

Dans le cadre de la mécanique classique, on s'attendrait à ce que les spins aient initialement une orientation aléatoire, uniformément répartie dans toutes les directions ; cette composante devrait donc varier continûment entre des valeurs extrêmes – en d'autres termes, on devrait observer un continuum de déviations possibles de la particule, et donc une tache large sur l'écran. Or la surprise est de constater que, au lieu de cela, on observe deux taches bien séparées, correspondant à deux sortes de déviations, une dans la direction de Oz, une opposée. On interprète ce résultat en considérant que la composante de chaque spin le long de Oz ne peut prendre que deux valeurs discrètes (qui se trouvent être égales à $\pm\hbar/2$) : c'est la quantification du spin, directement observée expérimentalement avec ce dispositif.

Dans cette expérience, la direction Oz ne correspond à aucune direction particulière pour la source S. C'est donc que la composante du spin ne peut prendre que l'une parmi deux valeurs données opposées, et ceci quelle que soit la direction d'analyse. Bien sûr, en physique classique, une telle situation est tout à fait impossible : il n'existe aucune grandeur vectorielle dont le module de la composante sur un axe de direction quelconque reste toujours le même. C'est une nouvelle illustration du fait que le spin est de nature purement quantique, sans équivalent classique. Pour une discussion plus détaillée de l'expérience de Stern et Gerlach, et en particulier de mesures de la composante du spin sur des directions variées, voir par exemple le § A du chapitre IV de la Ref. [0 – 1].

De fait, la mécanique quantique n'impose pas que les valeurs discrètes des composantes du spin soient nécessairement au nombre de deux : leur nombre est donné par $2s + 1$, où s est un nombre demi-entier quelconque [8]. Le cas que nous avons décrit correspond donc à $s = 1/2$, et c'est pourquoi l'on parle de « particule de spin 1/2 » ; c'est celui de l'électron par exemple, ainsi que

8. Un nombre demi-entier est par définition un nombre dont le double est entier.

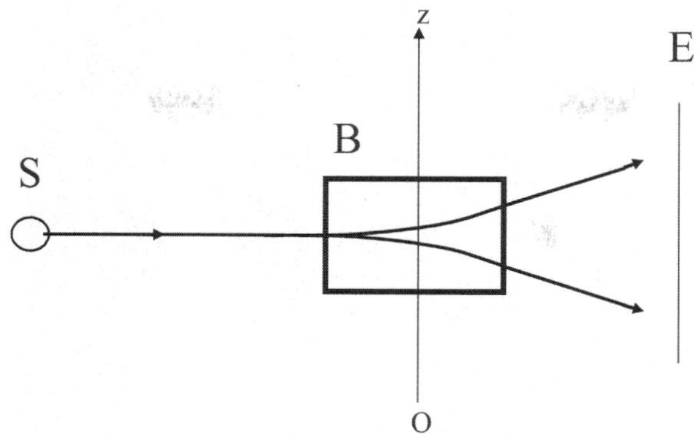

FIG. 1 – Schéma de principe de l'expérience de Stern et Gerlach. Une source S émet un jet de particules (atomes d'Argent) qui se propagent vers une région B où elles sont soumises à un fort gradient de champ magnétique créé par un aimant (non représenté sur la figure) dans la direction Oz. La force exercée par ce gradient sur le moment magnétique de la particule, qui est parallèle à son spin, dépend donc de la direction de ce dernier ; la particule est ainsi déviée d'une façon qui dépend de la composante sur Oz de son spin.
On s'attendrait en mécanique classique à observer un continuum de déviations possibles pour les particules, puisque cette composante peut prendre des valeurs variant continûment dans tout un intervalle). Mais on n'observe que deux types d'impacts sur l'écran E, correspondant à deux déviations possibles. Ceci indique que la composante du spin sur la direction du gradient ne peut prendre que deux valeurs discrètes – on dit qu'elle est quantifiée. En physique classique, il n'existe pas de vecteur dont la composante sur un axe quelconque ne puisse prendre que l'une parmi deux valeurs constantes. L'expérience met donc en évidence à la fois l'existence du spin et son caractère complètement non-classique.

d'un grand nombre de particules comme le proton, le neutron, etc. (mais pas le photon).

0.C.2.b Espace des états

Pour une particule de spin 1/2, le formalisme de la mécanique quantique non-relativiste introduit, non pas une fonction d'onde, mais deux : une par composante du spin. On choisit un axe de référence fixe, appelé « direction de quantification », qu'on appelle Oz, et l'on définit deux fonctions d'onde $\Psi_\pm(\mathbf{r})$, où l'indice $\pm$ correspond au signe de la composante du spin sur Oz. Pour une particule de spin s quelconque, ce seront $2s+1$ fonctions d'onde qui seront définies, mais pour simplifier nous nous limiterons ici au cas $s = 1/2$.

Le fait d'introduire deux fonctions $\Psi_\pm(\mathbf{r})$ (au lieu d'une seule) revient à doubler le nombre de composantes du vecteur d'état $|\Psi\rangle$, donc du nombre de vecteurs de base pour l'espace des états. Ainsi l'on remplace maintenant (77) par :

$$|\Psi(t)\rangle = \int d^3r \ [\Psi_+(\mathbf{r};t) \ |\mathbf{r},+\rangle + \Psi_-(\mathbf{r};t) \ |\mathbf{r},-\rangle] \tag{84}$$

où $|\mathbf{r},+\rangle$ désigne le vecteur où la particule est localisée au point $\mathbf{r}$ avec une composante positive du spin le long de Oz, alors que $|\mathbf{r},-\rangle$ est l'état correspondant avec une composante négative.

On appelle parfois « spineur » l'ensemble des deux composantes de $|\Psi\rangle$, que l'on regroupe dans une matrice colonne comme celles d'un vecteur dans un espace à deux dimensions :

$$\begin{pmatrix} \Psi_+(\mathbf{r}) \\ \Psi_-(\mathbf{r}) \end{pmatrix} \tag{85}$$

L'application des trois matrices de Pauli (46) au vecteur colonne (85) définit (après multiplication par un facteur $\hbar/2$) celles des opérateurs $S_{x,y,z}$ associées aux trois composantes du spin. Nous voyons ainsi apparaître une structure de l'espace des états qui inclut la juxtaposition des propriétés de spin (espace de dimension 2 étudié au § 0.A.6) et celles de la variable orbitale de position $\mathbf{r}$ (espace de dimension infinie), et fournit une bonne illustration de la notion d'espace des états « produit tensoriel » (§ 0.B.1).

0.C.3 Plusieurs particules

Supposons maintenant que le système étudié soit constitué de plusieurs particules.

En mécanique classique, l'évolution d'un système de N particules de positions $\mathbf{r}_1$, $\mathbf{r}_2$,.., $\mathbf{r}_N$ et de masses m_1, m_2, .., m_N fait intervenir l'hamiltonien :

$$\mathcal{H}(\mathbf{r},\mathbf{p}\,;t) = \sum_{i=1}^{N} \frac{\mathbf{p}_i^2}{2m_i} + \mathcal{V}(\mathbf{r}_1,\mathbf{r}_2,..,\mathbf{r}_N;t) \tag{86}$$

où le potentiel $\mathcal{V}(\mathbf{r}_1,\mathbf{r}_2,..,\mathbf{r}_N)$ est la somme du potentiel extérieur auquel sont soumises les particules et de leur potentiel d'interaction mutuelle.

En mécanique quantique, pour un ensemble de N particules sans spin, la fonction d'onde à une seule particule $\Psi(\mathbf{r},\mathbf{t})$ devient une fonction d'onde $\Psi(\mathbf{r}_1,\mathbf{r}_2,..,\mathbf{r}_N;t)$ qui dépend de l'ensemble des positions $\mathbf{r}_1,\mathbf{r}_2,..,\mathbf{r}_N$ de toutes les particules :

$$\Psi(\mathbf{r}_1,\mathbf{r}_2,..,\mathbf{r}_N;t) = \langle\mathbf{r}_1,\mathbf{r}_2,..,\mathbf{r}_N \ |\Psi(t)\rangle$$

La fonction :

$$n(\mathbf{r}_1,\mathbf{r}_2,..,\mathbf{r}_N;t) = |\Psi(\mathbf{r}_1,\mathbf{r}_2,..,\mathbf{r}_N;t)|^2 \tag{87}$$

généralise (79) et donne la densité de probabilité de trouver la première particule au point $\mathbf{r}_1$, la seconde au point $\mathbf{r}_2$, .. la dernière au point $\mathbf{r}_N$. Pour que Ψ soit une fonction d'onde physiquement acceptable, il faut que l'intégrale de n

dans tout l'espace des configurations (à $3N$ dimensions) soit finie, et permette donc la normalisation de Ψ.

L'introduction de la notion de produit tensoriel est naturelle en termes de fonctions d'onde. Pour deux particules, on sait qu'une fonction $\Psi(\mathbf{r}_1, \mathbf{r}_2)$ peut être décomposée comme une somme de produits de fonctions de $\mathbf{r}_1$ par des fonctions de $\mathbf{r}_2$:

$$\Psi(\mathbf{r}_1, \mathbf{r}_2) = \sum_\mu \sum_\nu \phi_\mu(\mathbf{r}_1)\, \phi_\nu(\mathbf{r}_2) \tag{88}$$

(où les sommes peuvent éventuellement être infinies, ou même continues de sorte qu'elles deviennent des intégrales sur μ et ν) : l'espace des fonctions d'onde à deux particules $\Psi(\mathbf{r}_1, \mathbf{r}_2)$ est le produit tensoriel des espaces des fonctions d'onde individuelles. Cette notion se généralise à N particules, dont les fonctions d'onde s'écrivent :

$$\Psi(\mathbf{r}_1, \mathbf{r}_2, .., \mathbf{r}_N) = \sum_\mu \sum_\nu ... \sum_\xi \phi_\mu(\mathbf{r}_1)\phi_\nu(\mathbf{r}_2) ... \,\phi_\xi(\mathbf{r}_N) \tag{89}$$

et appartiennent à l'espace produit tensoriel de N espaces de fonctions d'ondes individuelles.

L'équation de Schrödinger est une généralisation de (81), et s'écrit :

$$i\hbar \frac{\partial}{\partial t}\Psi(\mathbf{r}_1, .., \mathbf{r}_N; t) = -\frac{\hbar^2}{2m}\Delta\Psi(\mathbf{r}_1, .., \mathbf{r}_N; t) + V(\mathbf{r}_1, .., \mathbf{r}_N; t)\Psi(\mathbf{r}_1, .., \mathbf{r}_N; t) \tag{90}$$

où, comme en mécanique classique, le potentiel V peut comprendre une part due au potentiel extérieur agissant séparément sur chaque particule, ainsi qu'une part d'interaction entre elles (généralement la somme d'interactions binaires entre particules). On peut aisément définir un courant de probabilité $\mathbf{J}$ dans un espace à $3N$ dimensions (espace des configurations) afin de généraliser les relations (82) et (83) et obtenir ainsi une relation de conservation multidimensionnelle.

Si les N particules ont des spins 1/2, la fonction d'onde se divise en 2^N composantes, repérées par N indices valant $\pm$:

$$\Psi_{\pm,\pm,..\pm}(\mathbf{r}_1, \mathbf{r}_2, .., \mathbf{r}_N; t) \tag{91}$$

mais, à part ce changement, l'idée générale reste la même : l'espace des états du système de l'ensemble des particules est le produit tensoriel des espaces des états des particules individuelles.

Remarque : la quantification des systèmes physiques n'est pas limitée à celle des particules matérielles, mais s'applique également aux champs ; pour une introduction voir par exemple les Refs. [0 − 7] et [0 − 8].

Références

[0 − 1] C. Cohen-Tannoudji, B. Diu et F. Laloë, « Mécanique quantique », Hermann (1973 et 1977) ; « Quantum mechanics », Wiley (1977).

[0 – 2] A. Messiah, « Mécanique quantique », Dunod (1962).

[0 – 3] A. Peres, « Quantum theory, concepts and methods », Kluwer Academic Press (1995).

[0 – 4] M. Le Bellac, « Physique quantique », Savoirs Actuels, EDP Sciences (2003).

[0 – 5] G.E. Uhlenbeck et S. Goudsmit, Naturwissenschaften **47,** 953 (1925) ; Nature **117**, 264 (1926). Pour une intéressante description historique de la façon dont la découverte du spin a été faite, voir : http://www.ilorentz.org/history/spin/goudsmit.html.

[0 – 6] W. Gerlach et O. Stern, « Der experimentelle Nachweiss der Richtungsquantelung im Magnetfeld », Zeit. Phys. **9**, 349-355 (1922).

[0 – 7] L. Schiff, « Quantum mechanics », McGraw Hill (1955).

[0 – 8] C. Cohen-Tannoudji, J. Dupont-Roc et G. Gryndberg, « Photons et atomes », Savoirs Actuels, EDP Sciences (1987).

Chapitre 1

Perspective historique

Les pères fondateurs de la mécanique quantique avaient déjà perçu l'essence des difficultés de la mécanique quantique. De nos jours, presque un siècle plus tard, les discussions sont toujours bien vivantes ; s'il est vrai que de nouveaux aspects très intéressants ont émergé, il faut reconnaître qu'au niveau fondamental beaucoup de questions n'ont pas tellement changé. Ce qui est plus récent, cependant, est un changement général d'attitude parmi les physiciens : jusqu'en 1970 ou 1980, la plupart des physiciens pensaient que l'essentiel des questions fondamentales avait définitivement été réglé et que « Bohr avait raison ; il a clairement montré que ses opposants avaient tort ». C'était probablement une conséquence du fameux débat entre Bohr, Einstein, Schrödinger, Heisenberg, Pauli, de Broglie et d'autres (en particulier au cours des rencontres Solvay [1]), où Bohr avait remarquablement su déjouer toutes les attaques d'Einstein avec succès, malgré leur extrême habileté. Sans nécessairement connaître le détail des arguments, la majorité des physiciens pensaient donc que l'interprétation standard « de Copenhague » avait émergé sans conteste comme la seule attitude raisonnable pour les bons physiciens, c'est-à-dire ceux soucieux de ne pas s'accrocher inutilement aux idées du passé. Cette interprétation se fonde sur l'idée que la physique moderne doit comprendre le non-déterminisme comme un ingrédient essentiel : il est fondamentalement impossible de prédire ce qui se produit au niveau d'événements microscopiques individuels ; il est également impossible d'aller au-delà du formalisme de la fonction d'onde (ou de sa généralisation, le vecteur d'état $|\Psi\rangle$) afin de le compléter. Pour certains physiciens, l'interprétation de Copenhague comprend aussi la difficile notion de « complémentarité »... même s'il est vrai qu'en fonction du contexte la complémentarité recouvre bien des notions différentes qui ont été interprétées de façons variées ! Sans aller dans le détail, il reste vrai que l'impression de la grande majorité était que Bohr avait gagné le débat contre Einstein, de sorte que discuter encore les fondations de la mécanique quantique après ces géants était un peu prétentieux, passéiste, et peut-être même un peu de mauvais goût.

De nos jours, l'attitude des physiciens est bien plus ouverte sur ces questions. Une première raison est probablement que plusieurs « théorèmes d'impossibilité » proposés par les partisans de l'interprétation standard, en particulier par Von Neumann [2], sont maintenant considérés comme non-pertinents – voir [3–5] et [6], ainsi que la discussion proposée dans [7]. Une autre raison est, bien sûr, le grand impact des découvertes de Bell [4] en 1964 concernant l'influence de la localité. Au début du XXIe siècle, on peut probablement dire sans trop se tromper que nous ne sommes plus réellement certains que l'interprétation de Copenhague soit la seule possibilité cohérente et logique pour les physiciens – voir par exemple les doutes exprimés par Shimony dans [8]. D'autres points de vue sont pris au sérieux : théories avec variables additionnelles (ou « variables cachées » [1]) [9, 10] ; dynamique de Schrödinger modifiée pour le vecteur d'état [5, 11–13] (évolution non-linéaire et/ou stochastique) ; à l'autre extrême nous avons des points de vue tels que l'interprétation « des mondes multiples » (ou plutôt de l'Univers à branches multiples) d'Everett [14] ; plus récemment nous avons vu apparaître des interprétations telles que celle des « histoires cohérentes » [15], et cette liste n'est pas exhaustive. Toutes ces interprétations seront discutées dans le chapitre 8. Pour une revue récente avec de nombreuses références, voir [16], qui privilégie les variables additionnelles, mais prend également une position générale assez caractéristique de celles qu'on trouve souvent parmi les physiciens contemporains[2]. On pourra également consulter un débat un peu plus ancien, mais fort intéressant, dans la revue Physics Today [17] ; une autre source de références est la « Resource Letter » AJP de 1971 [18]. Mais cette variété d'interprétations possibles ne doit pas tromper le lecteur ! Disons très clairement que, jusqu'à maintenant, il n'existe aucune observation, fait, ou raisonnement, qui ait rendu l'interprétation standard de Copenhague obsolète.

1.A Trois périodes

Trois étapes successives peuvent être distinguées dans l'élaboration des concepts fondamentaux de la mécanique quantique ; elles ont conduit à l'interprétation de Copenhague, ou « orthodoxe », ou encore « interprétation standard », même si ces termes recouvrent des groupes d'interprétation de la même famille mais variés, comme nous le verrons plus bas (en particulier au chapitre 8). Nous ne donnerons ici qu'un bref résumé historique, proposant au lecteur qui voudrait en savoir plus sur l'histoire du développement historique de la mécanique quantique de se référer au livre de Jammer [19] – voir également [20]. Pour des discussions plus détaillées des problèmes fondamentaux de la mécanique quantique, on pourra également lire [8, 21, 22] ainsi que leurs références, et celles données dans [18].

1. Nous y reviendrons au § 8.F : nous préférons utiliser les mots « variables additionnelles » car ces variables ne sont en rien cachées, mais en fait très directement visibles comme résultats des expériences.

2. Il est amusant de remarquer l'opposition entre les titres des Refs. [8] et [16].

1.A.1 Préhistoire

C'est le nom de Planck qui vient le premier à l'esprit quand on pense à la naissance de la mécanique quantique : en 1900, c'est lui qui a introduit la fameuse constante h qui porte maintenant son nom. L'approche de Planck était phénoménologique ; sa motivation était d'expliquer les propriétés du rayonnement en équilibre thermique (rayonnement du corps noir) en introduisant une nouvelle notion, celle de grains d'énergie discrets permettant le calcul de l'entropie [23] ; ce n'est que plus tard qu'il les interpréta physiquement comme résultant d'échanges d'énergie discontinus entre matière et radiation. C'est Einstein qui, plus tard encore (en 1905), prit l'idée plus au sérieux et introduisit réellement la notion de quantum de lumière (qui ne serait appelé « photon » que bien plus tard), cette fois dans le but d'expliquer la dépendance en longueur d'onde de l'effet photoélectrique – pour une discussion générale des nombreuses contributions fondamentales d'Einstein à la théorie quantique, voir [24].

Nous devons toutefois garder à l'esprit que la question la plus importante à l'époque n'était pas d'expliquer les détails de l'interaction entre matière et rayonnement, ou les détails du rayonnement du corps noir. Le problème était bien plus général : il s'agissait de comprendre l'origine de la stabilité des atomes, c'est-à-dire de toute la matière qui nous entoure et dont nous sommes constitués ! Malgré plusieurs tentatives, expliquer pourquoi les atomes ne s'effondrent pas sur eux-mêmes, mais gardent des tailles constantes, était un réel défi que la physique n'était pas capable de relever[3]. Il fallut attendre un peu plus, jusqu'à ce que Bohr introduise son célèbre modèle de l'atome (1913), pour commencer à voir apparaître quelques idées jetant de premières lueurs sur la question. Bohr proposait la notion d'orbites « quantifiées » des électrons, orbites entre lesquelles ils pouvaient effectuer des « sauts quantiques », par exemple lors d'émission de photons optiques. Pour être honnêtes, nous devons admettre que ces notions ont presque totalement disparu de la physique contemporaine, où elles sont remplacées par une théorie bien plus puissante, comme par exemple celle de l'émission spontanée en électrodynamique quantique. Cependant, d'un autre côté, on peut voir dans l'usage moderne du postulat de réduction du vecteur d'état (ou du paquet d'ondes) une résurgence moderne des sauts quantiques. Heisenberg reprit le problème et, en 1925, introduisit la théorie qui est maintenant connue sous le nom de « mécanique des matrices »[4], une construction intellectuelle abstraite avec une forte composante philosophique, parfois proche du positivisme ; dans cette théorie, les propriétés physiques classiques sont remplacées par des « observables », mathématiquement des matrices, définies par des postulats adéquats ne faisant

3. Pour une revue récente du problème en mécanique quantique contemporaine, voir [25].

4. Les noms de Born et Jordan sont également associés à l'introduction de cette théorie ; ce sont eux qui ont immédiament fait le lien entre les règles abstraites de la mécanique de Heisenberg et celles du calcul matriciel en mathématiques.

pas grand appel à l'intuition. Cependant, la mécanique des matrices contenait des éléments qui se sont révélés essentiels dans la construction de la mécanique quantique moderne.

Avec le recul, on peut être frappé par le caractère abstrait et quelque peu mystérieux de la théorie atomique à cette période de l'histoire ; pourquoi les électrons devraient-ils obéir à des règles qui leur interdisent de quitter certaines orbites particulières, comme s'ils étaient guidés miraculeusement sur elles ? Quelle était l'origine de ces sauts quantiques, supposés sans aucune durée temporelle, de sorte que la question de l'état physique d'un électron pendant un tel saut était vide de sens ? Pourquoi des matrices devraient-elles apparaître en physique d'une façon aussi abstraite, sans aucune relation avec une description classique du mouvement d'une particule ? On peut deviner le soulagement que ressentirent beaucoup de physiciens quand apparut un autre point de vue, d'apparence beaucoup plus simple et, de plus, bien dans la tradition de la physique du XIXe siècle : la théorie ondulatoire.

1.A.2 La période ondulatoire

L'idée d'associer une onde avec toute particule matérielle a été initialement introduite par de Broglie dans sa thèse (1924) [26]. Quelques années plus tard (1927), elle fut confirmée expérimentalement par Davisson et Germer lors de leur fameuse expérience de diffraction électronique [27]. À l'époque toutefois, pour une raison ou une autre, de Broglie n'est pas allé plus avant dans l'étude de cette onde, de sorte que sa contribution sera de lever le voile du mystère, mais une partie seulement, selon le mot d'Einstein (voir par exemple la discussion dans [28]). On dit parfois que ce fut Debye qui, le premier, après avoir entendu parler des idées de De Broglie, remarqua qu'en physique une onde est généralement associée avec une équation d'onde : l'étape suivante devait donc être de découvrir cette équation. L'histoire ajoute que cette remarque fut faite en présence de Schrödinger, qui peu après commença à travailler sur ce programme ; c'est alors qu'il réussit à proposer une équation, qui maintenant porte son nom, une des équations les plus fondamentales de toute la physique. Il est amusant de noter que Debye lui-même ne semble pas s'être souvenu de l'épisode. Il est d'ailleurs parfaitement possible que cette anecdote ne soit pas véridique ; de fait, les partenaires de l'époque ont relaté des souvenirs différents, et nous ne saurons probablement jamais exactement ce qui s'est passé. Peu importe, ce qui est clair est que l'introduction en 1926 par Schrödinger de l'équation qui porte son nom et qui donne l'évolution de la fonction d'onde[5] [29] est un des grands moments de l'histoire de la physique. Initialement, cette équation a permis de comprendre le spectre des niveaux d'énergie de l'atome d'hydrogène, mais rapidement elle a également donné des résultats essentiels pour les autres atomes, puis les molécules et ions, les solides (la théorie des bandes par exemple), etc. C'est actuellement un outil fondamental dans de

5. Voir la note 11 pour la relation entre le vecteur d'état et la fonction d'onde.

nombreuses branches de la physique et de la chimie, assurément l'une des équations les plus importantes de toute la physique.

Sur le plan conceptuel, au moment de son introduction, la théorie ondulatoire a été accueillie comme une énorme simplification de la nouvelle mécanique, d'autant plus que Schrödinger et d'autres (Dirac, Heisenberg) ont pu rapidement montrer qu'elle permettait de retrouver les prédictions de la mécanique des matrices à partir de considérations plus intuitives sur la « fonction d'onde » nouvellement introduite. Il était alors naturel d'espérer pousser le même succès plus loin, et de pouvoir simplifier par la même méthode tous les problèmes posés par la mécanique des particules atomiques : on aurait alors pu la traiter par une mécanique des ondes, de façon analogue à ce qui est fait pour les ondes acoustiques ou électromagnétiques. Par exemple, initialement Schrödinger pensait que toutes les particules de l'Univers nous apparaissaient comme des particules ponctuelles seulement parce que nous les observions à une échelle trop grande ; en réalité, elles seraient de minuscules « paquets d'ondes » localisés dans de petites régions de l'espace. Il avait même montré que ces paquets d'onde restent petits (ils ne s'étalent pas dans l'espace) lorsque le système étudié est un oscillateur harmonique... hélas, nous savons maintenant qu'il s'agit là d'un cas très particulier, et qu'en général les paquets d'onde s'étalent dans l'espace !

1.A.3 Émergence de l'interprétation de Copenhague

Il ne fallut pas longtemps pour réaliser qu'une théorie purement ondulatoire présente de sérieuses difficultés, en fait tellement sérieuses que les physiciens furent rapidement conduits à abandonner cette voie. Un premier exemple de difficulté est fourni par une collision entre particules, où l'onde de Schrödinger diffuse dans toutes les directions, un peu comme une onde circulaire dans une mare où une pierre a été jetée ; cependant, dans toutes les expériences de collisions, on observe que les particules suivent après collision des trajectoires bien définies, restant bien localisées avec une direction de propagation relativement bien définie. Par exemple, toutes les photographies prises dans des chambres à collision d'accélérateurs de particules montrent bien que les particules ne se « diluent » jamais dans toutes les directions de l'espace ! Cette constatation a stimulé Born, en 1926, à proposer une interprétation probabiliste de la fonction d'onde [30] : les processus quantiques comme les collisions sont fondamentalement non-déterministes, et la seule prédiction qui puisse être calculée est un ensemble de probabilités, données par le carré du module de la fonction d'onde. Une seconde difficulté apparaît dès qu'on considère des systèmes composés de plus d'une seule particule : alors, l'onde de Schrödinger n'est plus une onde « ordinaire » puisque, au lieu de se propager dans l'espace ordinaire à 3 dimensions, elle se propage dans un espace dit « espace des configurations », dont la dimension est $3N$ pour un système composé de N particules ! Déjà, pour le plus simple des atomes, l'atome d'hydrogène, l'onde se propage à 6 dimensions[6]. Pour un ensemble d'atomes, la dimension de l'espace des configurations croit rapidement, et devient un nombre astronomique pour l'ensemble des atomes d'un échantillon macroscopique. Chacun s'est alors rendu compte que la nouvelle onde n'était en rien semblable à une onde classique qui, elle, se propage dans l'espace ordinaire ; cette profonde différence apparaîtra un peu comme un leitmotiv dans ce livre[7], sous des formes diverses[8].

Faisant une petite digression, nous pouvons remarquer au passage que l'observation relativement récente (1995) du phénomène de condensation de Bose-Einstein dans des gaz dilués [31] peut être vue, en un sens, comme une sorte de réalisation des espoirs initiaux de Schrödinger : cette condensation, en effet, fournit un cas particulier où une onde de matière se propage effectivement dans l'espace habituel à 3 dimensions, alors qu'elle est associée à de nombreuses particules. Avant que la condensation ne se produise, nous avons la situation habituelle : le gaz est décrit par une fonction d'onde dans un espace des configuration de dimension très élevée. Mais, lorsque les atomes sont totalement condensés dans une fonction d'onde unique à une seule particule, leur fonction d'onde à plusieurs particules devient beaucoup plus simple puisqu'elle est construite à partir d'une seule fonction d'onde à une particule. En d'autres termes, l'onde de matière devient alors semblable à un champ classique avec deux composantes (la partie réelle et la partie imaginaire de la fonction d'onde), relativement semblable à une onde sonore par exemple. On voit ainsi que, paradoxalement, ce « nouvel état de la matière passionnant » fourni par la condensation de Bose-Einstein n'est en rien l'exemple d'une situation ultra quantique ; en un sens, cet état est plus classique que le gaz dont il est issu (en termes de description quantique, corrélations entre particules, etc.). Mais, sur le plan général et conceptuel, il faut bien voir que cet exemple n'est qu'un cas très particulier ; dans le cas général, il ne résout en rien le problème que créerait une vue naïve comme celle initiale de Schrödinger, où la fonction d'onde serait vue comme une onde ordinaire.

De fait, la description purement ondulatoire des particules a maintenant disparu de la mécanique quantique moderne. En plus de Born et Bohr, Heisenberg [32], Jordan, Dirac [33] et d'autres ont joué un rôle essentiel dans l'apparition d'une nouvelle formulation de la mécanique quantique [20], où des notions probabilistes et ondulatoires sont incorporées dans un même édifice

6. Nous ignorons ici les spins, sinon il faudrait considérer 4 ondes de ce type qui, chacune, se propage dans un espace à 6 dimensions.

7. Par exemple, les effect non-locaux se produisant avec deux particules peuvent être décrits comme une conséquence du fait que la fonction d'onde se propage de façon locale, mais dans un espace à 6 dimensions, alors que la définition habituelle de la localité fait intervenir l'espace ordinaire à 3 dimensions.

8. Il est également possible de formuler la mécanique quantique d'une façon qui ne fait pas intervenir l'espace des configurations, mais seulement l'espace ordinaire, en utilisant le formalisme des opérateurs de champ (parfois appelé seconde quantification pour des raisons historiques). On peut écrire ces opérateurs sous une forme mathématique formellement similaire à celle d'une fonction d'onde, mais il restent des opérateurs quantiques de sorte que leur ressemblance avec un champ classique est encore moins claire.

logique complexe. La composante probabiliste est que, lorsqu'un système subit une mesure, le résultat de cette mesure est en général fondamentalement aléatoire ; le théorie ne fournit que les probabilités des différents résultats possibles. La composante ondulatoire est que, en l'absence de mesure, l'équation de Schrödinger s'applique. La fonction d'onde n'est plus considérée comme une description physique directe du système lui-même ; ce n'est qu'un outil mathématique qui fournit les probabilités des différents résultats possibles[9] – nous revenons plus en détail sur ce point au § 1.B.3.

La première version de l'interprétation de Copenhague fut complétée autour de 1927. Presque immédiatement, les théoriciens se sont employés à étendre le domaine d'application de la mécanique des particules vers les champs. À l'époque, il était question seulement du champ électromagnétique, celui associé au photon, mais plus tard les idées furent appliquées à une grande variété de champs associés à de nombreuses particules (électrons, muons, quarks, etc.). La théorie des champs quantiques s'est maintenant énormément développée pour devenir l'outil de base de la physique des particules, dans un cadre relativiste (l'équation de Schrödinger elle-même ne satisfait pas l'invariance de Lorentz). Une généralisation de l'idée d'invariance de jauge en électromagnétisme a conduit à diverses formes de théories de jauge, dont certaines sont le fondement de notre compréhension actuelle du rôle des interactions fondamentales[10] en physique (électromagnétique, faible et forte), et a conduit à la prédiction de nouvelles particules, confirmée par l'expérience. Néanmoins, en dépit de ces avancées nombreuses et remarquables, conceptuellement la théorie des champs reste au même niveau fondamental que la théorie non-relativiste des particules basée sur l'équation de Schrödinger. Comme l'objet de ce livre est principalement de discuter les concepts, nous n'y aborderons donc guère la théorie des champs.

1.B Le vecteur d'état

Beaucoup des discussions sur les fondements de la mécanique quantique tournent autour du statut du vecteur d'état et de son interprétation physique. Pour faciliter la discussion qui va suivre, il n'est pas inutile de commencer par rappeler quelques éléments supplémentaires sur son rôle et son utilisation dans le cadre de l'interprétation standard actuelle ; ceci est fait dans les §§ 1.B.1 et 1.B.2, où l'on rappelle la définition et l'usage qui est fait du vecteur d'état en mécanique quantique (le lecteur familier avec le formalisme quantique est

9. Dans la littérature, on trouve souvent le mot « ontologique » pour décrire le point de vue initial de Schrödinger sur la fonction d'onde, par opposition avec « épistémologique » qui s'applique à l'interprétation probabiliste.

10. Il existe en physique une quatrième interaction fondamentale, la gravitation. Le « modèle standard » en théorie des champs contient une unification des trois premières interactions, mais laisse de côté la gravitation. D'autre théories permettent d'unifier les quatre interactions, mais pour le moment ne sont pas considérées comme standard.

invité à sauter ces §). Ensuite, au § 1.B.3, nous discutons le statut du vecteur d'état en mécanique quantique standard.

1.B.1 Définition, équation de Schrödinger, règle de Born

Résumons brièvement comment le vecteur d'état est utilisé dans les équations de la mécanique quantique – on trouvera si nécessaire plus de détails aux §§ 0.A.1 et suivants.

1.B.1.a Définition

Prenons par exemple un système physique de N particules massives, chacune se propageant dans l'espace ordinaire à 3 dimensions : le vecteur d'état (ou la fonction d'onde associée[11]) remplace en mécanique quantique les N positions et N vitesses qui, en mécanique classique, seraient utilisées pour décrire l'état d'un système. Comme il est souvent commode de grouper toutes ces positions et vitesses dans les $6N$ composantes d'un seul vecteur $\mathbf{V}$ appartenant à un espace vectoriel réel de $6N$ dimensions, dit « espace des phases » [12] ; sur le plan du formalisme, on peut dire que le vecteur d'état $|\Psi\rangle$ est l'équivalent quantique de ce vecteur classique $\mathbf{V}$. Il appartient cependant à un espace tout différent de celui du vecteur classique, un espace vectoriel complexe $\mathcal{E}$ appelé « espace des états » (ou, quelquefois, « espace de Hilbert », pour des raisons historiques), de dimension infinie pour notre exemple. Les calculs dans cet espace sont souvent menés avec l'aide d'une notation très commode, la notation de Dirac [33], que nous utiliserons effectivement dans cet ouvrage, et où les vecteurs de l'espace des états sont souvent appelés « kets ».

Dire que le vecteur d'état appartient à un espace vectoriel entraîne que toute superposition linéaire de deux kets $|\Psi_1\rangle$ et $|\Psi_2\rangle$ est également un vecteur de l'espace des états :

$$|\Psi\rangle = \alpha\,|\Psi_1\rangle + \beta\,|\Psi_2\rangle \tag{1.1}$$

(où α et β sont des nombres complexes quelconques), qui définit donc un autre état possible pour le système. Cette règle est appelée le « principe de superposition » de la mécanique quantique, et a beaucoup de conséquences.

De plus, à chaque grandeur physique du système, comme position(s), impulsion(s), énergie, moment cinétique, etc., le formalisme de la mécanique quantique associe un opérateur linéaire agissant dans l'espace des états, et fournit des règles pour construire ces opérateurs. Pour des raisons historiques (§ 1.A.1), chacun des ces opérateurs est souvent appelé « observable », appartenant à la catégorie d'opérateurs appelés « opérateur linéaire hermitique ».

11. Pour un système de particules massives sans spin, le « vecteur d'état » $|\Psi\rangle$ est équivalent à une « fonction d'onde », alors que pour des systèmes plus compliqués ce n'est pas le cas. Cependant comme, conceptuellement, les deux jouent le même rôle et sont utilisés de la même façon dans la théorie, il n'est pas utile ici de faire la distinction.

12. L'espace des phases a donc deux fois plus de dimensions que l'espace de configurations introduit plus haut.

1.B.1.b Équation de Schrödinger

L'évolution du vecteur d'état $|\Psi(t)\rangle$ entre les temps t_0 et t_1 est donnée par l'équation de Schrödinger :

$$i\hbar\frac{d}{dt}\,|\Psi(t)\rangle = H(t)\,|\Psi(t)\rangle \tag{1.2}$$

où $H(t)$ est l'hamiltonien du système (incluant les interactions internes du système ainsi que, si besoin est, les effets du couplage à des champs classiques extérieurs – un champ magnétique statique par exemple). L'équation de Schrödinger est une équation différentielle linéaire, qui donne une évolution continue du vecteur d'état, sans aucun saut ni discontinuité. Elle est semblable à beaucoup d'autres équations de ce type en physique. Elle est aussi générale que les équations de Newton ou de Lagrange en mécanique classique, et peut s'appliquer à toutes les situations physiques possibles, pourvu bien sûr que le système soit bien défini avec un hamiltonien connu.

En particulier, l'équation de Schrödinger peut également s'appliquer à une situation où le système physique interagit avec un appareil de mesure (un spin $1/2$ qui pénètre dans le gradient d'un aimant de Stern et Gerlach par exemple) ; l'équation ne sélectionne alors aucun résultat de mesure particulier, mais les conserve tous comme des potentialités (contenues dans ce que l'on appelle une « superposition cohérente »). C'est alors qu'on introduit un ingrédient supplémentaire dans la théorie, la règle de probabilité de Born.

1.B.1.c Règle de Born, probabilités

Nous supposons qu'à l'instant t_1, où la solution $|\Psi(t)\rangle$ de l'équation (1.2) prend la valeur $|\Psi(t_1)\rangle$, le système subit une mesure associée à un opérateur M agissant dans l'espace des états. Nous notons $\mid m_i >$ les vecteurs propres de M associés aux valeurs propres m_i $(i = 1, 2, ...)$; si certaines d'entre elles sont dégénérées, plusieurs valeurs consécutives de la suite des m_i sont égales, mais correspondent à des vecteurs $\mid m_i >$ différents. Comme M est un opérateur hermitique, les $\mid m_i >$ peuvent être choisis comme une base orthonormée de l'espace des états.

La règle de Born indique alors que :

(i) le résultat de la mesure associée à M ne peut être que l'un des m_i ; les autres résultats ne sont jamais obtenus ;

(ii) si une valeur particulière m_i est non-dégénérée, la probabilité $\mathcal{P}_i$ d'obtenir le résultat m_i est donnée par le carré du module du produit scalaire de $|\Psi(t_1)\rangle$ par $|m_i\rangle$:

$$\mathcal{P}_i = |\langle m_i\,|\Psi(t_1)\rangle|^2 \tag{1.3}$$

(iii) la probabilité de trouver une valeur propre dégénérée est simplement la somme de toutes les probabilités (1.3) calculées avec tous les vecteurs propres orthonormés qui sont associés avec cette valeur propre[13].

Mathématiquement, cette dernière règle peut être écrite sous une forme simple, qui nous sera utile plus bas. Si le résultat correspond à une valeur propre m qui est p fois dégénérée, la série des p nombres m_i, m_{i+1},..m_{i+p} sont égaux à m. Nous pouvons alors introduire la somme des projecteurs (§ 0.A.3) sur les vecteurs propres correspondants :

$$P_M(m) = |m_i\rangle \langle m_i| + |m_{i+1}\rangle \langle m_{i+1}| + .. + |m_{i+p}\rangle \langle m_{i+p}| \tag{1.4}$$

Cette somme est également un projecteur, qui peut être appliqué au vecteur d'état $|\Psi(t_1)\rangle$ avant la mesure :

$$P_M(m) |\Psi(t_1)\rangle = |\Psi'\rangle \tag{1.5}$$

La probabilité d'obtenir le résultat m par la mesure est alors simplement le carré de la norme de $|\Psi'\rangle$:

$$\mathcal{P}_m = \langle \Psi' |\Psi'\rangle \tag{1.6}$$

1.B.2 Processus de mesure

L'interprétation standard de Copenhague de la mécanique quantique contient l'évolution progressive et déterministe du vecteur d'état sous l'effet de l'équation de Schrödinger. Généralement, on inclut également dans cette interprétation un second postulat d'évolution, associé au processus de la mesure, et complètement différent de l'équation de Schrödinger puisqu'il est discontinu. Il est souvent appelé « réduction du paquet d'ondes » ou « réduction du vecteur d'état », et fut introduit par Von Neumann dans son fameux traité (chapitre VI de [2]). Quant à Bohr lui-même, il préférait un autre point de vue, où l'usage explicite de la réduction du vecteur d'état n'est pas nécessaire[14] (voir aussi § 8.A.2).

1.B.2.a Von Neumann, la réduction

Supposons que le système étudié soit préparé à l'instant t_0, évolue librement (sans mesure) jusqu'au temps t_1 où il subit une première mesure, puis évolue ensuite à nouveau librement jusqu'au temps t_2 où une seconde mesure

13. De façon similaire, en théorie classique des probabilités, si un événement E peut être obtenu soit comme l'événement e_1, soit e_2,..., soit e_i,..., et si tous les événements e_i sont exclusifs, la probabilité E est la somme des probablités des e_i.

14. La référence [34] contient les phrases suivantes : « Il est important de noter que la complémentarité de Bohr ne fait aucune mention de la réduction du paquet d'ondes...ou d'un rôle privilégié de la conscience subjective de l'observateur. Bohr n'était en aucune façon un positiviste. Beaucoup de ce qui passe pour l'interprétation de Copenhague vient des écrits de Werner Heisenberg, mais pas de ceux de Bohr ».

est effectuée. Juste après la première mesure à l'instant t_1, au moment où le résultat de cette mesure est connu, il devient naturel de considérer que la préparation initiale et cette première mesure font partie d'un seul processus de préparation du système physique. On associe alors à cette préparation un vecteur d'état bien défini qui contient l'information du premier résultat ; c'est précisément ce que fait le postulat de réduction du paquet d'ondes. Le nouveau vecteur d'état « réduit » peut alors être utilisé comme nouvel état initial, afin de calculer les probabilités des résultats d'une seconde mesure effectuée sur le système à l'instant t_2.

C'est également le point de vue de Dirac lorsqu'il écrit (page 9 de « Quantum mechanics » [33]) : « Il existe cependant deux cas où nous sommes en général obligés de considérer la perturbation comme la source d'un changement de l'état du système, à savoir quand la perturbation est une observation et quand elle consiste à préparer le système dans un état donné ».

Nous supposons que la mesure est idéale – elle préserve l'intégrité du système, et ce n'est donc pas une mesure destructive comme par exemple l'absorption d'un photon par un détecteur[15]. Après que la mesure associée à M a fourni le résultat m_i correspondant à une valeur propre non-dégénérée (donc à un seul $|m_i\rangle$), le vecteur d'état réduit est :

$$|\Psi'\rangle = |m_i\rangle \tag{1.7}$$

En d'autres termes, au temps t_1 où la première mesure a lieu et fournit le résultat m_i, le vecteur d'état saute de façon discontinue de la valeur $|\Psi(t_1)\rangle$ vers la valeur $|m_i\rangle$. Si la même mesure est répétée presque immédiatement, l'application de la règle de Born (1.3) à l'état $|\Psi'\rangle$ entraîne que toutes les probabilités sont nulles, sauf une : le résultat de la mesure est alors certain, on obtient à nouveau m_i.

La généralisation de (1.7) à une mesure dégénérée est donnée par (1.5) :

$$|\Psi'\rangle = cP_M(m)\,|\Psi(t_1)\rangle \tag{1.8}$$

où c est un coefficient de normalisation[16].

Cette règle peut facilement se généraliser à plus de deux mesures successives. À chaque fois qu'une mesure est effectuée et qu'un résultat est obtenu, le vecteur d'état saute vers une nouvelle valeur qui inclut cette nouvelle information (mais peut également effacer tout ou partie de l'information précédente). Une exception se produit si la même mesure est répétée à des instants suffisamment proches, de sorte qu'aucune évolution de Schrödinger n'a le temps de se produire entre eux. Alors tous les résultats sont nécessairement les mêmes de sorte que, après la première mesure, la réduction du vecteur d'état n'a

15. Les mesures idéales appartiennent à la catégorie des mesures QND (quantum non-destructive measurements), qui peuvent être réalisées en optique quantique par exemple [35]. Au § 7, nous décrivons d'autres exemples de mesures QND.

16. Ce coefficient est l'inverse de la racine carrée du nombre réel $\langle\Psi(t_1)|\,P_M(m)\,|\Psi(t_1)\rangle$.

aucun effet (mais elle recommence à agir dès qu'une observable différente est mesurée).

Il est clair que la réduction du vecteur d'état est reliée de façon proche à la règle des probabilités de Born. En fait, si on généralise cette règle à des mesures multiples à des instants différents (§ 8.A.2.a et Appendice G), on peut déduire la réduction du vecteur d'état et la faire apparaître simplement comme une règle commode pour calculer des probabilités. Dans ce point de vue, la réduction du vecteur d'état n'est plus un postulat, mais juste une commodité de calcul qui est conséquence de la règle de Born généralisée.

En résumé, le schéma général que nous avons présenté inclut des étapes différentes dans l'évolution du vecteur d'état. Entre préparation et mesure, il évolue de façon parfaitement continue selon l'équation de Schrödinger. Lorsque le système subit une mesure, il interagit avec l'appareil correspondant. Les probabilités des différents résultats de mesure peuvent être calculées à partir du vecteur d'état d'une façon parfaitement bien définie, mais seulement les probabilités : l'équation de Schrödinger en elle-même est incapable d'effectuer la sélection d'un résultat unique parmi tous ceux qui sont possibles. La sélection observée peut être vue comme une conséquence de la réduction du vecteur d'état, un processus qui le fait sauter de façon en général discontinue et imprévisible vers une nouvelle valeur. Ainsi l'émergence de l'unicité du résultat est obtenue (on pourrait dire en quelque sorte mise à la main) de façon explicite en ne retenant que la composante appropriée du vecteur d'état, et en annulant toutes les autres, ce qui explique le terme de « réduction » – nous reviendrons sur la question au § 2.A. Le processus de réduction est discontinu et irréversible. Ainsi, dans ce schéma deux règles indépendantes sont donc introduites, une pour l'évolution « naturelle » et continue du vecteur d'état entre les mesures, et une autre pour les mesures que subit le système ; la difficulté est alors de bien comprendre comment éviter les conflits potentiels entre les deux postulats.

1.B.2.b Bohr

Bohr ne fait aucun usage explicite de la réduction du vecteur d'état. Il préfère considérer l'ensemble de toutes les mesures successives comme faisant partie d'une seule grande expérience, incluant tous les appareils de mesure qui sont nécessaires à les réaliser (ainsi, vraisemblablement, que ceux utilisés dans l'étape de préparation du système). Les règles de la mécanique quantique fournissent alors les probabilités associées à toutes les séries possibles de résultats. Dans ce point de vue, on ne devrait pas se demander (comme nous l'avons fait au §1.B.2.a) quel est l'état quantique du système mesuré entre, par exemple, la première et la seconde mesure : séparer le système de l'ensemble de l'appareillage expérimental n'a pas de sens dans cette interprétation de la mécanique quantique (non-séparabilité, § 3.C.3).

Dans ces conditions, le conflit potentiel entre deux postulats d'évolution différents disparaît. Il est alors toutefois remplacé par une autre difficulté :

dans chaque expérience, il faut savoir faire la distinction entre deux parties différentes, le système observé et les appareils de mesure. Seuls ces derniers sont directement accessibles à l'expérience humaine et peuvent être décrits dans les termes du langage ordinaire, celui de la physique classique. Les appareils de mesure ont donc un rôle très particulier dans la théorie : ils sont l'origine des résultats de mesure et de notre perception du monde physique, et ce faisant ils introduisent une composante essentielle non-déterministe dans la théorie. La difficulté est alors de savoir où situer exactement la frontière entre les deux parties[17]. Si par exemple elles doivent être distinguées en terme de tailles des systèmes physiques, on peut se demander à partir de quelle taille exactement un système est suffisamment macroscopique pour devenir directement accessible à l'expérience humaine, et pourra se comporter comme un appareil de mesure. Si la distinction doit être faite en fonction d'un autre critère plus élaboré que la taille, il semble nécessaire de préciser comment, afin de rendre le concept moins vague. Dans [36], Bohr écrit (voir également la citation de Bell dans le § 2.E) : « Cette nécessité de discriminer dans chaque dispositif expérimental entre les parties du système physique considéré qui doivent être traitées comme des appareils de mesure et celles qui constituent les objets étudiés peut sans nul doute être qualifiée comme *la distinction principale entre les descriptions classique et quantique des phénomènes physiques* ».

1.B.3 Statut

Dans le cadre qui vient d'être rappelé, quel est pour finir le statut du vecteur d'état (ou de la fonction d'onde) en mécanique quantique standard ?

1.B.3.a Deux extrêmes

Dans les discussions sur ce statut, deux erreurs opposées doivent être évitées, car toutes les deux ratent la cible d'un côté différent. Le première est d'emboîter le pas aux espoirs initiaux de Schrödinger, et de penser que la fonction d'onde du système, même en se propageant dans un espace de grande dimension, décrit directement les propriétés physiques du système. Dans un point de vue purement ondulatoire de ce type, les positions et vitesses des particules sont remplacées par l'amplitude d'une onde complexe, et la notion même de particule ponctuelle se dilue. Néanmoins, les difficultés inhérentes à ce point de vue sont si bien connues (cf. § 1.A.3) que, de nos jours, peu de physiciens sont prêts à l'endosser, au moins dans le cadre de la théorie

17. Ceci ne signifie pas nécessairement qu'il faut choisir une fois pour toutes une frontière qui coupe en deux le monde physique. Dans le point de vue de Bohr, cette frontière peut dépendre de l'expérience considérée (on pourrait imaginer un élément qui soit une composante du système mesuré dans une expérience, et appartienne à l'appareil de mesure dans une autre).

standard[18]. À l'autre extrême, on pourrait considérer que la fonction d'onde ne décrit en rien les propriétés physiques intrinsèques du système, mais seulement l'information qu'un observateur donné possède sur lui. Elle devient alors l'analogue d'une distribution de probabilité classique en théorie habituelle. Bien sûr, à première vue, on a l'impression que ce point de vue résout instantanément toutes les difficultés introduites en mécanique quantique par la réduction du vecteur d'état et ses discontinuités : chacun sait que des probabilités classiques peuvent changer par sauts brusques, et personne ne considère cela comme un problème particulier. Par exemple, dès que devient disponible une information nouvelle concernant un événement (qui peut être macroscopique et très éloigné), la probabilité que nous associons à l'événement change de façon discontinue, et peut même devenir totalement différente ; par analogie, ne serait-ce pas la façon la plus naturelle d'expliquer les changements soudains du vecteur d'état lors de la réduction du vecteur d'état ?

Une première difficulté de ce point de vue est qu'il conduirait tout naturellement à l'idée que la fonction d'onde (ou le vecteur d'état) possède un caractère relatif : si deux observateurs disposent d'une information différente sur le même système physique, devraient-ils le décrire avec des fonctions d'onde différentes[19] ? En théorie statistique classique, les distributions de probabilités qui subissent des sauts discontinus lors de l'acquisition d'information sont, par essence même, des fonctions de l'observateur et de l'information dont il dispose[20] : celui qui en possède plus décrit le phénomène avec une distribution plus étroite qu'un autre, moins informé ; on peut même toujours en principe imaginer un observateur parfaitement informé pour lequel toutes les grandeurs ont une distribution infiniment étroite (pour cet observateur, le phénomène sera alors déterministe). Cependant, la possibilité d'une description de toutes les grandeurs avec une précision arbitraire est rejetée par la mécanique quantique standard. En fait, la plupart de auteurs considèrent

18. Dans les théories basées sur une dynamique de Schrödinger modifiée (versions non-standard demandant de modifier l'équation de Schrödinger, voir § 8.H), un point de vue purement ondulatoire peut être réintroduit.

19. Nous supposons que les deux observateurs utilisent le même référentiel d'espace-temps, et que c'est juste la quantité d'information qui varie de l'un à l'autre. Sinon, nous devrions appliquer des transformations mathématiques simples (unitaires) pour passer d'un vecteur d'état à l'autre. Cette opération n'a toutefois pas plus d'impact conceptuel qu'en mécanique classique, où des règles simples permettent également de passer des positions et des vitesses dans un référentiel à celles dans un autre référentiel.
Ajoutons qu'en mécanique quantique on peut aussi introduire des probabilités classiques associées à une connaissance imparfaite du système, en particulier par le formalisme de l'opérateur densité (§ 0.A.5). Ici nous nous limitons à la discussion de vecteurs d'états et de fonctions d'onde (états purs) sans prendre en compte ce type d'incertitude.
Enfin, nous nous limitons ici à une discussion simplifiée ; dans un contexte plus élaboré, il faudrait par exemple introduire la notion d'intersubjectivité, etc. [8, 21].

20. En théorie classique des probabilités, on peut également introduire la notion de probabilité « objective » (indépendante de l'observateur), comme par exemple en mécanique statistique dans l'étude de systèmes chaotiques comprenant un très grand nombre de particules ; mais ces probabilités n'effectuent pas de sauts discontinus.

que la fonction d'onde (ou vecteur d'état) n'est pas relative à un observateur, mais à un système physique donné.

De plus lorsque, en théorie des probabilités ordinaires, une distribution subit un saut soudain vers une distribution plus précise, la raison en est simplement que des valeurs plus précises des variables existaient déjà avant le saut. En d'autres termes, le fait qu'une probabilité de distribution reflétait une connaissance imparfaite du système signifie qu'un saut vers une distribution plus précise est en principe possible, plus proche de la réalité du système lui-même[21]. Mais, à nouveau, cette conclusion est en opposition totale avec la mécanique quantique standard, qui rejette le principe même qu'une description plus précise de la réalité que celle de la fonction d'onde soit possible (voir § 3.C.2). Dans cette théorie, l'aléatoire qui intervient lors d'une mesure est de caractère véritablement absolu ; il est vain de chercher des causes de tel ou tel résultat, car elles n'existent pas. En fait, introduire la notion de valeurs de quantités physiques préexistantes est précisément la base des théories « non-orthodoxes » mettant en jeu des variables supplémentaires (souvent appelées « variables cachées » – voir § 8.F et note 1). Ainsi ceux qui proposent une interprétation relative (ou subjective) du vecteur d'état sont parfois des partisans des variables supplémentaires, mais qui l'ignorent ! En mécanique quantique standard, il est essentiel de garder à l'esprit que la fonction d'onde (ou le vecteur d'état) donne LA description ultime du système, avec toutes ses propriétés physiques ; elle n'est ni contextuelle, ni dépendante de l'observateur ; si elle donne des prédictions probabilistes sur les résultats de mesures futures, elle reste ainsi totalement différente d'une distribution de probabilité classique.

1.B.3.b Le point de vue (orthodoxe) de Copenhague, interprétation standard

Si aucun de ces points de vue n'est correct, comment alors les combiner pour obtenir le statut du vecteur d'état en mécanique quantique orthodoxe ? Dans quelle mesure devons-nous considérer qu'il décrit le système physique lui-même (interprétation réaliste), ou plutôt qu'il contient l'information que nous pouvons avoir sur ce système (interprétation positiviste), d'une façon qui est plus subtile qu'une distribution de probabilités classique ? De fait, en mécanique quantique, le vecteur d'état possède un statut réellement non trivial, qui n'a aucun équivalent dans tout le reste de la physique.

21. Normalement, l'information porte sur « quelque chose d'indépendant ». Une information, ou une probabilité, concerne un événement ou un objet qui possède sa réalité propre, que l'on peut définir sans faire intervenir l'information, et que quelqu'un soit en train d'en acquérir de l'information ou non – voir par exemple § VII de [37]. Il semble difficile de définir l'objet lui-même en termes de l'information qui le concerne, ouvrant la porte à des problèmes délicats de circularité logique.

Il faut dire que l'interprétation orthodoxe de Copenhague n'est pas définie exactement de la même façon par tous les auteurs[22] ; des nuances existent concernant la définition d'un état quantique. C'est pourquoi il est probablement plus approprié de parler de la définition « standard », celle qui se trouve dans la majorité des livres d'enseignement. Le point de vue standard est que le vecteur d'état (ou fonction d'onde) est associé avec une procédure de préparation du système physique étudié. Dirac, dans le chapitre I de son fameux livre [33], écrit : « Nous devons d'abord généraliser la signification d'un 'état' de sorte qu'il puisse concerner un système atomique... La méthode de préparation peut alors être considérée comme spécifiant cet état ». Ou Stapp, lorsqu'il introduit l'interprétation de Copenhague [38] : « La spécification de la grandeur A sur la méthode de préparation du système physique est en premier lieu transcrite dans une fonction d'onde $\Psi_A(x)$ ». De façon semblable, Peres écrit [39] : « un vecteur d'état n'est pas une propriété du système physique, mais représente plutôt une procédure expérimentale pour préparer ou tester un ou plusieurs systèmes physiques ». Il fait également le commentaire général « la théorie quantique est incompatible avec la proposition selon laquelle des mesures constituent des processus qui nous permettent de découvrir des propriétés inconnues et préexistantes ». Dans cette perspective, une fonction d'onde est une représentation objective (indépendante de l'observateur) d'une méthode de préparation, plutôt que du système physique lui-même. Cette méthode peut mettre en jeu la mesure d'une quantité physique par un observateur donné ; par exemple, on peut préparer un état de spin en envoyant la particule à travers un aimant de Stern et Gerlach, et en mesurant sa position à la sortie. Mais on peut aussi préparer le système par d'autres méthodes, par exemple en lui laissant atteindre l'équilibre thermique, comme dans beaucoup d'expériences de résonance magnétique ; dans un tel cas, la description du système ne met plus en jeu un seul vecteur d'état, mais un grand nombre d'entre eux, qui peuvent tous être résumés dans un « opérateur densité » (§ 0.A.5). Quoi qu'il en soit, associer le vecteur d'état à une procédure de préparation semble une façon raisonnable de procéder dans le cadre de l'interprétation standard de la mécanique quantique.

Une telle définition n'exclut pas que le vecteur d'état puisse contenir de l'information sur les propriétés physiques du système. Par exemple, quand une quantité physique a été mesurée avec un résultat donné, la mécanique quantique prédit que le même résultat est toujours obtenu lorsque la même mesure est répétée juste après. Il devient donc naturel de penser que le système physique possédait entre les mesures une propriété physique associée à la

22. Par exemple, Howard écrit [34] : « La plupart de ce qui passe pour l'interprétation de Copenhague se trouve dans les écrits de Werner Heisenberg, mais pas ceux de Bohr. En fait, Bohr et Heisenberg ont été en désaccord pendant des décennies de façon profonde et importante. L'idée qu'il y ait eu un point de vue unifié de Copenhague sur l'interprétation est, nous allons le montrer, une invention postérieure à la seconde guerre mondiale, dont Heisenberg est le principal responsable. Bien d'autres physiciens ou philosophes, chacun de sa façon, ont contribué à la promotion de cette invention pour des buts polémiques ou réthoriques ».

certitude de la seconde mesure – voir chapitre 3. Le résultat de mesure devient alors une propriété du système. Mathématiquement, cette idée s'exprime sous la forme suivante : tous les opérateurs agissant dans l'espace des états qui acceptent $|\Psi\rangle$ comme l'un de leurs vecteurs propres correspondent à des propriétés physiques qui ont des valeurs précises dans cet état, et peuvent donc être associées à des propriétés du système. Cependant, pour un état donné $|\Psi\rangle$, la plupart des opérateurs ne sont pas dans ce cas, de sorte que seule une petite proportion des propriétés qui pouvaient être définies en mécanique classique peuvent encore être définies quantiquement ; de plus, la liste de celles qui peuvent être définies n'est pas fixe, mais dépend de $|\Psi\rangle$. Hartle propose la définition suivante [40] : « L'état d'un système individuel en mécanique quantique est donc défini comme la liste de toutes les propositions (concernant le système individuel) avec leur valeurs de vérité – vrai, faux, ou indéfini ».

Pour finir, on arrive à une situation un peu intermédiaire où ni l'interprétation purement ondulatoire ni l'interprétation purement probabiliste ne sont correctes, mais où des éléments des deux points de vue sont combinés. Nul doute que la préparation d'un système physique est un fait objectif, de sorte que si le vecteur d'état la décrit il doit avoir une certaine composante objective – le vecteur d'état ne peut pas être purement mental et dépendre de l'observateur. Parfois, certaines propriétés du système existent, parfois d'autres, mais dans tous les cas la plupart n'existe pas, ce qui implique que leurs mesures vont donner des résultats aléatoires ; les deux interprétations sont combinées dans un tout qui met l'accent sur l'ensemble du dispositif expérimental. Bohr décrivait ce genre de situation en utilisant le concept général de « complémentarité » ; par exemple, dans [41], il écrit « le point de vue de la complémentarité se présente comme une généralisation rationnelle de l'idée même de causalité » (comment relier de façon causale une procédure de préparation à une autre d'observation).

Chapitre 2

Situation actuelle, des difficultés conceptuelles subsistent

Un certain nombre des difficultés conceptuelles de la mécanique quantique, déjà identifiées par ses inventeurs, subsistent à l'heure actuelle. Que le lecteur n'en retire pas l'impression qu'il s'agit d'une théorie peu solide ! L'arbre ne doit pas cacher la forêt : indépendamment de ces difficultés très réelles, la mécanique quantique est assurément l'une des théories les plus couronnées de succès de toute la science. On peut même considérer que sa faculté d'adaptation aux situations les plus variées est sa caractéristique la plus extraordinaire ; elle continue à être toujours aussi efficace dans ses prédictions en accompagnant les progrès expérimentaux qui permettent constamment d'avoir accès à de nouvelles situations physiques que les pères fondateurs de la théorie n'avaient aucun moyen de prévoir. De fait, il existe très peu de théories dont la vérification ait été faite avec la même précision, et ceci dans des domaines d'application variés. Il subsiste cependant que, sur le plan conceptuel, des difficultés subsistent, et ce sont elles qui font l'objet du présent chapitre. Comme nous le verrons, la plupart mettent en jeu le processus de mesure quantique et la nature du phénomène aléatoire qui se produit à cette occasion.

Nous l'avons vu, dans le point de vue de Von Neumann ce n'est que lorsqu'une mesure est effectuée que des sauts aléatoires se produisent, selon le postulat de réduction du vecteur d'état. Sinon, en général la fonction d'onde évolue progressivement, d'une façon parfaitement prévisible et continue, selon l'équation de Schrödinger. Bien évidemment, utiliser deux postulats aussi différents pour l'évolution du même objet mathématique est une situation tout à fait inhabituelle en physique. Cette idée était d'ailleurs une totale nouveauté lorsqu'elle a été introduite, et reste actuellement unique dans toute la physique, ainsi qu'une source de difficultés – en particulier celles liées à la compatibilité entre les deux postulats. Il serait plus naturel de voir les processus de mesure, non pas comme complètement à part, mais simplement comme un processus d'interaction ordinaire entre un système mesuré (qui peut éventuellement être microscopique) et un appareil de mesure macroscopique ; il semblerait bien préférable d'utiliser une théorie plus générale où un tel processus soit traité dans le cadre des lois ordinaires de la physique, de sorte que la distinction entre évolution ordinaire et mesure devienne inutile. En d'autres termes, pourquoi donc attribuer aux mesures un caractère aussi particulier, de sorte que deux postulats distincts deviennent nécessaires ? Où exactement s'arrête le domaine d'application du premier pour laisser la place au second ? Plus précisément, parmi toutes les interactions – ou perturbations – que peut subir un système physique, lesquelles doivent être considérées comme normales (évolution de Schrödinger), et lesquelles comme une mesure (réduction du vecteur d'état) ? On voudrait mieux comprendre la raison pour laquelle la physique nous demande d'introduire une frontière entre deux mondes et sa nature : le monde de Schrödinger, parfaitement continu et déterministe, et celui très différent de Born et de la mesure, où l'évolution déterministe cesse pour laisser la place à des processus discontinus et aléatoires.

Dans le point de vue de Bohr également, les processus de mesure et les appareils associés sont clairement « discriminés » du système étudié. Dans l'univers de Bohr, l'évolution se fait généralement de façon libre et régulière selon l'équation de Schrödinger, sauf quand s'y insèrent des opérations de mesure qui transfèrent de l'information aux observateurs, et introduisent une composante aléatoire. Ces mesures sont en quelque sorte des « bulles fermées » incluses dans cette évolution générale, des événements clos de leur début à leur fin qu'il ne faut pas chercher à décomposer de façon plus fine, et caractérisés par le fait qu'une intelligence humaine pose une question à la Nature ; il en résulte une réponse unique, mais non-déterministe, ce qui implique un caractère discontinu de l'évolution du vecteur d'état.

Ainsi, dans les deux points de vue, nous sommes en face d'un problème qui n'existait pas autrefois en mécanique classique, lorsque personne ne pensait que les mesures doivent être traitées à part parmi les processus physiques. Bohr nous apprend que nous ne devrions pas tenter de transposer notre expérience journalière du monde vers des systèmes microscopiques ; certes mais alors, pour chaque expérience, où mettre exactement la limite entre les deux mondes ? Peut-on réellement se contenter de remarquer que la distance entre macroscopique et microscopique est tellement grande que la position de la frontière entre ces deux mondes est sans importance ?

On peut de plus trouver très surprenant qu'en physique moderne il faille faire jouer un rôle aussi spécial à un « observateur » , ce qui donne à la théorie une coloration anthropocentrique inattendue, comme dans l'astronomie médiévale. Devons-nous réellement rejeter comme non-scientifique l'idée d'une description scientifique de systèmes physiques isolés, simplement parce que nous ne les observons pas ? Si les observateurs sont si importants, comment doit-on les définir exactement ? Par exemple, est-ce qu'un animal peut réaliser une expérience et réduire le vecteur d'état, ou est-ce l'unique apanage des être humains ? Bell avec humour a posé la question [42] : « La fonction d'onde de l'Univers était-elle en train d'attendre d'effectuer son premier saut pendant des milliers de millions d'années jusqu'à l'apparition de la première créature vivante unicellulaire ? Ou a-t-il dû attendre un peu plus un observateur plus qualifié – avec un doctorat d'état ? »– voir aussi la Ref. [43], en particulier son titre. Ces questions très générales sont difficiles et quelque peu philosophiques, et nous y reviendrons dans le § 8 ; par exemple nous y mentionnons que London et Bauer [44] ont proposé que la capacité de jouer le rôle d'un observateur en théorie quantique soit liée à la faculté d'introspection d'une créature vivante.

Une autre difficulté provient du caractère aléatoire des prédictions de la mécanique quantique. En soi, une telle situation est habituelle en physique, où par exemple la mécanique statistique classique fait un usage constant de probabilités. Mais les probabilités sont alors associées étroitement à la notion d'ensemble statistique : on suppose par exemple que le système est choisi au hasard parmi un très grand nombre de systèmes similaires définissant un même ensemble. Certes, tous ces systèmes partagent un grand nombre de propriétés, mais une description plus précise peut révéler qu'à un niveau plus fin, ils diffèrent aussi par un certain nombre de spécificités, ou par des influences minimes qu'ils ont subies, etc. En d'autres termes, chaque système individuel possède plus de propriétés physiques que celles spécifiées pour l'ensemble. La même question se transpose alors immédiatement à la mécanique quantique : si ses prédictions sont des probabilités, faut-il en conclure qu'elle ne décrit que des ensembles de systèmes ? Ou faut-il au contraire considérer que le vecteur d'état fournit la description la plus précise possible d'un seul système physique ? Nous aurons plusieurs occasions de revenir sur cette question, en particulier aux chapitres 3 et 8.

Il est impossible de résumer tout ce qui a été écrit sur ces difficultés, en particulier sur le rôle exact et l'évolution du vecteur d'état, en un nombre raisonnable de pages. A titre d'illustration, nous discuterons dans ce chapitre quelques exemples, la chaîne sans fin de Von Neumann (§ 2.A), le chat de Schrödinger (§ 2.B), l'ami de Wigner (§ 2.C) et les mesures négatives (§ 2.D). Puis (§ 2.E) nous proposerons un certain nombre de citations anciennes ou plus récentes, qui permettent de se faire une bonne idée de la variété des positions possibles, avant de terminer par un paragraphe mentionnant quelques points qui ont donné lieu à des erreurs dans le passé (§ 2.F).

2.A La chaîne (ou régression) sans fin de Von Neumann

Von Neumann, dans son traité publié en 1932 (chapitres 4-6 de [2]), a introduit une théorie explicite de la mesure quantique, que nous avons rappelée au § 1.B.2.a. À la différence du point de vue de Bohr, Von Neumann considère l'appareil de mesure comme un système quantique sur le même plan que le système mesuré. Il étudie ce qui se produit lorsque le système mesuré S est mis en contact avec un appareil de mesure M et interagit avec lui pendant un certain temps. M inclut un « pointeur » (ou aiguille de cadran) macroscopique qui, une fois que l'interaction est terminée, a atteint une position qui dépend de l'état initial de S. Dans ce chapitre, nous donnons une introduction aux idées générales concernant la chaîne de Von Neumann, sans écrire d'équations ; nous reviendrons dans un chapitre ultérieur sur un traitement plus détaillé du modèle de Von Neumann de la mesure (§ 6.C.5) – voir également § 9.2 de [19] ou § 11.2 de [45].

Commençons par un cas particulier : celui où, initialement, le système S était dans un état propre de l'observable mesurée A caractérisé par une de ses valeurs propres[1] a. La position atteinte par le pointeur dépend alors de l'état propre ; on peut donc dire que l'observation de la position macroscopique de P revient à mesurer l'observable et obtenir le résultat a.

Mais, de façon plus générale, initialement S n'est pas dans un état propre de l'observable mesurée A, mais dans une superposition de tels états. Comme l'équation de Schrödinger est linéaire, elle prédit que le système total S+M atteint après interaction une superposition d'états[2]. Dans les différentes composantes de cette superposition, le pointeur se trouve dans des positions différentes, chacune correspondant à un résultat de mesure différent ; on dit alors que les deux systèmes S et M sont dans un état d'intrication quantique (chapitre 6). Ainsi, la linéarité de l'équation de Schrödinger la rend incapable d'effectuer une sélection entre ces résultats ; elle ne peut conduire qu'à une superposition de tous les résultats, comme si aucun résultat bien défini n'avait émergé de la mesure !

Pour résoudre ce problème, on pourrait alors être tenté d'ajouter un « second étage » au processus, et d'introduire un second appareil de mesure M' dont le rôle sera de déterminer la position du pointeur de M. Mais le processus se répète et la linéarité de l'équation de Schrödinger conduit à une superposition plus étrange encore puisque, cette fois, elle contient S+M+M' ainsi que des positions différentes des pointeurs de M et M'. Par récurrence, si l'on ajoute de plus en plus d'appareils de mesure, M" etc., on crée une chaîne de plus en plus longue de systèmes corrélés, sans jamais arriver à sélectionner un seul résultat de mesure. Ce processus récurrent M, M', M",.. est appelé régression de Von Neumann, ou encore chaîne infinie de Von Neumann. On peut résumer toute cette discussion par une seule phrase : « L'unicité des résultats ne peut pas émerger de la seule équation de Schrödinger ; elle crée en effet une chaîne de superpositions cohérentes qui se propage sans fin ».

Un exemple simple est utile pour illustrer le processus de façon plus concrète. Supposons par exemple que nous considérions un atome de spin 1/2 qui pénètre dans le champ magnétique d'un analyseur de Stern et Gerlach. Si

1. Pour simplifier, nous supposons que cette valeur propre n'est pas dégénérée, mais la généralisation à des valeurs propres dégénérées est possible.

2. Cette superposition est écrite explicitement en (6.45).

l'état initial du spin correspond à une direction qui est, soit parallèle, soit antiparallèle à la direction d'analyse de l'appareil (définie par la direction de son champ magnétique), le spin est initialement dans un état propre correspondant à la mesure ; le paquet d'ondes est dévié vers le haut dans le premier cas, vers le bas dans le second. Mais si la direction initiale du spin était perpendiculaire à la direction d'analyse, la fonction d'onde se sépare en deux paquets d'ondes différents, l'un dévié vers le haut, l'autre vers le bas ; c'est à nouveau une conséquence directe de la linéarité de l'équation de Schrödinger. Lorsqu'ils se propagent plus loin, chacun des deux paquets d'onde peut frapper un détecteur avec lequel il interagit et dont il modifie l'état (ainsi que le sien) ; par exemple, les atomes de spin 1/2 sont ionisés et produisent des électrons, de sorte que la superposition linéaire englobe maintenant plus de particules. De plus, lorsqu'une cascade d'électrons est produite dans un multiplicateur d'électrons, tous ces électrons supplémentaires deviennent également partie de la superposition. Il n'y a pas de limite intrinsèque à ce qui devient bientôt la propagation d'une chaîne sans fin : rapidement, la linéarité de l'équation de Schrödinger conduit à un vecteur d'état qui est la superposition cohérente d'états où un nombre macroscopique de particules, des courants macroscopiques et, pourquoi pas, des aiguilles d'appareils ou des enregistreurs qui écrivent des chiffres macroscopiques sur une feuille de papier ! Si nous restons dans le cadre de l'équation de Schrödinger, rien ne nous permet de stopper la progression de cette régression infinie. Devons-nous alors accepter l'idée qu'à la fin c'est le cerveau de l'expérimentateur, lorsqu'il prend connaissance des résultats imprimés, et donc un être humain doué de conscience, qui entre dans une telle superposition ?

Le notion même de cerveau ou de conscience se trouvant dans une superposition macroscopique n'a rien d'intuitif ni de très clair ; personne n'a jamais observé à la fois deux résultats contradictoires. Est-ce que cette situation étrange devrait être vue comme celle où un résultat expérimental imprimé sur une feuille de papier ressemblerait à deux diapositives superposées, ou une photographie doublement exposée ? En pratique, nous savons bien que nous observons toujours un résultat unique et bien défini dans une expérience ; il semble donc que la superposition linéaire se soit réduite d'une façon ou d'une autre avant de nous atteindre – probablement avant même qu'elle ne devienne suffisamment macroscopique pour mettre en jeu des appareils de mesure. Il semble alors évident[3] qu'une théorie raisonnable devrait briser quelque part la chaîne de Von Neumann, quand (ou peut-être avant) elle atteint le monde macroscopique. Mais quand et où exactement ?

Von Neumann conclut à partir de son analyse que, effectivement, il n'est pas possible de formuler les lois de la mécanique quantique sans faire référence à la prise de conscience humaine. Il considère l'émergence d'un résultat unique

3. Peut-être pas si évident après tout ? De fait, il existe une interprétation de la mécanique quantique qui repose précisément sur l'idée que la chaîne n'est jamais rompue : l'interprétation d'Everett, qui sera discutée au § 8.K.

lors d'une mesure comme un élément irréductible de la théorie. La solution du problème demande alors l'introduction d'un postulat spécial, le « postulat de projection du vecteur d'état » (§ 1.B.2), qui force l'émergence de ce résultat unique dès qu'un observateur prend connaissance du résultat.

La notion de régression de Von Neumann est également à la source du phénomène de décohérence (§ 6.C.3). Le mot « décohérence » est en fait plutôt utilisé habituellement pour désigner le tout début de la chaîne, au moment où le nombres de degrés de liberté mis en jeu reste encore relativement limité. Mais la notion générale de chaîne de Von Neumann inclut tous les stades de la régression, ce stade initial comme sa prolongation, qui se propage jusqu'à l'autre extrême où le paradoxe devient inacceptable parce que trop contraire au bon sens : le chat de Schrödinger.

2.B Le chat de Schrödinger

La fameuse histoire du chat de Schrödinger (1935) illustre le même problème, mais d'une façon différente.

2.B.1 L'argument

Le chat n'apparaît que dans quelques lignes dans le contexte d'une discussion bien plus générale dans un article de Schrödinger [46] dont le titre est « La situation actuelle de la mécanique quantique ». Il écrit en allemand (pour une traduction en anglais, voir [47]) « On peut même imaginer des situations tout à fait grotesques. Un chat est enfermé dans une boîte en acier, dans laquelle se trouve le dispositif suivant (sur lequel le chat ne peut avoir aucune action) : dans un compteur Geiger se trouve une toute petite quantité de matière radioactive, si petite qu'il faudra par exemple une heure pour avoir des probabilités égales que l'un des noyaux se désintègre, ou alors aucun. En cas de désintégration, le compteur à décharge se déclenche et, par un relais, relâche un marteau qui vient briser une petite ampoule contenant de l'acide cyanhydrique (poison violent). Si l'on laisse à lui même l'ensemble du système pendant une heure, le chat est toujours vivant seulement si entre-temps aucun noyau ne s'est désintégré. Dans la fonction Ψ du système, on trouverait alors une répartition entre états où le chat est vivant ou mort, avec des poids égaux.

Ce type de cas est typique d'une situation où une indétermination initialement restreinte au domaine atomique se propage vers une indétermination macroscopique, qui peut alors être résolue par observation directe. Il nous empêche d'accepter trop naïvement comme valable un modèle 'flou' pour représenter la réalité. En lui-même, il n'a rien qui soit peut clair ou contradictoire. Il existe une différence entre une photo bougée ou floue à cause d'une mauvaise mise au point et une photo de nuages et de volutes de fumée ».

En d'autres termes, Schrödinger considère une chaîne de Von Neumann, qui part d'un (ou quelques) noyau atomique, qui peut émettre un photon

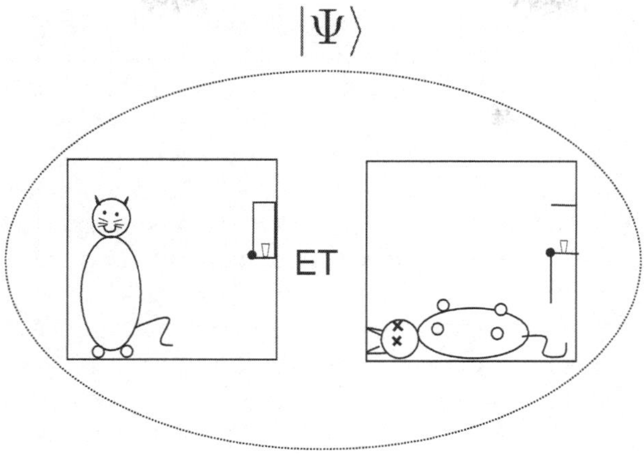

FIG. 2.1 – Le paradoxe du chat de Schrödinger illustre comment les règles de la mécanique quantique standard peuvent conduire à des situations extrêmement étranges, où des objets macroscopiques se trouvent en même temps dans des états complètement différents. Schrödinger imagine un chat enfermé dans une boîte qui contient également un dispositif déclenché par l'émission d'une particule par un noyau radioactif. Lorsque la particule est émise, l'appareil se met en marche et casse une bouteille de poison, ce qui tue le chat. Si la particule n'est pas émise, le chat reste vivant. Au bout d'un certain temps, lorsque la probabilité d'émission de la particule par le noyau est 1/2, l'état $|\Psi\rangle$ du système total contient des composantes associées à des situations macroscopiques complètement différentes, toutes deux réalisées en même temps. L'unicité de la réalité macroscopique demanderait que le « ET » au milieu de la figure soit remplacé par un « OU », mais ceci n'est pas contenu dans l'équation de Schrödinger. Ce dernier qualifie cette situation de « grotesque ».

gamma, qui est détecté par un détecteur à rayons gamma, qui est suivi d'un étage d'amplification, qui alors déclenche un système mécanique macroscopique qui ouvre automatiquement une bouteille de poison, qui pour finir tue le chat si la désintégration a eu lieu (Fig. 2.1). On est donc dans une situation d'intrication quantique à plusieurs niveaux. Lorsque la probabilité de désintégration est 1/2, le système global atteint une superposition comprenant deux composantes de poids égal, une où le chat est vivant et une où le chat est mort. Schrödinger considère que, de toute évidence, une telle situation est impossible (grotesque) et en conclut, donc, que quelque chose a dû arriver à la chaîne de Von Neumann avant qu'elle n'aille trop loin. À nouveau, la difficulté est d'expliquer l'unicité du monde macroscopique : pourquoi, à un niveau macroscopique, un résultat unique (chat vivant, ou mort) émerge-t-il spontanément, alors que ce n'est pas le cas si l'on se limite strictement à l'équation de Schrödinger.

Le chat est, évidemment, le symbole de n'importe quel objet macroscopique - Einstein, dans une lettre à Schrödinger de la même année [48], prenait l'image de l'explosion macroscopique d'un baril de poudre[4]. Un tel objet ne peut jamais se trouver dans un état « flou » contenant des possibilités contradictoires (bouteille ouverte et fermée, chat vivant et mort, etc.). Ce que Schrödinger est donc en train de nous dire est que sa propre équation ne doit pas être poussée trop loin, jusqu'à inclure des objets macroscopiques. La mécanique quantique standard, non seulement est incapable d'éviter de tels cas paradoxaux, mais fournit une recette pour les produire ! La conclusion logique est alors qu'un ingrédient supplémentaire est nécessaire pour permettre de sélectionner une seule des branches de la superposition et éviter ces superpositions ridicules[5]. Inutile de dire que la limite de validité de l'équation linéaire n'a pas nécessairement besoin de provenir de l'objet macroscopique lui-même : la sélection d'une branche de la superposition peut parfaitement avoir lieu bien avant qu'elle n'atteigne le chat. Mais la question vraiment difficile qui subsiste est de savoir où exactement, et quand ce processus de sélection se produit.

L'interprétation standard de la mécanique quantique postule que la seule façon de stopper la propagation linéaire de l'équation de Schrödinger et de casser la régression est de procéder à un acte de mesure. La question devient alors : un animal évolué, ou un être vivant très primitif (bactérie), possède-t-il les capacités intellectuelles suffisantes pour effectuer une mesure et résoudre plusieurs branches de Von Neumann en une seule ? Où se situe la limite entre les êtres vivants capables ou non de percevoir leur propre état et de se projeter eux-mêmes sur un état vivant ou mort ? Ou alors serait-ce que les seuls humains ont accès à un niveau suffisant d'introspection pour devenir conscients de leurs propres observations, et réduire le vecteur d'état ? C'est le point de vue de certaines théories, qui alors impliquent qu'un chat peut effectivement rester dans une superposition d'états vivant et mort pendant très longtemps.

La dernière phrase de la citation de Schrödinger donnée plus haut est souvent considérée comme obscure. Il est probable que Schrödinger désire insister sur la différence entre une connaissance incomplète (par une photographie floue) d'un objet bien défini, et un objet qui intrinsèquement n'a pas de frontières bien définies dans l'espace (un nuage) – entre une indétermination qui tient à un manque de connaissance ou une qui est intrinsèque. En d'autres termes, lui aussi remet en question le caractère complet de la mécanique quantique (§ 3).

4. Einstein écrit « Aucune interprétation, si habile qu'elle soit, ne pourra transformer cette fonction Ψ en une description appropriée des choses réelles ; dans la réalité, il n'y a rien entre explosé et non-explosé ».

5. L'histoire fait une pirouette amusante en associant le nom de Schrödinger à deux concepts opposés. Le premier est celui d'une équation universelle et puissante, équation continue qui s'applique à tous les systèmes ; le second est le chat, le symbole des limites que la même équation ne devrait jamais dépasser.

2.B.2 Malentendus

Un malentendu classique consiste à penser que le paradoxe du chat est résolu par la simple évocation de la décohérence (§ 6.C.3). En fait, la (dé)cohérence n'a rien à voir avec l'argument de Schrödinger : le chat est en réalité un symbole de l'absurdité d'un état quantique qui comprend deux possibilités incompatibles dans la vie courante, que ce soit de façon cohérente ou pas. Cela ne change rien à l'étrangeté de la situation finale que l'état en question soit un état pur (effectivement sujet à décohérence) ou un mélange statistique (qui y est insensible). D'ailleurs, le chat est déjà lui-même part de l'environnement de l'atome radioactif, ainsi que le détecteur et la bouteille de poison[6]. La chaîne (l'arbre des possibilités) commence à se propager à un niveau microscopique (à partir du noyau radioactif) et se propage de plus en plus loin sans limite apparente ; la difficulté est de l'empêcher d'atteindre le monde macroscopique. Cela n'ajoute donc rien de faire remarquer que la chaîne continue au-delà du chat, le mal est déjà fait. Pour finir, invoquer la décohérence n'est pas répondre à la question, c'est juste la répéter.

La vraie question que pose Schrödinger est comment comprendre l'unicité du monde macroscopique. Comment ce qui était indéterminé peut-il devenir déterminé, et par quel processus ? À quel moment et dans quelles conditions exactes la théorie cesse-t-elle d'être déterministe pour devenir stochastique ? La question qu'il pose n'est donc pas triviale, et il ne suffit pas d'invoquer la décohérence pour y répondre. Schrödinger était d'ailleurs bien au courant des propriétés de l'intrication en mécanique quantique, un mot qu'il a d'ailleurs introduit le premier dans ce contexte (il l'utilise explicitement dans l'article du chat ; voir § 3.C.3) ; il n'était certainement pas assez naïf pour croire que des chats vivants et morts peuvent interférer. D'ailleurs, dans son article [46] il ne mentionne nulle part le caractère cohérent ou incohérent de la superposition[7] : pour lui, la question n'est pas d'éviter de se trouver en présence d'une superposition d'états macroscopiques différents, elle est de ne pas avoir de superposition du tout[8] !

6. Le chat lui-même n'est jamais dans une superposition cohérente de vivant ou mort. En effet, lors de la création de la curieuse superposition, le chat est déjà corrélé quantiquement avec la source radioactive, le système mécanique, et la bouteille de poison, le gaz dans la boîte, etc. Toutes ces composantes agissent déjà comme un environnement et produisent une complète décohérence. Rétablir cette cohérence demanderait de mettre toutes ces composantes dans le même état quantique, une tâche clairement impossible. La propagation de la décohérence encore plus loin dans l'environnement n'ajoute rien de nouveau à l'argument.

7. Les mots n'apparaissent pas une seule fois dans l'article.

8. C'est par exemple le but principal des théories mettant en jeu une dynamique de Schrödinger modifiée, souvent non-linéaire (§ 8.H du chapitre 8) : elles introduisent des équations du mouvement où, lorsque le niveau macroscopique est atteint, toutes les probabilités vont vers zéro du fait de la dynamique, sauf une.

2.B.3 Les chats nouvelle vague

Il arrive toutefois que le sens des mots change en physique. Dans la littérature récente en électronique et optique quantiques, il est devenu de plus en plus fréquent d'utiliser les mots « chat de Schrödinger », ou « Schrödinger cat (SC) » dans un sens assez différent, voire presque contradictoire avec le sens initial. Au départ, le chat était en effet le symbole d'une impossibilité, un animal qui ne pourra évidemment jamais exister (une gargouille de Schrödinger ?), l'étape finale d'un raisonnement par l'absurde – bref, un symbole de quelque chose qui n'a jamais existé et n'existera jamais. De nos jours, les mêmes mots sont souvent utilisés pour désigner des états qui sont parfaitement réalisables, à savoir toute superposition cohérente d'états qui sont plus ou moins différents à un niveau le plus macroscopique possible (ici la cohérence est essentielle). Avec cette nouvelle définition, l'existence de chats de Schrödinger a été prévue et effectivement observée pour toute une catégorie de systèmes, par exemple un ion qui se trouve localisé à la fois dans deux positions différentes dans un piège ; de tels systèmes subissent évidemment une décohérence rapide du fait de l'apparition de corrélations avec l'environnement (§ 6.C.3). Des calculs théoriques de cette décohérence sont possibles à l'aide de l'équation de Schrödinger, qui peut être utilisée pour calculer comment se déroulent les premières étapes de la chaîne de Von Neumann, et avec quelle rapidité le vecteur d'état tend à se ramifier en plusieurs branches mettant en jeu l'état quantique de l'environnement.

Pour résumer ce § 2.B, le paradoxe met en lumière la composante centrale de la plupart de nos difficultés avec la mécanique quantique ; comme l'écrit Wigner [49], « les mesures qui laissent le système objet-plus-appareil de mesure dans un état où le pointeur de l'appareil est dans une position bien définie ne peuvent être obtenus dans le cadre des lois linéaires de la mécanique quantique ». La question est alors : quel est donc le processus exact qui force la Nature à rompre cette linéarité et à faire un choix parmi les différents résultats possibles ? Il est clair que l'émergence d'un seul résultat est une question essentielle. Comme Pearle le résume de façon concise [12], le problème est d'expliquer « pourquoi les événements se produisent » !

2.C L'ami de Wigner

Dans une théorie comme la mécanique quantique où l'observateur joue un rôle aussi essentiel, à qui ce rôle peut-il appartenir ? Wigner discute le rôle d'un ami, à qui l'on a demandé d'effectuer une expérience, par exemple une expérience de Stern et Gerlach [50]. L'ami en question travaille à l'intérieur d'un laboratoire totalement fermé, de sorte qu'un observateur extérieur ne peut pas prendre connaissance des résultats de l'expérience avant d'ouvrir la porte du laboratoire (Fig. 2.2). Mais quelle est alors la situation juste après que la particule est sortie de l'analyseur et que sa position a été observée dans

FIG. 2.2 – Wigner suppose qu'un physicien à l'extérieur d'un laboratoire a un ami à l'intérieur qui effectue une mesure quantique donnant comme résultats possibles $A = \pm 1$. Lorsque l'ami observe un résultat, par exemple $A = +1$, il décrit le système physique par un vecteur d'état qui inclut cette information, et qui est donc réduit. Cependant, tant que la porte du laboratoire n'est pas ouverte, le physicien dehors décrit le système physique ainsi que son ami par un vecteur d'état qui contient toujours les divers résultats possibles ; pour lui, la réduction ne se produit qu'au moment où il ouvre la porte pour prendre connaissance du résultat. On arrive ainsi à une situation où la même réalité physique est décrite par deux vecteurs d'état différents. Pour éviter ce problème, on peut supposer que c'est la première prise de conscience du résultat (celle de l'ami dans le cas présent) qui déclenche la réduction ; effectivement le système n'a alors plus qu'un seul vecteur d'état, même si pendant un certain temps il reste inconnu de l'observateur extérieur.

le laboratoire, tandis qu'elle reste inconnue à l'extérieur ? Depuis dehors, il est naturel de considérer l'ensemble du laboratoire fermé contenant l'expérience et l'ami comme une partie du « système » qui doit être décrit par un grand vecteur d'état. Tant que la porte du laboratoire reste fermée et que le résultat de la mesure est inconnu à l'extérieur, ce vecteur d'état continuera à contenir une superposition des deux résultats ; ce n'est que plus tard, lorsque le résultat est connu, qu'il semble pertinent d'appliquer le postulat de réduction du vecteur d'état. Mais, à l'évidence, pour l'ami de Wigner qui est dans le laboratoire, ce raisonnement est tout simplement absurde ! Que peut faire l'ouverture de la porte de son point de vue ? Il va évidemment préférer considérer que le vecteur d'état est réduit dès que le résultat est observé dans son propre laboratoire. Nous retombons alors sur un point que nous avons déjà discuté (§ 1.B.3), le caractère absolu ou relatif du vecteur d'état : est-ce que cette contradiction signifie que nous devrions prendre en compte deux vecteurs d'état, l'un réduit et l'autre non réduit, pendant la période intermédiaire de l'expérience[9] ? Pour une discussion par Wigner lui-même du problème de la mesure, voir [49].

9. Hartle considère que la réponse à cette question est « oui » [40] ; voir également l'interprétation relationnelle (§ 8.C.1).

Une interprétation souvent associée au nom de Wigner[10] suppose que la réduction du vecteur d'état est un effet réel qui se produit au moment où un esprit humain acquiert une certaine connaissance du monde physique qui l'entoure, et avec lequel il interagit ; nous y reviendrons au § 8.A.1.b. On peut par exemple considérer que les courants électriques d'un cerveau humain sont à l'origine de la réduction de l'état quantique des objets mesurés, via un processus physique encore inconnu. Alors, si l'on adopte ce point de vue, la réduction se produit sous l'effet de l'expérimentateur qui se trouve dans le laboratoire (l'ami de Wigner) et la contradiction du paragraphe précédent est levée. Mais, même si on accepte l'idée un peu provocatrice d'une action possible de l'esprit (ou de la conscience) sur l'environnement, ce point de vue ne supprime pas toutes les difficultés logiques : qu'est-ce qu'un esprit humain, quel niveau de prise de conscience est nécessaire[11] pour réduire l'état, comment agissent les courants électriques correspondants, etc. ?

2.D Mesures négatives et « sans interaction »

D'autres situations paradoxales se produisent en mécanique quantique avec les « mesures négatives », ou « mesures sans interaction ». Ces concepts peuvent être illustrés par les exemples suivants :

(i) Considérons une source qui émet une particule avec une fonction d'onde sphérique (qui prend des valeurs indépendantes de la direction dans l'espace, et ne dépendent donc que de la distance à la source). La source est entourée par deux détecteurs, comme le montre la Fig. 2.3 ; un des détecteurs, D_1, capture les particules émises dans presque toutes les directions, excepté dans un petit angle solide Ω ; le second détecteur D_2 capture la particule dans cet angle solide, mais à une plus grande distance. Pour simplifier, nous supposons que l'expérience est idéale et que les détecteurs ont une efficacité de 100 %.

Que se passe-t-il maintenant lorsque le paquet d'ondes de la fonction d'onde atteint le premier détecteur ? Deux cas sont possibles :

– ou bien la particule est effectivement détectée par D_1. Elle disparaît alors, et le vecteur d'état est projeté sur un état sans particule mais avec un détecteur excité (le premier) ; plus tard, le second détecteur D_2 ne peut alors plus jamais détecter une particule. Ce premier cas est le plus fréquent.

– ou bien la particule n'est pas détectée. La probabilité d'un tel événement est faible, puisqu'elle est égale au rapport entre l'angle solide du trou dans le premier détecteur divisé par 4π (nous supposons la source isotrope), mais néanmoins elle n'est pas nulle. Alors le simple fait que le premier détecteur

10. Le titre de la Ref. [50] suggère effectivement cette catégorie d'interprétation ; de plus, Wigner y écrit que « il s'ensuit (de l'argument de l'ami de Wigner) que la description quantique des objets est influencée par des impressions pénétrant la conscience ». À la fin de l'article, il discute également l'influence de non-linéarités qui pourraient imposer une limite à la validité de l'équation de Schrödinger, et être cacactéristiques de la vie.

11. Voir le § 8.A.1 pour une discussion de la relation entre conscience et introspection (London and Bauer).

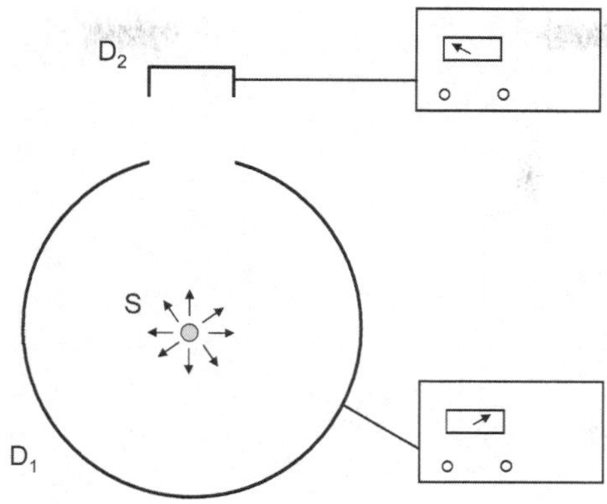

FIG. 2.3 – Une source S émet une particule, et se trouve entourée par un détecteur D_1. Ce dernier capture la particule et enregistre un signal de détection dans un premier appareil de mesure, sauf si la particule passe par un trou correspondant à un petit angle solide (vers le haut sur la figure). Dans ce cas la particule est détectée par D_2 et enregistrée par un second appareil. Nous supposons dans la discussion que les détecteurs sont idéaux avec une efficacité de 100 %.

n'a *pas* enregistré la particule entraîne une réduction de la fonction d'onde à sa composante contenue dans l'angle solide Ω, ce qui veut dire que le second détecteur va *toujours* détecter la particule plus tard. Nous sommes alors en face d'une situation fort curieuse où la probabilité de détection par le second détecteur est fortement augmentée par une sorte de « non-événement » qui s'est produit sur le premier, c'est-à-dire sans aucune interaction entre la particule est l'appareil de mesure. Ceci illustre que la nature profonde du processus de mesure est plus subtile que la « perturbation inévitable des appareils de mesure » tant de fois invoquée ; en réalité, la réduction du paquet d'ondes peut se produire même lorsque l'interaction avec le premier appareil de mesure ne joue aucun rôle.

Bien sûr, si l'on suppose qu'initialement la particule émise avait une direction d'émission bien définie, alors l'interprétation de cette expérience de pensée devient toute simple : le détecteur 2 n'enregistre que la fraction de particules qui se trouvent émises depuis le début dans sa direction. Il n'y a alors rien de surprenant à ce qu'aucune interaction ne soit produite avec le détecteur 1 ! Mais la mécanique quantique orthodoxe postule que cette direction d'émission bien définie n'existe pas tant qu'aucune mesure n'a été effectuée ; supposer qu'elle existe revient à ajouter des variables supplémentaires, possibilité que nous discuterons plus en détails aux chapitre 3 et § 8.F, mais qui n'existe pas dans le cadre de l'interprétation standard de la mécanique quantique.

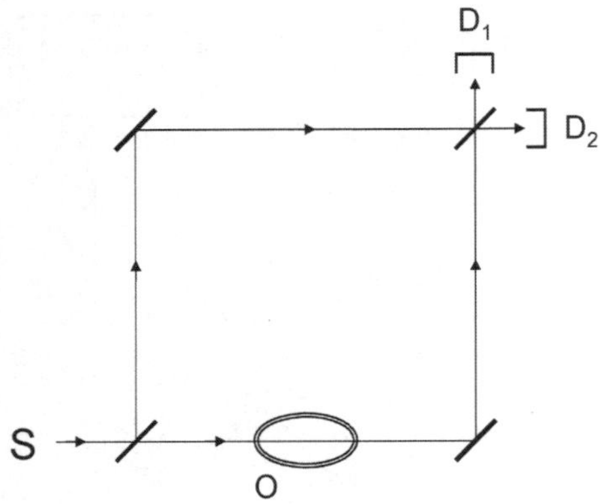

FIG. 2.4 – Une source S émet une série de particules, une par une, vers un interféromètre. La différence de chemin de ce dernier est ajustée de façon que toutes les particules atteignent le détecteur D_1 et qu'aucune particule ne puisse atteindre D_2. Lorsqu'un objet opaque O est inséré afin de bloquer un des chemins pour la particule, l'effet d'interférence destructive ne se produit plus et des particules sont parfois détectées en D_2. Dans un tel événement, la présence d'un objet est mesurée avec certitude, alors qu'aucune interaction avec l'objet n'est mise en jeu, puisque la particule détectée est nécessairement passée par le chemin supérieur dans l'interféromètre (sinon elle aurait été absorbée).

(ii) Considérons maintenant le dispositif schématisé sur la Fig. 2.4, avec un interféromètre de Mach-Zhender dans lequel une source émet une par une des particules, qui sont ensuite comptées sur les détecteurs D_1 et D_2. Comme le fait la Ref. [51], nous supposons que les différences de chemins sont réglées de façon à créer une interférence destructive dans la voie de sortie du détecteur D_2 ; aucune particule ne peut alors atteindre ce détecteur de sorte que toutes sont détectées en D_1 (à nouveau, nous supposons les détecteurs parfaits avec un rendement de 100 %). Que se produit-il maintenant si l'on insère un objet opaque O dans le bras inférieur de l'interféromètre ? On annule l'effet d'interférence destructive, ce qui permet à certaines particules d'atteindre D_2. Lorsque cela se produit, comme la particule n'a pas été bloquée par l'objet, c'est nécessairement qu'elle est passée par le bras du haut de l'interféromètre, ce qui veut dire qu'elle n'a jamais interagi avec l'objet. Mais, inversement, si l'objet n'avait pas été inséré, jamais la particule n'aurait pu atteindre D_2 ! Le résultat final est que la seule observation d'une détection en D_2 révèle la présence d'un objet, bien que le processus exclue toute interaction avec cet objet[12]. Ce phénomène est appelé « mesure sans interaction »[13].

Pour des raffinements de ces idées et la discussion d'expériences reliées aux mesures sans interaction, voir [52, 53]. Il a également été suggéré que les mesures négatives puissent se révéler utiles dans le contexte de la cryptographie quantique (§ 6.D). L'idée proposée dans [54] est que deux partenaires éloignés, Alice et Bob, effectuent aléatoirement des choix entre deux polarisations orthogonales ; Alice envoie un photon avec la polarisation qu'elle a choisie à Bob, qui renvoie le photon à Alice grâce à un miroir si, et seulement si, sa polarisation diffère du choix local qu'il a effectué. L'ensemble du dispositif comprend un interféromètre qui est réglé de façon que, si le photon revient de Bob vers Alice, la probabilité que Alice puisse observer un photon sur un détecteur D_1 s'annule, à cause d'un effet d'interférence destructive tout à fait semblable à celui de l'exemple (ii) ci-dessus. Dans ces conditions, en sélectionnant seulement les événements où Alice observe un photon en D_1 (de sorte qu'alors Bob ne peut détecter la particule), on sélectionne automatiquement des événements où les deux choix aléatoires faits par Alice et Bob se sont trouvés être identiques. Si Alice et Bob se communiquent mutuellement le résultat de chaque expérience (quel détecteur a cliqué ou non), mais conservent secrets leurs choix de polarisations, en faisant une liste de leurs choix binaires locaux pour les événements sélectionnés, ils se constituent progressivement une clé secrète. Une caractéristique remarquable de ce dispositif est que les événements pris en compte pour la transmission secrète de la clé sont en fait ceux où aucun photon n'a été transmis, puisqu'il est resté à l'intérieur de l'appareillage utilisé par Alice[14] : on est donc dans une situation analogue à l'exemple (i) ci-dessus (puisque la détection de la particule signifie qu'elle n'a pas pris le chemin contenant l'objet). Du fait que la particule ne suit pas la ligne de transmission entre les deux sites dans les événements pris en compte pour la construction de la clé secrète, le flux de particules sur cette ligne ne contient absolument aucune information concernant les choix aléatoires de polarisations faits par Alice et Bob – d'où une excellente confidentialité.

---

12. En d'autres termes, le processus de mesure sélectionne une composante du vecteur d'état qui s'est propagée dans le bras supérieur de l'interféromètre seulement. Cependant, cet événement n'est rendu possible que par le fait que, pendant sa propagation dans le bras inférieur, l'onde de Schrödinger a été absorbée. La chose curieuse est que la particule et cette onde semblent dissociées dans ce processus, puisqu'elles se propagent dans des bras différents, situés à une distance arbitrairement grande l'un de l'autre.

13. Même si le phénomène demande que la particule test puisse interagir avec l'objet : il est clair que l'effet ne se produirait pas si l'objet était totalement transparent pour la particule.

14. Les événements utiles sont ceux où Bob n'a pas renvoyé vers Alice l'onde de Schrödinger, mais sans absorber la particule. Chaque fois qu'Alice et Bob choisissent la même polarisation, le vecteur d'état comprend une composante où la particule se propage vers le site de Bob, de sorte qu'on pourrait mesurer sa présence le long de la ligne de transmission ou sur le site de Bob. Mais cette composante s'annule au moment où Alice observe la particule en D1.

2.E Une grande variété de points de vue

Les citations qui suivent peuvent être utiles pour se faire une idée[15] de la variété des positions intéressantes qui ont été exprimées depuis l'apparition de la mécanique quantique.

Interprétation de Copenhague :

(i) Bohr ([19], 2ᵉ édition, page 204 et [55]) : « Il n'existe pas de monde quantique. Il n'existe qu'une description physique abstraite. Il est faux de penser que la tâche de la physique est de découvrir comment la Nature est réellement. Ce qui concerne la physique est ce que nous pouvons dire sur la Nature ». Ou, de façon similaire : « Il n'existe pas de concept quantique » [56].

Pour ce qui est des phénomènes physiques : « on peut plaider vigoureusement pour une limitation de l'usage du mot *phénomène* au cas où il se réfère exclusivement à des observations, obtenues dans des circonstances bien spécifiées, incluant une description de l'ensemble de l'expérience » [41].

Bohr définit également l'objet de la physique de la façon suivante [57, 58] : « La physique doit être considérée, non pas tellement comme l'étude de quelque chose qui est fourni a priori, mais plutôt comme le développement de méthodes qui permettent de classer et de rendre compte de l'expérience humaine. De ce point de vue, notre tâche doit être de rendre compte de cette expérience d'une façon qui soit indépendante de jugements individuels subjectifs, qui donc est objective au sens qu'elle peut être communiquée de façon non-ambigüe dans un langage humain ordinaire ».

Alors que la mécanique quantique est souvent considérée (y compris de nos jours) comme une théorie complètement nouvelle par rapport à la physique classique (une révolution), Bohr préfère la voir comme son extension logique naturelle. Il considère [59, 60] qu'à l'introduction de la mécanique quantique « le problème auquel les physiciens se sont trouvés confrontés était de développer une généralisation rationnelle de la physique classique[16] permettant d'incorporer de façon harmonieuse le concept de quantum d'action ». Dans ce but, l'outil principal est le « principe de correspondance » [61] : « Le principe de correspondance exprime la tendance à utiliser dans un développement systématique de la théorie quantique chaque caractéristique des théories classiques, en une transcription rationnelle qui soit appropriée au contraste fondamental entre les postulats des théories classiques et quantiques ». Il est donc naturel qu'il ait mis l'accent, à de nombreuses reprises, sur l'importance des concepts classiques pour donner une signification au formalisme de la mécanique quantique ; en particulier, les concepts classiques sont indispensables lorsqu'il faut décrire un processus de mesure.

15. Avec, bien sûr, la précaution habituelle : il est vrai que de courtes citations peuvent, lorsqu'elles sont isolées de leur contexte, donner une idée un peu superficielle de la position précise de leurs auteurs.

16. De façon semblable, Bohr voyait probablement la relativité d'Einstein comme une généralisation rationnelle de l'électromagnétisme classique (équations de Maxwell).

Bohr a écrit de nombreux textes sur la mécanique quantique, parfois assez tournés vers la philosophie [62] ; le § 3.C.2 propose d'autres de ses citations. Dans son fameux exposé de Côme, il introduit la notion de « complémentarité » en tant qu'outil fondamental pour interpréter la mécanique quantique, qu'ensuite il élargit bien au-delà, allant jusqu'à inclure d'autres disciplines que la physique (voir par exemple [62] ou encore [41] où il mentionne la biologie[17], la sociologie et la psychologie ; voir également le § 7.2 de [19] ou le chapitre 4 de [45]).

(ii) Born en 1926 (page 804 de [30]) : « Le mouvement des particules se conforme aux lois de la probabilité, mais la probabilité elle-même se propage selon les lois de la causalité ».

Ou peu après dans [63] : « La description théorique quantique... ne répond pas... à la question de savoir où se trouve une certaine particule à un instant donné... Ceci suggère que la mécanique quantique ne répond qu'aux questions statistiques correctement posées, et ne dit rien de l'évolution de phénomènes individuels. Ce serait alors une fusion singulière entre mécanique et statistique ».

(iii) Heisenberg [19, 64] : « Mais les atomes ou les particules élémentaires ne sont pas réels ; ils forment un monde de potentialités ou de possibilités, plutôt qu'un monde de choses et de faits ».

Dans « Physics and philosophy » [64] (chapitre V) : « Les sciences de la nature ne donnent pas simplement une description et une explication de la nature ; elles font partie des interactions entre la nature et nous-mêmes ; elles décrivent la nature telle qu'elle réagit à notre méthode pour lui poser des questions ».

Le chapitre III de ce livre a pour titre « L'interprétation de Copenhague de la théorie quantique », et il y écrit : « Nous ne pouvons complètement objectiver le résultat d'une observation, nous ne pouvons décrire ce qui 'se produit' entre cette observation et la suivante ». Plus bas, il ajoute : « En conséquence, la transition entre le 'possible' et le 'réalisé' se produit pendant l'acte d'observation. Si nous voulons décrire ce qui se produit pendant un événement atomique, nous devons réaliser que le mot 'se produit' ne peut s'appliquer qu'à l'observation, et pas à l'état des choses entre les deux observations ».

Il conclut ce chapitre avec : « l'appareil de mesure a été construit par l'observateur, et nous devons nous souvenir que ce que nous observons n'est pas la nature en elle-même mais la nature soumise à notre méthode de questionnement. Notre tâche scientifique en physique consiste à poser des questions concernant la Nature dans le langage que nous possédons, et à essayer d'obtenir une réponse de l'expérience par les moyens qui sont à notre disposition.

17. À la fin de cet article, il discute le « mode de description par complémentarité » et illustre sa généralité en écrivant « Un exemple est donné par la biologie où les arguments mécaniques et vitalistes sont utilisés d'une façon typique de la complémentarité. En sociologie également, une telle dialectique peut se révéler souvent utile, en particulier dans les problèmes où nous sommes confrontés avec la comparaison entre les différentes cultures humaines... ».

C'est ainsi que la théorie quantique nous rappelle, comme Bohr l'a dit, la vieille sagesse qui dit que, lorsque nous sommes à la recherche d'une harmonie dans la vie, nous ne devons jamais oublier que nous sommes à la fois acteurs et spectateurs dans le drame de la vie. Il est compréhensible que, dans notre relation scientifique avec la nature, notre propre activité devienne très importante lorsque nous nous préoccupons de parties de la nature auxquelles nous n'avons accès que par les outils les plus élaborés ».

(iv) Jordan (tel que cité par Bell dans [65]) : « les observations ne se contentent pas de perturber ce qui doit être mesuré, elles le *produisent.* Dans une mesure de la position, l'électron est forcé de prendre une décision. Nous le contraignons à occuper une position bien précise ; auparavant, il n'était ni ici ni là, il n'avait pris aucune décision concernant une position précise.. ».

(v) Dirac, page 7 de [33] : « *Le seul objet de la physique théorique est de calculer des résultats qui peuvent être comparés avec l'expérience,* et il est tout à fait inutile de donner une description globale de l'ensemble du phénomène ».

Critiques de l'interprétation de Copenhague :

(vi) Schrödinger : « le monde ne m'est donné qu'une seule fois, et pas une fois pour son existence et une autre pour sa perception. Le sujet et l'objet sont un. La barrière qui les sépare ne peut être considérée comme brisée du seul fait d'une expérience en sciences physiques, pour la simple raison que cette barrière n'existe pas » [66]. Dans le § 2.B, nous donnons d'autres citations de Schrödinger.

(vii) Einstein, dans une lettre de 1928 à Schrödinger [67, 68] : « La philosophie rassurante de Heisenberg – ou est-ce une religion ? – est construite de façon tellement subtile que, pour le moment, elle fournit un oreiller de paresse pour le véritable croyant, oreiller d'où il n'est pas possible de le réveiller ».

En 1936 [69] : « La fonction Ψ ne décrit en aucune manière la condition qu'on puisse attribuer à un seul système ; elle concerne en fait un grand nombre d'entre eux, un 'ensemble de systèmes' au sens de la mécanique statistique... si la fonction Ψ ne fournit que des données statistiques sur les grandeurs mesurées... la raison en tient ... au fait que la fonction Ψ ne décrit d'aucune manière l'état du système unique ».

Plus récemment :

(viii) Bell [42], lorsqu'il décrit la théorie quantique « moderne » (interprétation de Copenhague) et ses relations avec la cosmologie : « cette théorie ne parle jamais d'événements se produisant dans le système, mais seulement des résultats d'observations faites sur lui, ce qui implique l'existence d'un appareillage externe »[18] (si c'est le cas, comment alors décrire l'Univers entier, puisqu'il est impossible de concevoir un appareillage externe dans ce cas ?).

« Le problème est le suivant : la mécanique quantique ne s'intéresse qu'aux observations. Elle divise donc nécessairement le monde en deux, une partie qui

18. On pourrait ajouter « ainsi que des observateurs externes ».

est observée et une autre qui effectue l'observation. Les résultats dépendent de la façon dont est faite cette division, mais aucune règle précise pour le faire n'est proposée. Tout ce dont nous disposons est une recette qui, du fait des limitations pratiques auxquelles sont sujets les humains, est suffisamment non-ambigüe pour toute question pratique ».

Voir aussi son texte « contre le concept de mesure », où il discute et critique diverses présentations de l'interprétation orthodoxe [70].

(ix) Mermin [7], lorsqu'il résume la « doctrine quantique fondamentale » (interprétation orthodoxe) : « le résultat d'une mesure n'accède à l'existence que par la mesure elle-même, étant une conséquence à la fois de l'état du système mesuré et de l'appareil de mesure. Comment exactement ce résultat précis est obtenu dans une mesure particulière – la transition entre la potentialité et le réel selon Heisenberg – est fondamentalement impossible à savoir ».

(x) Shimony [8] : « D'après l'interprétation proposée par Bohr, le changement de l'état est une conséquence de l'hypothèse fondamentale selon laquelle la description de tout phénomène physique demande de faire référence au dispositif expérimental ».

(xi) Rosenfeld [71], parlant de l'interprétation orthodoxe : « l'observateur humain, que nous avions pris tant de soin à faire sortir du paysage (scientifique), semble s'introduire à nouveau de façon irrésistible,... ».

(xii) Gottfried [72] (page 188 de la première édition) : « Le postulat de réduction est un axiome indépendant... Le résultat de ces considérations est que la mécanique quantique ne peut pas donner une description complète du monde physique car il doit exister des systèmes (appelés « conscients » par Wigner) qui sortent du domaine d'application de la théorie, c'est-à-dire qui ne peuvent pas être incorporés dans la partie du monde que nous décrivons par l'équation de Schrödinger ».

(xiii) Stapp [37] : « L'interprétation de la théorie quantique est assombrie par les points suivants : (1) On attribue à des concepts classiques non-valides un statut fondamental ; (2) Le processus de la mesure ne peut pas être décrit dans le cadre de la théorie ; (3) La distinction sujet-objet devient floue ; (4) Le système observé doit d'une part être isolé pour être défini, mais d'autre part interagir pour être observé ».

Ou, cité par Bell dans [42] : « Comment une théorie qui est *fondamentalement* une procédure par laquelle des créatures macroscopiques grossières, telles que des êtres humains, calculent des probabilités concernant ce qu'ils vont observer dans des circonstances macroscopiques, comment cette théorie pourrait-elle être considérée comme une description complète de la réalité ? » (la complétude de la mécanique quantique sera discutée au chapitre 3).

(xiv) Leggett [73] à propos de l'interprétation de Copenhague : « ... le formalisme de la mécanique quantique connu sous le nom d'interprétation de Copenhague (alors qu'il serait probablement plus correct de l'appeler la non-interprétation de Copenhague, du fait qu'elle implique que toute tentative d'interpréter le formalisme est voué à l'échec)... d'une part nie que des objets microscopiques (électrons, photons, atomes, ...) aient nécessairement des propriétés définies en l'absence d'observation, mais d'autre part stipule avec insistance (ou du moins implique) que des objets macroscopiques (compteurs, chats, etc.) possèdent effectivement de telles propriétés, qu'ils soient observés ou non. Cette insistance sur la nécessité de tracer une ligne nette ... entre le monde microscopique et le monde macroscopique de la vie de tous les jours (les appareils de mesure inclus) est un thème constamment présent dans les écrits de Niels Bohr.. ». Dans [74], il commente : « La difficulté réelle commence seulement quand nous prenons au sérieux le fait que l'appareil de mesure... est lui-même un système constitué d'atomes et d'électrons, de sorte qu'en principe il devrait pouvoir être décrit dans les termes de la mécanique quantique. Il devrait donc être légitime de demander ce qui se produit si, au lieu de traiter la mesure comme quelque chose de complètement étranger au comportement habituel des systèmes physiques, nous la traitons tout simplement comme un type particulier de processus physique et la décrivons par l'équation de Schrödinger linéaire dépendant du temps ».

Puis, dans [75], il commente : « Dans le cadre de l'interprétation conventionnelle de la mécanique quantique, un système ne possède pas de propriétés bien définies jusqu'au moment où, en quelque sorte, nous le forçons à nous indiquer ces propriétés par la réalisation de mesures appropriées. Mais est-ce la seule interprétation possible ?...à un niveau plus profond il est parfaitement possible que les systèmes aient, en fait, des propriétés objectives, que quelqu'un effectue des mesures sur lui ou non... Les résultats apparemment aléatoires prédits par le formalisme quantique seraient alors simplement dûs à notre ignorance des détails à un niveau plus profond de description »[19].

(xv) Van Kampen [76] a émis le caveat amusant suivant : « Toute personne qui attribuera au vecteur d'état plus de signification que ce qui est nécessaire pour calculer des phénomènes observables sera tenue responsable des conséquences ! » Dans l'Appendice A, nous discutons comment deux autres références [77, 78] mettent en pratique cet avertissement.

La situation actuelle :

Comme on peut s'en douter à la lecture de ces citations, loin d'être convergentes ou parfois même contradictoires, aucun consensus général n'a réellement émergé au sein de toute la communauté des physiciens concernant le sens précis du vecteur d'état. L'accord est général en ce qui concerne le formalisme et la façon d'utiliser en pratique le vecteur d'état. Pour toutes les expériences qui ont été réalisées, un choix pragmatique entre les deux postulats d'évolution peut être laissé à l'évaluation du physicien ; pour faire des prédictions concrètes sur une expérience, jusqu'à maintenant un peu de bon sens s'est révélé suffisant (cf. § 8.A.1), de sorte que les problèmes liés aux fondements

19. Le § 3 expose plus en détail les discussions concernant le caractère complet (ou incomplet) de la mécanique quantique.

de la théorie quantique peuvent parfaitement être mis de côté dans les laboratoires. Mais ceci n'empêche pas qu'il serait préférable de disposer de préceptes mathématiques précis, au lieu de devoir se contenter de recettes physiquement raisonnables ! Il n'est donc pas surprenant de constater que, lorsque la question des fondements revient sur le tapis, ou celle du sens précis des objets mathématiques de la mécanique quantique, le débat recommence, et parfois devient passionné. De plus, on constate que même ceux qui annoncent être en total accord avec l'interprétation standard font usage, dans la pratique, de toute une série de nuances (pouvant parfois aller jusqu'à la contradiction interne...) dès qu'on leur demande d'expliquer en détail leur point de vue.

Pour résumer, le statut du vecteur d'état en mécanique quantique orthodoxe est un mélange subtil entre différents concepts concernant la réalité et la connaissance que nous pouvons avoir de cette réalité. Les succès de la théorie quantique standard signifient-ils que le vecteur d'état est réellement la description ultime et la plus précise d'un système quantique que la physique donnera jamais dans les siècles à venir ? Faut-il renoncer à toute description réaliste en physique et adopter un point de vue positiviste ? La question n'est pas réglée. Il faut dire que même Bohr est considéré plus comme un réaliste[20] que comme un positiviste ou un opérationnaliste [19]. Comme le dit Jammer ([45], p. 157) : « Bohr, comme Von Weizsäcker [79] l'a souligné, n'a jamais rejeté la notion de réalité, il l'a seulement modifiée ». Si on lui avait demandé quelles sont exactement les relations entre la fonction d'onde et la réalité, Bohr aurait probablement dit que la fonction d'onde est assurément un outil très utile, mais que le concept de réalité ne peut être défini à ce seul niveau de façon correcte ; il doit inclure tous les appareils de mesure macroscopiques qui servent à avoir accès à l'information microscopique (nous reviendrons plus en détail sur ce point au § 3.C).

2.F Des arguments peu convaincants

Nous avons déjà souligné combien l'invention de l'interprétation standard (ou de Copenhague) de la mécanique quantique a été, et reste, un des grands triomphes de la physique. On ne peut qu'admirer, plus encore avec le recul, la rapidité et la perspicacité avec laquelle les fondateurs du domaine l'ont conçue, à une époque où les données expérimentales étaient aussi peu nombreuses. Mais, depuis, de multiples expériences ont été réalisées, dont une partie destinées précisément à trouver les limites de cette interprétation ou la mettre en défaut ; pas une n'y a réussi pour le moment. C'est donc une sorte de miracle de l'analyse et de la logique qui a permis l'émergence de cette fantastique construction intellectuelle.

---

20. Nous revenons au § 3.C.2 sur la façon dont Bohr considère que la réalité physique peut être définie sans ambiguïté. Bohr accepte la notion de réalité physique, mais seulement si elle est correctement définie (avec une description complète de l'ensemble de l'expérience).

Cela dit, il faut bien admettre que, parfois, les remarquables auteurs de cette construction sont allés trop loin, poussés par leur désir de convaincre. Par exemple, des affirmations définitives ont été proférées concernant la nécessité logique absolue d'adopter l'interprétation standard, affirmations qui paraissent maintenant quelque peu exagérées avec le recul du temps. D'après elles, l'interprétation orthodoxe donnerait la seule et unique description ultime possible de la réalité physique ; jamais une description plus fine ne serait possible. Ainsi, le caractère fondamentalement indéterministe des phénomènes microscopiques devrait être considéré comme une loi de la Nature gravée dans le marbre pour l'éternité. Mais nous savons maintenant que ce n'est pas nécessairement la seule possibilité logique ; oui bien sûr, chacun est libre de préférer l'interprétation standard, mais ce n'est pas la seule possible à partir d'arguments purement scientifiques. D'autres interprétations restent parfaitement possibles, le déterminisme en lui-même n'étant pas du tout éliminé de façon définitive. Comme expliqué dans la Ref. [7] par exemple, et comme Bell l'a vu clairement très tôt [5, 6] , les « preuves d'impossibilité » mises en avant pas les défenseurs de l'interprétation de Copenhague ne sont pas rigoureuses, pour une raison toute simple : elles imposent arbitrairement des conditions qui sont peut-être pertinentes au sein de la mécanique quantique (linéarité), mais n'ont aucune raison de l'être dans le cadre des théories à rejeter – n'importe quelle théorie à variables supplémentaires comme celle de Bohm par exemple. Du fait de la stature scientifique exceptionnelle des auteurs de ces preuves d'impossibilité, la communauté des physiciens a mis longtemps avant de réaliser que ces théorèmes étaient non pertinents ; maintenant que ce fait est reconnu, la pluralité des interprétations de la mécanique quantique est acceptée plus facilement.

Chapitre 3

Le théorème d'Einstein, Podolsky et Rosen

Plus de 70 ans après sa publication, l'article de Einstein, Podolsky et Rosen (EPR) [80] est toujours cité des centaines de fois chaque année dans la littérature scientifique ; c'est assurément un cas de longévité exceptionnelle ! Cette situation est un peu paradoxale dans la mesure où, pendant bien longtemps, la majorité des physiciens n'a guère accordé son attention au raisonnement de EPR. Ils le considéraient probablement comme intéressant sur le plan historique, mais de peu d'importance dans le contexte de la mécanique quantique moderne ; pire, souvent l'argument a été mal compris ou complètement déformé. Un exemple frappant est donné par la correspondance entre Born et Einstein [81] où le premier, même dans des commentaires écrits après la mort d'Einstein, montre qu'il n'a jamais vraiment compris la nature des objections faites par EPR. Born ne pouvait s'empêcher de penser qu'Einstein se cantonnait dans un rejet obstiné de l'indéterminisme (« allons, Albert, l'indéterminisme n'est pas une telle catastrophe ! »), alors qu'en réalité l'argument central de EPR est la localité et/ou la séparabilité (nous reviendrons plus bas sur ces termes, qui sont reliés à la notion d'espace-temps). Si des géants de la physique comme Born ont pu se tromper de cette façon, il n'est pas surprenant que, plus tard, bien d'autres aient pu faire des erreurs semblables !

C'est la raison pour laquelle, dans ce qui suit, nous allons approcher le problème d'une façon qui peut sembler élémentaire, mais qui a l'avantage de mettre l'accent sur la structure logique des arguments et leur généralité. Ce faisant nous ne suivrons de près, ni le développement historique des idées, ni la formulation que l'on peut trouver dans l'article original[1], préférant mettre en

1. La version publiée de l'article EPR fut écrite par Boris Podolsky. Dans ses commentaires ultérieurs sur le sujet, Einstein a donné l'impression qu'il pensait que l'essentiel de l'argument aurait pu être exprimé d'une façon plus simple, voir par exemple une lettre d'Einstein à Schrödinger [82] où il écrit « la rédaction n'est pas vraiment ce que j'espérais : ce qui est essentiel est en quelque sorte caché sous l'érudition » ; voir aussi [69, 83] et [84], où Einstein explique l'argument dans ses propres termes.

avant la généralité du raisonnement EPR. Pour un compte-rendu historique plus précis, voir le chapitre 6 de [45], ou [85] ainsi que les références qu'elle propose. La Ref. [86] relate les circonstances dans lesquelles l'article EPR fut écrit, et non seulement envoyé à Physical Review mais aussi communiqué à un quotidien (New York Times), qui en fit un compte-rendu – une initiative vivement désapprouvée par Einstein[2].

3.A Un théorème

On parle souvent du « paradoxe EPR », mais en réalité le mot « paradoxe » est peu adapté dans ce cas. Einstein ne voyait nul paradoxe dans l'argument ; sa motivation n'était pas d'imaginer des paradoxes destinés aux collègues intéressés par la philosophie, elle était de présenter un raisonnement d'une solide logique qui, partant d'hypothèses bien explicitées (en gros : réalisme et localité), menait automatiquement à une conclusion claire (la mécanique quantique est incomplète, et même : la physique est déterministe[3]). Pour mettre l'accent sur la structure logique et la généralité, nous parlerons de « théorème EPR »[4] qui, formellement pourrait s'énoncer comme suit :

Théorème : *Si toutes les prédictions de la mécanique quantique sont correctes (même pour des systèmes constitués de plusieurs particules éloignées) et si la réalité physique peut être décrite dans un cadre local (ou séparable), alors la mécanique quantique est nécessairement incomplète : il existe dans la Nature des « éléments de réalité » qui sont laissés de côté par cette théorie*[5].

Sans nul doute, ce théorème est correct ; il a été étudié par de nombreux scientifiques qui n'ont trouvé aucune erreur dans sa démonstration. Donc, la logique qui mène des hypothèses aux conclusions est sans défaut. Ce serait une erreur que de répéter la confusion classique « Bohr a montré que le théorème était faux », ou pire encore « le théorème est faux parce qu'il est contredit par les expériences »[6]. Bohr lui-même, bien évidemment, ne s'y est pas trompé : dans sa réponse à EPR [36], il explique pourquoi il pense que les hypothèses dont le théorème part ne sont pas pertinentes dans le domaine quantique, ce qui rend le théorème inapplicable dans le cadre de la mécanique quantique. Plus précisément, le mot qu'il utilise pour caractériser ces hypothèses est « ambigu », mais jamais il n'a affirmé que le raisonnement est faux (pour plus de détails, voir § 3.C.2). Un théorème qui n'est pas applicable dans une certaine

2. Cet article finit par quelques mots de commentaires de E. Condon (Université de Princeton) qui, visiblement, ne comprend pas bien lui non plus l'objet de l'article, qu'il n'avait peut-être pas encore eu le temps de lire en détail à l'époque.

3. L'erreur de Born, si l'on veut, était de confondre hypothèses et conclusions.

4. Il est vrai qu'Einstein lui-même a parfois utilisé le mot « paradoxe » dans ce contexte, par exemple dans le § 5 de [69].

5. Les mots « éléments de réalité » sont soigneusement définis par les auteurs du théorème ; voir le début de § 3.C.

6. La contradiction en question se produirait via le théorème de Bell (qui est donc parfois également critiqué pour la même raison), un théorème introduit par son auteur comme une prolongation directe du théorème EPR.

FIG. 3.1 – Une source S émet deux particules, qui se propagent ensuite dans l'espace et subissent des mesures dans deux régions éloignées ; a et b sont les paramètres (par exemple orientation des analyseurs de Stern et Gerlach) utilisés pour les deux appareils de mesure.

situation n'en est pas pour autant incorrect : les théorèmes de la géométrie euclidienne ne sont ni faux, ni sans intérêt, du fait qu'on puisse également bâtir des géométries non-euclidiennes ! En ce qui concerne des contradictions éventuelles avec des résultats expérimentaux, nous verrons pourquoi, d'une certaine façon, ces contradictions ajoutent à l'intérêt du théorème, principalement du fait qu'elles peuvent être utilisées dans le cadre d'un raisonnement logique par l'absurde.

Nombreux sont les bons textes décrivant l'argument EPR ; par exemple, un classique est le petit article de Bell de la Ref. [65]. Une autre excellente introduction est la Ref. [43], qui contient une description complète de l'expérience de pensée EPR dans un cas particulier (deux types de mesures seulement sont utilisés) et propose une discussion générale éclairante sur bien des aspects du problème. Pour une liste détaillée de références, voir par exemple [87]. Le schéma considéré dans l'argument EPR est résumé dans la Fig. 3.1 : une source S émet deux particules corrélées, qui se propagent vers des régions éloignées de l'espace où elles sont soumises à des mesures ; le type de mesure est défini par un « paramètre de mesure » a dans une région, b dans l'autre (typiquement l'orientation d'un analyseur de Stern et Gerlach), chaque paramètre étant le résultat d'un choix arbitraire d'un expérimentateur dans la région concernée ; dans chaque région, un résultat est obtenu, qui ne peut prendre que deux valeurs, que nous symboliserons par ± 1 avec la notation habituelle. Une hypothèse cruciale est ajoutée : chaque fois qu'il se trouve que les paramètres choisis des deux côtés ont la même valeur, les résultats de mesure sont eux aussi égaux (corrélations parfaites).

Plutôt que de paraphraser les textes existant sur EPR ou l'article original, nous présenterons volontairement les choses de façon quelque peu différente, en nous basant sur une analogie, une sorte de parabole. Notre objectif est de mettre en lumière une aspect fondamental de l'argument : l'essence du raisonnement EPR n'est en fait autre que ce que l'on appelle habituellement « la méthode scientifique », au sens de Francis Bacon ou Claude Bernard. Dans ce but, nous quitterons un instant la physique pour la botanique ! De fait, dans les deux disciplines, une procédure scientifique rigoureuse est nécessaire pour arriver à prouver l'existence de relations et de causes, et c'est précisément notre objectif.

3.B Des pois, des gousses, et de leurs gènes

Déduire les propriétés d'objets microscopiques à partir d'observations macroscopiques demande de combiner perspicacité, afin de choisir des expériences qui apporteront des informations pertinentes, et une bonne dose de logique, afin d'être capable de déduire ces propriétés microscopiques à partir des résultats macroscopiques. Comme il n'est pas possible d'observer un électron à l'œil nu (ou même une macromolécule), encore moins de les toucher de la main, un raisonnement abstrait est nécessaire. Le savant des siècles passés qui, comme Mendel, essayait de déterminer les propriétés génétiques des plantes, rencontrait exactement le même problème : il n'avait accès à aucun appareil qui lui permette une observation directe de molécules d'ADN, de sorte que la seule méthode accessible était de raisonner sur les résultats macroscopiquement observables d'expériences judicieusement conçues.

Dans notre parabole, le savant en question fait pousser des pois en terre et observe la couleur de fleurs, +1 pour rouge, −1 pour bleu, en fonction des paramètres (température par exemple) définissant les conditions dans lesquelles des pois poussent – ces paramètres correspondent à ceux que nous avons appelés plus haut a ou b. L'idée générale est d'inférer les propriétés intrinsèques des pois (les « éléments de réalité EPR ») à partir de ces observations.

3.B.1 Une expérience simple ; pas de conclusion à ce stade

Il est parfaitement normal que de nombreux paramètres externes comme température, humidité, éclairement, etc. puissent influencer la croissance de végétaux et la couleur d'une fleur ; dans une expérience, il semble très difficile en pratique d'identifier et de contrôler tous les paramètres qui jouent un rôle dans cette croissance. Si l'on constate que les fleurs qui apparaissent dans une série d'expériences sont parfois bleues, parfois rouges, la raison qui explique ces variations peut être une non-reproductibilité des paramètres de l'expérience, mais tout aussi bien un phénomène plus fondamental, lié à l'indéterminisme du vivant. En termes plus abstraits, un caractère complètement aléatoire des résultats observés peut venir, soit des fluctuations provenant de perturbations extérieures mal contrôlées, soit d'une propriété intrinsèque du système mesuré (le pois) ; il peut même venir du fait que la croissance d'une fleur (ou, plus généralement, la vie ?) est un phénomène fondamentalement non-déterministe – inutile de dire que toutes ces raisons peuvent également se combiner entre elles de façon plus ou moins compliquée. Si nous transposons la question à la physique quantique, elle devient : est-ce que les résultats sont aléatoires à cause d'un processus fluctuant inconnu qui agit à un stade ou l'autre de l'expérience (fluctuations des appareils macroscopiques, fluctuation d'une propriété microscopique des particules mesurées, etc.) ? Ou sont-elles fondamentalement aléatoires, conséquences d'un processus quantique totalement irréductible ?

Notre savant peut répéter son expérience des milliers de fois et plus encore : tant que les résultats sont totalement aléatoires, il n'existe aucune façon de prouver laquelle parmi ces interprétations doit impérativement être choisie ; c'est plutôt une question de préférence personnelle. Bien sûr, on peut construire des arguments philosophiques pour défendre tel choix ou rejeter tel autre, mais d'un point de vue purement scientifique il n'existe pas de raison vraiment convaincante de faire un choix. Telle était la situation en physique quantique avant l'argument EPR.

3.B.2 Corrélations ; les causes dévoilées

L'idée de génie de EPR a été de réaliser qu'une étude des corrélations pouvait permettre un grand pas en avant dans le raisonnement. Ils exploitent une des hypothèses mentionnées ci-dessus : lorsque le choix des paramètres est le même, les résultats observés sont toujours identiques.

Mêmes paramètres de mesure Dans notre analogie botanique, nous supposons que l'expérimentateur observe maintenant des corrélations entre les couleurs des fleurs ayant poussé dans les mêmes conditions. Les pois viennent de gousses, et il est possible de faire pousser des pois pris dans la même gousse et d'observer les fleurs obtenues dans des endroits éloignés. Lorsqu'aucun soin particulier n'est pris pour donner des valeurs égales à tous les paramètres expérimentaux (température, etc.), ou lorsque les pois sont pris dans des gousses différentes, rien de spécial n'est observé, aucune corrélation particulière. Mais lorsqu'ils sont pris dans la même gousse et que les paramètres de croissance sont les mêmes, supposons que l'observation montre que les couleurs sont systématiquement les mêmes (toutes deux restent aléatoires, d'une expérience à la suivante, mais elles sont toujours égales).

Qu'en conclure alors ? Comme les pois poussent dans des endroits éloignés avec des couleurs aléatoires mais identiques, il n'existe aucune possibilité d'influence par un phénomène local mal contrôlé qui les détermine, et agirait de la même façon sur les deux ; une influence mutuelle des deux croissances qui jouerait d'une façon ou d'une autre est également exclue. Si donc nous croyons que les causes sont locales, et que des corrélations parfaites ne peuvent jamais apparaître purement par hasard, nous sommes conduits à une conclusion simple : la seule explication possible de cette couleur identique est que les pois pris dans une même gousse partagent en commun une certaine propriété, qui détermine la couleur[7]. Certes, il peut être très difficile de détecter directement cette propriété commune, puisqu'elle est probablement encodée quelque part dans un minuscule fragment d'une molécule biologique, mais la propriété existe et suffit à déterminer les résultats des expériences.

7. Le fait que les corrélations disparaissent si les paramètres ne sont plus ajustés aux mêmes valeurs montre que la couleur est une fonction à la fois de cette propriété commune et des paramètres locaux de l'expérience.

C'est l'essence de l'argument EPR, et en un sens nous pourrions arrêter la discussion à ce point. Toutefois, de façon à aller plus loin dans l'analyse, rendons chaque étape du raisonnement EPR encore plus explicite. L'idée centrale est que la nature et le nombre des « éléments de réalité » associés à chacun des pois ne peut pas varier sous l'influence d'une expérience réalisée en un point éloigné, avec l'autre pois. Supposons par exemple que les deux expériences soient faites à des instants différents : une semaine, l'expérimentateur fait pousser un pois, et ce n'est que la semaine suivante que l'autre pois issu de la même gousse est mis en terre pour pousser ailleurs, mais exactement dans les mêmes conditions. Nous supposons que des corrélations parfaites entre les couleurs sont alors observées, sans aucune influence particulière du temps passé entre les expériences. Juste après la fin de la première expérience (observation de la première couleur), le résultat de la seconde a déjà une valeur parfaitement déterminée ; en conséquence, il doit exister un élément de réalité attaché au second pois qui traduit l'existence de cette certitude. Il est clair que cet élément ne peut pas être attaché à aucun autre objet que le pois, par exemple un des appareils de mesure, puisque la corrélation n'est observée que si les deux pois proviennent de la même gousse. Symétriquement, le premier pois avait lui aussi un élément de réalité qui assure que le premier résultat coïncide toujours avec celui de la seconde mesure. Nous pouvons supposer que les éléments de réalité associés aux deux pois sont codés génétiquement quelque part, et que les valeurs des codes sont les mêmes pour tous les pois provenant de la même gousse ; mais d'autres possibilités existent, et la nature exacte ainsi que le mécanisme mis en jeu par ces éléments de réalité ne sont pas essentiels pour le raisonnement. Ce qui est essentiel est que de tels éléments de réalité, qui ne peuvent pas apparaître à partir d'une action à distance, existent nécessairement avant qu'aucune expérience ne soit réalisée – probablement avant même que les pois ne soient séparés.

Il semble difficile de ne pas reconnaître la méthode scientifique dans la méthode qui a conduit à ces conclusions ; aucun tribunal ne croirait que des corrélations aléatoires parfaites et répétées à loisir puissent apparaître en des points éloignés sans être la conséquence d'une caractéristique commune aux deux objets. De telles corrélations parfaites ne peuvent que refléter la valeur initiale d'une variable commune attachée aux pois, valeur qui est à son tour la conséquence d'une cause commune fluctuante dans le passé (par exemple, le choix au hasard d'une gousse dans un sac qui en est rempli).

Paramètres de mesures différents Considérons maintenant une paire quelconque de pois, déjà séparés spatialement, mais avant que les deux expérimentateurs n'aient décidé les paramètres de l'expérience (température, retard entre les expériences, etc.). Nous savons que, s'il se trouve par hasard que leurs décisions coïncident, des corrélations parfaites se produisent, indépendamment de ces décisions ; c'est vrai, pourvu qu'elles soient identiques dans les deux endroits. À nouveau des éléments de réalité ne peuvent apparaître localement, ou changer leur valeur, en fonction d'expériences réalisées en des points éloignés ; c'est donc nécessairement que les deux pois emportent avec eux suffisamment d'éléments de réalité pour déterminer la couleur de la fleur, quelles que soient les valeurs des paramètres – pas seulement celles qui se trouveront réalisées dans l'expérience qui les concerne. Toute théorie qui ne prend pas en compte ces éléments est nécessairement incomplète.

Prenons une autre analogie, et supposons que les pois sont remplacés par des automates compliqués mettant en jeu la technologie la plus avancée, avec des mesures des paramètres extérieurs tels que la température, etc.. capables d'en déduire par le calcul les résultats ± 1 grâce à des ordinateurs puissants[8]. Mais, hélas, toute cette puissance de calcul est totalement inutile pour simuler les prédictions de la mécanique quantique pour des expériences éloignées, à moins que la mémoire de chacun des ordinateurs ne contienne dès le départ un nombre aléatoire commun qui, combiné aux mesures locales des paramètres, déterminera le résultat final grâce à l'utilisation d'un programme informatique commun.

Résumé Pour résumer, l'argument ci-dessus montre que chaque résultat de mesure peut être une fonction de deux sortes de variables[9] :

(i) de propriétés intrinsèques des pois, qu'ils emportent avec eux ;

(ii) des paramètres locaux de l'expérience (température, humidité, etc.) ; du fait que les corrélations disparaissent lorsque les paramètres sont différents, une paire donnée qui s'est trouvée donner lieu à deux fleurs bleues aurait pu donner deux fleurs rouges avec un autre choix des paramètres.

Nous pouvons également ajouter que :

(iii) les résultats sont des fonctions bien définies de ces variables, ce qui signifie qu'aucun processus non-déterministe n'entre en compte dans ces expériences. La seule source de hasard est le choix aléatoire de la paire initiale.

(iv) lorsqu'il est séparé de sa gousse, un pois ne peut pas « savoir à l'avance » à quel type d'expérience il va participer, puisque la décision peut parfaitement ne pas encore avoir été prise par l'expérimentateur ; lorsqu'ils sont séparés, les deux pois doivent donc emporter avec eux l'information qui leur permettra de déterminer la couleur des fleurs, quelles que soient les conditions expérimentales (valeurs des paramètres).

En d'autres termes, chaque pois emporte avec lui autant d'éléments de réalité que nécessaire pour fournir la « réponse correcte »[10] à toutes les questions qu'on pourrait lui poser dans le futur.

---

8. Nous supposons ici que les ordinateurs en question ne sont pas des ordinateurs quantiques (si un jour on réussit à construire des ordinateurs quantiques complexes, ce sera une autre question).

9. Dans les notations de Bell, la fonction A depend du paramètre a ainsi que de λ.

10. Dans le § 13 de [46], Schrödinger fait une comparaison avec un « élève de lycée qui passe un examen » à qui le professeur peut poser deux questions différentes. On constate, lors de nombreux essais, que « l'élève donne toujours la bonne réponse à la première question qu'on lui pose, quelle qu'elle soit. Il en découle que, dans chaque cas, il sait la réponse aux deux questions », même s'il ne répond pas toujours correctement à la seconde question. « Aucun proviseur de lycée n'en jugerait autrement ».

3.C Transposition à la physique

Revenons maintenant à la physique microscopique, comme dans l'argument original de EPR.

3.C.1 L'argument EPR pour deux particules microscopiques corrélées

Historiquement, EPR ont introduit leur argument concernant des particules corrélées dont on mesure la position et l'impulsion, ce qui conduit à des résultats continus. Il est cependant plus pratique d'utiliser une version de l'argument qui met en jeu des spins et des résultats discrets, version initialement introduite par Bohm [88] et souvent appelée EPRB.

Hypothèses Supposons que deux particules de spin 1/2 soient émises par une source S (Fig. 3.1) dans un état singulet (§ 4.A.1) où leurs spins sont corrélés ; elles se propagent ensuite vers deux régions éloignées de l'espace où elles sont soumises à des mesures des composantes de leurs spins selon la direction a pour la région de droite, b pour la région de gauche. Chaque choix de la direction a (ou de b pour l'autre particule) correspond à un « type de mesure » différent ; quel que soit le type de mesure choisi, le résultat ne peut être que $+1$ ou -1, et ceci de chaque côté. Dans l'expérience de pensée EPR, on suppose pour simplifier que les deux spins n'interagissent qu'avec les appareils de mesure, sans avoir d'évolution propre ; la mécanique quantique standard prédit alors que les distances et les instants auxquels les mesures sont effectuées ne jouent aucun rôle dans les probabilités d'obtenir les différents couples possibles de résultats. Par exemple, si a et b sont choisis parallèles, les résultats seront toujours les mêmes pour les deux mesures[11], même si les mesures ont lieu en des points très éloignés. Ceci reste vrai quelque soit le choix $a = b$ qui est fait, et si les deux opérateurs opèrent de façon totalement indépendante dans leurs régions de l'espace et font un choix au dernier moment (après l'émission de la paire de particules).

Le point de départ de EPR est de supposer que les prédictions de la mécanique concernant les probabilités de résultats de mesure sont correctes. Plus précisément, le raisonnement suppose que les corrélations parfaites prédites par cette théorie sont toujours observées, quelle que soit la distance entre les appareils de mesure. Dans la parabole des pois, la couleur rouge ou bleue est évidemment l'analogue des deux résultats ± 1, les paramètres expérimentaux (température, etc.) sont les analogues de l'orientation des appareils analysant les composantes des spins ; pour bien ressembler aux résultats de la mécanique quantique, nous avons effectivement supposé que les couleurs observées

11. Que les résultats soient toujours les mêmes ou opposés ne change rien au raisonnement, c'est juste une question de choix arbitraire de la direction qu'on associe à un résultat positif. Par commodité, nous supposerons donc que l'expérience donne des corrélations parfaites entre résultats égaux (et non entre résultats opposés).

sont toujours les mêmes pour une paire de pois donnée, dès que les conditions expérimentales dans les deux régions de l'espace sont les mêmes.

Un autre ingrédient essentiel du raisonnement EPR est la notion appelée « éléments de réalité » ; EPR commencent par remarquer que ces éléments ne peuvent pas découler de considérations philosophiques a priori, mais doivent être trouvés en faisant appel aux résultats des expériences. Ils proposent alors le critère suivant : « si, sans perturber en aucune façon le système, nous pouvons prédire avec certitude la valeur d'une quantité physique, alors il existe un élément de réalité physique correspondant à cette quantité physique ». En d'autres termes, une certitude ne peut émerger de rien : un résultat expérimental qui est connu à l'avance ne peut être que la conséquence d'une quantité physique pré-existante. Dans notre analogie botanique, nous avons implicitement utilisé cette idée dans le raisonnement du § 3.B.2.

Un dernier ingrédient du raisonnement EPR, tout à fait essentiel, est la notion d'espace-temps et de localité : les éléments de réalité en question sont attachés aux régions de l'espace où ont lieu les expériences[12], et ne peuvent pas varier soudainement sous l'influence d'événements se produisant dans une région très éloignée de l'espace. Ils peuvent encore moins apparaître dans de telles conditions[13]. Ainsi les pois de notre parabole n'étaient pas tant les symboles d'objets microscopiques, des électrons ou des atomes de spin 1/2 par exemple. De fait, leurs enveloppes symbolisent plutôt des régions de l'espace où nous savons seulement que « quelque chose se propage à l'intérieur » ; ce quelque chose peut être une particule, un champ, une molécule biologique, ou n'importe quoi d'autre, et aucune hypothèse n'est nécessaire sur sa structure ou sa description physique. En fait, dans la citation de EPR au paragraphe précédent, on peut remplacer le mot « système » par « région de l'espace » sans changer le reste du raisonnement. On peut résumer la situation en disant que la conviction de base de EPR est que les régions de l'espace contiennent des éléments de réalité qui leurs sont propres (faire correspondre des éléments de réalité distincts à des régions de l'espace séparées et parfois appelé « séparabilité » – cf. § 3.C.3) et qu'ils évoluent dans le temps de façon locale – pour faire court, on parle souvent de « réalisme local » dans la littérature.

Conclusions À partir de ces hypothèses, par le même raisonnement que ci-dessus, EPR obtiennent l'équivalent des conclusions du § 3.B.2 : quelles

12. Einstein écrit dans [83] : « Les objets de la physique baignent dans un continuum d'espace-temps. Ces objets demandent une existence autonome dans la mesure où ils se trouvent dans des parties différentes de l'espace ».

13. En mécanique quantique standard, si l'on applique le postulat de réduction du vecteur d'état à la mesure d'un des spins, le spin qui n'est pas mesuré « saute » soudainement vers un état qui possède une composante bien définie du spin le long d'une direction parallèle à celle qui a été mesurée pour l'autre spin. Vue de cette façon, la mécanique quantique attribue effectivement un élément de réalité au second spin avant même qu'il ait subi une mesure, ce qui est en accord partiel avec la conclusion EPR. Cependant le désaccord reste total avant la première mesure, puisque la mécanique quantique standard n'attribue aucun élément de réalité de ce type à aucun des spins.

que soient les valeurs choisies pour a et b, les résultats des mesures sont des fonctions :

(i) des propriétés individuelles des spins qu'ils emportent avec eux (les éléments de réalité EPR) ;

(ii) bien sûr, ils sont également fonction des orientations a, b des analyseurs de Stern et Gerlach.

De surcroît, ils montrent que :

(iii) les résultats sont donnés par des fonctions bien définies de ces variables, ce qui implique qu'aucun processus non-déterministe ne se produit : en d'autres termes, une particule à spin transporte avec elle toute l'information nécessaire pour fournir le résultat d'une mesure future, quel que soit le choix de l'orientation a (pour la première particule) ou b (pour la seconde). Il en découle que toutes les composantes de chaque spin ont simultanément des valeurs bien déterminées.

(iv) il est possible d'envisager des mesures futures correspondant à deux valeurs différentes de b et b' par exemple, c'est-à-dire de composantes différentes qui sont appelées « incompatibles » en mécanique quantique ; le raisonnement EPR montre qu'en réalité il est parfaitement possible que des variables incompatibles aient simultanément des valeurs parfaitement bien définies.

Le point (i) peut être appelé le résultat EPR-1 ; il implique que quelque chose manque dans la mécanique quantique (les propriétés intrinsèques des particules individuelles avant la mesure), qui est donc incomplète – EPR considèrent qu'une théorie complète doit être telle que « chaque élément de réalité doit avoir son correspondant dans la théorie physique ». Il est donc parfaitement possible que le vecteur d'état soit une description suffisante pour un ensemble statistique de paires de particules, mais pas pour une paire unique, où elle devrait être complétée par une information additionnelle. En d'autres termes, parmi l'ensemble de toutes les paires, on peut distinguer des sous-ensembles de paires qui ont des propriétés physiques différentes.

Le point (iii) va plus loin et établit la validité du déterminisme à partir d'une hypothèse de localité, combinée avec celle que les prédictions de la mécanique quantique sont correctes.

Le point (iv) peut être appelé le résultat EPR-2 ; il montre que la notion d'observables incompatibles n'est pas fondamentale, mais seulement une conséquence du caractère incomplet de la théorie. Ce point fournit une raison de rejeter la complémentarité. Curieusement, EPR-2 est souvent présenté comme le résultat EPR majeur, parfois même sans mention des autres. En fait, le rejet de la complémentarité est relativement marginal ou, du moins, pas aussi important que le preuve d'incomplétude. De fait, dans les raisonnements qui seront faits plus bas, nous n'aurons besoin que de EPR-1. Einstein lui-même n'accordait pas beaucoup d'importance à la relation entre le raisonnement EPR et les variables ne commutant pas[14], et il semble probable que ce soit Podolsky qui ait introduit cette composante dans la rédaction de l'article.

Finalement, mentionnons également un autre élément logique qui apparaît dans l'article EPR, et qui passe d'ailleurs souvent inaperçu (peut-être parce qu'il n'apparaît pas dans le résumé). Cependant, Einstein y tenait et le considérait comme important, comme en témoigne par exemple le fait que c'est cet aspect qu'il met en avant dans son article de 1936 [69], un an après la publication de l'article EPR[15]. Ce résultat peut être appelé EPR-3 : la description de la réalité physique donnée par la mécanique quantique est « redondante », en ce sens qu'elle décrit la même réalité physique (pour la particule 2) avec plusieurs vecteurs d'état différents. En effet, si toutes les paires de particules émises sont identiques comme le considère la mécanique quantique, la réalité physique attachée à la particule 2 ne peut dépendre du type de mesure effectuée sur la particule 1 ; cette réalité physique sera nécessairement la même juste après la mesure sur la particule 1, quelle que soit la quantité mesurée à cette occasion. Mais la mécanique quantique indique que la réduction du vecteur d'état doit être faite dans la base de l'espace des états qui est associée à la mesure ; ainsi, la particule 2 arrive dans plusieurs états différents selon la mesure effectuée sur la particule 1. Pour finir, nous avons trop de vecteurs d'état pour décrire la même réalité physique de la particule 2, d'où une contradiction. Il est quelque peu paradoxal que la même théorie soit incomplète et redondante ! En revanche, si l'on accepte l'existence des éléments de réalité EPR, la difficulté disparaît : la mesure sur la particule 1 révèle des propriétés initiales de cette particule, donc de la paire émise, donc (si les éléments de réalité sont corrélés) des propriétés initiales de la particule 2. Ces dernières seront effectivement différentes selon la nature de la première mesure, et on retombe dans une situation de corrélation ordinaire.

3.C.2 La réponse de Bohr

Bohr, dans sa réponse [36, 89], ne critique en rien le raisonnement EPR, mais fait plutôt remarquer que leurs hypothèses de départ ne sont pas appropriées au cadre de la physique quantique. Pour Bohr, le critère de réalité physique proposé par EPR « contient une ambiguïté essentielle lorsqu'on l'applique aux phénomènes quantiques » ; il ajoute « leur argumentation ne me

14. À la fin de la lettre déjà mentionnée à Schrödinger [82], il écrit « quant au fait que les différents états du système puissent être considérés comme les vecteurs propres d'opérateurs différents, je m'en fiche totalement » (« Das ist mir Wurst » en allemand).

15. Les mots d'Einstein dans cet article sont les suivants (il appelle systèmes A et B les systèmes que nous avons notés systèmes 1 et 2) : « puisqu'il ne peut y avoir qu'un seul état physique de B après l'interaction, état qui peut raisonnablement dépendre du type de mesure que nous réalisons sur le système A qui est séparé de B, on peut en conclure que la fonction Ψ n'est pas reliée de façon non anbigüe à l'état physique. L'association de plusieurs fonctions Ψ avec le même état physique du système B montre à nouveau que la fonction Ψ ne peut être interprétée comme une description (complète) de l'état physique d'un système unique ».

semble pas prendre en compte de façon adéquate la situation réelle à laquelle nous sommes confrontés en physique atomique (dans le contexte de l'époque, « atomique » est l'équivalent de « microscopique » en langage contemporain). Son texte a été scruté en détail et discuté par bien des auteurs (pour une revue historique, voir par exemple le chapitre 6 de [45]), mais reste néanmoins délicat à vraiment comprendre. Une raison est peut-être qu'au lieu de concentrer ses arguments sur la situation précise envisagée par EPR, Bohr met en avant de façon générale la cohérence interne du formalisme mathématique de la mécanique quantique, ainsi que « l'impossibilité de contrôler la réaction de l'objet lorsqu'il interagit avec les appareils de mesures ». Mais, justement, l'idée essentielle de EPR est de choisir une situation où les fameuses perturbations inévitables par l'appareil de mesure ne peuvent exister ! La localité de EPR implique qu'une mesure effectuée dans la région A ne peut créer aucune perturbation des éléments de réalité de la région B.

De fait, seule la seconde partie de l'article de Bohr concerne directement l'argument EPR. Bohr y écrit : « la formulation mentionnée plus haut du critère (le critère EPR d'existence d'éléments de réalité)... contient une ambiguïté en ce qui concerne l'expression 'sans perturber le système en aucune façon'. Bien sûr, dans un cas comme celui qui est considéré (par EPR), il n'est pas question de parler d'une perturbation mécanique du système étudié pendant la dernière étape critique de la mesure. Mais, même à cette étape, subsiste essentiellement la question d'une influence des conditions mêmes qui définissent précisément les types de prédictions possibles concernant le comportement futur du système..... la description quantique peut être caractérisée comme une utilisation rationnelle de toutes les possibilités de donner des interprétations non-ambigües des mesures, compatibles avec les interactions finies et incontrôlables entre les objets et les appareils de mesure dans le domaine de la théorie quantique ».

Plusieurs auteurs se sont demandés le sens exact de ces mots, en particulier ce qu'il faut comprendre précisément par « perturbation mécanique », et plus encore comment interpréter la phrase centrale « il se pose essentiellement la question d'une influence des conditions mêmes qui définissent précisément les types de prédictions concernant le comportement futur du système ». Ce dont Bohr veut parler est probablement d'une « influence *de la mesure effectuée en A* sur les conditions qui définissent les prédictions concernant le comportement futur du système *en B* – ou alors peut-être *du système global en A et B* ». Dans le point de vue de Bohr, la réalité physique ne peut être définie convenablement sans faire référence à une expérience complète et parfaitement spécifiée. Ceci inclut, non seulement les systèmes soumis à la mesure (les particules microscopiques), mais aussi les appareils de mesure : « ces conditions (expérimentales) doivent être considérées comme un élément indissociable de tout phénomène auquel on puisse attribuer le terme de réalité physique sans ambiguïté ».

Dans la même ligne, plus de dix ans plus tard (en 1948), Bohr caractérisait son point de vue en écrivant [41] : « En résumé, l'impossibilité de subdiviser les effets quantiques individuels, de séparer le comportement des objets de leur interaction avec les appareils de mesure qui sont utilisés pour définir les conditions dans lesquelles le phénomène apparaît implique une ambiguïté lorsqu'on cherche à attribuer des attributs conventionnels à des objets atomiques, ce qui nous pousse à reconsidérer notre attitude concernant le problème d'une explication physique ». C'est la nécessité même d'une telle explication physique qui est remise en question par Bohr. Les citations du § 2.E) montrent également que, pour Bohr, une interprétation cohérente du formalisme quantique ne peut être obtenue sans y inclure des concepts classiques, associés avec chaque expérience[16].

J.S. Bell résume la réponse de Bohr de façon concise en écrivant [65] que, du point de vue de Bohr « il n'existe pas de réalité en dessous d'un certain niveau classique macroscopique ». Dans ce contexte, la tentative de EPR pour attribuer des éléments de réalité à l'un des spins seulement, ou à une région de l'espace le contenant, est incompatible avec la mécanique quantique et donc sans fondement physique[17] – même si cette région est très grande et isolée du reste du monde. Dit autrement, un système physique qui s'étend dans une grande région de l'espace doit être considéré comme une entité unique, au sein duquel il n'est pas permis de distinguer des sous-systèmes physiques ni quelque structure que ce soit ; essayer d'attacher des réalités physiques indépendantes à des régions différentes de l'espace est une tentative vouée à l'échec. En termes de notre Leitmoviv du § 1.A.3, la différence profonde entre espace ordinaire et espace des configurations, nous pourrions dire la chose suivante : le système possède une fonction d'onde unique pour les deux particules qui se propage dans un espace des configurations qui a plus de 3 dimensions, et ce fait doit être pris très au sérieux ; il ne faut pas tenter de revenir à 3 dimensions et de mettre en œuvre des arguments de localité dans l'espace habituel. Le point de vue de Bohr n'est pas bien sûr contradictoire avec la relativité, mais il réduit certainement l'importance de notions comme celles d'espace-temps ou d'événement (une mesure en mécanique quantique n'est pas locale, ce n'est

16. Heisenberg non plus n'était pas en accord avec Einstein, et décrivait la position de ce dernier sur la mécanique quantique dans les termes suivants (chapitre V de [64]) : « Lorsqu'Einstein a critiqué la mécanique quantique, il l'a fait sur la base du réalisme dogmatique. C'est une attitude extrêmement naturelle. N'importe quel scientifqiue qui fait de la recherche sent qu'il est en quête de quelque chose qui est objectivement vrai. Ses affirmations ne sont pas supposées dépendre des conditions dans lesquelles elles peuvent être vérifiées ».
Dans sa conférence Nobel en 1933, il avait déjà écrit « Le seul fait que le formalisme de la mécanique quantique ne peut être interprété comme une description visuelle d'un phénomène se produisant dans l'espace et le temps montre que la mécanique quantique n'est en rien concernée par la détermination objective de phénomènes dans l'espace-temps ».

17. On pourrait ajouter que le rejet par EPR de la notion d'observables incompatibles (argument EPR-2) implique qu'au moins deux dispositifs expérimentaux soient pris en compte pour l'un des appareils de mesure. Mais cela correspondrait dans le point de vue de Bohr à deux réalités physiques différentes (une pour chaque couple a,b différent), au lieu d'une seule comme le supposent EPR dans leur raisonnement.

donc pas un événement relativiste stricto sensu). Son point de vue n'est donc pas très compatible avec une interprétation stricte de la relativité.

Bien des physiciens reconnaissent qu'une caractérisation précise de l'attitude de Bohr est délicate, par exemple pour spécifier exactement quels principes traditionnels doivent être abandonnés (voir par exemple la discussion de la Ref. [8]). Ce qui est clair est que Bohr considère qu'il est vain de chercher des explications physiques au-delà de ce que dit déjà la mécanique quantique orthodoxe. Dans sa réponse à EPR [36] publiée à la Physical Review, on croit retrouver une influence des discussions qu'il avait eues antérieurement avec Einstein aux conférences Solvay ; ceci expliquerait pourquoi il répète simplement le point de vue orthodoxe concernant une seule particule soumise à des mesures incompatibles, ce qui n'a rien à voir avec l'argument EPR. Il ne parle jamais explicitement de localité. A-t-il complètement apprécié à quel point la discussion devient passionnante pour deux particules éloignées qui sont corrélées, et donc la nouveauté de l'argument EPR, qui est le point de départ du théorème de Bell par exemple[18] ? Pour Pearle, il s'exprime de façon catégorique : « la réponse de Bohr était essentiellement qu'il ne partageait pas l'opinion d'Einstein » [90]. Même Bell admettait qu'il avait de grandes difficultés à comprendre Bohr (« Je n'ai pas vraiment une idée sur le sens de ces mots » – voir l'appendice de [65]). Quoi qu'il en soit, le point de vue de Bohr reste actuellement toujours aussi solide, alors que nous savons maintenant que les hypothèses EPR posent un problème de compatibilité mutuelle, comme nous allons le voir dans le chapitre 4.

3.C.3 Localité ; séparabilité

Localité et séparabilité sont deux notions distinctes, même si elles apparaissent souvent liées.

Différents aspects de la localité En fait, la notion de localité elle-même recouvre des concepts variés. La plupart des physiciens, à cause de l'immense impact de la relativité, ont immédiatement tendance à l'associer avec celle de cône de lumière, ainsi que d'un maximum absolu pour la vitesse de propagation dans l'espace des influences, des interactions, ou des messages. Il est d'ailleurs parfaitement possible d'interpréter le raisonnement EPR dans ces termes, en supposant par exemple que les deux mesures sont faites simultanément (dans le référentiel galiléen de la source) à une très grande distance mutuelle. Cependant la localité est également un concept bien plus général en physique, antérieur à la relativité (que ce soit de Galilée ou d'Einstein). Il pourrait être exprimé simplement sous la forme « l'influence mutuelle des événements décroît lorsque leur distance croît ; ou « l'influence d'objets distants

18. Si Bohr avait connu le théorème de Bell, il aurait tout simplement pu répondre à EPR que leur système logique n'était pas cohérent (voir § 4.A.3) !

peut être négligée s'ils sont suffisamment éloignés ». C'est une notion purement spatiale (le temps n'y intervient pas) qui est, de fait, l'une des bases de toutes les sciences expérimentales : le scientifique suppose que les observations faites dans un laboratoire dépendent de ce qui se passe dans le laboratoire, mais pas d'événements arbitraires ou de choix qui sont faits ailleurs et très loin. Imaginons la situation si les observations dans chaque laboratoire dépendaient de tous les choix de paramètres faits dans tous les autres laboratoires du monde, il deviendrait probablement alors impossible de faire un expérience qui ait un sens ! Cette notion plus basique de localité, qui est en quelque sorte une des bases de la méthode scientifique, est suffisante pour le raisonnement EPR. Voir le § 3.3 de [91] pour une généralisation du concept de localité au cas d'une évolution stochastique ; nous reviendrons sur le caractère essentiel de la localité dans notre discussion du théorème de Bell (§ 4.B.3).

Non-séparabilité quantique Au lieu d'invoquer le rôle des appareils de mesure pour définir la réalité physique, comme le fait Bohr, on peut introduire la notion de « non-séparabilité ». L'idée est que des systèmes quantiques différents, lorsqu'ils ont interagi dans le passé, ne possèdent plus nécessairement leurs propriétés physiques propres ; ils sont tous deux des parties d'un système plus grand, qui est le seul à posséder des propriétés physiques. Il n'est alors pas possible de séparer (conceptuellement) le système global en deux sous-systèmes plus petits et de leur attribuer des propriétés physiques ; le système total est un tout non-séparable.

En général, la notion de séparabilité est conceptuellement différente de celle de localité. Elle n'est pas reliée à l'espace : deux systèmes peuvent occuper la même région de l'espace et néanmoins rester distincts, avec chacun leurs propriétés physiques propres (séparables ne veut pas dire séparés). Dans le raisonnement EPR, cependant, comme les deux particules sont effectivement dans des régions séparées de l'espace, la séparation spatiale est supposée entraîner la séparabilité. En revanche, la non-séparabilité quantique peut être définie par les mots « même lorsque deux régions de l'espace sont distinctes et très éloignées l'une de l'autre, on ne peut pas toujours attribuer des propriétés physiques séparées à ce qu'elles contiennent ».

La non-séparabilité quantique prend ses racines dans la façon dont le formalisme quantique décrit des systèmes et des sous-systèmes. Elle est clairement reliée à la notion d'intrication (§ 6.A) : une description parfaite du tout ne contient pas nécessairement une description parfaite des parties. Nous avons mentionné plus haut que Schrödinger considérait l'intrication comme l'une des propriétés les plus fondamentales de la mécanique quantique. L'intrication restreint fortement le nombre de propriétés physiques qui peuvent être attribuées à des sous-systèmes, et annule parfois ce nombre. En d'autres termes, la « meilleure description possible » (avec un vecteur d'état) n'est pas accessible aux sous-systèmes ; ils sont affectés d'un niveau supplémentaire d'indétermination, ce qui ne se produit jamais en mécanique classique.

Invoquer une non-séparabilité intrinsèque pour répondre à l'argument EPR est séduisant, car les difficultés liées à la définition précise des appareils de mesure invoquée par Bohr s'atténuent. Cette position reste néanmoins délicate, en particulier parce que les corrélations et l'intrication peuvent se propager vers le monde macroscopique (paradoxe du chat de Schrödinger) de sorte que l'absence de propriétés physiques peut atteindre le monde macroscopique ; on pourrait arriver à une situation où seul l'Univers entier aurait encore des propriétés physiques !

Il est clair que, si le monde était totalement non-local (ou totalement non-séparable), tous les phénomènes physiques y étant intriqués d'une façon tellement intrinsèque que les démêler soit hors de portée, leur analyse scientifique par la méthode expérimentale deviendrait bien difficile, probablement impossible. En fait, les progrès scientifiques du passé n'ont été possibles que parce que cette non-localité et non-séparabilité restent des phénomènes qui ne se manifestent que dans certaines situations relativement spéciales, le plus souvent celles conçues par les physiciens précisément pour les mettre en évidence.

3.C.4 L'argument EPR pour des systèmes macroscopiques

Il est amusant de remarquer que l'argument peut également être mis en relation avec une autre grande découverte d'Einstein, à savoir la condensation de Bose-Einstein. L'argument initial mettait en jeu deux particules microscopiques, des atomes par exemple. L'essence de l'argument de Bohr repose sur l'idée que des systèmes microscopiques ne possèdent pas de réalité physique indépendante des appareils de mesure, car la réalité ne peut être définie à ce niveau. Mais il se trouve que la mécanique quantique prédit également que des corrélations semblables devraient être observées avec des systèmes de taille arbitrairement grande, et peuvent donc être macroscopiques [92] ; ceci demande qu'ils soient initialement dans un état quantique très spécial, un « double état de Fock », mais un tel état pourrait être accessible par exemple grâce au phénomène de condensation de Bose-Einstein.

Nous ne faisons que résumer brièvement les idées car nous reviendrons sur la question au § 7.D.3, auquel nous renvoyons le lecteur qui voudrait plus de détails. Nous considérons deux grands condensats, associés avec deux états de Fock dans des états de spin différents, qui se recouvrent partiellement dans deux régions de l'espace. Initialement, selon la mécanique quantique, la phase relative des deux condensats est totalement indéterminée, de sorte qu'aucune des régions de recouvrement ne contient une orientation transverse de spin. Cependant, dès que des mesures des composantes transverses des spins sont faites dans l'une des régions, une polarisation transverse apparaît immédiatement dans cette région, avec une direction qui est totalement aléatoire. De plus, comme ce processus fixe partout la phase relative des deux condensats, la théorie prédit qu'une polarisation transverse apparaît également dans la seconde région de recouvrement, parallèle à celle de la première région. On a donc un effet éloigné de la mesure, sans aucune interaction entre les deux régions, mais uniquement comme conséquence de la réduction du vecteur d'état.

Il est alors clair que l'argument EPR s'applique directement à une telle situation : comment une polarisation des spins pourrait-elle apparaître spontanément dans une région arbitrairement éloignée de l'espace, sans aucune interaction pour la créer ? Comment la réalité physique contenue dans une région de l'espace peut-elle dépendre d'une mesure à une très grande distance ? Cependant, la différence importante avec l'argument original EPR est que le nombre de particules concernées est maintenant arbitrairement grand, de sorte que la polarisation de spin peut être macroscopique. Si les spins portent un moment magnétique, ils fournissent une aimantation transverse macroscopique, qui peut être détectée avec des appareils très ordinaires comme une simple boussole. Pour des objets macroscopiques de taille arbitrairement grande, il semble difficile d'invoquer l'argument de Bohr et de dire qu'ils n'ont droit à une réalité physique que lorsqu'ils sont associés avec des appareils de mesure bien définis ! Mais, bien évidemment, nous ne pouvons savoir ce que Bohr aurait dit concernant la version macroscopique de l'argument EPR.

Dans ce cas particulier, l'élément de réalité EPR pré-existant serait donc la phase relative des deux condensats. La notion d'une phase pré-existante est reliée à celle de brisure spontanée de symétrie et de l'apparition d'une phase pour un système qui passe par une transition superfluide (phase d'Anderson [93]). La phase relative de condensats de Bose-Einstein contient également quelques effets de non-localité quantiques intéressants [94], mais les effets non-locaux seront discutés dans le chapitre suivant.

Chapitre 4

Le théorème de Bell

Comme l'argument EPR, le théorème de Bell [95] peut être vu de plusieurs façons. Historiquement, Bell l'a conçu comme un prolongement logique direct du théorème EPR : l'idée est de prendre au sérieux l'existence des éléments de réalité EPR, et de la pousser plus loin en les introduisant explicitement dans le formalisme mathématique sous la notation λ ; on étudie ensuite toutes les sortes possibles de corrélations qui peuvent être obtenues à partir de fluctuations des λ, en rendant la localité explicite dans les équations (la localité jouait déjà un rôle dans l'argument EPR, mais pas dans les équations). Le raisonnement est mené dans le cadre du déterminisme (dont on considère la validité comme prouvée par le raisonnement EPR) et des probabilités classiques ; il étudie de façon générale toutes les sortes de corrélations qui peuvent être obtenues à partir de fluctuations d'une cause commune quelconque dans le passé – si l'on préfère à partir d'un choix aléatoire de l'état initial du système. Cette approche mène aux fameuses inégalités. Toutefois, des études ultérieures ont montré que la portée du théorème de Bell n'est pas limitée au déterminisme ; par exemple, les λ peuvent fixer, non pas les résultats de mesure, mais des probabilités (voir Appendice B) ; nous remettons à plus tard (§ 4.B.3) une discussion de généralisations du théorème. Pour le moment, nous nous contentons d'insister sur le fait que la condition vraiment essentielle pour la validité du théorème est la localité : des fluctuations extrêmement générales et de toutes sortes peuvent être prises en compte, mais il faut que leurs effets physiques soient locaux. Si nous supposons que jeter un dé à Paris peut influencer instantanément les événements qui se déroulent à Tokyo, ou même dans d'autres galaxies, la preuve du théorème n'est plus possible. Pour une discussion générale du théorème de Bell, voir par exemple [43, 65, 96, 97].

Un autre point de vue sur ce théorème, fréquent mais moins général, est de le considérer comme complètement dissocié du raisonnement EPR. Le théorème de Bell peut alors être vu comme un théorème d'impossibilité des variables supplémentaires (ou « cachées », voir § 8.F) : si ces variables sont introduites de façon arbitraire et si leur évolution est locale, la théorie que l'on construit ainsi ne peut reproduire toutes les prédictions de la mécanique quantique, même si l'on suppose que l'évolution des variables supplémentaires est très complexe.

4.A Inégalités de Bell

Les inégalités de Bell sont des relations satisfaites par les valeurs moyennes de produits de variables aléatoires qui sont corrélées classiquement – nous entendons par là que leurs corrélations proviennent des fluctuations d'un événement qui s'est produit dans le passé et qui a influencé leurs valeurs, comme dans le chapitre précédent pour les pois. L'intérêt principal de ces inégalités est qu'elles peuvent se révéler contradictoires avec la mécanique quantique ; une situation où cela se produit est la version avec spins de l'argument EPR [88], déjà introduite en § 3.C.1, où deux particules de spin 1/2 sont soumises à des mesures en des points éloignés de l'espace. C'est pourquoi nous commençons par brièvement rappeler quelles sont les prédictions de la mécanique quantique pour un tel système – le seul ingrédient dont nous aurons besoin pour le moment se limite aux prédictions de la mécanique quantique concernant les résultats possibles. Ensuite nous quitterons à nouveau la mécanique quantique standard et reviendrons à l'argument EPR-Bell, discuterons les contradictions avec la mécanique quantique, le contenu logique du théorème et les contradictions avec les expériences.

4.A.1 Mécanique quantique : deux spins dans un état singulet

Nous supposons que deux particules de spin 1/2 dans un état singulet de spin se propagent dans des directions opposées après avoir été émises par une source commune. Leur état de spin est alors donné par :

$$| \Psi >= \frac{1}{\sqrt{2}} \left[|+,-\rangle - |-,+\rangle \right] \tag{4.1}$$

où, selon la notation habituelle, l'état à deux spins $|\pm,\mp\rangle$ contient le premier spin dans un état propre de valeur propre $\pm\hbar/2$ de la composante de son spin sur Oz[1], et le second dans un état propre de valeur propre $\mp\hbar/2$. Lorsqu'elles atteignent des régions éloignées, elles sont alors soumises à des mesures de leurs spins, au moyen d'appareils de Stern et Gerlach orientés selon les angles a et b autour de la direction de propagation, ce qui signifie que ce sont les composantes des spins le long de a et b qui sont mesurées. Si :

$$\theta_{ab} = a - b \tag{4.2}$$

1. On peut montrer que le vecteur d'état (4.1) est invariant dans toute rotation, ce qui implique qu'il garde la même expression quel que soit le choix de l'axe de quantification Oz.

est l'angle entre a et b, la mécanique quantique prédit que la probabilité d'une double détection de résultats +1, +1 (ou −1, −1) est :

$$\mathcal{P}_{+,+} = \mathcal{P}_{-,-} = \frac{1}{2}\sin^2\frac{\theta_{ab}}{2} \tag{4.3}$$

tandis que la probabilité de deux résultats opposés est :

$$\mathcal{P}_{+,-} = \mathcal{P}_{-,+} = \frac{1}{2}\cos^2\frac{\theta_{ab}}{2} \tag{4.4}$$

Nous n'avons pour le moment pas besoin d'en savoir plus sur les prédictions de la mécanique quantique, il nous suffit des probabilités d'observer les résultats de mesure. Une remarque essentielle est que, si $\theta = 0$ (donc lorsque les orientations des deux mesures sont parallèles), les formules prédisent que deux probabilités s'annulent, alors que les deux autres sont égales à 1/2. On est alors toujours certain d'obtenir le même résultat dans les deux mesures, ce qui signifie que les corrélations parfaites nécessaires au raisonnement EPR se produisent effectivement (en fait, pour un état singulet les résultats des mesures sont toujours opposés, et non égaux, mais cela revient au même puisqu'il suffit de changer l'orientation d'un des axes pour qu'ils redeviennent égaux – voir note 11 du chapitre 3).

Un état tel que (4.1), où les propriétés des deux sous-systèmes physiques (ici les deux spins) sont corrélées dans le vecteur d'état lui-même, est appelé en mécanique quantique « état intriqué » ; nous reviendrons plus en détail au chapitre 6 sur la notion d'intrication quantique.

4.A.2 Réalisme local : démonstration de l'inégalité BCHSH

Nous partons donc du théorème EPR et, comme Bell, nous supposons que λ représente tous les « éléments de réalité » associés aux spins ; en fait λ n'est qu'une notation concise qui peut parfaitement sous-entendre un vecteur avec de très nombreuses composantes, de sorte que le nombre d'éléments de réalité inclus dans λ est totalement arbitraire – aucune restriction n'est donc introduite par cette notation. Il est d'ailleurs possible d'inclure dans λ des composantes qui ne jouent aucun rôle particulier dans le problème ; la seule chose importante est que λ contienne suffisamment d'information pour donner les résultats de toutes les mesures envisageables sur les spins. Nous faisons usage d'une autre notation usuelle pour les résultats, A et B, à ne pas confondre avec les lettres minuscules a et b utilisées pour les paramètres de la mesure des deux appareils. Bien évidemment, A et B peuvent dépendre, non seulement de λ, mais également des paramètres de mesure a et b ; néanmoins, la localité impose que b n'ait aucune influence sur le résultat A (du fait que la distance entre les mesures est arbitrairement grande) ; inversement, a n'a aucune influence sur le résultat B. Nous notons donc $A(a, \lambda)$ et $B(b, \lambda)$ les fonctions correspondantes, qui prennent les deux valeurs +1 ou −1.

Dans ce qui suit, il est suffisant de prendre en compte deux directions seulement pour chaque mesure individuelle ; nous utiliserons donc la notation plus simple :

$$A(a,\lambda) \equiv A \qquad ; \qquad A(a',\lambda) \equiv A' \tag{4.5}$$

et :

$$B(b,\lambda) \equiv B \qquad ; \qquad B(b',\lambda) \equiv B' \tag{4.6}$$

Pour chaque paire de particules émise, λ est fixé, et les quatre nombres ont des valeurs bien définies, qui ne peuvent chacune être que ± 1. Avec Eberhard [98] nous remarquons que la somme de produits :

$$M = AB - AB' + A'B + A'B' = A(B - B') + A'(B + B') \tag{4.7}$$

est toujours égale à, soit $+2$, soit -2 ; en effet un des crochets dans le membre de droite de cette équation s'annule toujours, tandis que l'autre vaut ± 2. Si maintenant nous prenons la valeur moyenne $\langle M \rangle$ de M sur un grand nombre de paires émises (moyenne sur λ), puisque chaque valeur réalisée de M est comprise entre ces deux valeurs, c'est aussi le cas de leur valeur moyenne, et nous avons donc nécessairement :

$$-2 \leq \langle M \rangle \leq +2 \tag{4.8}$$

Ce résultat est la forme dite BCHSH (Bell, Clauser, Horne, Shimony et Holt) du théorème de Bell [99]. L'inégalité est satisfaite pour toutes les sortes de mesures qui fournissent des résultats aléatoires, quel que soit le mécanisme qui crée les corrélations (à condition que le caractère aléatoire provienne d'une source commune fluctuant dans le passé). La Fig. 4.1 schématise cette condition, et la Fig. 4.2 montre la représentation spatio-temporelle correspondante ; les lignes connectant la cause et les effets doivent se trouver à l'intérieur du cône de lumière $x = \pm ct$ pour que la relativité soit satisfaite. Mais la démonstration des inégalités est en fait plus générale ; elle peut être faite sans modification si, par exemple, des causes fluctuantes agissent sur les particules durant leur propagation vers les appareils de mesure, ou directement sur les appareils de mesure eux-mêmes, tant que ces perturbations restent locales (Fig. 4.3).

4.A.3 Contradiction entre l'inégalité et la mécanique quantique

La simplicité et la généralité de la démonstration sont telles que l'on pourrait raisonnablement s'attendre à ce que toute théorie physique raisonnable donne automatiquement des prédictions qui satisfassent cette inégalité. La surprise est de réaliser que la mécanique quantique n'est pas dans ce cas. À partir de (4.3) et (4.4) on voit en effet que la valeur moyenne du produit des deux résultats prédite par la mécanique quantique est :

$$\mathcal{P}_{+,+} + \mathcal{P}_{-,-} - \mathcal{P}_{+,-} - \mathcal{P}_{-,+} = -\cos\theta_{ab} \tag{4.9}$$

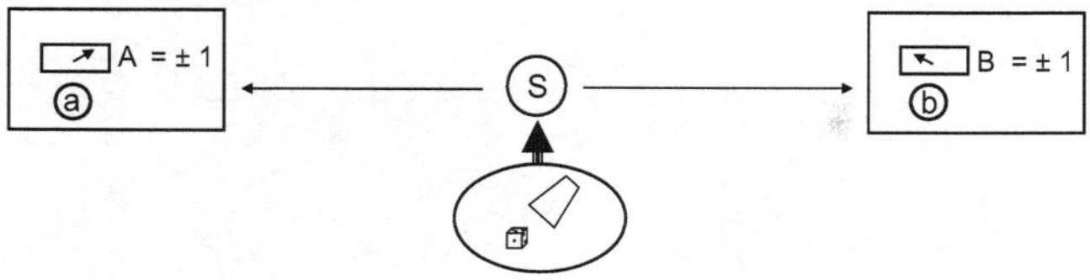

FIG. 4.1 – Une source S émet des particules vers deux appareils de mesure situés en des points éloignés, réglés avec des paramètres de mesure respectifs a et b ; chaque appareil fournit un résultat ± 1. L'ovale sous la source symbolise un processus aléatoire fluctuant qui contrôle les conditions d'émission des particules émises, et donc leurs propriétés. On observe des corrélations entre les résultats obtenus ; ces corrélations sont conséquence des propriétés aléatoires communes que les particules ont acquises lors de leur émission sous l'effet du processus fluctuant.

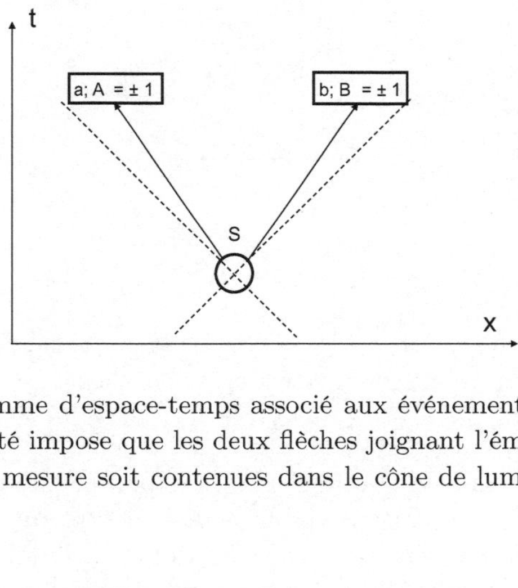

FIG. 4.2 – Diagramme d'espace-temps associé aux événements schématisés sur la Fig. 4.1. La relativité impose que les deux flèches joignant l'émission des particules aux événements de mesure soit contenues dans le cône de lumière $x = \pm ct$ (lignes tiretées).

de sorte que l'analogue de l'expression (4.7) a pour valeur moyenne :

$$\langle Q \rangle = -\cos\theta_{ab} + \cos\theta_{ab'} - \cos\theta_{a'b} - \cos\theta_{a'b'} \tag{4.10}$$

Or il se trouve que, pour certains choix judicieux[2] (cf. Fig. 4.4 des quatre directions a, a', b, b', $\langle Q \rangle$ peut atteindre la valeur $\pm 2\sqrt{2}$, violant l'inégalité BCHSH (4.8) par un facteur $\sqrt{2}$, donc plus de 40 % (il se trouve que $\sqrt{2}$ est la plus grande violation possible autorisée par la mécanique quantique – cf. § 4.C. Ainsi le raisonnement de EPR-Bell conduit à une contradiction quantitative et importante avec la mécanique quantique ; le théorème de Bell montre que la mécanique quantique n'est pas une théorie réaliste locale dans le sens de EPR.

2. Les quatre directions sont dans un même plan, et les vecteurs rangés dans l'ordre **a**, **b**, **a′** et **b′** faisant chacun un angle de 45° avec le précédent ; on voit alors facilement que $\langle Q \rangle = -2\sqrt{2}$. Si l'on renverse les directions de **b** et **b′**, on obtient $\langle Q \rangle = 2\sqrt{2}$.

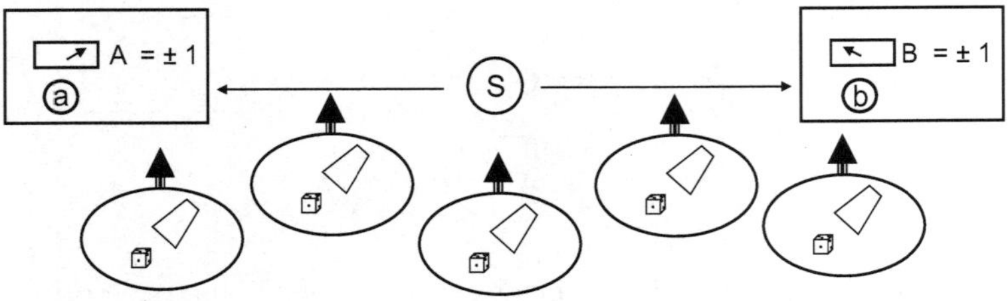

FIG. 4.3 – Des causes fluctuantes non-contrôlées peuvent influencer, non seulement l'émission des particules, mais aussi leur propagation, ainsi que les appareils de mesure, sans que cela ne change en rien la démonstration des inégalités BCHSH. Ce qui est essentiel, cependant, est que toutes ces perturbations restent locales.

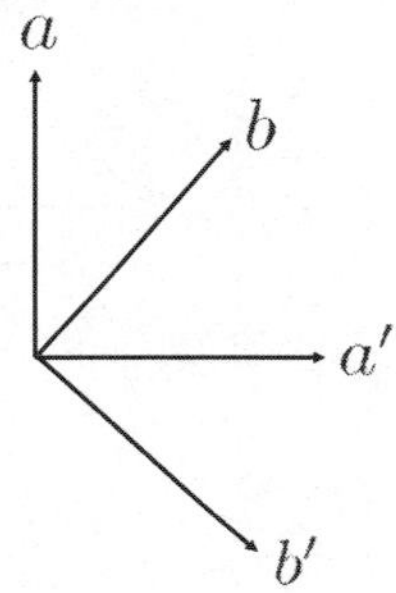

FIG. 4.4 – Position des quatre vecteurs a, b, a' et b' donnant lieu à une violation maximale de l'inégalité BCHSH avec deux spins 1/2 dans un état singulet.

Comment cette contradiction est-elle possible, et comment un raisonnement aussi apparemment inattaquable peut-il il être inapplicable à la mécanique quantique ? La réponse est la suivante : ce qui est faux, si nous raisonnons dans le cadre de la mécanique quantique, est d'attribuer quatre valeurs bien définies A, A', B, B' à chaque paire. Du fait que, au maximum, seulement deux d'entre elles peuvent être mesurées dans chaque réalisation de l'expérience, nous ne pouvons parler de ces quatre nombres ou raisonner sur eux, même comme des quantités inconnues (nous revenons sur ce sujet dans la discussion de la contrafactualité, au § 4.E.2). Comme le résume très clairement Peres [100], « des expériences qui n'ont pas été réalisées n'ont aucun résultat », c'est tout ! Wheeler va dans la même direction quand il écrit : « aucun phénomène élémentaire n'est un phénomène tant qu'il n'est pas un phénomène enregistré par un appareil de mesure » [101].

Dans le point de vue de Bohr, comme déjà discuté au §3.C.2, l'ensemble de l'expérience doit être considéré comme un tout. Un processus fondamentalement indéterministe se produit à la fois dans toute la région de l'espace occupée par l'expérience ; il est délocalisé, comme l'illustre le schéma de la Fig. 4.5, que l'on peut comparer à celui des Figs. 4.1 et 4.3.

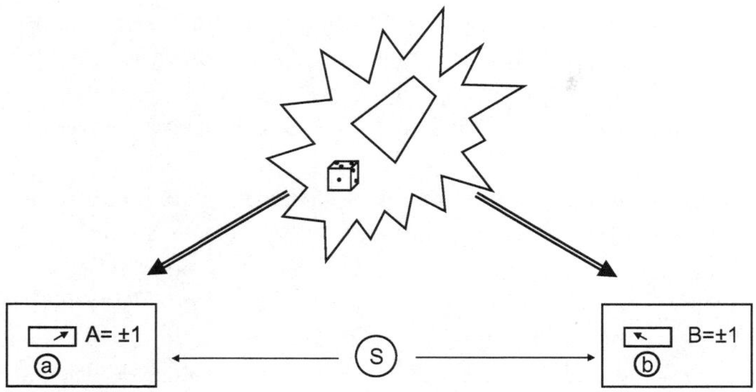

FIG. 4.5 – Schéma de la description quantique d'une mesure mettant en jeu deux appareils de mesure éloignés ; on pourra le comparer avec ceux des Figs. 4.1 et 4.3. Le grand zigzag placé en haut de la figure symbolise un processus fondamentalement indéterministe et non-local, par opposition avec les ovales placés en dessous des événements dans les figures précédentes qui représentaient des processus stochastiques résultant de l'effet de perturbations locales incontrôlées et fluctuantes. La délocalisation spatiale d'un tel processus quantique est irréductible, de sorte qu'il n'est pas possible de lui associer une représentation spatio-temporelle analogue à celle de la figure 4.2.

Quant à Wigner, il met en avant dans [102] que la preuve du théorème de Bell, et donc les inégalités correspondantes, repose sur une notion très simple dans le cadre du réalisme (non nécessairement local) : le nombre de catégories dans lesquelles on peut ranger toutes les paires de particules[3] (ou, de façon équivalente, toutes les réalisations de l'expérience). Chaque catégorie est associée avec des résultats bien définis de mesures pour les divers choix des paramètres a et b qui sont choisis (configuration de l'expérience) ; dans une séquence suffisamment longue de mesures, chaque catégorie contribue avec un poids déterminé, sa probabilité (positive ou nulle). Pour une configuration unique d'une expérience pouvant donner R résultats différents, le nombre de catégories est simplement R. Lorsqu'on considère P configurations différentes de l'expérience, chacune pouvant donner R résultats, le nombre de catégories possibles devient R^P.

Pour simplifier, nous supposerons que chacun des paramètres a et b peut prendre deux valeurs différentes (dans le § 4.B.1 nous étudions le cas pris en compte dans l'article original de Wigner, celui de trois valeurs). Si, comme Bohr, nous considérons l'expérience comme un tout, alors $P = 4$, puisque

3. Dans cette référence, Wigner raisonne en fait explicitement en termes de variables cachées ; il définit des domaines pour ces variables, qui correspondent à des résultats déterminés pour plusieurs choix possibles des paramètres. Cependant ces domaines correspondent aussi dans le point de vue de EPR à des catégories de paires de particules émises, ce qui explique pourquoi nous utilisons ici cette notion de catégories, sans faire appel aux variables supplémentaires.

4 choix possibles du couple a, b sont possibles ; comme chaque réalisation peut donner 4 couples de résultats différents $(\pm 1, \pm 1)$, le nombre de catégories est 4^4. À ce stade, il n'y a pas de difficulté particulière à attribuer des poids aux catégories afin de reproduire la mécanique quantique, sans contradiction particulière.

Mais Wigner remarque que, si l'on ajoute la notion de localité, pour chaque paire le résultat obtenu d'un côté devient indépendant du paramètre de mesure dans l'autre région de l'espace ; seule subsiste une dépendance par rapport au paramètre local. Chaque catégorie devient alors l'intersection de deux sous-ensembles : l'un qui caractérise la première partie de la mesure ne dépendant que de a, choisi parmi $2 \times 2 = 4$ sous-ensembles possibles (2 pour les deux valeurs possibles de a, et 2 pour les deux résultats possibles) ; l'autre qui caractérise la seconde partie de la mesure dépendant de b seulement, choisi également parmi 4 possibilités. Pour finir, dans ce cas le nombre total de catégories n'est plus que 2^4. À chaque catégorie on peut alors associer quatre nombres A, A', B et B' qui sont bien définis et valent tous ± 1, et former la combinaison (4.7), qui ne peut valoir que ± 2 ; les inégalités BCHSH en découlent alors immédiatement. En d'autres termes, Wigner fait remarquer que l'origine mathématique des inégalités de Bell tient à la possibilité de distribuer les paires avec des probabilités positives dans un nombre de catégories plus faible que dans un raisonnement non-local ; ainsi la différence entre 4^4 et 2^4 est l'origine de la contradiction.

4.A.4 Contenu logique

Une façon générale d'énoncer le théorème de Bell en termes logiques est de dire que l'ensemble des trois hypothèses[4] suivantes (que l'on pourrait appeler hypothèses EPR) est auto-contradictoire :

1. Validité de la notion EPR d'éléments de réalité
2. Localité
3. Les prédictions de la mécanique quantique sont toujours correctes.

Effectivement, si l'on part de ces trois hypothèses, on peut arriver à des situations où la troisième est réfutée, d'où une auto-contradiction. Vu de cette façon, le théorème de Bell apparaît comme un outil permettant de construire un raisonnement par l'absurde ; il montre que, parmi les trois hypothèses, une au moins doit être abandonnée. Si le but d'Einstein était de partir du réalisme local et, de plus, de supposer que toutes les prédictions de la mécanique quantique sont correctes, le théorème de Bell montre que ce programme est impossible à réaliser – la conclusion est purement logique, indépendante de toute vérification expérimentale.

On peut remarquer qu'il existe une quatrième hypothèse cachée dans le raisonnement :

4. Pour le moment nous ne discutons qu'un seul groupe d'hypothèses logiques conduisant au théorème, celles que nous avons utilisées plus haut. Il en existe cependant d'autres qui permettent également de démontrer le théorème – voir § 4.B.2.

4. Les paramètres de mesure a et b sont des variables qui sont choisies de façon totalement libre par les expérimentateurs[5] ; ce ne sont pas les conséquences physiques d'un événement du passé qui les détermine.

C'est l'hypothèse du « libre arbitre ». Elle est tellement générale dans toutes les sciences expérimentales que, bien souvent, on ne la mentionne même pas : on suppose tout naturellement que les expérimentateurs sont libres de décider de la nature des expériences qu'ils vont réaliser et de leurs paramètres. L'inverse serait de considérer que leur décision est prédéterminée par un événement passé inconnu dont les conséquences se sont propagées jusqu'aux deux expérimentateurs (voir la discussion du § 4.E.1.c sur le fatalisme et le superdéterminisme.). C'est la notion même de paramètre libre d'une théorie qui est en jeu : les paramètres de mesure a et b sont considérés comme des paramètres libres externes à la théorie, et non comme les conséquences d'un événement passé dont les influences se seraient propagées jusqu'aux deux laboratoires en obéissant à une équation dynamique de la théorie.

Énoncé de cette façon, le théorème de Bell est conceptuellement très général, mais bien évidemment impossible à vérifier expérimentalement du fait de la trop grande généralité de l'hypothèse 3. On peut alors préférer une autre forme d'auto-contradiction logique, où cette hypothèse est remplacée par deux autres qui sont plus particulières, ne concernant qu'une expérience donnée (par exemple : deux spins $1/2$ dans un état singulet, ou deux photons émis dans une cascade atomique 0-1-0) :

3'. Dans cette expérience, les prédictions de la mécanique quantique concernant les corrélations parfaites qui sont observées avec les mêmes paramètres d'expériences ($a = b$) sont correctes (c'est cette hypothèse qui mène à l'existence des éléments de réalité EPR).

3". Les prédictions concernant les corrélations pour des paramètres différents sont également correctes.

Retirer soit 3', soit 3", de l'ensemble des hypothèses est suffisant pour supprimer l'auto-contradiction. La motivation des expériences qui ont testé les inégalités de Bell était précisément de vérifier si ce n'était pas l'hypothèse 3" qui devrait être abandonnée. Peut-être, après tout, que le théorème de Bell n'est autre qu'un indicateur très efficace pour pointer du doigt vers les rares situations où les prédictions de la mécanique quantique deviennent tellement paradoxales qu'elles sont en fait fausses ? C'était l'espoir d'un certain nombre de théoriciens, et en même temps un défi à relever pour les expérimentateurs.

4.A.5 Contradiction avec les expériences

En 1967, une expérience fut réalisée par Kocher et Commins [103] avec des photons émis lors d'une cascade atomique entre trois niveaux du mercure ayant des moments angulaires $J = 0 \to 1 \to 0$. Dans ce cas, la mécanique

5. En théorie, ils peuvent choisir leurs valeurs après l'émission des deux particules par la source, tandis qu'elles sont en chemin vers leurs laboratoires respectifs.

quantique prédit des corrélations qui sont semblables à celles pour deux spins 1/2 dans un état singulet ; les directions des analyseurs de polarisation de photons jouent le rôle des orientations des analyseurs de Stern et Gerlach pour des spins 1/2 (il faut juste diviser les angles par deux pour passer du cas des spins à celui des photons). Cette expérience a permis de vérifier que les prédictions de la mécanique quantique sont parfaitement correctes quand les analyseurs sont parallèles (ou perpendiculaires), donc dans les cas de corrélations parfaites – en d'autres termes, l'hypothèse 3' fut testée avec succès pour cette expérience.

Deux ans plus tard, Clauser, Horne, Shimony et Holt firent remarquer que ce type d'expérience peut parfaitement être généralisé afin de fournir un test de l'hypothèse plus générale 3", en faisant des mesures des taux de corrélation pour des angles variés des analyseurs [104]. Ils proposèrent alors une généralisation du théorème de Bell sous une nouvelle forme (l'inégalité BCHSH, déjà discutée plus haut) plus appropriée à des tests expérimentaux que l'inégalité originale de Bell. Dans cette ligne, en 1972 des corrélations pour des angles différents (et donc l'hypothèse 3") furent testées par Freedman et Clauser [105], dans une cascade atomique $J = 0 \to 1 \to 0$ de l'atome de Calcium ; cette expérience fournit une confirmation des prédictions de la mécanique quantique et conduisit à une violation des inégalités du réalisme local par 6 déviations standard. En 1976, trois autres expériences furent réalisées, deux avec des photons émis dans des cascades $J = 1 \to 1 \to 0$ dans le mercure [106, 107], et une avec des protons [108] ; à nouveau, les prédictions de la mécanique quantique furent confirmées.

Dans les années 80, les résultats devinrent de plus en plus spectaculaires grâce à une série d'expériences réalisées par Aspect et son groupe, utilisant la même transition du Calcium que dans la Ref. [105]. Une des nouvelles expériences [109] incluait une étude de l'effet de la distance entre les détecteurs et la source sur les corrélations pour les polarisations variées, afin de vérifier que cette distance ne joue aucun rôle (comme le prédit la mécanique quantique). Une autre mit en œuvre des détections à deux canaux de polarisation [110] fournissant réellement des signaux ± 1, alors que dans toutes les expériences précédentes une des deux polarisation était tout simplement absorbée et ne donnait lieu à aucun signal (cette expérience permit d'obtenir une violation par 15 écarts standard !). La troisième mettait en jeu une composante temporelle grâce à un choix aléatoire des polarisations détectées [111] – voir aussi la Ref. [112] pour la description d'expériences mettant en jeu des transitions à deux photons entre deux niveaux du deutérium de moment angulaire nul.

Depuis, les expériences n'ont jamais cessé d'être améliorées, par exemple par l'utilisation d'une source de conversion paramétrique de photons afin d'obtenir une source plus efficace de paires de photons, ce qui a permis d'obtenir une violation par 22 écarts standard [113], ainsi que par des mesures de corrélations sur plus de 10 kilomètres [114], voire plus de 100 [115]. Des violations avec quatre photons, équivalentes à celles de deux spins 1 dans un état singulet, ont été observées [116]. Il n'est hélas pas possible de donner ici une liste complète de références, mais nous aurons l'occasion d'en citer quelques autres lors de notre discussion des « loopholes » (§ 4.E.1). Pour résumer la situation actuelle, même dans les situations les plus élaborées inventées par les expérimentateurs, personne n'a pour le moment jamais réussi à mettre en défaut la mécanique quantique. En ce sens, nous pouvons dire que la Nature obéit à des lois qui sont, ou non-locales, ou non-réalistes, ou les deux à la fois. Il va sans dire qu'aucune expérience de physique n'est jamais parfaite, de sorte qu'il est toujours possible d'inventer des scénarios ad hoc où des processus physiques totalement inconnus pour le moment « conspirent » pour donner une illusion de parfaite reproduction de la mécanique quantique – nous reviendrons sur ce point dans le § 4.E.1 – mais le moins qu'on puisse dire est que cette attitude n'est pas très crédible du fait du nombre et de la qualité des expériences qui convergent vers une vérification complète des prédictions de la mécanique quantique.

4.B Diverses formes du théorème

Ce qu'on désigne généralement sous le nom de « théorème de Bell » ne se limite pas à une seule inégalité, dont le domaine de validité serait limité à des circonstances bien précises ; il recouvre en fait toute une série d'inégalités s'appliquant à des cas relativement divers. Nous allons donner quelques exemples de telles inégalités et de généralisations possibles.

4.B.1 Autres inégalités

Dans sa publication initiale [95], ce n'est pas l'inégalité BCHSH qui a permis à Bell d'introduire son théorème ; c'est une autre inégalité, similaire à (4.8) mais mathématiquement différente[6]. De fait, il existe de nombreuses formes d'inégalités qui découlent du réalisme local (ou des autres systèmes d'hypothèses discutés ci-dessus) et entrent en contradiction avec la mécanique quantique ; nous en donnerons ici deux exemples à titre d'illustration. Selon une tradition maintenant bien établie, nous appellerons Alice et Bob les deux opérateurs qui, chacun dans un des deux laboratoires éloignés l'un de l'autre, effectuent des mesures sur l'une des deux particules de chaque paire.

4.B.1.a Inégalités de Wigner

Nous avons discuté à la fin du § 4.A.3 le point de vue de Wigner, qui classe les réalisations successives d'une expérience en catégories différentes ;

6. Il a d'ailleurs été remarqué [117] que les inégalités de Bell sont des applications de théorèmes concernant les distributions marginales en théorie des probabilités [118] ; la preuve mathématique des inégalités suppose l'existence d'un espace des probabiltés commun aux variables aléatoires qui sont prises en compte dans le raisonnement (on trouve là un lien avec la notion de contrafactualité).

cette classification se base sur un point de vue réaliste qui peut être, soit local, soit non-local. Nous avions limité le choix des paramètres de mesures effectués par chacun des deux opérateurs à deux valeurs ; ici, et comme dans la publication originale [102], nous supposons qu'Alice peut choisir parmi trois valeurs différentes a, a' et a'', ainsi que Bob qui peut choisir parmi trois valeurs b, b' et b''. Le nombre de couples de résultats possibles $(\pm 1, \pm 1)$ pour chaque expérience reste le même que plus haut, $R = 4$, mais le nombre de configurations d'expériences possibles passe maintenant à $P = 3 \times 3 = 9$. Dans le point de vue du réalisme non-local, le nombre de catégories d'événements est donc 4^9 ; si l'on introduit la localité, il faut prendre l'intersection de 2^3 catégories par 2^3 autres, ce qui réduit le nombre de catégories à $2^6 = 4^3$.

Dans le cadre du réalisme local, comment définir simplement une catégorie ? Il faut d'abord préciser quels résultats $A = \pm 1$, $A' = \pm 1$ et $A'' = \pm 1$ observe Alice si elle choisit respectivement a, a', ou a'' (la localité impose que les valeurs du paramètre choisi par Bob n'influent pas sur son résultat), puis les trois valeurs B, B' et B'' observées par Bob associées respectivement aux choix b, b' ou b''. Cherchons alors à adapter ce schéma afin de reproduire au mieux les résultats prédits par la mécanique quantique pour deux spins 1/2 dans un état singulet, lorsque $b = a$, $b' = a'$ et $b'' = a''$. Pour ces configurations particulières de l'expérience, comme nous l'avons vu au § 4.A.1, les résultats obtenus par Alice et Bob sont toujours opposés. Ceci nous conduit à imposer les conditions $B = -A$, $B' = -A'$ et $B'' = -A''$; il devient alors inutile de préciser les valeurs des résultats de Bob, et le nombre de catégories de réalisations se réduit maintenant à $2^3 = 8$. On reproduit alors les prédictions de la mécanique quantique dans tous les cas où Alice et Bob choisissent des directions d'analyse parallèles ; nous allons voir que, pour des directions d'analyse non parallèles, il n'est pas possible que ce soit toujours le cas.

Considérons en effet un grand nombre N de réalisations de l'expérience, chacune associée à des valeurs données des résultats (A, A', A'') – il est inutile de préciser les valeurs de B, B' et B'' puisqu'elles sont les opposées des précédentes. Nous appelons $p_3(A, A', A'')$ la proportion de ces réalisations tombant dans la catégorie définie par la donnée des trois résultats donnés, parmi les 8 possibles. De même, nous désignons par $p_2(A,\ A')$ la proportion de réalisations pour lesquelles seules les deux variables A et A'' sont spécifiées, mais pas A' ; de même pour $p_2(A,\ A'')$ et $p_2(A',\ A'')$. Nous avons alors :

$$p_2(A = +1,\ A'' = -1) = p_3(+1, +1, -1) + p_3(+1, -1, -1) \tag{4.11}$$

tandis que la proportion $p_2(A = +1,\ A' = -1)$ est donnée par :

$$p_2(A = +1,\ A' = -1) = p_3(+1, -1, +1) + p_3(+1, -1, -1) \tag{4.12}$$

et qu'enfin la proportion $p_2(A' = +1,\ A'' = -1)$ est donnée par :

$$p_2(A' = +1,\ A'' = -1) = p_3(+1, +1, -1) + p_3(-1, +1, -1) \tag{4.13}$$

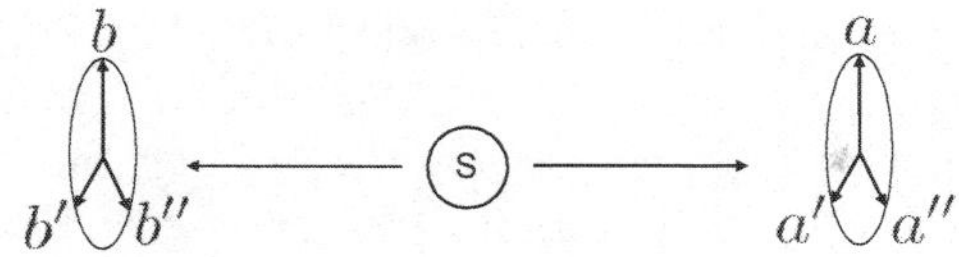

FIG. 4.6 – Schéma d'une expérience quantique conduisant à une forte violation de l'inégalité (4.18). La source S au centre émet deux spins dans un état singulet qui se propagent vers deux appareils de mesure. Des mesures de la composante d'un spin selon l'une parmi trois directions a, a' et a'' sont faites pour une des particules, selon l'une des trois directions b, b' et b'' pour l'autre.

Les proportions étant des rapports de nombres positifs ou nuls, elles sont elles-mêmes positives ou nulles. Il découle alors immédiatement des égalités précédentes que :

$$p_2(A = +1,\ A'' = -1) \leq p_2(A = +1,\ A' = -1) + p_2(A' = +1,\ A'' = -1) \tag{4.14}$$

qui crée une contrainte mathématique entre les proportions relatives à deux choix différents pour les deux paramètres de mesure.

En mécanique quantique, cette contrainte peut être violée. En effet, compte tenu du fait que par hypothèse le résultat B'' est l'opposé de A'', la formule (4.3) donne :

$$p_2(A = +1,\ A'' = -1) = p_2(A = +1,\ B'' = +1) = \frac{1}{2} \sin^2 \frac{\theta_{ab''}}{2} \tag{4.15}$$

où $\theta_{ab''}$ désigne l'angle entre les directions a et b'' (ou a'', puisque nous avons supposé que $b = a$, $b' = a'$ et $b'' = a''$). L'inégalité (4.14) devient alors :

$$\sin^2 \frac{\theta_{aa''}}{2} \leq \sin^2 \frac{\theta_{aa'}}{2} + \sin^2 \frac{\theta_{a'a''}}{2} \tag{4.16}$$

Dans le cas particulier où a, a' et a'' sont disposés régulièrement dans un plan et dans cet ordre (Fig. 4.6), nous avons $\theta_{aa'} = \theta_{a'a''}$ et $\theta_{aa''} = 2\theta_{aa'}$, de sorte que l'inégalité précédente devient :

$$2 \cos^2 \frac{\theta_{aa'}}{2} \leq 1 \tag{4.17}$$

qui est violée dans tout l'intervalle $-\pi/2 < \theta_{aa'} < +\pi/2$. Ainsi apparaît un autre cas où les prédictions de la mécanique quantique sont en contradiction brutale avec celles du réalisme local.

4.B.1.b Inégalité de Mermin

Une autre inégalité existe pour la même configuration expérimentale [119], mais avec des angles différents de ceux pris en compte par Wigner. Dans la note 10 du chapitre 3 nous avons mentionné l'image de Schrödinger destinée à illustrer le raisonnement réaliste local : il assimile les particules à des élèves passant des examens, les appareils de mesure à des examinateurs leur posant des questions, et le résultat de la mesure à la réponse de l'élève, que l'on suppose binaire (+1 pour oui, −1 pour non). Prolongeant cette image, supposons que deux élèves nommés Albert et Bernard se présentent pour être interrogés par deux examinateurs dans deux pièces séparées ; chaque examinateur tire au sort la question qu'il va poser parmi trois questions possibles, avec des probabilités 1/3 chacune (ces trois questions correspondent bien sûr aux trois réglages possibles du paramètre de mesure a ou b). Les paires d'élèves se sont donnés pour but de tenter de reproduire au mieux les prédictions de la mécanique quantique avec leurs réponses ; ils connaissent à l'avance les trois questions, mais ne savent pas à laquelle chacun va devoir répondre ; de plus, au moment de l'interrogation, ils ignorent quelle est la question posée à l'autre. Avant l'examen, ils sont cependant parfaitement libres de mettre au point ensemble une stratégie commune, et de convenir quelle sera la réponse de chacun à chaque question ; a priori, le nombre total de stratégies possibles est alors $2^3 \times 2^3 = 64$.

Comme plus haut, afin de reproduire les prédictions quantiques, chaque fois que les questions posées sont les mêmes, les élèves doivent faire une réponse opposée. Il leur suffit pour cela de décider à l'avance quelle réponse donnera l'un d'entre eux à chacune des trois questions, et que l'autre donnera la réponse opposée. Ceci ramène alors à 8 le nombre de stratégies possibles, qui peuvent être notées (A, A', A'') où les trois nombres entre parenthèses donnent les réponses d'Albert, égales à ± 1. Parmi ces stratégies, deux sont $(+1, +1, +1)$ et $(-1, -1, -1)$: les réponses d'Albert sont alors les mêmes quelle que soit la question ; pour les 6 autres stratégies $(+1, +1, -1)$, $(+1, -1, -1)$, etc. deux réponses d'Albert sont d'un type et la troisième opposée.

Supposons maintenant que l'on répète l'expérience un grand nombre de fois, les élèves étant d'ailleurs libres s'ils le désirent de changer de stratégie à chaque fois ; on ne retient que le sous-ensemble des réalisations où les deux questions posées ont été différentes. Pour chaque cas retenu, deux cas sont possibles :

(i) soit la stratégie choisie est l'une parmi les deux où les trois réponses d'Albert sont identiques ; comme celles de Bob sont toujours opposées, les deux résultats obtenus sont alors nécessairement opposés ;

(ii) soit c'est une des six autres stratégies qui a été choisie ; dans ce cas, comme les questions sont tirées au hasard avec des probabilités égales à 1/3, il y a 2 chances sur 3 que les deux questions tombent sur un cas où Albert a prévu de faire des réponses différentes, ce qui veut dire qu'il y a également une probabilité 2/3 qu'Albert et Bernard donnent la même réponse ; inversement, la probabilité qu'Alice et Bob donnent des réponses opposées est 1/3.

Pour finir, quelles que soient les stratégies choisies, la probabilité d'obtenir des réponses opposées est comprise entre 1/3 et 1, mais ne peut jamais être plus faible que 1/3. Ceci donne l'inégalité entre probabilités :

$$\mathcal{P}(+1,-1)+\mathcal{P}(-1,+1) \geqslant \frac{1}{3} \tag{4.18}$$

Revenons maintenant au problème quantique de deux spins dans un état singulet, et supposons que les trois directions a, a' et a'' soient trois directions coplanaires à 120°, les trois directions b, b' et b'' étant les mêmes comme plus haut. Les formules (4.4) montrent que la probabilité d'obtenir des résultats opposés est :

$$\mathcal{P}_{+,-}+\mathcal{P}_{-,+}=\frac{1}{2}\left(\frac{1}{4}+\frac{1}{4}\right)=\frac{1}{4} \tag{4.19}$$

Comme cette probabilité est inférieure à 1/3, la valeur minimale possible d'après (4.18), nous obtenons un autre cas où les prédictions de la mécanique quantique violent des inégalités découlant du réalisme local.

4.B.2 Autres hypothèses de départ

Nous avons donné une démonstration du théorème de Bell qui part d'un groupe possible d'hypothèses permettant de l'établir, cf. § 4.A.4. D'autres groupes d'hypothèses peuvent néanmoins servir de point de départ au raisonnement [120], ce qui ajoute à la portée du résultat de Bell : une violation des inégalités signifie alors que, dans chacun de tous ces groupes, une des hypothèses au moins doit être rejetée, de sorte que la discussion du § 4.A.4 peut être généralisée. Pour illustrer cette possibilité, nous donnons ici quelques exemples de groupes d'hypothèses possibles ; nous ne mentionnons pas à chaque fois l'hypothèse du « libre arbitre » déjà évoquée (voir aussi § 4.E.1.c), car elle est commune à tous les groupes.

(i) Dans l'introduction de ce chapitre, nous avons déjà mentionné que le théorème de Bell peut être vu comme un théorème s'appliquant spécifiquement aux théories à variables cachées/supplémentaires. Dans ce cas, les λ proviennent, non du raisonnement EPR et de leur notion de réalisme, mais tout simplement du fait qu'on suppose a priori l'existence de ces λ. Une fois la démonstration faite, la conclusion du théorème est que, si ces variables évoluent localement, les résultats des mesures doivent satisfaire les inégalités de Bell. Réciproquement, une violation des inégalités signifie, soit que les variables cachées n'existent pas, soit qu'elles évoluent non-localement (ou encore que le libre arbitre n'existe pas, en d'autres termes que a et b sont des fonctions d'une composante supplémentaire de λ). Ce point de vue est moins général que celui que nous avons choisi jusqu'ici, mais aussi plus simple, ce qui explique probablement pourquoi il est souvent utilisé. Par exemple, dans l'un de ses fameux livres sur la mécanique quantique [45], Jammer introduit le théorème de Bell au cours d'un chapitre consacré spécifiquement aux théories à variables cachées.

(ii) Supposer la contrafactualité est une autre façon de pouvoir démontrer le théorème de Bell : la pré-existence de tous les résultats possibles d'expériences permet d'en déduire les inégalités BCHSH et d'autres inégalités. En effet, dès que les 4 quantités A, A', B et B' (toutes égales à ± 1) peuvent être définies pour chaque réalisation de l'expérience, la méthode du § 4.A.2 s'applique immédiatement pour obtenir (4.8), ce qui conduit à une preuve de l'inégalité. La contrafactualité n'est pas nécessairement reliée à la notion d'espace et à la localité[7], de sorte que ce point de vue fournit effectivement un autre cadre de raisonnement indépendant. La citation de Peres du § 4.A.5 fournit la conclusion à tirer d'une violation des inégalités.

(iii) Supposer la non-contextualité est encore une autre possibilité ; cette question sera discutée plus en détail au § 5.E. À nouveau, la non-contextualité peut, si on le désire, être vue comme une conséquence naturelle de la séparation spatiale entre les laboratoires de Alice et Bob ; mais elle peut aussi être acceptée comme un principe indépendant et même plus général (satisfait par exemple par la physique classique, locale ou non-locale).

Nous n'avons donné que quelques exemples. On peut en fait combiner des hypothèses assez diverses, comme la séparabilité, l'existence de causes communes dans les cônes du passé (causalité relativiste, comme dans la Fig. 4.2), etc. et obtenir le théorème de Bell dans toute une série de contextes logiques. Toutes ces démonstrations sont intéressantes dans la mesure où elles élargissent la liste des hypothèques qui peuvent être incompatibles avec la mécanique quantique, et donc la portée du théorème.

4.B.3 Généralisations du théorème ; rôle de la localité

Nous avons déjà mentionné que plusieurs généralisations du théorème de Bell sont possibles. Par exemple, dans certaines d'entre elles, on suppose que le résultat des expériences devient une fonction de plusieurs causes fluctuantes : celles se produisant dans la source, celles se produisant dans les appareils de mesure, ou encore des perturbations agissant sur les particules durant leur vol vers des appareils de mesure. On peut même supposer l'existence de processus fondamentalement non-déterministes, pourvu qu'ils soient locaux ; le théorème de Bell reste valable [91] dans un cadre de non-déterminisme local, dans des situations telles que celle illustrée par la Fig. 4.7. Les deux premiers cas sont presque triviaux du fait qu'ils demandent juste d'ajouter une dimension à la variable vectorielle λ ; la dernière demande de remplacer les fonctions déterministes A et B par des probabilités, mais cela est également relativement aisé (voir la note 10 en bas de page dans [97, 121] et l'Appendice B).

7. La contrafactualité peut être postulée ab initio, sans aucune référence particulière à la localité. Inversement, si l'on suppose localité et réalisme, alors le raisonnement EPR permet de montrer l'existence d'éléments de réalité qui peuvent jouer le rôle d'éléments contrafactuels (le raisonnement utilise les corrélations parfaites entre événements éloignés). Toutefois il demande de supposer plus que la seule localité, puisqu'il fait aussi intervenir l'hypothèse du réalisme.

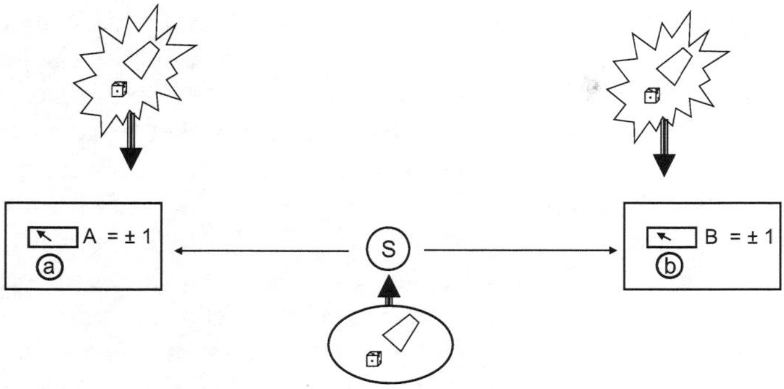

FIG. 4.7 – Schéma d'une théorie fondamentalement non-déterministe mais locale. Comme dans les figures précédentes, les zigzags au-dessus des événements symbolisent des processus fondamentalement indéterministes, par opposition aux ovales en dessous qui représentent des événements stochastiques compatibles avec un cadre déterministe (effet de perturbations locales incontrôlées). De fait, pour la présente discussion, la nature du processus au centre de la figure, fondamentalement indéterministe ou pas, importe peu tant que le processus reste local ; on peut donc remplacer l'ovale central par un zigzag au-dessus de la source et n'agissant que sur elle, sans changer les résultats. Ce schéma peut être comparé avec celui de la Fig. 4.5 correspondant à la mécanique quantique, où le processus aléatoire est délocalisé dans l'espace. Une discussion plus détaillée de ce type de théorie non-déterministe, mais locale, est donnée dans l'Appendice C ; ses prédictions obéissent nécessairement aux égalités de Bell.

De plus, il faut bien comprendre que le rôle des fonctions A et B est seulement de relier les conditions de production d'une paire de particules (ou de leur propagation) à leur comportement lorsqu'elles atteignent les appareils de mesure, ainsi qu'aux effets qu'elles produisent en interagissant avec eux. Ces fonctions sont, en quelque sorte, des solutions des équations du mouvement, quelles qu'elles soient. Elles peuvent donc parfaitement inclure, dans une notation condensée, une grande variété de phénomènes physiques : propagation de particules ponctuelles, propagation d'un ou plusieurs champs depuis la source jusqu'aux détecteurs (voir par exemple la discussion du § 4 de [65]), particules et champs en interaction, ou n'importe quel autre processus imaginable (même des propagations aléatoires peuvent être prises en compte) – la seule condition est que ces phénomènes ne doivent pas dépendre de l'autre paramètre de mesure. La forme mathématique de ces équations de propagation est sans importance ; l'essentiel est seulement que ces fonctions existent, même si elles sont bien trop compliquées pour être écrites explicitement.

La localité, exprimée mathématiquement en fonction des paramètres de mesure a et b, est donc l'ingrédient crucial : il faut impérativement que la fonction A dépende de a seulement, alors que la fonction B dépend[8] seulement de b. Par exemple, si nous le souhaitons, nous pourrions supposer que le résultat A d'une mesure est également une fonction des variables aléatoires attachées à l'autre appareil de mesure, ce qui introduit évidemment un processus non-local ; mais cela n'invaliderait en rien la démonstration du théorème tant que ces variables restent indépendantes du paramètre b. En revanche, si A devient une fonction de a et b (et/ou de même pour B), on voit immédiatement que la situation est radicalement changée : dans le raisonnement du § 4.A.2 nous devons maintenant associer 8 nombres à chaque paire de particules (puisqu'il y a deux résultats à spécifier pour 4 différentes combinaisons possibles des paramètres), au lieu de 4, de sorte que la preuve devient impossible. L'Appendice C donne une autre illustration concrète du fait que c'est la localité, et non le déterminisme, qui est en jeu dans le théorème ; voir également l'Appendice de [97].

Une généralisation intéressante du théorème de Bell, où le temps remplace les paramètres de mesure, a été proposée par Franson [122] et mise en œuvre pour des observations de violations des inégalités de Bell (voir par exemple [123]). Une autre généralisation montre qu'une violation des inégalités de Bell n'est pas limitée à quelques états quantiques (singulet de spin par exemple), mais inclut en fait tous les états quantiques purs qui ne sont pas des produits [124–127]. Avec des mélanges statistiques d'états, des violations des inégalités BCHSH sont également possibles [128] mais, inversement, des mélanges intriqués ne conduisent pas nécessairement à des violations [129] ; il faut alors recourir à des séquences de mesures plus élaborées pour mettre en évidence la non-localité [130, 131]. Deux sources indépendantes peuvent aussi être utilisées pour observer des violations, à condition d'effectuer des mesures d'interférence appropriées [132]. La généralisation à un nombre arbitraire de particules est possible [133] ; pour les systèmes macroscopiques, Leggett et Garg [134] ont démontré l'existence d'inégalités de type BCHSH pour les valeurs à des instants différents d'une même grandeur physique macroscopique, à condition de supposer deux principes : réalisme macroscopique, mesurabilité sans perturbation au niveau macroscopique. À l'autre extrême, des schémas ont été proposés pour observer une non-localité avec un seul photon [135–137] (mais, dans le processus de mesures, plus d'un photon est mis en jeu, par exemple des photons venant d'un oscillateur local). Pour une discussion générale de

8. Le fait que A soit indépendant de b ne veut pas dire que le résultat observé d'un côté, A, est indépendant du résultat B observé de l'autre côté. La dépendance est introduite par les fluctuations de λ, en d'autres termes par les fluctuations des causes communes dans le passé. C'est bien la dépendance en fonction des paramètres de mesure qui est la base du théorème de Bell.
Au § 4.D.2.b nous discutons la généralisation à des théories stochastiques, où interviennent à la fois les dépendances par rapport aux paramètres expérimentaux (setting independence) et par rapport aux résultats expérimentaux (outcome independence), qui prend alors la forme d'une factorisation de la probabilité lorsque λ est fixé (donc lorsque les fluctuations des causes communes dans le passé sont figées).

l'impact conceptuel d'une violation des inégalités, nous renvoyons au livre regroupant les articles de Bell [4].

4.B.4 Statut du théorème ; tentatives de le contourner

Pourvu que la localité soit admise, le théorème de Bell est très général ; il est donc particulièrement difficile de construire une théorie raisonnable qui viole les inégalités, plus difficile en fait que beaucoup ne le croient. Les auteurs potentiels qui pensent avoir trouvé une explication simple aux violations devraient réfléchir à deux fois avant de prendre leur plume et d'envoyer un manuscrit à un journal scientifique ! Chaque année un nombre important de textes de ce type sont soumis, avec pour objectif de proposer une « nouvelle » façon d'échapper aux contraintes du théorème de Bell, et donc d'expliquer simplement pourquoi les expériences ont donné des résultats qui sont en contradiction avec les inégalités. Par exemple, les violations pourraient provenir d'une nouvelle sorte de statistique, de perturbations créées par les rayons cosmiques, de collisions gazeuses avec des paramètres fluctuants, des effets aléatoires de la gravité, etc. L'imagination n'a pas de limites pour invoquer des processus physiques toujours nouveaux. Mais il reste vrai que nous savons depuis le début que toutes les tentatives sont vouées à l'échec : si élaborées que soient ces théories, il n'est pas possible d'obtenir des violations des inégalités dans le cadre de théories classiques locales.

D'une certaine façon, la situation rappelle les tentatives des siècles passés pour inventer des mouvements perpétuels : même si certaines de ces inventions étaient extrêmement ingénieuses, à tel point qu'il peut parfois être difficile de trouver la raison exacte qui leur interdit de fonctionner, il reste vrai que la loi de conservation de l'énergie nous permet de savoir dès le départ qu'elles ne fonctionnent certainement pas. De même, certains de ces schémas pour vaincre les contraintes du théorème de Bell sont remarquablement construits, mais nous savons que le théorème est un résultat tout à fait général de statistique : dans toutes les situations qui entrent dans le cadre des mathématiques permises par l'utilisation des λ ainsi que des fonctions A et B (et il y en a beaucoup !), il est impossible d'échapper aux inégalités. En fait, une violation est une situation extrêmement rare, si rare qu'en pratique elle n'a jamais été observée que dans des expériences conçues précisément dans ce but. Si nous voulions construire des automates avec des mécanismes complexes et des ordinateurs puissants, nous ne pourrions jamais reproduire tous les résultats de la mécanique quantique sans introduire de communication entre eux ; il est même possible de calculer la quantité minimale d'information qu'ils doivent échanger pour réussir cette simulation [138]. Cette impossibilité ne disparaîtra jamais – du moins tant que des ordinateurs totalement différents fonctionnant sur des principes purement quantiques ne sont pas construits[9].

9. Si nous revenons à la parabole de Mendel, une observation d'une violation des inégalités de Bell avec la couleur des fleurs impliquerait que quelque chose de caché dans les

La seule façon de contourner le théorème de Bell est de renoncer explicitement à l'une au moins des hypothèses mentionnées au § 4.A.4 ; nous revenons au § 4.E.1 sur l'hypothèse du libre arbitre des expérimentateurs.

4.C Théorème de Cirel'son

Dans le cadre du réalisme local nous avons vu au § 4.A.3 qu'une somme de taux de corrélation ne peut dépasser 2 en module, alors qu'en mécanique quantique elle peut atteindre la valeur $2\sqrt{2}$ (pour une configuration particulière de mesures sur deux spins 1/2 dans un état de spin total nul). Cependant, mathématiquement, chacune des 4 valeurs moyennes $\langle AB \rangle$, $\langle A'B \rangle$, etc., qui apparaissent dans $\langle Q \rangle$ est limitée entre -1 et $+1$; si elles étaient des quantités indépendantes, on pourrait a priori envisager que $\langle Q \rangle$ atteigne ± 4, ce qui pourrait laisser espérer des violations encore plus marquées. On peut donc se demander s'il n'est pas possible de trouver des situations où des violations dépassant $2\sqrt{2}$ sont possibles.

Dans le cadre de la mécanique quantique, le théorème de Cirel'son [139, 140] montre que, avec un système composé de deux sous-systèmes physiques, il est en fait impossible de dépasser cette borne de $2\sqrt{2}$, quelle que soit la série de mesures envisagée sur les sous-systèmes et l'état initial du système total.

4.C.1 Mesures sur deux systèmes à deux niveaux

Considérons un système physique constitué de deux sous-systèmes quantiques sur lesquels on peut effectuer séparément des mesures conduisant à deux résultats possibles, $+1$ et -1. Chacun des sous-systèmes possède un espace des états à deux dimensions contenant deux niveaux que, sans perte de généralité, nous pouvons considérer comme les états propres de la composante sur l'axe Oz d'un (pseudo) spin 1/2. Nous appelons $\sigma_x(1)$, $\sigma_y(1)$ et $\sigma_z(1)$ les trois composantes du spin pour le premier sous-système – cf. équations (46) du chapitre 0 – que nous rassemblons dans un opérateur vectoriel $\overrightarrow{\sigma}(1)$. Des notations semblables $\sigma_x(2)$, $\sigma_y(2)$, $\sigma_z(2)$ et $\overrightarrow{\sigma}(2)$ sont utilisées pour le second sous-système. Toute mesure effectuée sur le premier système correspond à un opérateur hermitique $O(1)$ agissant dans son espace des états qui peut être exprimé comme une combinaison linéaire de composantes de $\overrightarrow{\sigma}(1)$ et de l'opérateur unité $\widehat{I}(1)$ sous la forme :

$$O(1) = \alpha \widehat{I}(1) + \overrightarrow{a} \cdot \overrightarrow{\sigma}(1) \tag{4.20}$$

où α ainsi que les trois composantes du vecteur $\overrightarrow{a}$ sont des paramètres scalaires réels. Cependant, le fait que les résultats de la mesure sont égaux à ± 1 entraîne que les deux valeurs propres de cet opérateur ont ces deux valeurs,

pois (peut-être une paire de molécules d'ADN ?) est resté dans une superposition quantique cohérente, sans décohérence, même si la distance entre les pois est grande.

et donc que $\alpha = 0$ et $|\overrightarrow{a}| = 1$. Désignons alors par $\sigma_a(1)$ et $\sigma_{a'}(1)$ les opérateurs associés aux mesures effectuées sur le premier sous-système avec les paramètres de mesure $\overrightarrow{a}$ et $\overrightarrow{a}'$:

$$\sigma_a(1) = \overrightarrow{a} \cdot \overrightarrow{\sigma}(1) \quad ; \quad \sigma_{a'}(1) = \overrightarrow{a}' \cdot \overrightarrow{\sigma}(2) \tag{4.21}$$

et de même, pour le second sous-système :

$$\sigma_b(2) = \overrightarrow{b} \cdot \overrightarrow{\sigma}(2) \quad ; \quad \sigma_{b'}(2) = \overrightarrow{b}' \cdot \overrightarrow{\sigma}(2) \tag{4.22}$$

(les normes des vecteurs $\overrightarrow{a}$, $\overrightarrow{a}'$, $\overrightarrow{b}$ et $\overrightarrow{b}'$ valent toutes 1). Les propriétés des matrices de Pauli permettent de montrer que ces 4 opérateurs, une fois élevés au carré, donnent tous l'opérateur identité $\widehat{I}$:

$$[\sigma_a(1)]^2 = [\sigma_{a'}(1)]^2 = \widehat{I}(1) \quad ; \quad [\sigma_b(2)]^2 = [\sigma_{b'}(2)]^2 = \widehat{I}(2) \tag{4.23}$$

La valeur moyenne quantique $\langle Q \rangle$ qui généralise (4.10) est alors égale à $\langle \Psi | Q | \Psi \rangle$, où $|\Psi\rangle$ est un état normé quelconque du système à deux particules, et où l'opérateur Q est donné par :

$$Q = [\sigma_a(1)]\ [\sigma_b(2)] - [\sigma_a(1)]\ [\sigma_{b'}(2)] + [\sigma_{a'}(1)]\ [\sigma_b(2)] + [\sigma_{a'}(1)]\ [\sigma_{b'}(2)] \tag{4.24}$$

Notre but est de montrer que cette valeur moyenne ne peut dépasser $2\sqrt{2}$ en module, quels que soient $|\Psi\rangle$ et le choix des 4 vecteurs $\overrightarrow{a}$, $\overrightarrow{b}$, $\overrightarrow{a}'$ et $\overrightarrow{b}'$.

4.C.2 Violation quantique maximale

Pour cela, nous élevons au carré de cet opérateur, qui comprend alors trois sortes de termes : ceux contenant les carrés des quatre opérateurs apparaissant dans (4.24), les termes croisés où l'un des opérateurs entre crochets se répète, et enfin ceux où tous les opérateurs σ sont différents. Puisque les carrés des matrices de Pauli valent $\widehat{I}$, les premiers termes donnent :

$$4 \times \widehat{I} \tag{4.25}$$

Pour les termes comprenant une répétition d'opérateur σ, ils valent :

$$\begin{aligned} &\Big[-[\sigma_a(1)]^2 + [\sigma_{a'}(1)]^2\Big]\Big[\sigma_b(2)\sigma_{b'}(2) + \sigma_{b'}(2)\sigma_b(2)\Big] + \\ &\quad \Big[[\sigma_b(1)]^2 - [\sigma_{b'}(1)]^2\Big]\Big[\sigma_a(2)\sigma_{a'}(2) + \sigma_{a'}(2)\sigma_a(2)\Big] \end{aligned} \tag{4.26}$$

qui s'annule puisque les carrés de toutes les composantes de $\overrightarrow{\sigma}$ valent $\widehat{I}$ (§ 0.A.6). Il reste les termes croisés contenant 4 opérateurs σ différents, qui s'écrivent :

$$\begin{aligned} &\sigma_a(1)\sigma_{a'}(1)\sigma_b(2)\sigma_{b'}(2) + \sigma_{a'}(1)\sigma_a(1)\sigma_{b'}(2)\sigma_b(2) \\ &-\sigma_a(1)\sigma_{a'}(1)\sigma_{b'}(2)\sigma_b(2) - \sigma_{a'}(1)\sigma_a(1)\sigma_b(2)\sigma_{b'}(2) \end{aligned} \tag{4.27}$$

et donnent le produit de deux commutateurs :

$$[\sigma_a(1), \sigma_{a'}(1)]\,[\sigma_b(2), \sigma_{b'}(2)] \tag{4.28}$$

Pour finir nous obtenons l'égalité [140] :

$$Q^2 = 4 \times \widehat{I} + [\sigma_a(1), \sigma_{a'}(1)]\,[\sigma_b(2), \sigma_{b'}(2)] \tag{4.29}$$

où l'on peut utiliser la relation de commutation des matrices de Pauli :

$$[(\overrightarrow{a} \cdot \overrightarrow{\sigma}), (\overrightarrow{a}' \cdot \overrightarrow{\sigma})] = 2i\,(\overrightarrow{a} \times \overrightarrow{a}') \cdot \overrightarrow{\sigma}$$

pour obtenir :

$$Q^2 = 4 \times \widehat{I} - 4\,[(\overrightarrow{a} \times \overrightarrow{a}') \cdot \overrightarrow{\sigma}(1)]\left[\left(\overrightarrow{b} \times \overrightarrow{b}'\right) \cdot \overrightarrow{\sigma}(2)\right] \tag{4.30}$$

Les valeurs propres de l'opérateur $(\overrightarrow{a} \times \overrightarrow{a}') \cdot \overrightarrow{\sigma}(1)$ sont $\pm\,|\overrightarrow{a} \times \overrightarrow{a}'|$, qui sont en général inférieures en module à 1 puisque la longueur du vecteur $\overrightarrow{a} \times \overrightarrow{a}'$ ne peut dépasser 1 ; de même, l'opérateur $\left(\overrightarrow{b} \times \overrightarrow{b}'\right) \overrightarrow{\sigma}(2)$ a des valeurs propres qui sont en module égales ou inférieures à 1. Il s'ensuit que la valeur moyenne du produit de ces opérateurs (qui commutent) ne peut dépasser 1 en module, de sorte que :

$$\langle Q^2 \rangle = \langle \Psi |\, Q^2 \,| \Psi \rangle \leq 8 \tag{4.31}$$

D'autre part, le carré de la valeur moyenne $\langle Q \rangle^2$ d'un opérateur hermitique est toujours inférieur[10] à la valeur moyenne de son carré $\langle Q^2 \rangle$. Nous obtenons donc, de façon générale :

$$-2\sqrt{2} \leq \langle Q \rangle \leq 2\sqrt{2} \tag{4.32}$$

inégalité qui constitue le théorème (ou la borne) de Cirel'son.

Remarques : (i) La démonstration de cette inégalité est utile pour mieux prévoir les conditions dans lesquelles la borne $\pm 2\sqrt{2}$ est accessible. On voit en particulier qu'il faut que les vecteurs $\overrightarrow{a} \times \overrightarrow{a}'$ et $\overrightarrow{b} \times \overrightarrow{b}'$ soient de module unité, ce qui nécessite que $\overrightarrow{a}$ et $\overrightarrow{a}'$ soient orthogonaux, ainsi que $\overrightarrow{b}$ et $\overrightarrow{b}'$ (cf. note 2). Quant au choix de l'état $|\Psi\rangle$, ce doit être un vecteur propre de valeur propre -1 du produit de la composante du premier spin selon l'axe $\overrightarrow{a} \times \overrightarrow{a}'$ par la composante du second spin selon l'axe $\overrightarrow{b} \times \overrightarrow{b}'$ ce qui, dans la configuration coplanaire des 4 vecteurs, correspond à des composantes selon le même axe qu'on peut appeler Oz. Un état singulet est effectivement un tel vecteur propre de $\sigma_z(1)\sigma_z(2)$ – comme l'est d'ailleurs un état triplet de composante du spin total selon Oz nulle, dont on peut vérifier qu'elle donne lieu à la même violation que l'état singulet.

10. Cette inégalité de Schwartz est obtenue en écrivant que la valeur moyenne de $[Q - \langle Q \rangle]^2$ est positive ; elle apparaît dans la définition du carré de l'écart quadratique moyen ΔQ.

(ii) Nous verrons au § 5.C un cas où, en s'affranchissant des hypothèses de Cirel'son par l'introduction de trois sous-systèmes physiques, la mécanique quantique conduit à une valeur de $|\langle Q \rangle|$ qui dépasse $2\sqrt{2}$, et atteint la limite mathématique 4.

4.D Non-transmission de signaux instantanés

La relativité implique qu'il est impossible de transmettre des signaux entre deux points éloignés à une vitesse dépassant celle de la lumière (condition de causalité relativiste) ; violer cette impossibilité conduirait à de graves contradictions internes dans la physique théorique. Or on peut se demander si la violation des inégalités de BCHSH n'entraînerait pas la possibilité d'une telle transmission à une vitesse arbitraire, puisque la distance entre les deux opérateurs Alice et Bob n'a aucune influence sur la rapidité à laquelle s'établissent les corrélations entre les résultats de mesures éloignées. Effectivement, du point de vue du réalisme local, nous avons vu que la seule possibilité pour reproduire les prédictions de la mécanique quantique est d'introduire un effet non-local instantané du paramètre intervenant dans une mesure sur le résultat de l'autre ; ne peut-on exploiter cet effet pour obtenir une communication qui soit également instantanée ? De plus, même si l'on reste dans le cadre de la mécanique quantique standard, le fait que la mesure effectuée sur le spin de la première particule détermine instantanément l'état quantique du second spin semble également indiquer une influence à distance instantanée. Heureusement pour la cohérence interne de la physique, comme nous allons le voir, la mécanique quantique ne permet aucune transmission instantanée de signal.

La première idée qui vient à l'esprit est d'imaginer un système analogue au télégraphe Morse où les $+1$ et les -1 des résultats observés par Alice sont utilisés par elle pour coder un message qu'elle envoie à Bob, puisque ces résultats peuvent être fortement (ou totalement) corrélés – pour simplifier la discussion, nous nous limitons ici au cas où chacune des deux mesures ne peut donner que deux résultats, mais la généralisation est possible. Il est toutefois clair qu'un tel système ne fonctionnerait cependant pas, car les résultats des mesures sont totalement aléatoires, de sorte qu'Alice n'en a aucun contrôle pour composer son message. Ce ne sont donc pas les résultats qui peuvent servir à transmettre un message binaire, mais les paramètres expérimentaux qui, eux, sont bien choisis par les deux partenaires. Existe-t-il donc une façon dont Bob puisse déterminer la valeur a ou a' du paramètre décidée par Alice à partir des observations faites dans son laboratoire, sachant qu'il est maître de décider de la valeur de son propre paramètre de mesure b ? Cette technique de transmission de signal ne serait sujette à aucun retard temporel particulier, créant un conflit direct avec la relativité qui impose un retard minimal (temps de propagation de la lumière dans le vide entre Alice et Bob).

Nous allons donc discuter les conditions générales dans lesquelles ce conflit est évité. Pour une théorie déterministe, nous verrons que cela revient à une condition dite de « setting independence » (indépendance par rapport aux paramètres de mesure) ; pour une théorie stochastique, à des relations « non-signalling » (non-transmission instantanée) ou, dans le cas plus restrictif où l'on impose la localité, à une condition de « outcome independence » (indépendance par rapport aux résultats de mesure). Voir les références [141] et [142] pour une discussion en termes de « localité forte » et de « complétude prédictive » (ou « indépendance en fonction des paramètres » opposée à « indépendance par rapport aux résultats » dans la Ref. [143]).

4.D.1 Conditions NS de non-transmission instantanée de signaux

Étudions de façon générale, sans nous limiter à la mécanique quantique, dans quelles conditions une théorie satisfait au principe de non-transmission instantanée de signaux entre Alice et Bob (ou entre Bob et Alice) quelle que soit leur distance. Cette condition est dite « condition NS » (pour « no-signalling » en anglais).

Pour une théorie déterministe, la situation est simple : le résultat $A = \pm 1$ de chaque mesure effectuée par Alice ne doit dépendre que du paramètre de mesure a, le résultat $B = \pm 1$ de chaque mesure effectuée par Bob ne doit dépendre que de b. C'est ce qu'on appelle la condition de « setting independence ».

Pour une théorie stochastique, ce sont des probabilités qui sont spécifiées pour chaque dispositif expérimental bien défini (au sens de Bohr) par la donnée des deux paramètres de mesure a et b. On se donne alors quatre probabilités $\mathcal{P}(A, B|a, b)$ associées aux quatre événements $A = \pm 1$ et $B = \pm 1$, dont la somme vaut 1 :

$$\sum_{A,B} \mathcal{P}(A, B|a, b) = 1 \qquad \text{pour tout couple } a, b \tag{4.33}$$

Dans ce qui suit, nous nous limiterons à deux valeur possibles a, a' pour le premier paramètre expérimental, deux valeurs b, b' pour le second, ce qui revient à prendre en compte quatre dispositifs expérimentaux pour l'ensemble de l'expérience. Nous avons ainsi 16 probabilités soumises à 4 relations de somme du type (4.33) ; il reste donc 12 paramètres libres pour le modèle le plus général entrant dans ce cadre.

Bob n'ayant pas accès aux résultats d'Alice, lorsque l'expérience est répétée la seule chose qu'il puisse mesurer est la fréquence d'occurrence de ses propres résultats, correspondant aux probabilités précédentes sommées sur A (somme de probabilités associées à des événements exclusifs) :

$$\sum_{A} \mathcal{P}(A, B|a, b) \tag{4.34}$$

La condition NS revient à imposer que cette probabilité soit indépendante de a ; nous obtenons donc :

$$\sum_A \mathcal{P}(A, B|a, b) = \sum_A \mathcal{P}(A, B|a', b) \qquad \text{pour toute valeur de } b \tag{4.35}$$

A priori, il faudrait écrire la même relation pour toute valeur de B ; mais, compte tenu de la règle de somme (4.34), les deux conditions pour les deux valeurs différentes de B ne sont pas indépendantes (leur somme donne $1 = 1$) ; il nous suffit donc de n'en retenir qu'une seule. Comme nous avons supposé que b peut prendre deux valeurs, la condition NS dans le sens de communication Alice vers Bob implique deux relations linéaires (4.35) entre les probabilités. Pour l'autre sens de communication, on a évidemment les deux conditions NS symétriques :

$$\sum_B \mathcal{P}(A, B|a, b) = \sum_B \mathcal{P}(A, B|a, b') \qquad \text{pour toute valeur de } a \tag{4.36}$$

Au total, les conditions NS sont donc au nombre de 4.

En mécanique quantique, on vérifie que ces conditions sont effectivement satisfaites lorsque Alice et Bob effectuent des mesures locales dans des laboratoires éloignés, sans qu'aucune interaction ne soit possible entre les deux sous-systèmes mesurés. La démonstration est donnée dans l'Appendice F, quels que soient l'état du système envisagé et les types de mesures effectuées par Alice et Bob. Ainsi donc, la mécanique quantique n'entre pas en conflit frontal avec le principe de causalité relativiste.

4.D.2 Boîtes logiques

Suivant Popescu et Rohrlich [144] (voir également la Ref. [145]), définissons des « boîtes logiques ». Ce sont des dispositifs qui permettent à Alice et Bob de chacun choisir la valeur d'une « variable d'entrée » binaire, $a = \pm 1$ pour Alice et $b = \pm 1$ pour Bob, et qui fournissent en retour des valeurs binaires pour les « variables de sortie » $A = \pm 1$ et $B = \pm 1$ (partie gauche de la Fig. 4.8). Nous distinguerons boîtes déterministes, où A et B sont des fonctions données de a et b, et boîtes stochastiques où ce sont les probabilités des variables de sortie qui sont données en fonction des variables d'entrée a et b.

4.D.2.a Boîtes déterministes

Lorsque les variables d'entrée ne peuvent prendre que deux valeurs, il existe 4 couples de valeurs des variables d'entrée (4 dispositifs expérimentaux distincts pour l'ensemble de l'expérience), chacun pouvant fournir 4 couples de résultats distincts. Le nombre total de boîtes déterministes distinctes est donc $4^4 = 256$; en revanche, si l'on impose la condition NS (« setting independence »), la variable de sortie A ne peut dépendre que de a, de sorte que

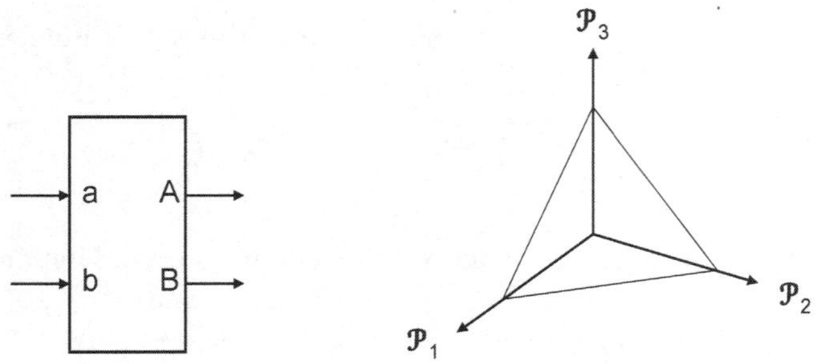

FIG. 4.8 – La figure de gauche schématise une boîte logique qui, à partir des valeurs ± 1 des variables d'entrée a et b, fournit des variables de sortie $A = \pm 1$ et $B = \pm 1$. Pour une boîte déterministe, A et B sont des fonctions données de a et b ; pour une boîte stochastique, A et B sont données par des distributions de probabilités dépendant de a et b.
La figure de droite illustre comment une boîte logique stochastique peut être caractérisée par un point appartenant à un polytope dans l'espace des probabilités $\mathcal{P}_i(a, b)$ $(j = 1,...,4)$; en fait, pour une valeur donnée du couple (a, b), comme la somme des probabilités vaut 1, il suffit de porter les trois premières probabilités sur trois axes ; le point caractérisant la boîte appartient à un tétraèdre de côté unité. Comme cependant quatre valeurs sont possibles pour le couple de variables d'entrée, le polytope caractérisant la boîte est le produit de quatre tétraèdres. Les boîtes déterministes sont caracterisées par des points se trouvant sur les coins des tétrahèdres.

4 fonctions $A(a)$ distinctes sont possibles pour Alice (puisqu'elle utilise deux valeurs de son paramètre de mesure), 4 également pour Bob ; le nombre de boîtes déterministes NS n'est alors plus que de 16.

4.D.2.b Boîtes stochastiques

Les boîtes stochastiques ne sont pas en nombre fini, mais dépendent de paramètres continus. Une boîte stochastique quelconque associe à chaque couple de variables d'entrée 4 probabilités $\mathcal{P}_i$ $(j = 1,...,4)$ dont la somme fait 1. En prenant trois axes $\mathcal{P}_1$, $\mathcal{P}_2$, $\mathcal{P}_3$, chaque boîte est associée à un point dans l'espace tridimensionnel de ces variables, la probabilité $\mathcal{P}_4$ étant donnée par $1 - \mathcal{P}_1 - \mathcal{P}_2 - \mathcal{P}_3$. Les 4 probabilités $\mathcal{P}_i$ restent positives ou nulles, de sorte que le point en question se trouve à l'intérieur (ou à la surface) d'un tétraèdre ayant un coin à l'origine et les trois autres sur les axes, situés à une distance unité de l'origine (partie droite de la Fig. 4.8). Chacun des quatre coins du tétraèdre correspond à un cas déterministe. Comme en fait la boîte caractérise les fonctions A et B pour 4 couples différents des variables d'entrée, ce sont en fait 4 points indépendants à l'intérieur (ou à la surface) de 4 tétraèdres semblables qui la définissent, qu'on peut regrouper en un point unique G dans un espace à $4 \times 3 = 12$ dimensions. On appelle « polytope » le volume accessible à G, limité par des surfaces correspondant à l'annulation de probabilités, les coins étant associés à des situations déterministes. La Ref. [145] donne une discussion générale des propriétés de ces polytopes.

Pour une boîte NS, les 4 points précédents ne sont plus indépendants, puisqu'ils doivent satisfaire aux 4 relations (4.35) et (4.36) ; les boîtes stochastiques NS dépendent donc de 8 paramètres, et le nouveau polytope accessible aux paramètres est plus petit que précédemment, les coins étant limités à ceux associés à des boîtes déterministes NS ; la Ref. [145] donne une discussion plus générale de ces polytopes.

Une sous-catégorie des boîtes précédentes est donnée par les boîtes stochastiques locales, ayant la propriété de « outcome independence »[11]. Les plus simples sont celles où la probabilité se factorise en deux probabilités :

$$\mathcal{P}(A,B|a,b) = p(A|a) \times p(B|b) \tag{4.37}$$

où $p(A|a)$ et $p(B|b)$ sont deux probabilités locales comprises entre 0 et 1 satisfaisant les deux conditions séparées de normalisation :

$$\sum_A p(A|a) = 1 \qquad \sum_B q(B|b) = 1 \tag{4.38}$$

Les boîtes correspondantes dépendent de $2 \times 2 = 4$ paramètres continus seulement. Mais, dans l'esprit du théorème de Bell, on peut les généraliser en supposant la présence de causes fluctuantes caractérisées par un paramètre λ et une distribution positive et normée $\rho(\lambda)$:

$$\int d\lambda \; \rho(\lambda) = 1 \tag{4.39}$$

On suppose alors que, si λ est fixé (ce peut être un paramètre multidimensionnel), les conditions de fonctionnement de la boîte sont suffisamment bien définies pour qu'un argument de localité permette d'écrire une factorisation :

$$\mathcal{P}_\lambda(A,B|a,b;\lambda) = p_\lambda(A|a;\lambda) \times p_\lambda(B|b;\lambda) \tag{4.40}$$

où les probabilités locales p_λ et q_λ dépendent maintenant du paramètre statistique λ, tout en satisfaisant (4.38) pour chaque valeur de λ. En présence des fluctuations de λ, les probabilités deviennent :

$$\mathcal{P}(A,B|a,b) = \int d\lambda \; \rho(\lambda) \; p_\lambda(A|a) \; p_\lambda(B|b) \tag{4.41}$$

11. De façon générale, le théorème des probabilités conditionnelles (théorème de Bayes) indique que l'on a toujours : $\mathcal{P}(A,B|a,b) = p(A|a,b) \times p(B|A,a,b)$, où $p(B|A,a,b)$ est la probabilité conditionnelle d'obtenir A si la valeur B a été obtenue. L'hypothèse de « setting independence » permet de remplacer $p(A|a,b)$ par $p(A|a)$ ainsi que $p(B|A,a,b)$ par $p(B|A,b)$. L'hypothèse de « outcome independence » revient à supposer que cette dernière probabilité conditionnelle est indépendante du résultat (outcome) A, et donc d'obtenir (4.37). Les mêmes hypothèses s'appliquent lorsqu'il faut prendre en compte la variable fluctuante λ et permettent d'arriver à (4.40).

qui, contrairement à (4.37) et (4.40), n'est en général plus factorisée. Ces boîtes sont classiques, en ce sens qu'elles découlent naturellement du réalisme local tel que l'introduisent EPR et Bell ; elles vérifient le théorème de Bell. On vérifie facilement que ces boîtes sont effectivement NS puisque :

$$\sum_A \mathcal{P}(A, B|a, b) = \int d\lambda\ \rho(\lambda)\ p_\lambda(B|b) \tag{4.42}$$

qui est bien indépendant de a (la démonstration est semblable pour la sommation sur B).

La mécanique quantique satisfait les relations (4.35) et (4.36), et permet donc de construire des boîtes NS, mais qui n'appartiennent pas nécessairement à la catégorie des boîtes stochastiques locales – sinon elle ne permettrait pas de violation du théorème de Bell.

4.D.3 Boîte de Popescu-Rohrlich et corrélations « superquantiques »

Le calcul des probabilités de la mécanique quantique standard permet d'associer une boîte logique à tout schéma quantique conduisant à des résultats binaires avec des mesures dépendant de paramètres expérimentaux a et b. Nous avons mentionné plus haut que les conditions (4.35) et (4.36) sont bien satisfaites par la mécanique quantique ; toutes les boîtes quantiques sont donc bien NS. Mais on peut se poser la question inverse : est-il toujours possible de reproduire n'importe quelle boîte logique NS à partir d'un état quantique adéquat de deux particules intriquées, à condition de leur appliquer des mesures appropriées ? Nous allons voir que la réponse à cette question est non : la catégorie des théories qui conduisent à des boîtes logiques compatibles avec la relativité est plus large que la mécanique quantique.

Démontrer qu'il est possible d'aller au-delà de la mécanique quantique sans violer le principe NS peut se faire en construisant un exemple : la « boîte de Popescu-Rohrlich » [144], souvent dénommée « PR box » dans la littérature anglaise. L'idée générale est simple : dans l'expression (4.10), nous avions obtenu une violation quantique en considérant des valeurs des paramètres de mesure pour lesquels les trois cosinus de même signe sont égaux à $1/\sqrt{2}$ et celui de signe opposé à $-1/\sqrt{2}$, aboutissant par somme à un total de $2\sqrt{2}$; on peut essayer d'augmenter encore ce total en construisant un modèle où tous les taux de corrélation sont poussés jusqu'à leur valeur maximale 1. Pour les trois couples de valeurs (a, b), (a', b) et (a', b') pour les variables d'entrée, nous supposerons donc que les variables de sorties sont parfaitement corrélées, toujours égales entre elles ; de plus, pour préserver au mieux la condition NS, compte tenu de cette corrélation nous minimisons la possibilité de transmission d'information en attribuant des probabilités égales aux deux couples de résultats possibles $(-1, -1)$ et $(+1, +1)$:

$$\mathcal{P}(-1, -1) = \mathcal{P}(+1, +1) = 1/2 \tag{4.43}$$

ce qui implique évidemment la nullité de la probabilité d'avoir des valeurs différentes :

$$\mathcal{P}(-1,+1) = \mathcal{P}(+1,-1) = 0 \tag{4.44}$$

Pour le couple (a, b'), on postule la situation inverse où les variables de sortie sont toujours opposées :

$$\begin{aligned} \mathcal{P}(-1,-1) &= \mathcal{P}(+1,+1) = 0 \\ \mathcal{P}(-1,B+1) &= \mathcal{P}(+1,-1) = 1/2 \end{aligned} \tag{4.45}$$

Vérifions que cette boîte est effectivement NS. Que ce soit dans le terme de gauche ou de droite de (4.35), seul un terme de la sommation sur A est non-nul avec les corrélations prévues par (4.43), (4.44) et (4.45) : en effet, la même valeur de B n'est jamais associée à deux valeurs différentes de A dans une probabilité non-nulle, quel que soit le dispositif expérimental ; les deux membres valent donc 1/2 et l'égalité est vérifiée. Il en est de même de (4.36). La boîte de Popescu-Rohrlich ne permet donc pas de transmission instantanée de signaux, elle est compatible avec la relativité[12].

Calculons maintenant la valeur obtenue pour la combinaison des produits de résultats apparaissant en (4.7) :

$$\langle M \rangle = \langle AB \rangle (a,b) - \langle AB \rangle (a,b') + \langle AB \rangle (a',b) + \langle AB \rangle (a',b') \tag{4.46}$$

Le calcul est très simple du fait que nous avons choisi des probabilités pour que le produit AB ait toujours la valeur $+1$ pour les trois couples de valeurs (a,b), (a',b) et (a',b') des paramètres de mesure, alors que les relations (4.45) entraînent que ce produit a toujours la valeur -1 pour (a,b'). Par suite :

$$\langle M \rangle = 4 \tag{4.47}$$

ce qui montre que la limite mathématique pour $\langle M \rangle$ est effectivement saturée.

Le fait que la limite de Cirel'son (§ 4.C) soit dépassée indique aussitôt une incompatibilité avec la mécanique quantique : aucun dispositif quantique avec deux sous-systèmes soumis à des mesures, aucun vecteur d'état initial du système ne peut reproduire une boîte de Popescu-Rohrlich, bien que cette dernière ne permette aucune transmission instantanée de signaux. Cette boîte[13] nous fournit donc un exemple de corrélations « superquantiques ».

12. Une boîte de Popescu-Rohrlich obéit également au théorème de non-clonage (§ 6.D.2).

13. Pour rendre la boîte plus réaliste, on peut étudier le cas où les variables d'entrée sont continues au lieu d'être binaires (elles représentent en effet des paramètres expérimentaux qui, la plupart du temps, sont continus, comme par exemple des angles de mesure). Si l'on imposait les relations (4.43) à (4.45) pour toutes les valeurs des paramètres, on rencontrerait évidemment des problèmes de discontinuité. Mais, en mécanique quantique, la violation maximale $2\sqrt{2}$ n'est atteinte que pour certains angles. De même, ici il est possible de supposer que ces valeurs des probabilités ne sont valables que pour certaines valeurs des variables d'entrée, entre lesquelles on interpole de façon continue ; on n'obtiendra ainsi de violation que pour certaines valeurs des variables d'entrée, mais cela ne change rien à la preuve d'existence du modèle.

4.D.4 Comment caractériser la théorie quantique ?

Popescu et Rohrlich proposent de renverser l'axiomatique habituelle pour introduire la mécanique quantique [144]. Au lieu de postuler l'indéterminisme de la théorie comme on le fait habituellement, ils suggèrent de choisir deux autres axiomes : la théorie est non-locale (au sens de permettre parfois des violations des inégalités BCHSH), mais elle reste néanmoins compatible avec la causalité relativiste. Le non-déterminisme en découle alors comme une conséquence, comme le montre un raisonnement par l'absurde. En effet, si la théorie était déterministe, elle définirait les résultats A et B comme des fonctions des paramètres expérimentaux a et b, et la compatibilité avec la causalité relativiste imposerait immédiatement que A soit fonction de a seul, et B fonction de b seul ; la démonstration du § 4.A.2 s'appliquerait alors, interdisant toute violation des inégalités BCHSH. Dans le cadre du déterminisme, une violation BCHSH entraînerait donc immédiatement une autre violation, celle de la causalité relativiste ; c'est le non-déterminisme qui évite ce conflit.

L'exemple des boîtes de Popescu-Rohrlich montre que cette axiomatique ne définit pas la théorie de façon unique. Ce qui est défini est un ensemble plus large de théories, parmi lesquelles la mécanique quantique qui satisfait la borne de Cirel'son $2\sqrt{2}$, alors que d'autres atteignent la limite mathématique 4. La Ref. [146] donne une discussion générale des propriétés des théories NS, de leur caractère aléatoire intrinsèque, de l'impossibilité d'un clonage parfait, de la propriété de monogamie, etc. (nous revenons sur la signification de ces termes aux §§ 6.B.3 et 6.D.2). Mais on peut prendre un point de vue où le degré de violation des inégalités BCHSH est considéré comme un indicateur de la force des corrélations permises par une théorie, plutôt que de la non-localité en tant que principe général. Il se pose la question de l'origine physique de la borne de Cirel'son : pourquoi les corrélations que prévoit la mécanique quantique ne sont-elles pas celles maximales qui sont compatibles avec le principe de causalité relativiste ? Quel est donc le principe physique général supplémentaire contenu dans la mécanique quantique qui fixe la valeur de cette limite à $2\sqrt{2}$?

La Ref. [147] propose une réponse partielle à cette question en remarquant que des corrélations plus fortes impliqueraient un monde dans lequel la « communication complexity » ne serait pas triviale[14]. Il a ensuite été proposé par la Ref. [148] que ce principe général soit une généralisation du principe de non-communication instantanée : lorsque Alice et Bob partagent un système quantique intriqué quelconque, si elle lui envoie m bits par des canaux classiques, Bob ne peut pas obtenir ainsi une quantité d'information qui dépasse de m, et ceci quelles que soient les opérations locales de mesure effectuées dans son laboratoire (qui peuvent être fonction de ces bits).

14. Alice et Bob désirent calculer une fonction booléenne $F(a, b)$ de la variable a, choisie par Alice et connue d'elle seule, et de la variable b choisie par Bob et connue de lui seul. La « communication complexity » de F est dite triviale si l'opération est réalisée par la transmission d'un seul bit classique de communication.

Alice reçoit une chaîne de N nombres binaires a_i ($i = 0, 1, N-1$) ; son but est de communiquer le maximum d'informations sur cette chaîne à Bob, sachant qu'il lui est possible d'envoyer par un canal classique m bits seulement ($m < N$). Elle choisit certains des nombres de sa chaîne comme valeurs de paramètre de mesure qu'elle utilise comme entrées dans son système logique, et obtient alors des sorties (résultats de mesure) ; son message de m bits est constitué en combinant de façon quelconque ses entrées et sorties. Bob, une fois qu'il a reçu le message correspondant, est libre d'utiliser les bits qu'il contient pour effectuer toute opération avec son propre système logique, et tenter d'en déduire le nombre maximal possible des a_i.

(i) Supposons d'abord qu'initialement Alice et Bob partagent un système logique constitué d'un ensemble de boîtes de Popescu-Rohrlich. Alors on peut montrer [148] que le dispositif permet à Bob de déterminer exactement m valeurs différentes de la série des a_i, en choisissant à son gré lesquelles, mais sans pouvoir en obtenir plus que m. Aucun bit de la base de données d'Alice n'est inaccessible à Bob ! Toutefois le nombre total de ceux auxquels il a accès est strictement limité à m.

(ii) Supposons maintenant que le système partagé initialement par Alice et Bob soit un système quantique dans un état intriqué quelconque. La Ref. [148] établit un lien entre le taux de violation de l'inégalité BCHSH et la quantité d'information maximale obtenue par Bob sur la série des a_i. Elle définit un principe de causalité de l'information comme suit : « l'information obtenue par Bob concernant une série de données que possède Alice et qu'il ignore, en utilisant toutes les ressources locales dont il dispose et les m bits classiques que lui envoie Alice, ne peut dépasser m ». Elle montre ensuite que, au moment exact où la borne de Cirel'son $2\sqrt{2}$ est atteinte, le principe de causalité pour l'information cesse de s'appliquer.

C'est en quelque sorte un principe de non-amplification de l'information classique qui intervient. Pour $m = 0$, on retrouve la condition NS de causalité relativiste discutée plus haut : aucune information ne peut passer de Alice à Bob par les simples mesures locales qu'ils peuvent effectuer chacun de leur côté. Pour m quelconque, le nouveau principe général impose que, quelles que soient les mesures locales effectuées par les deux partenaires, la quantité d'information transmise n'en est pas accrue ; ces mesures sont en quelque sorte inutiles. On peut donc ainsi expliquer la valeur particulière de la borne de Cirel'son, et il devient alors naturel de considérer qu'il fait partie de ceux qui définissent la mécanique quantique, voire même de conjecturer qu'il définit parfaitement la théorie.

Les auteurs de la Ref. [149] proposent une approche différente de la caractérisation des corrélations non-locales. Supposant que la mécanique quantique s'applique localement, ils montrent que la condition NS implique alors que toutes les corrélations possibles entre mesures éloignées sont également celles que prévoit la mécanique quantique. En d'autres termes, si une expérience permettait d'observer des corrélations plus fortes que celles prévues par la mécanique quantique, alors la relativité impliquerait que la mécanique quantique doit également être violée de façon locale. La Ref. [150] généralise la discussion en termes de corrélations observées entre N partenaires, au lieu de 2 seulement. Elle discute un jeu non-local où chaque partenaire reçoit indépendamment une variable d'entrée x_i et où, en utilisant des corrélations observées sur un système quantique partagé par tous les partenaires dans un état intriqué $|\Psi\rangle$, il tente de deviner la variable x_{i+1} de son voisin. Il se trouve que, dans ce cas, les corrélations quantiques ne permettent pas de faire mieux que les corrélations classiques. Ce résultat suggère la possibilité d'utiliser un critère de non-amélioration multi-partenaires, une sorte de généralisation du principe NS, pour caractériser la mécanique quantique.

4.E Impact du théorème ; où en sommes-nous ?

Compte tenu des résultats expérimentaux mentionnés au § 4.A.5, qui sont en accord complet avec les prédictions de la mécanique quantique, certains physiciens concluent triomphalement « Bohr avait raison ! », et ceci bien avant qu'il ait pu avoir connaissance de ces résultats. D'autres, avec le même enthousiasme, proclameront « Einstein avait raison ! », en soulignant son rôle précurseur dans un domaine de plus de la physique. Ces deux opinions peuvent se justifier, en fonction des aspects du débat que l'on privilégie. Que l'on préfère personnellement les positions du camp orthodoxe ou le réalisme local, il est clair que c'est la voie ouverte par Einstein et Bell qui a joué le rôle décisif au cours des 50 dernières années. Ce sont eux qui ont mis en avant le rôle essentiel de la notion de localité, qui a permis des progrès considérables, alors qu'une simple répétition de la position orthodoxe ne l'aurait pas permis. Par exemple, l'introduction du postulat de réduction du vecteur d'état est encore parfois « expliquée » de nos jours en invoquant « les perturbations inévitables que l'appareil de mesure impose au système mesuré » – voir par exemple la discussion traditionnelle du microscope de Heisenberg dans de nombreux ouvrages d'enseignement ! Et pourtant, précisément, ce que nous dit l'argument EPR-Bell est que ceci n'est qu'une explication à bon marché : en réalité, la description quantique d'une particule peut parfaitement être modifiée sans qu'aucune action mécanique n'agisse sur elle, pourvu que la particule en question soit corrélée avec une autre. Dans ces conditions, un effet trivial comme l'effet de recul dans une collision photon-électron ne peut pas apporter une explication satisfaisante sur la nature profonde de la réduction du vecteur d'état. Nous savons maintenant que c'est un phénomène bien plus fondamentalement quantique, qui peut mettre en jeu la non-localité.

Une autre leçon que nous avons apprise est que, même si la mécanique quantique et la relativité ne sont pas incompatibles, elles ne vont pas très bien ensemble. En relativité, la notion d'événements en tant que processus ponctuels dans l'espace-temps, ou celle de causalité, restent très fondamentales, mais le théorème de Bell montre qu'elles ne sont pas aussi universelles qu'on n'aurait pu le penser auparavant. La mécanique quantique nous force à les adopter « avec un petit grain de sel ». Un autre aspect provient des progrès incroyables qu'ont effectués les méthodes expérimentales au cours du XXe siècle, stimulés par la mécanique quantique. On en retire l'impression que nous pouvons maintenant, ou pourrons bientôt, avoir accès à des objets de toutes les échelles intermédiaires, passant continûment du macroscopique au microscopique. En conséquence, alors qu'à l'époque de Bohr on pouvait raisonnablement penser que la définition précise de la frontière entre le monde macroscopique des appareils de mesure et les objets microscopiques n'était pas cruciale, voire académique, la question va probablement devenir d'une importance pratique croissante. Dans le § 3.C.4 nous avons donné un exemple (systèmes macroscopiques dans un état de Fock), mais probablement bien d'autres possibilités vont apparaître et, on peut l'espérer, donner lieu à des expériences dans les années qui viennent. Tous ces changements, mis ensemble, donnent l'impression que la forme définitive de la théorie n'est pas encore nécessairement atteinte et que des révolutions conceptuelles sont toujours possibles ; mais pour le moment aucun résultat nouveau précis n'est venu affaiblir l'interprétation standard, au contraire.

4.E.1 Échappatoires, conspirations

On entend parfois dire que les expériences qui ont été réalisées jusqu'à maintenant pour confronter les inégalités de Bell avec la mécanique quantique (4.A.3) ne sont pas parfaitement convaincantes, de sorte que le réalisme local n'a pas été réfuté. En toute rigueur, c'est vrai : il subsiste effectivement des possibilités logiques, traditionnellement appelées « loopholes » (échappatoires), qui restent toujours ouvertes pour tous ceux qui désirent absolument conserver un point de vue strictement réaliste et local. Il existe en fait plusieurs façons de nier l'existence d'un conflit entre les résultats expérimentaux et les inégalités de Bell.

En premier lieu, évidemment, on peut toujours invoquer des erreurs triviales, des fluctuations statistiques aléatoires très improbables, pour expliquer pourquoi les expériences « feraient semblant » de confirmer la mécanique quantique ; par exemple, certains auteurs ont évoqué des fluctuations ad hoc du bruit de fond des photo-multiplicateurs, fluctuations qui par magie modifieraient les résultats expérimentaux d'une façon qui donne l'impression d'un accord parfait avec la mécanique quantique. Dans cette optique, on pourrait aussi bien remettre en question tous les résultats expérimentaux de la physique, et les attribuer à des erreurs dues au hasard et à des fluctuations ! Mais la variété et le nombre des résultats qui confirment la mécanique quantique avec des appareillages très divers font que très peu de physiciens prennent cette explication au sérieux.

On pourrait aussi penser à des scénarios plus compliqués : par exemple, des variables physiques locales inconnues pourraient se coupler entre elles pour donner la (fausse) impression de résultats non-locaux, alors qu'en réalité elles obéissent à des mécanismes qui restent locaux. Nous discutons maintenant quelques-uns de ces scénarios.

4.E.1.a Échappatoire de l'échantillon biaisé (« efficiency loophole »)

Dans la démonstration du théorème de Bell, nous avons supposé que toutes les paires sont détectées et qu'elles fournissent des résultats A et B égaux à ± 1, quelles que soient les valeurs de a et b choisies. Tout en restant au sein du réalisme local, on peut renoncer à cette hypothèse et imaginer que, d'une façon ou d'une autre, les analyseurs de polarisation sélectionnent un sous-ensemble des paires en fonction des valeurs de leurs paramètres. Pour chaque choix (a, b), seule une fraction des paires émises est alors détectée ; on peut même supposer que, dès que l'orientation d'un des analyseurs est changée de quelques degrés, la sélection choisit une catégorie complètement différente de paires de particules. Alors, en fonction du choix qui a été fait pour a d'un côté, une catégorie différente de particules atteint l'autre détecteur ; rien n'empêche alors d'attribuer à cette catégorie (dépendante de a) des propriétés physiques arbitraires permettant de reproduire n'importe quels résultats, y compris ceux de la mécanique quantique. Les limites de Bell ne s'appliquent donc plus à de telles situations. Si de chaque côté on ne compte que les événements qui sont corrélés avec une détection de l'autre côté, on compte en réalité uniquement des particules qui ont des propriétés dépendant du paramètre associé à la mesure éloignée, et la localité ne peut plus s'exprimer simplement en fonction de a et b (voir Appendice E pour plus de détails).

Les inégalités de Bell ne s'appliquent donc que si l'ensemble des paires détectées peut être considéré comme indépendant de a et b ; ce point important avait été bien compris dès avant les premières expériences [91, 151, 152]. Ainsi, toute expérience conduisant à une violation des inégalités de Bell, mais sans preuve expérimentale directe de cette indépendance, peut en principe être interprétée dans le cadre du réalisme local : il suffit d'invoquer ce qui est appelé en anglais « efficiency loophole », « detection loophole », « pair selection loophole », ou encore « sampling bias », etc.

Définition de l'ensemble Un point crucial est donc l'obtention de moyennes sur des ensembles de paires bien définis et non-biaisés, complètement indépendants des paramètres a et b. En termes de distribution de probabilité des paires $\varrho(\lambda)$, qui définit l'ensemble sur lequel les moyennes sont prises, l'hypothèse de non-biais revient à supposer que ρ est indépendant de a et b; si au contraire ρ devient une fonction de a et b, il est facile de voir que la démonstration des inégalités de Bell n'est plus possible. En termes du raisonnement tenu au § 4.A.2 (où aucune fonction ρ n'a été introduite), ce que nous avons supposé est que les quatre nombres A, A', B et B' sont tous attachés à la même paire. Il est alors logiquement possible d'obtenir des moyennes d'ensemble $\langle M \rangle$ à partir de mesures successives de quatre valeurs moyennes $\langle AB \rangle$, $\langle AB' \rangle$, etc. Mais, si M est construit à partir d'un plus grand nombre de nombres, comme ceux associés aux différentes catégories de paires de particules, l'algèbre que nous avons utilisée n'est plus possible[15], et le reste de la démonstration s'écroule.

D'un point de vue expérimental, il n'y a aucune difficulté particulière à partir d'un ensemble de paires émises qui soit indépendant des paramètres de mesure, mais alors le problème est de s'assurer que toutes les paires sont effectivement détectées et fournissent chacune les résultats ± 1 (indépendamment du fait que le choix de a et b soit fait avant ou après l'émission de la paire). Si certaines paires échappent à la détection, il est impossible d'être certain que le processus de mesure n'a pas sélectionné un sous-ensemble de paires qui dépende de a et b. Il est alors envisageable que la statistique des paires détectées diffère de celle des paires émises ; en toute rigueur, il n'y a alors plus de raison pour que la limite de Bell soit toujours une conséquence du réalisme local – voir par exemple le cas étudié par Pearle dans [151] et l'Appendice E.

Une situation idéale serait celle où l'on disposerait d'un dispositif avec un bouton de déclenchement actionné par un expérimentateur, qui puisse déclencher avec certitude l'émission d'une paire de particules qui serait doublement détectée également avec certitude (avec un rendement de 100 %). Le « loophole » serait ainsi définitivement refermé. Mais l'on pourrait également obtenir le même résultat sans mesurer toutes les paires, et en re-définissant l'ensemble en relation avec la détection ; la seule condition est alors de s'assurer que l'ensemble des événements pris en compte est réellement indépendant des paramètres a et b (échantillon non-biaisé). Au cours de certaines discussions, Bell introduisait la notion de « détecteurs préliminaires » [153], des appareils qu'il représentait schématiquement comme des cylindres à travers lesquels toute particule devait nécessairement se propager avant d'atteindre les deux extrémités de l'expérience (où se trouvent les mesures dépendant de a et b). Le rôle de ces détecteurs préliminaires était donc de signaler la présence de paires qui, plus tard, seraient toujours détectées par les deux appareils de mesure, quel que soit le choix de a et b. En d'autre termes, ce but était de rendre la définition de l'ensemble plus précise, même si initialement les paires étaient émises dans toutes les directions. De tels dispositifs permettant une définition d'un ensemble indépendant de a et b sont parfois appelés « event ready detectors ». Voir également la Ref. [154] où Bell imagine une

15. Les paires détectées des deux côtés pour les orientations a et b des analyseurs font partie d'un premier sous-ensemble, celles détectées pour les orientations a et b' d'un second. Si le choix de la première orientation est a, le résultat observé localement peut alors être écrit, ou bien A_b si la paire appartient au premier sous-ensemble, ou $A_{b'}$ si elle appartient au second. Le nombre M est donc la combinaison de 8 nombres différents ± 1 au lieu de 4, et l'on ne peut plus démontrer l'existence de la limite de Bell.

combinaison de détecteurs « veto » et « go » associés avec la première particule dans une émission ternaire, précisément dans le but d'obtenir une meilleure définition de l'échantillon détecté.

Imperfections des expériences Inutile de dire que, dans la réalisation pratique d'une expérience, la situation n'est jamais idéale ! En premier lieu, dans toutes les expériences réalisées jusqu'à maintenant, la plupart des paires sont tout simplement manquées par les détecteurs. Il existe plusieurs raisons à cette situation : dans les expériences avec des photons, les particules sont émises dans toutes les directions, alors que les analyseurs ne recueillent les particules que dans un petit angle solide et, par suite, seulement une minuscule fraction des paires. C'était particulièrement vrai des expériences initiales utilisant des cascades atomiques pour produire les paires de photons ; dans des expériences plus récentes [113], l'utilisation de processus de conversion paramétrique de photons permet d'obtenir une meilleure corrélation et une efficacité de détection des paires bien supérieure, mais elle reste toujours relativement faible dans l'absolu. De plus, le transmission des analyseurs est inférieure à 1 (elle est en fait inférieure à 1/2 avec des filtres de polarisation ordinaires, mais des expériences ont également été réalisées avec des analyseurs biréfringents à deux voies [110], qui ne sont pas limités à une efficacité théorique de 50 %). Enfin, le rendement quantique des détecteurs de particules (photo-multiplicateurs pour des photons) n'est pas non plus de 100 %, de sorte que des paires de particules sont perdues à ce niveau également. Le résultat final est qu'il n'existe aucune façon de déterminer exactement l'ensemble des paires détectées, en particulier parce que le processus de détection est évidemment dépendant de a et b ; en conséquence, l'interprétation de tous les résultats expérimentaux n'est possible que dans le cadre d'une hypothèse de « non-biais », ou encore « fair sampling hypothesis », qui revient à considérer que les paramètres des analyseurs ne biaisent pas la statistique des détections.

D'un autre côté, il faut aussi garder à l'esprit qu'il n'existe a priori absolument aucune raison pour qu'un tel biais se produise, de sorte que cette possibilité reste du domaine de la spéculation. Les expérimentateurs sont loin d'être dans le noir pour évaluer les rendements de détection de leur appareillage. Bien au contraire, ils ont l'habitude de les calculer avec précision à partir des caractéristiques géométriques du montage, du rendement quantique des détecteurs, du taux d'excitation de la source ; tous ces paramètres peuvent être contrôlés avec soin afin de vérifier que les taux de coïncidence sont exactement ceux attendus. Ces taux sont également comparés avec ceux de détection à une seule particule dans les mêmes conditions expérimentales – il n'existe bien sûr aucune raison de se limiter à l'étude des taux de coïncidence en fonction de a et b. Ces expériences ont été faites avec le même soin et les mêmes méthodes que toutes les autres expériences importantes de physique ; le résultat de tout ce travail est que toutes les données coïncident extraordinairement bien avec les prédictions de la mécanique quantique. Il serait donc plutôt surprenant qu'un processus physique local mystérieux soit capable d'introduire une dépendance aussi cruciale en fonction du rendement quantique des détecteurs. En effet, pour de faibles rendements, le processus serait capable de reproduire artificiellement les prédictions de la mécanique quantique, trompant ainsi les physiciens ; ce ne serait que pour les rendements quantiques élevés que le processus perdrait de son efficacité et cesserait de reproduire la mécanique quantique. Le caractère artificiel de ce scénario explique probablement pourquoi la plupart des physiciens le considèrent avec scepticisme et pensent que, le jour où des expériences plus parfaites seront possibles, le même accord avec la mécanique quantique standard sera obtenu.

Pour une discussion théorique des conditions nécessaires pour concevoir une expérience sans « loophole », en termes de bruit de fond et d'efficacité quantique des détecteurs, voir la Ref. [155]. Pour des propositions d'expérience réellement « loophole free »[16], voir les Refs. [156, 157] et [158]. Cette dernière propose d'utiliser des variables continues qui sont quantifiées artificiellement après coup (résultat +1 si l'intégrale du signal pendant une impulsion est positive, −1 si elle est négative). La notion de « soustraction de photon » est particulièrement intéressante, car elle réalise à la fois deux objectifs : elle fournit un « event ready detector » (dans le but de refermer le loophole correspondant) et elle crée l'état quantique nécessaire à la violation des inégalités de Bell. Dans ce cas, il se trouve que la violation n'est que de 1%, mais il est possible d'imaginer des situations plus élaborées où des violations bien supérieures sont prédites [159].

Quoi qu'il en soit, il semble exister actuellement un espoir raisonnable de voir refermer cette échappatoire dans un délai raisonnable. Une expérience avec des ions ^9Be a été réalisée avec une excellente efficacité de détection [160], suffisante pour fermer le « loophole » correspondant ; toutefois, la distance entre les ions était petite (quelques microns), de sorte que le « communication loophole » (cf. § suivant) était impossible à refermer en même temps. Il a cependant été proposé d'utiliser la méthode de l'échange d'intrication (« entanglement swapping », voir § 6.C.2) en utilisant une paire de photons pour

16. Une corrélation parfaite entre les détections aux deux extrémités de l'expérience (dans une expérience idéale utilisant la création de photons par conversion paramétrique, par exemple) fournirait un autre schéma possible d'un expérience « loophole free » – ce qui, bien sûr, supposerait des détecteurs à deux canaux avec un rendement de détection de 100 %. En lui-même, le fait qu'un clic d'un côté est toujours corrélé à un clic de l'autre, indépendamment des choix de a et b, n'est pas suffisant pour exclure une dépendance de l'ensemble des paires détectées. Cependant, si l'on suppose la localité à cette étape également, un raisonnement simple montre qu'une corrélation parfaite des détections est suffisante pour s'assurer de l'indépendance. En effet, si une sélection se produit pour la première particule, elle est déterminée par la détection de la seconde particule avec un paramètre b, et donc indépendante de a. Symétriquement, la détection de la seconde particule est indépendante de b ; ainsi la détection de la paire est indépendante de a et b. En d'autres termes, des arguments de localité peuvent être utilisés, non seulement en ce qui concerne les résultats des appareils de mesure (les fonctions A et B), mais également pour spécifier l'ensemble des paires observées (la fonction de distribution ρ). Si, dans une expérience future, une observation d'une violation des inégalités de Bell est possible dans ces conditions et avec une corrélation parfaite des détections, le « loophole » sera refermé.

intriquer des ions éloignés dans des pièges différents, grâce à une opération de mesure quantique adéquate [161] ; une expérience a été réalisée [162] avec deux ions $^{171}Yb^+$ placés à une distance de 1 m. l'un de l'autre, et a conduit à une violation claire des inégalités de Bell (par 3 déviations standard). De plus, des expériences récentes avec des jonctions Josephson ont fourni des résultats violant les inégalités BCHSH par plus de 200 écarts standard, avec des systèmes quantiques qui sont des circuits électriques macroscopiques [163]. Dans ce cas, le problème de collecter toutes les paires de particules ne se pose plus ; cependant, comme la distance entre les circuits est très faible, de nombreuses perturbations mutuelles peuvent paraître possibles et le « communication loophole » ne peut être éliminé ; pour finir, aucune expérience permettant de fermer absolument et simultanément toutes les échappatoires n'a encore pu être réalisée.

4.E.1.b Conspiration des polariseurs/analyseurs (communication loophole)

D'autres « loopholes » sont également possibles : même si les dispositifs de détection avaient des rendements de 100 %, on pourrait aussi invoquer d'autres processus physiques que la sélection de paires pour reproduire artificiellement les résultats de la mécanique quantique. L'un d'entre eux est souvent appelé « conspiration des polariseurs »[17] (en fait, « conspiration des analyseurs » serait plus approprié) – ou également « communication loophole ». Supposons que, par un processus inconnu, chacun des analyseurs devienne sensible à l'orientation de l'autre analyseur ; il peut alors avoir une fonction de réponse qui dépende de l'autre paramètre de mesure, de sorte que la fonction A peut alors acquérir une dépendance par rapport aux deux paramètres, a et b. Dans ces conditions, le démonstration du théorème de Bell devient impossible. On arrive à la même situation si le choix du paramètre de mesure a peut, d'une façon ou d'une autre, influencer la propagation de la seconde particule entre la source et l'appareil de mesure de paramètre b. Ainsi, des processus physiques inconnus pourraient conspirer pour reproduire des violations des inégalités sans violer le réalisme local, et donner aux physiciens la fausse impression que ce dernier est mis en défaut ; les conclusions à tirer des résultats des expériences seraient alors toutes différentes (mise en évidence de nouvelles interactions).

Une façon d'exclure cette possibilité et l'existence de tels processus est d'utiliser la causalité relativiste. Si les distances entre les deux analyseurs et entre les analyseurs et la source sont suffisamment grandes, et si les paramètres de mesure sont choisis au tout dernier moment, alors aucune influence physique n'a le temps de se propager (à la vitesse maximale de la lumière)

17. Le mot polariseur se réfère aux expériences faites avec des photons où l'orientation de spin des particules est mesurée à l'aide de filtres polarisants. Il n'y a cependant rien de spécifique aux photons dans ce scénario, qui peut par exemple facilement être transposé à des particules massives de spin 1/2.

entre les différentes parties de l'expérience. À moins de violer la relativité, ces processus inconnus sont alors exclus, de sorte que l'échappatoire est donc close. Un premier pas dans cette direction a été fait par Aspect et coll. en 1982 [111]. Mais, les progrès techniques aidant, des expériences plus récentes [164] ont permis d'effectuer des choix aléatoires extrêmement rapides de a et b, excluant toute possibilité de conspiration des analyseurs, et refermant ainsi ce « loophole ». Elles ont vérifié que la mécanique quantique continue à donner des prédictions parfaitement correctes dans ces conditions plus sévères, et confirmé l'absence d'effet d'interactions inconnues dans les résultats précédents.

4.E.1.c Fatalisme contre libre arbitre

Un peu dans le même esprit, on trouve ce que l'on appelle parfois l'échappatoire fataliste (« fatalistic loophole »[18]), ou encore superdéterminisme. L'idée est de remettre en question une hypothèse implicite dans le raisonnement qui conduit aux inégalités de Bell : la possibilité pour les expérimentateurs de faire chacun un choix complètement arbitraire des paramètres de mesure a et b. D'habitude, on considère effectivement a et b comme des variables libres : leurs valeurs sont une conséquence, non pas d'un événement préliminaire qui se serait produit dans le passé, mais d'un libre choix effectué par des êtres humains, éventuellement juste avant la mesure pour éviter mieux encore toute influence mutuelle possible. Mais il reste vrai que, pour deux événements quelconques (le choix des paramètres dans notre cas), il existe toujours un recouvrement dans le cône de passé, éventuellement lointain. Il est donc toujours possible en théorie de supposer qu'ils partagent une cause passée commune ; avec ce point de vue, a et b ne sont plus des paramètres libres, mais des variables qui peuvent fluctuer (en particulier, si la cause elle-même fluctue) avec toutes sortes de corrélations. Dans une telle éventualité, il est facile de voir que la preuve du théorème de Bell n'est plus possible[19], de sorte que toute contradiction entre réalisme local et la mécanique quantique est évitée.

Un tel point de vue remet en question la notion de libre choix des expérimentateurs, dont les décisions sont en fait supposées être prédéterminées par des événements antérieurs sans qu'ils s'en rendent compte. De façon tout à fait générale, la notion même de paramètres expérimentaux extérieurs et arbitraires perd son sens dans un tel cadre logique. Une fois qu'on a accepté de payer ce prix, on peut construire une théorie qui est à la fois réaliste, locale, et (super)déterministe, incluant une sorte de théorie physique de la prise de décision humaine, et qui peut violer les inégalités de Bell – voir par

18. Ou parfois encore « freedom of choice loophole ».

19. Par exemple, dans la preuve qui fait usage d'une densité de probabilité $\rho(\lambda)$, si l'on suppose que a et b deviennent deux fonctions $a(\lambda)$ and $b(\lambda)$, la comparaison des valeurs moyennes des résultats pour des valeurs fixées différentes de a and b revient à introduire des probabilités conditionnelles.

exemple la Ref. [165]. Il s'agit là, bien évidemment, d'un point de vue peu répandu, car la notion de paramètres expérimentaux externes arbitraires est très généralement acceptée en physique ; Bell s'exprime en ces termes [166] : « une classe de théories fort respectables, incluant la mécanique quantique telle qu'elle est pratiquée, possèdent des variables externes libres en plus des variables internes qui obéissent à la théorie... Ces variables représentent les conditions expérimentales. Elles fournissent également un levier d'action pour des expérimentateurs doués de libre choix... ».

En pratique, quand de nombreuses valeurs des paramètres expérimentaux sont choisies aléatoirement dans une expérience, ces valeurs ne sont pas décidées par un être humain mais créées automatiquement par un générateur de nombres aléatoires. Par exemple, dans l'expérience avec dépendance temporelle mentionnée plus haut [111], un double générateur de nombres aléatoires était utilisé pour déterminer les valeurs des paramètres expérimentaux aux deux extrémités du dispositif. Si l'on transpose la problématique du libre arbitre à cette situation, on arrive à la question : les générateurs de nombres sont-ils vraiment aléatoires ? Ou fournissent-ils des valeurs qui sont conséquences d'une cause commune dans le passé ? Si c'est le cas, ce sont des fonctions d'une variable λ, et le théorème de Bell ne peut plus s'appliquer. On peut également imaginer des influences du générateur de nombres aléatoires sur la source des particules, qui seraient alors émises dans un état corrélé avec le type de mesures qu'elles subiraient ensuite ; ceci empêcherait également la démonstration du théorème. Il n'est alors pas totalement exclu que les fluctuations de λ arrivent à reproduire les prédictions de la mécanique quantique, mais à partir d'un mécanisme totalement différent et compatible avec le réalisme local. La façon d'exclure cette possibilité est de faire usage d'appareils de mesures très éloignés avec des générateurs de nombres aléatoires indépendants, comme c'est le cas dans une expérience récente [115].

Une vue fataliste de l'univers physique laisse peu de place au développement des disciplines scientifiques expérimentales. Si l'histoire de l'univers est déterminée une fois pour toutes, y compris toutes les expériences passées et futures réalisables dans cet univers, il n'est alors plus possible de « poser des questions à la Nature » d'une façon libre, puisque ces questions elles-mêmes sont conséquences de l'histoire unique en question. La notion même de méthode scientifique expérimentale devient passablement floue, si elle ne perd pas tout son sens. Inutile de le dire, l'attitude fataliste est donc peu commune parmi les scientifiques ; la plupart considèrent qu'éliminer de cette façon fondamentale la possibilité d'observations libres est un prix à payer trop élevé pour expliquer les difficultés de la mécanique quantique.

On peut cependant prendre un point de vue intermédiaire et admettre que, si les expérimentateurs disposent d'un certain libre arbitre, ce dernier n'est pas total. La Ref. [167] montre que, si les expérimentateurs renoncent à seulement 14% de leur indépendance décisionnelle, il devient parfaitement possible de reproduire les prédictions de la mécanique quantique dans le cadre du réalisme local.

4.E.1.d Crédibilité des échappatoires

Nous ne pouvons conclure cette discussion des « loopholes » sans mentionner que, s'ils existent sans aucun doute, ils conservent tous un caractère ad hoc (deus ex machina) qu'il est difficile de nier. Les explications en question ne s'appuient sur aucune théorie générale précise : personne n'a la moindre idée des processus physiques mis en jeu dans la conspiration des polariseurs, ou comment et pourquoi une sélection de paires pourrait se produire de façon suffisamment complexe et inattendue pour reproduire parfaitement la mécanique quantique, tout en restant dans un processus local. La seule chose que l'on puisse faire (voir Appendice E) est de construire des modèles au coup par coup pour reproduire telle ou telle expérience. Mais par le biais de quel processus physique mystérieux les résultats expérimentaux reproduiraient-ils si bien les prédictions de la mécanique quantique lorsque les rendements de mesure sur les paires sont faibles, alors que ce ne serait plus possible avec des rendements supérieurs ? Bell lui-même était celui qui aurait pu souhaiter le plus vivement que ses inégalités permettent effectivement d'être utilisées comme un indicateur pour mettre en lumière les limites de la mécanique quantique ; et pourtant, il tenait ces explications pour peu plausibles et inesthétiques. Il reste qu'en toute rigueur la logique reste la logique : oui, il reste toujours une petite possibilité que, le jour où les expériences atteindront une efficacité de détection permettant de fermer le « loophole », les résultats concernant les corrélations commenceront à dévier de ceux de la mécanique quantique et atteindront des valeurs compatibles avec le réalisme local. Qui sait ?

4.E.2 La mécanique quantique est-elle non-locale ? Contrafactualité

On peut trouver dans la littérature diverses positions concernant la relation exacte entre mécanique quantique et localité. Certains auteurs considèrent le caractère non-local de la mécanique quantique comme un fait avéré. Par exemple, dans [168], Bell écrit « La mécanique quantique n'est pas localement causale » et ajoute « la mécanique quantique ne peut pas être incorporée dans une théorie causale et locale ». Quant à Popescu et Rohrlich, comme nous l'avons noté au § 4.D.4, ils proposent même de faire de la non-localité un axiome fondamental de la mécanique quantique [144]. Pour d'autres, la non-localité quantique est artificielle, conséquence de l'introduction dans la mécanique quantique de notions qui lui sont étrangères (typiquement les éléments de réalité EPR). Ils font valoir qu'il est possible de se passer du postulat de réduction du vecteur d'état en mécanique quantique (soit en adoptant la position de Bohr – cf. § 1.B.2.b, soit en prenant un point de vue comme celui décrit au § 8.A.2.b) et que cette dernière ne prévoit en aucune circonstance de violation de la causalité relativiste. Des discussions animées ont eu lieu et continuent toujours à l'heure actuelle pour savoir si, oui on non, la mécanique quantique est intrinsèquement non-locale [169–171] ; voir aussi les Refs. [21] et [91, 172]. Des problèmes délicats de logique sont en jeu et nous ne discuterons pas cette question plus en détail ici.

Ce qui est plus aisé à saisir pour la majorité des physiciens est la notion de « contrafactualité » [173]. Un raisonnement contrafactuel considère les résultats d'expériences possibles dans le futur comme des quantités bien définies, des fonctions mathématiques qu'il est loisible d'utiliser dans des équations, même si elles sont inconnues – en algèbre, on écrit tout le temps des relations entre quantités inconnues sans que cela ne pose le moindre problème. C'est donc très naturel : comme le remarquent d'Espagnat [174, 175] et Griffiths [176], « le point de vue contrafactuel semble être une composante nécessaire à toute version réaliste de la mécanique quantique dans laquelle les propriétés des systèmes microscopiques ne sont pas créées par la mesure ». On peut également voir le critère de réalité EPR comme une affirmation de l'existence d'éléments contrafactuels.

Il reste toutefois vrai que, en pratique, il n'est jamais possible de réaliser plus d'une expérience parmi les 4 qui sont nécessaires pour obtenir une violation des inégalités BCHSH : pour une paire donnée, il faut choisir lors de la mesure une seule orientation des analyseurs, de sorte que les autres orientations resteront pour toujours du domaine des spéculations. Par exemple, dans le raisonnement du § 4.A.2, au moins la moitié des nombres A, $A^{'}$, B et $B^{'}$ sont nécessairement contrafactuels. On pourrait alors conclure que la contrafactualité est la notion essentielle à rejeter de la mécanique quantique. Nous avons déjà cité une phrase écrite par [100], qui résume la situation de façon magistrale dans le point de vue standard : « des expériences non réalisées n'ont pas de résultat » ; comme Bell l'a remarqué avec regret [166] : « il est extrêmement dommage que le monde réel ne nous soit donné qu'en un seul exemplaire » !

Mais, après tout, on peut également accepter la contrafactualité et maintenir un point de vue cohérent, pourvu d'accepter une forme plus ou moins explicite de non-localité. Le théorème de Bell n'est un théorème d'impossibilité, ni pour la contrafactualité, ni pour les variables cachées – une sorte de forme (correcte) du théorème de Von Neumann. Après tout, accepter la non-localité est naturel : pourquoi imposer aux théories contrafactuelles et/ou à variables supplémentaires d'être explicitement locales à toutes les étapes, alors qu'on ne donne pas la même contrainte à la mécanique quantique ? De fait, dans cette théorie, ni le postulat de réduction du vecteur d'état, ni le calcul des corrélations des résultats expérimentaux dans le point de vue des corrélations (§ 8.A.2), ne correspondent mathématiquement à ces calculs locaux. Nous l'avons vu au § 4.D.2.b, en termes de boîtes logiques, la mécanique quantique ne satisfait pas les relations associées aux boîtes stochastiques locales. Ainsi, même si l'on peut discuter à un niveau fondamental si oui ou non la mécanique quantique est locale, il est parfaitement clair que son formalisme ne l'est pas ; il serait donc illogique d'imposer un formalisme parfaitement local à une théorie non standard – tout particulièrement si cette théorie a pour but de reproduire la mécanique quantique ! Pour illustrer cette remarque, citons Goldstein [16] : « au cours des dernières années il est devenu courant de rencontrer des physiciens... qui ne se rendent pas compte que ce que Bell a démontré n'est pas l'impossibilité de la théorie de Bohm, mais a une portée bien plus radicale : la mécanique quantique elle-même est non-locale ».

Chapitre 5

Autres théorèmes

Le théorème de Bell peut prendre des formes variées et conduire à divers types d'inégalités, comme nous l'avons vu au § 4.B. De plus, depuis son apparition, il a stimulé divers travaux qui ont permis de mettre en lumière d'autres contradictions entre les prédictions de la mécanique quantique et celles du réalisme local. Nous en présentons quelques-unes dans ce chapitre.

5.A Contradictions GHZ

Pendant de nombreuses années, chacun pensait que Bell avait à peu près épuisé le sujet en considérant toutes les situations les plus intéressantes, et que les systèmes à deux spins fournissaient les violations quantiques les plus spectaculaires du réalisme local. Ce fut donc une grande surprise quand en 1989 Greenberger, Horne et Zeilinger (GHZ) montrèrent que ce n'est pas le cas : des systèmes contenant plus de deux particules corrélées peuvent présenter des violations encore plus spectaculaires du réalisme local [177, 178], mettant en jeu une contradiction de signe (violation de 100 %) pour des corrélations parfaites, au lieu d'inégalités violées pour des corrélations imparfaites. Dans cette section nous considérons des systèmes à trois particules, mais des généralisations à N particules sont possibles et seront discutées au § 5.B.

5.A.1 Démonstration

Les contradictions GHZ peuvent se produire dans des systèmes variés, ne mettant pas nécessairement en jeu des spins [178]. Ici, suivant la Ref. [179], nous résumons l'essentiel du raisonnement dans un cas simple, et nous considérons un système de trois spins 1/2 décrits par un état quantique :

$$|\Psi\rangle = \frac{1}{\sqrt{2}} \left[|+,+,+\rangle + \eta \, |-,-,-\rangle \right] \tag{5.1}$$

où les états $|\pm\rangle$ sont les états propres des composantes des spins le long de l'axe Oz d'un repère orthonormé $Oxyz$; dans les kets à trois particules, le premier signe correspond à l'état du premier spin, le second à celui du second, et de même pour le troisième spin ; le nombre η désigne soit $+1$, soit -1 :

$$\eta = \pm 1 \tag{5.2}$$

Calculons maintenant les probabilités quantiques des résultats que l'on peut obtenir en effectuant des mesures des composantes des spins $\sigma_{1,2,3}$ des trois particules, soit le long de la direction Ox, soit de la direction perpendiculaire Oy (Fig. 5.1). Nous commençons par considérer une mesure du produit $\sigma_{1y} \times \sigma_{2y} \times \sigma_{3x}$; un calcul simple (explicité au § 5.B dans le cas plus général d'un nombre quelconque de particules[1]) montre alors que $\mid \Psi >$ est un vecteur propre de ce produit d'opérateurs avec la valeur propre $-\eta$, qui donne le seul résultat possible avec l'état (5.1). La probabilité correspondante est donc :

$$\mathcal{P}(\sigma_{1y} \times \sigma_{2y} \times \sigma_{3x} \Longrightarrow -\eta) = 1 \tag{5.3}$$

tandis que la probabilité $\mathcal{P}(\sigma_{1y} \times \sigma_{2y} \times \sigma_{3x} \Longrightarrow +\eta)$ de l'autre résultat possible est nulle. De même, nous trouvons que $\mid \Psi >$ est un vecteur propre des deux produits d'opérateurs $\sigma_{1x} \times \sigma_{2y} \times \sigma_{3y}$ et $\sigma_{1y} \times \sigma_{2x} \times \sigma_{3y}$, avec les valeurs propres $-\eta$, de sorte que les probabilités correspondantes sont :

$$\begin{aligned} \mathcal{P}(\sigma_{1x} \times \sigma_{2y} \times \sigma_{3y} \Longrightarrow -\eta) = 1 \\ \mathcal{P}(\sigma_{1y} \times \sigma_{2x} \times \sigma_{3y} \Longrightarrow -\eta) = 1 \end{aligned} \tag{5.4}$$

Les trois produits prennent donc la valeur $-\eta$, et les résultats sont connus avec certitude avant la mesure[2]. Maintenant, si nous considérons le produit des composantes des trois spins le long de l'axe Ox, il est également facile de voir (§ 5.B) que le même vecteur d'état est également un état propre de l'opérateur produit $\sigma_{1x} \times \sigma_{2x} \times \sigma_{3x}$, mais avec la valeur propre $+\eta$, de sorte que :

$$\mathcal{P}(\sigma_{1x} \times \sigma_{2x} \times \sigma_{3x} \Longrightarrow +\eta) = 1 \tag{5.5}$$

Cette fois, le résultat prend avec certitude la valeur -1.

Examinons maintenant les prédictions d'une théorie EPR réaliste locale dans ce type de situation. Comme le calcul quantique est particulièrement simple lorsque l'état initial est un état propre de toutes les observables considérées (tous les résultats sont certains), on pourrait s'attendre à ce que rien de particulier ne soit obtenu. Mais, en réalité, nous allons voir qu'une contradiction complète résulte de cette analyse ! Le raisonnement réaliste local est une généralisation directe de celui que nous avons effectué dans le § 4.A.2.

1. Avec les notations de ce paragraphe, ici nous avons $\eta = e^{i\xi}$, $\varphi_1 = \varphi_2 = \pi/2$ et $\varphi_3 = 0$, de sorte que $\zeta = e^{i(\xi - \varphi_1 - \varphi_2 - \varphi_3)} = -\eta$ donne la valeur propre. De façon similaire, pour une mesure du produit $\sigma_{1x} \times \sigma_{2x} \times \sigma_{3x}$, nous avons $\zeta = e^{i\xi} = \eta$, et la valeur propre est $+\eta$.

2. Le produit est fixé, mais chacune des composantes individuelles peut fluctuer entre les résultats $+1$ et -1.

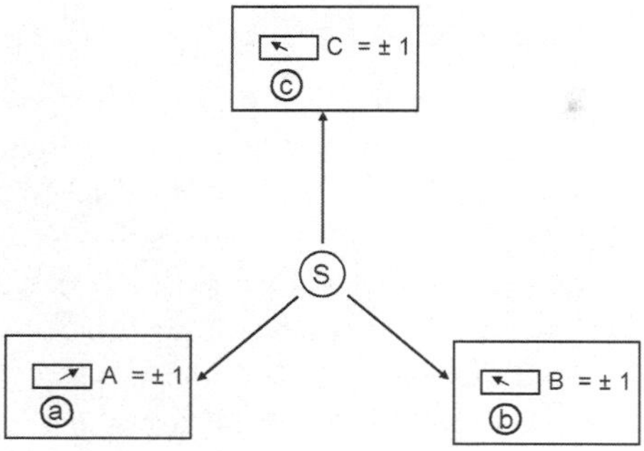

FIG. 5.1 – Schéma d'une expérience GHZ, où trois spins dans l'état (5.1) subissent des mesures en trois régions différentes de l'espace et fournissent les résultats $A = \pm 1$, $B = \pm 1$ and $C = \pm 1$.

En premier lieu, les corrélations parfaites impliquent que le résultat d'une mesure d'une composante le long de Ox (ou Oy) du spin d'une particule quelconque peuvent être déduites de résultats de mesures faites sur d'autres particules, à une distance arbitrairement grande. Donc le raisonnement réaliste local EPR montre l'existence d'éléments de réalité correspondant à ces deux composantes, éléments que nous notons $A_{x,y} = \pm 1$. Ces deux nombres sont le résultat que le premier spin va donner pour une mesure le long de Ox ou de Oy, indépendamment du type de mesures effectuées sur les deux autres spins ; de même, les lettres B et C correspondent aux résultats de mesures pour les deux autres spins. Pour obtenir un accord avec les trois égalités (5.3) et (5.4), il faut que :

$$\begin{aligned} A_y B_y C_x &= -\eta \\ A_x B_y C_y &= -\eta \\ A_y B_x C_y &= -\eta \end{aligned} \tag{5.6}$$

Cependant, la localité implique que les mêmes valeurs A, B et C peuvent être utilisées pour l'expérience où les trois composantes le long de Ox sont mesurées : le résultat est simplement le produit $A_x B_x C_x$. Mais, comme les carrés des nombres A_y^2, etc., sont toujours égaux à $+1$, nous pouvons obtenir le même résultat en multipliant les unes par les autres les trois lignes de (5.6), ce qui donne :

$$A_x B_x C_x = -\eta \tag{5.7}$$

C'est là que la contradiction apparaît : l'égalité (5.5) prédit que la mesure de $\sigma_{1x} \times \sigma_{2x} \times \sigma_{3x}$ doit toujours donner le résultat $+\eta$, qui a le signe opposé ! La contradiction entre les prédictions du réalisme local et celles de la mécanique quantique ne peut pas être plus marquée.

5.A.2 Discussion

La contradiction GHZ semble encore plus spectaculaire du fait que les deux prédictions ne diffèrent pas par un pourcentage significatif (environ 40 %), mais sont directement opposées. Dans cette expérience de pensée, toutes les fluctuations sont éliminées puisque tous les résultats (les produits des trois composantes) sont connus avec certitude avant toute mesure : une contradiction de 100 % est obtenue avec une certitude de 100 % ! Ceci mis à part, en quoi une situation GHZ se différencie-t-elle d'une expérience de Bell habituelle avec deux spins ? Plusieurs points de vue sont possibles.

(i) Un des points de vue considère que les trois spins sont mesurés individuellement dans chaque réalisation de l'expérience. Par exemple, les trois spins peuvent se trouver dans trois régions différentes de l'espace ; lorsque les variables spatiales sont prises en compte, (5.1) symbolise alors un ket qui peut être écrit plus explicitement sous la forme suivante :

$$|\Psi\rangle = \frac{1}{\sqrt{2}} |1:u\rangle\, |2:v\rangle\, |3:w\rangle \left[|1:+;2:+;3:\rangle + \eta \ |1:-;2:-;3:-\rangle \right] \quad (5.8)$$

où $|u, v, w\rangle$ sont trois états orbitaux dont les fonctions d'onde ne se recouvrent pas. Ces fonctions peuvent par exemple être entièrement localisées dans des boîtes séparées, où sont effectuées les mesures, de sorte qu'aucune particule n'échappe à la mesure et que chacune d'entre elles est interrogée séparément. La procédure est, après avoir choisi une composante, Ox ou Oy pour chaque spin, de réaliser les trois expériences correspondantes, d'obtenir les trois résultats $A_{x,y}$, $B_{x,y}$ et $C_{x,y}$, et ensuite de calculer leur produit. Le moyennage sur de nombreuses réalisations permet d'obtenir la moyenne $\langle A_{x,y}B_{x,y}C_{x,y}\rangle$. On commence par mesurer $\langle A_yB_yC_x\rangle$, $\langle A_xB_yC_y\rangle$ et $\langle A_yB_xC_y\rangle$ pour vérifier que les corrélations parfaites prédites par la mécanique quantique sont bien observées, à partir de quoi le résultat EPR permet de déduire l'existence de 6 éléments de réalité séparés. Alors on mesure $\langle A_xB_xC_x\rangle$ et, si la mécanique quantique continue à donner des prédictions correctes, on obtient le signe opposé ; la conclusion est alors que le réalisme local est violé. Ou, de façon équivalente, on peut conclure que la valeur obtenue en mesurant, par exemple, σ_{1x} dépend de la composante Ox ou Oy qui est mesurée pour les autres spins, même si les opérateurs correspondants commutent avec σ_{1x}. On arrive alors à la notion de « contextualité quantique », que nous discuterons plus en détail au § 5.E.

(ii) Un point de vue différent est de considérer qu'il a été possible d'inventer une procédure expérimentale pour mesurer directement le produit des trois opérateurs, sans obtenir d'information concernant les valeurs séparées des trois facteurs dans le produit. Alors les quatre opérateurs en jeu commutent tous les uns avec les autres, ce qui introduit une différence conceptuelle importante avec les violations habituelles des inégalités de Bell, où la non-commutation est essentielle. Ici, au moins en principe, rien ne s'oppose à ce que l'on puisse mesurer les quatre observables avec un appareillage unique ; Bohr n'aurait pas pu invoquer des mesures incompatibles. Dans de telles conditions, où est alors la contradiction entre le raisonnement réaliste local et la mécanique quantique ? Alors que, dans le cadre du réalisme local, une mesure du produit de trois opérateurs est équivalente à des mesures séparées de chacun des facteurs, ce n'est pas le cas en mécanique quantique. Il est en principe possible d'imaginer un appareillage unique qui mesure les quatre produits, mais impossible d'en concevoir un qui mesure à la fois les six facteurs $A_{x,y}$, $B_{x,y}$ et $C_{x,y}$ (puisque, par exemple, A_x et A_y sont associés à deux mesures incompatibles). Ce que la mécanique quantique viole alors est la « règle du produit » qui sera discutée au § 5.E.2.

Une expérience idéale GHZ ne mettrait donc en jeu que des mesures de produits qui commutent, sans mesurer séparément chaque facteur. La beauté d'un tel schéma théorique est que des « loopholes » tels que celui de l'échantillon biaisé (§ 4.E.1) seraient automatiquement fermés[3]. Mais, d'un autre côté, mesurer un produit sans mesurer chacun des facteurs pose un problème expérimental redoutable.

Que les mesures soient séparées ou pas, des tests expérimentaux des égalités GHZ demandent que les trois particules soient mises dans l'état (5.1), ce qui assurément n'est pas une tâche triviale. Néanmoins, grâce à des techniques élaborées d'optique quantique, l'intrication GHZ a été observée avec 3 photons [180], permettant de réaliser un test couronné de succès de non-localité GHZ [181]. Des résultats semblables ont également été obtenus avec 4 photons intriqués [182]. Les techniques de la RMN (résonance magnétique nucléaire) ont également été mises en œuvre pour tester l'égalité GHZ, au moins à des distances microscopiques [183] – voir également [184, 185]. Toutes ces expériences ont confirmé les prédictions de la mécanique quantique.

Lorsque les mesures sont imparfaites, l'égalité GHZ donne lieu à des inégalités (semblables à celles de BCHSH), voir [186] (cette référence donne également une généralisation à un nombre arbitraire N de particules) et [187]. On peut aussi faire usage de particules provenant de 3 sources indépendantes, avec des effets d'interférence qui permettent de mettre en défaut le réalisme local [188] ; cette idée a ensuite été généralisée à un nombre arbitrairement grand de particules [133]. La transposition à des mesures continues de position et d'impulsion est discutée dans [189]. Des interféromètres à deux particules peuvent également conduire à des contradictions GHZ pour des particules sans spin [190].

3. On ne pourrait plus supposer que des dispositifs expérimentaux différents sélectionnent des groupes de particules différents, puisqu'un seul dispositif serait utilisé.

5.B Généralisations de GHZ

Nous généralisons l'état GHZ écrit en (5.1) en introduisant un état $|\Psi\rangle$ à N particules défini par :

$$|\Psi\rangle = \frac{1}{\sqrt{2}} \left[|+,+,...,+\rangle + e^{i\xi} |-,-,...,-\rangle \right] \tag{5.9}$$

où ξ est un paramètre réel définissant la phase relative des deux composantes de l'état ; $|\Psi\rangle$ est une superposition cohérente de deux états à N particules où toutes, ou alors aucune, sont dans l'état individuel[4] $|+\rangle$. Ceci explique le nom de « états par tout ou rien » que nous utilisons ici[5], mais utiliser les mots « état GHZ multi-particules » serait tout aussi approprié. On trouve également parfois les mots « états d'intrication maximale », ou encore « états NOON » dans la littérature.

L'état que nous considérons est donc réellement très spécial, puisqu'il est une superposition de deux états à N particules où toutes sont dans des états individuels orthogonaux. Un tel état ne doit pas être confondu avec un état différent où chaque particule se trouve placée dans la même superposition cohérente de deux états. Par exemple, si nous préparons N spins $1/2$ en leur faisant traverser un filtre de polarisation (lame séparatrice dépendante du spin, analyseur de Stern et Gerlach, etc.) qui crée une superposition cohérente $\alpha |+\rangle + \beta |-\rangle$ pour chaque spin, nous obtenons un état très différent. L'effet du filtre sur le groupe de N particules est de les mettre dans un état qui est un produit d'états cohérents à une particule, à savoir :

$$\begin{aligned} |\Psi'\rangle = & \left[\alpha |1:+\rangle + \beta |1:-\rangle\right] \otimes \left[\alpha |2:+\rangle + \beta |2:-\rangle\right] \otimes \\ & \otimes ... \otimes \left[\alpha |N:+\rangle + \beta |N:-\rangle\right] \end{aligned} \tag{5.10}$$

Or un tel état contient des composantes variées où certains spins sont vers le haut, d'autres vers le bas, en des proportions variées. Dans (5.10), en fait chaque particule est dans le même état de spin, une situation qui n'est pas sans rappeler un condensat de Bose-Einstein où toutes les particules seraient dans un même état cohérent – par exemple deux condensats de chaque côté d'une barrière de potentiel et couplés par l'effet tunnel, comme dans l'effet Josephson. C'est très différent de l'état (5.9) où la cohérence est spécifiquement une cohérence à N corps, de sorte que l'intrication est bien plus compliquée.

La composante du spin j sur une direction du plan xOy faisant l'angle φ_j avec Ox correspond à l'opérateur :

$$\sigma_j(\varphi_j) = \frac{1}{2} \left[e^{-i\varphi_j} \, \sigma_+(j) + e^{i\varphi_j} \, \sigma_-(j) \right] \tag{5.11}$$

4. Des états par tout ou rien ne demandent pas nécessairement que tous les spins soient dans l'état vers le haut dans la première composante, et vers le bas dans la seconde. Ce qui est important est que chaque spin aille vers un état quantique individuel orthogonal lorsqu'on passe d'une composante à N particules de $|\Psi\rangle$ à l'autre (en d'autres termes, l'axe de quantification peut varier d'un spin au suivant).

5. En toute rigueur, nous devrions parler d'état « par tout et rien », puisque les deux possibilités sont simultanément présentes dans $|\Psi\rangle$.

où $\sigma_\pm$ désigne comme habituellement l'opérateur $\sigma_x \pm i\sigma_y$, avec l'action suivante :

$$\sigma_\pm \left|\pm\right\rangle = 0 \qquad \text{et} \qquad \sigma_\pm \left|\mp\right\rangle = 2\left|\pm\right\rangle \tag{5.12}$$

Nous introduisons maintenant l'opérateur à N particules correspondant au produit de diverses composantes de tous les spins :

$$Q(\varphi_1, \varphi_2, ..., \varphi_N) = \sigma_1(\varphi_1)\ \sigma_2(\varphi_2) ..., \sigma_N(\varphi_N) \tag{5.13}$$

qui est égal à :

$$Q(\varphi_1, \varphi_2, ..., \varphi_N) = \prod_{j=1}^{N} \frac{1}{2}\left[e^{-i\varphi_j}\ \sigma_+(j) + e^{i\varphi_j}\ \sigma_-(j)\right] \tag{5.14}$$

Compte tenu de (5.12), il est facile d'obtenir l'action de cet opérateur sur l'état (5.9). Si l'on commence par la première composante de $\mid \Psi >$, la seule façon de ne pas obtenir zéro par application de l'opérateur (5.14) est de sélectionner le terme en $e^{i\varphi_j}\ \sigma_-(j)$ dans chaque facteur du produit sur j ; ainsi :

$$Q(\varphi_1, \varphi_2, ..., \varphi_N) \left|+, +, ..., +\right\rangle = e^{i(\varphi_1 + \varphi_2 + ... + \varphi_N)} \left|-, -, ..., -\right\rangle \tag{5.15}$$

De même :

$$Q(\varphi_1, \varphi_2, ..., \varphi_N) \left|-, -, ..., -\right\rangle = e^{-i(\varphi_1 + \varphi_2 + ... + \varphi_N)} \left|+, +, ..., +\right\rangle \tag{5.16}$$

Ainsi, si nous posons :

$$\zeta = e^{i(\xi - \varphi_1 - \varphi_2 - ... - \varphi_N)} \tag{5.17}$$

nous obtenons :

$$Q(\varphi_1, \varphi_2, ..., \varphi_N) \left|\Psi\right\rangle = \frac{1}{\sqrt{2}}\left[\zeta \left|+, +, ..., +\right\rangle + \frac{1}{\zeta} e^{i\xi} \left|-, -, ..., -\right\rangle\right] \tag{5.18}$$

Si la condition :

$$\zeta = \frac{1}{\zeta} = \pm 1 \tag{5.19}$$

est satisfaite, l'action de Q sur $\left|\Psi\right\rangle$ reconstruit exactement $\zeta \left|\Psi\right\rangle$; le ket $\left|\Psi\right\rangle$ est donc un état propre de Q avec la valeur propre ζ. En d'autres termes, pourvu que la somme de tous les angles φ_j soit égale à ξ (plus un multiple entier de π), le produit de tous les opérateurs $\sigma_j(\varphi_j)$ correspond à une mesure dont le résultat est certain et vaut ζ[6].

6. Dans le § 5.A, nous avons supposé que $N = 3$, $\alpha = \pi$; dans (5.3) et (5.4) nous avons pris la somme des trois angles de mesure égale à π, de sorte que la valeur propre était $+1$ comme attendu ; mais dans (5.5) les angles sont tels que la somme des φ est 0, et effectivement nous avons trouvé que la valeur propre était -1. Les résultats de cette section sont donc une généralisation directe à un nombre arbitraire de particules.
Par exemple, si $N = 7$ et $\alpha = \pi$, on trouve que le produit de 6 composantes de spin le long de Oy par une le long de Ox possède la valeur propre $+1$, alors que le produit de toutes les composantes le long de Ox a la valeur propre -1, en contradiction avec la prédiction du réalisme local.

À partir de (5.18) et (5.17) nous pouvons calculer la moyenne quantique de Q et obtenir pour des valeurs quelconques des angles :

$$\langle Q \rangle = \cos(\xi - \varphi_1 - \varphi_2 - ... - \varphi_N) \tag{5.20}$$

Par exemple si tous les angles φ_j sont égaux à φ, cette formule prédit que la moyenne de Q oscille rapidement en fonction de φ si N est grand. Or, quelle que soit la valeur de N, il se trouve alors qu'il est totalement impossible de reproduire les oscillations contenues dans (5.20) au sein du réalisme local [191]. Dans le cas $N = 2$, ceci n'est bien sûr que le théorème de Bell habituel. Mais, dès que N devient égal à 3 ou prend une valeur plus grande, la contradiction devient encore plus nette. Dans [191] on suppose qu'une théorie probabiliste locale reproduit (5.20) seulement pour un certain nombre de valeurs particulières des angles θ (ceux pour lesquels le résultat est certain). On peut ainsi montrer que la théorie en question prédit que $\langle Q \rangle$ est indépendant de tous les θ : la moyenne reste alors strictement constante à la valeur $+1$! De fait, l'existence même de l'oscillation prédite par (5.20) est un pur effet quantique non-local.

Comme nous l'avons déjà remarqué, il s'agit d'un effet de cohérence à N particules : il faut mesurer des composantes de tous les spins pour obtenir des effets physiques intéressants. Si un seul spin est ignoré par la mesure, dans (5.14) le nombre d'opérateurs de spin n'est plus suffisant pour transformer le ket $|+, +, ..., +\rangle$ en $|-, -, ..., -\rangle$ comme c'était le cas dans (5.15), et le résultat devient complètement indépendant de la phase relative $e^{i\xi}$ des deux composantes. Aucun effet de cohérence quantique ne se produit plus. En fait, il est facile de voir que la valeur moyenne de tous les produits de $N - 1$, $N - 2$, etc., composantes des spins est nulle ; l'effet d'interférence quantique qui conduit à (5.20) ne se produit que si tous les N spins sont mesurés.

Ce n'est pas la seule propriété remarquable des états « par tout ou rien ». Par exemple on peut montrer que, pour de grandes valeurs de N, ils conduisent à des violations exponentielles des limites imposées par le réalisme local [186]. Dans le cadre de l'étude générale du rôle des corrélations dans la réduction du bruit quantique en spectroscopie [192], il a été souligné [193] que ces états (appelés dans ce contexte « états de corrélation maximale ») ont des propriétés intéressantes en termes de mesures de fréquences : l'incertitude de mesure de fréquence atteint la « limite de Heisenberg » décroissant comme $1/N$ (et non pas en $1/\sqrt{N}$ comme cela se produirait pour des mesures effectuées avec des particules indépendantes). La Ref. [194] donne une discussion de cette méthode comparée à d'autres utilisant des condensats de Bose-Einstein. De même, l'utilisation de tels états permet d'envisager une méthode « lithographie quantique », mettant en jeu un processus optique non-linéaire (absorption multi-photonique), où la limite de diffraction habituelle en $\lambda/2$ de l'optique classique est divisée par N [195–197]. Ainsi les corrélations quantiques de ces états peuvent un jour se révéler comme une source de meilleure précision dans diverses expériences ou même des techniques.

Nous avons déjà mentionné dans le § 5.A que l'obtention d'une intrication avec $N = 3$ a été décrite dans les Refs. [180, 198] et utilisée pour tester l'égalité GHZ [181]. Des idées pour généraliser à des valeurs plus élevées de N avec des ions dans un piège ont été proposées par Molmer et al. [199] ; elles mettent en œuvre la dépendance des fréquence de résonance du système en fonction du mouvement de plusieurs ions dans le même piège, ainsi que des effets d'interférences partiellement destructives. Le schéma a été mis en pratique dans une expérience [200] où les états « par tout ou rien » ont été créés pour $N = 2$ ainsi que $N = 4$ ions dans un piège. Les états GHZ ne fournissent pas la seule possibilité pour obtenir des violations du réalisme local avec trois particules ; il est également possible d'utiliser trois particules provenant de trois sources indépendantes, pourvu qu'elles soient envoyées dans un système interférentiel approprié [188].

5.C Inégalité de Cabello

Nous discutons maintenant un schéma introduit par Cabello [201] qui permet d'obtenir des violations des inégalités du type BCHSH allant au-delà de la borne de Cirel'son (§ 4.C), atteignant en fait la valeur maximale 4 mathématiquement compatible avec la définition de la somme de valeurs moyennes qui intervient dans ces inégalités. Pour cela, il faut considérer un système composé de trois sous-systèmes, et mettre les résultats GHZ sous une forme où ils apparaissent comme les composantes d'une inégalité BCHSH ; on transforme en quelque sorte les corrélations GHZ à trois particules en corrélations BCHSH à deux particules.

À nouveau, nous considérons donc trois spins dans l'état (5.1) avec $\eta = +1$ et envisageons des mesures des composantes des trois spins selon les directions Ox ou Oy. Plus explicitement, nous écrivons l'état quantique initial sous la forme :

$$|\Psi\rangle = \frac{1}{\sqrt{2}} |\varphi_a(1)\rangle |\varphi_b(2)\rangle |\varphi_c(3)\rangle \otimes [|1:+,2:+,3:+\rangle + |1:-,2:-,3:-\rangle] \tag{5.21}$$

où $|\varphi_{a,b,c}\rangle$ sont trois états orbitaux localisés dans trois régions différentes de l'espace A, B, et C où les trois opérateurs Alice, Bob et Carole effectuent des mesures.

Supposons par exemple qu'une mesure des trois composantes selon Ox des spins soit effectuée. Nous avons vu au § 5.A que les produits des trois résultats valent toujours $\eta = +1$; il en découle que, soit deux résultats valent -1 et un $+1$, soit les trois valent $+1$. Nous pouvons alors numéroter les spins : si deux résultats -1 sont obtenus, nous appelons i et j les régions de l'espace où se trouvent les spins correspondants, et leur attribuons ce même numéro (i étant attribué à la première région dans l'ordre alphabétique A,B, C), et k

la région où le résultat $+1$ a été obtenu. Si les trois résultats sont égaux[7] à $+1$, $i = A$, $j = B$ et $k = C$. Dans tous les cas nous avons :

$$\langle \sigma_x(i)\sigma_x(j) \rangle = 1 \tag{5.22}$$

qui est bien une relation portant sur deux spins seulement.

5.C.1 Réalisme local

Dans le cadre du réalisme local et du théorème EPR, les corrélations parfaites GHZ nous permettent d'attribuer à chacune des trois régions de l'espace, et pour chaque réalisation de l'expérience, trois nombres X, Y et Z égaux à ± 1. Nous écrivons ainsi 9 nombres $X_{a,b,c}$, $Y_{a,b,c}$ et $Z_{a,b,c}$, qui donnent le résultat d'une mesure de la composante selon Ox, Oy, ou Oz du spin se trouvant dans la région de l'espace A, B et C. La transposition des prédictions quantiques impose que, pour chaque triplet de particules émis dans une réalisation de l'expérience, le produit $X_a X_b X_c$ soit égal à 1 ; ou bien deux des X sont égaux à -1, ou aucun. Nous pouvons alors définir les trois indices i, j et k comme suit :

– si deux des X sont égaux à -1, on leur attribue des indices i et j (parmi ces deux régions, i est associé avec celle qui vient en premier dans l'ordre alphabétique), et k à la troisième région ; X_k est donc toujours égal à $+1$;

– si tous les X sont égaux à $+1$, alors $i = a$, $j = b$ et $k = c$.

Pour chaque réalisation, ceci définit une correspondance parfaite entre les régions de l'espace et les trois indices i, j et k, mais évidemment cette correspondance change d'une réalisation à l'autre. Il est cependant possible de toujours effectuer cette numérotation, quelles que soient les mesures effectuées, car le réalisme local nous a permis d'introduire la contrafactualité (§ 4.E.2) nécessaire pour cela ; ce n'est bien sûr pas le cas en mécanique quantique.

Dans la démonstration du § 4.A.2 de l'inégalité BCHSH pour deux spins, nous avons considéré en (4.7) une quantité du type :

$$X\,(Y + mY') + nX'\,(Y - mY') \tag{5.23}$$

avec :

$$m = \pm 1 \quad ; \quad n = \pm 1 \tag{5.24}$$

L'expression (5.23) est toujours comprise entre -2 et $+2$ lorsque les 4 nombres qui y apparaissent sont égaux à ± 1. Ici nous introduisons la combinaison suivante des 9 nombres :

$$X_i\,(X_j + mY_j) + nY_i\,(X_j - mY_j) \tag{5.25}$$

7. Si l'on développe $|\Psi\rangle$ sur les vecteurs propres des composantes sur Ox des spins, on voit que ce cas se produit 1 fois sur 4.

qui, elle aussi, est toujours entre -2 et $+2$; en effet, soit $(X_j + mY_j)$, soit $(X_j - mY_j)$ est nul, et tous les nombres ont un module 1. Comme $Y_k = \pm 1$, on peut choisir $m = n = -Y_k$, et cette expression devient :

$$X_i\left(X_j - Y_k Y_j\right) - Y_i Y_k\left(X_j + Y_k Y_j\right) \tag{5.26}$$

ce qui donne :

$$-2 \leq X_i X_j - X_i Y_k Y_j - Y_i X_j Y_k - Y_i Y_j \leq +2 \tag{5.27}$$

Mais, puisque par définition de l'indice k nous avons $X_k = 1$, l'équation (5.27) peut encore s'écrire :

$$-2 \leq X_i X_j X_k - X_i Y_k Y_j - Y_i X_j Y_k - Y_i Y_j X_k \leq +2 \tag{5.28}$$

Ainsi, dans le cadre du réalisme local, le produit de trois mesures selon Ox moins la somme des trois produits de deux composantes selon Oy et d'une selon Ox est toujours comprise entre -2 et $+2$. La même propriété est donc valable pour la valeur moyenne sur un grand nombre de réalisations :

$$-2 \leq \langle X_i X_j X_k\rangle - \langle X_i Y_k Y_j\rangle - \langle Y_i X_j Y_k\rangle - \langle Y_i Y_j X_k\rangle \leq +2 \tag{5.29}$$

La valeur moyenne du produit de trois X différents moins les trois combinaisons différentes de deux Y et de un X est toujours comprise entre ± 2.

5.C.2 Contradiction avec la mécanique quantique

En mécanique quantique, la valeur moyenne du produit des trois composantes des spins selon Ox moins les trois combinaisons différentes de composantes selon Oy et d'une selon Ox est :

$$\begin{aligned} Q = &\langle\sigma_x(1)\sigma_x(2)\sigma_x(3)\rangle - \langle\sigma_x(1)\sigma_y(2)\sigma_y(3)\rangle \\ &- \langle\sigma_y(1)\sigma_x(2)\sigma_y(3)\rangle - \langle\sigma_y(1)\sigma_y(2)\sigma_x(3)\rangle \end{aligned} \tag{5.30}$$

Mais nous avons vu plus haut (§ 5.A) que le premier terme vaut $+1$, alors que tous les autres valent -1. Il s'ensuit que la quantité vaut $+4$, en forte violation de (5.29), par un facteur 2.

Nous voyons ainsi qu'en combinant des éléments du raisonnement BCHSH avec d'autres du raisonnement GHZ, il est possible d'obtenir avec trois particules des violations d'inégalités BCHSH généralisées qui saturent une limite absolue, mathématiquement impossible à dépasser. Utiliser une troisième particule comme « marqueur » permet en quelque sorte de choisir celle des inégalités BCHSH qui dépasse la borne de Cirel'son. La Ref. [202] propose une autre méthode mettant en jeu des ensembles quantiques déterminés par pré- et post-sélection, et permettant également d'atteindre la limite absolue de 4.

5.D Impossibilités de Hardy

Une autre schéma illustrant les contradictions entre réalisme local et prédictions de la mécanique quantique a été introduit par Hardy [203]. Comme le théorème de Bell original, il met en jeu deux particules corrélées, mais il est néanmoins totalement différent. Il conduit en effet à des conclusions concernant la possibilité (ou l'impossibilité) de se produire pour certains événements – au lieu de contraintes mathématiques sur des taux de corrélation. Une discussion générale de cette intéressante contradiction est donnée dans [204]. Comme dans le § 4.A.2, nous supposons que la première particule peut subir deux types de mesures, caractérisées par deux valeurs a et $a^{'}$ du premier paramètre.

Dans le cadre du réalisme local, appelons A et $A^{'}$ les résultats correspondants, comme dans le § 4.A.2. Des mesures similaires sont possibles sur la seconde particule, et nous appelons B et $B^{'}$ les résultats. Considérons alors trois types de situations (Fig. 5.2) :

(i) si les paramètres de mesures sont a, b, le résultat $A = 1$, $B = 1$ est parfois obtenu ;

(ii) pour les mesures « croisées » (soit a, b', soit a', b), nous avons des certitudes : si $A = 1$, la valeur de B' est toujours -1 ; si $B = 1$, la valeur de A' est toujours -1. Ou, si l'on veut exprimer la même hypothèse sous la forme d'une exclusion : des « double 1 » $A = 1$, $B^{'} = 1$ ou $A^{'} = 1$, $B = 1$ ne se produisent jamais ;

(iii) lorsque les deux paramètres ont des primes, nous supposons que le « double -1 » est impossible : $A^{'} = -1$, $B^{'} = -1$ n'est jamais observé.

Il se trouve que ces trois hypothèses sont en fait incompatibles. En effet, considérons le schéma logique de la Fig. 5.2, où la partie supérieure correspond à la possibilité découlant de la proposition (i) ; la proposition (ii) entraîne alors que, si $A = 1$, on a nécessairement $B^{'} = -1$, ce qui correspond à la première diagonale de la figure ; la seconde diagonale s'ensuit par symétrie. Nous voyons alors que tous les événements correspondant aux résultats $A = B = 1$ correspondent nécessairement aussi à $A^{'} = B^{'} = -1$, de sorte que la contradiction avec (iii) surgit. Ainsi, le « quelquefois » de (i) est contradictoire avec le « jamais » de la proposition (iii).

Mais il se trouve que la mécanique quantique permet la réalisation simultanée des trois propositions ! Pour voir comment, considérons par exemple un état quantique à deux spins de la forme :

$$|\Psi\rangle = \alpha\,|+,\ -\rangle + \beta\,|-,\ +\rangle + \gamma\,|+,\ +\rangle \tag{5.31}$$

où les kets $|\pm,\ \pm\rangle$ sont des notations de spin commodes pour les états propres de $A^{'}$ et $B^{'}$:

$$|\pm,\pm\rangle = |A' = \pm, B' = \pm 1\rangle$$

L'absence dans $|\Psi\rangle$ de toute composante sur $|A' = -1, B' = -1\rangle$ fait que la proposition (iii) est automatiquement réalisée. Pour les mesures sans prime,

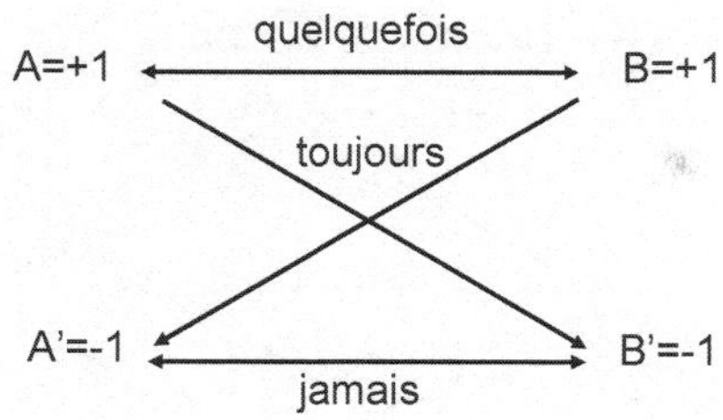

FIG. 5.2 – Schéma logique des impossibilités de Hardy. S'il se produit parfois que $A = B = 1$, et si B' (resp. A') est toujours égal à -1 quand A (resp. B) est égal à 1, alors il doit se produire des événements où $A' = B' = -1$; mais on peut construire certains états quantiques pour lesquels les deux premières conditions sont satisfaites alors que de tels événements sont impossibles, ce qui crée une contradiction avec le réalisme local.

pour des spins nous supposons qu'elles sont toutes deux réalisées le long de directions du plan xOz qui font un angle 2θ avec Oz ; le vecteur propre de valeur propre $+1$ associé pour un seul spin est alors :

$$\cos\theta\,|+\rangle + \sin\theta\,|-\rangle \tag{5.32}$$

La proposition (ii) (diagonales de la Fig. 5.2) revient alors à exclure la possibilité associée à l'état à deux spins :

$$\cos\theta\,|+,+\rangle + \sin\theta\,|-,+\rangle \tag{5.33}$$

ainsi que celle associée à l'état :

$$\cos\theta\,|+,+\rangle + \sin\theta\,|+,-\rangle \tag{5.34}$$

Les deux conditions d'exclusion s'obtiennent en écrivant la nullité du produit scalaire de $|\Psi\rangle$ avec ces états, ce qui donne :

$$\alpha\sin\theta + \gamma\cos\theta = \beta\sin\theta + \gamma\cos\theta = 0 \tag{5.35}$$

soit :

$$\alpha = \beta = -\gamma\cot\theta \tag{5.36}$$

Alors, à un coefficient arbitraire près, nous pouvons écrire $\mid \Psi >$ sous la forme :

$$|\Psi\rangle = -\cos\theta\,(|+,-\rangle + |-,+\rangle) + \sin\theta\,|+,+\rangle \tag{5.37}$$

Le calcul suivant est alors celui du produit scalaire de ce ket par celui où les deux spins sont dans l'état (5.32) ; le résultat est :

$$-\sin\theta\cos^2\theta \tag{5.38}$$

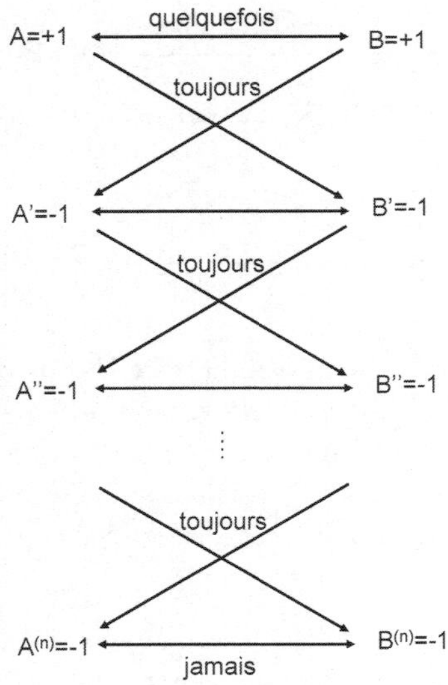

FIG. 5.3 – Schéma logique d'une impossibilité de Hardy itérée.

L'étape finale est de diviser ce résultat par la norme du ket (5.37) afin d'obtenir la probabilité de processus considéré en (iii), calcul simple qui est donné en détail dans l'Appendice D. Cette probabilité n'est pas nulle ; la valeur du maximum en fonction de θ trouvée dans l'Appendice C est à peu près 9 %. Ceci établit donc effectivement que le couple de résultats associés à la proposition (i) peut parfois être obtenu simultanément avec (ii) et (iii) : dans 9 % des cas, les prédictions de la mécanique quantique sont en contradiction complète avec celles d'un raisonnement réaliste local.

Une particularité intéressante des propositions ci-dessus est qu'elles se généralisent à un nombre arbitraire de mesures [205] ; il se trouve que ceci permet une augmentation significative du taux d'événements qui seraient impossibles dans le cadre du réalisme local, de 9 % à presque 50% ! La généralisation met en jeu une chaîne (Fig. 5.3), qui maintient inchangées les deux premières lignes (i) et (ii), et itère la seconde de façon récurrente, en supposant que :

(iii) pour des mesures du type (a', b'') ou (a'', b'), on n'obtient jamais des résultats opposés[8] ;

(iv) de même, pour des mesures de type (a'', b''') ou (a''', b''), on n'obtient jamais des résultats opposés ;

etc..

(n) mais, pour une mesure de type (a^n, b^n), on n'obtient jamais -1 et -1.

La démonstration d'incompatibilité est très similaire à celle donnée plus haut ; elle est résumée dans la Fig. 5.3.

8. En fait, le raisonnement demande seulement que le couple de résultats -1, $+1$ ne soit jamais obtenu, et ne pose aucune contrainte sur le couple de résultats $+1$, -1.

Dans les deux cas, la façon de résoudre la contradiction est la même que pour le théorème de Bell : en mécanique quantique, pour une paire donnée de spins, il n'est pas correct de raisonner sur les quatre quantités A, $A^{'}$, B et $B^{'}$, même comme des quantités inconnues qui pourraient éventuellement être déterminées dans une expérience ultérieure. La raison en est simplement que, pour une paire donnée, il est évidemment impossible de concevoir une expérience qui les mesure toutes les quatre : les mesures sont incompatibles. Pour une discussion d'effets non-locaux avec d'autres états quantiques, voir [206].

Des égalités GHZ, ou des impossibilités de Hardy, qui sont violées par la mécanique quantique peuvent sembler conduire à une contradiction encore plus forte que juste une violation des inégalités BCHSH. Mais un examen plus détaillé montre que, en réalité, les deux sont reliées et que toutes les violations que nous avons discutées se ramènent à des inégalités à un niveau plus profond [207].

5.E Théorème de Bell-Kochen-Specker ; contextualité

Un autre théorème a été introduit par Bell [3] ainsi que (indépendamment, et peu après) par Kochen et Specker [208], ce qui explique le nom de « théorème BKS » qui est souvent utilisé pour le désigner. Ce théorème n'a aucune relation particulière avec la localité, mais plutôt avec une autre notion, celle de « contextualité ». Une variable supplémentaire attachée à un système physique est appelée « contextuelle » si sa valeur dépend, non seulement de la quantité physique qu'elle décrit, mais aussi des autres quantités physiques qui peuvent être mesurées simultanément sur le même système (donc, en mécanique quantique, des observables qui commutent). Si, au contraire, sa valeur est indépendante de toutes les autres observables que l'expérimentateur peut décider de mesurer simultanément, la variable supplémentaire est appelée « non-contextuelle ». On peut alors considérer qu'elle décrit une propriété intrinsèque du système physique isolé, et non pas une propriété combinée du système et de l'appareil de mesure ; elle peut avoir pré-existé dans le système bien avant qu'il soit soumis à l'interaction avec un appareil de mesure. La notion de distance ne joue plus le rôle qu'elle jouait pour la localité ; la contextualité s'applique parfaitement à un système unique bien localisé dans l'espace.

5.E.1 Particule de spin 1

Considérons une particule de spin 1, avec trois états quantiques $|-1\rangle$, $|0\rangle$ et $|+1\rangle$ qui constituent une base de son espace des états (de dimension 3). Les trois composantes du spin S_x, S_y, et S_z ne commutent pas entre elles (elles satisfont aux relations habituelles de commutation d'un moment cinétique), mais il est facile de voir que les carrés de ces trois opérateurs, eux, commutent tous entre eux ; c'est d'ailleurs une propriété particulière du moment cinétique 1, comme on peut s'en rendre compte par un calcul matriciel simple avec les opérateurs habituels $S_\pm$. De plus, la somme de ces trois carrés est une constante (un opérateur proportionnel à l'opérateur identité, parfois appelé un « c-nombre ») puisque :

$$S_x^2 + S_y^2 + S_z^2 = 2\hbar^2 \tag{5.39}$$

Aucun principe fondamental de la mécanique quantique ne s'oppose donc à ce que l'on imagine une mesure simultanée triple des observables S_x^2, S_y^2 et S_z^2 ; nous savons que la somme des trois résultats sera toujours 2 (à partir de maintenant, nous laissons tomber le facteur $\hbar^2$, qui ne joue aucun rôle dans la discussion). Inutile de dire que le choix des trois directions orthogonales est totalement arbitraire, et que la comptabilité est satisfaite pour un choix quelconque de cette triade d'axes, mais pas plus d'un : les mesures pour des choix différents des axes orthogonaux restent incompatibles.

Remarquons au passage que la mesure du carré S_x^2 d'une composante du spin ne peut pas être vue simplement comme une mesure de S_x dont le résultat serait élevé après coup au carré par l'expérimentateur ! Ignorer de l'information n'est pas équivalent à ne pas la mesurer (nous reviendrons sur ce point plus en détail, en termes d'interférences et de décohérence, à la fin du § 8.A.2). Or il y a effectivement moins d'information dans S_x^2 que dans S_x lui-même, puisque le premier opérateur a deux valeurs propres (1 et 0), tandis que le second en a trois (puisque le résultat -1 est également possible). Ce qui est nécessaire pour mesurer directement S_x^2 est, par exemple, un système d'analyse de Stern et Gerlach modifié où les deux composantes de la fonction d'onde correspondant aux résultats ± 1 ne sont pas séparées, ou alors où elles le sont mais ensuite regroupées de manière qu'il devienne impossible de les distinguer. De façon générale, en mécanique quantique, la mesure du carré d'un opérateur ne correspond certainement pas au même processus de mesures que celle de l'opérateur lui-même !

Supposons maintenant que nous attribuions à chaque spin individuel un élément de réalité EPR (variable supplémentaire) qui corresponde au résultat de mesure de S_x^2 ; par symétrie, on fait de même pour les deux autres composantes, de sorte que chaque spin reçoit ainsi trois variables supplémentaires λ auxquelles nous pouvons attribuer des valeurs qui déterminent les résultats possibles de mesure, 1 ou 0. Les résultats sont décrits par des fonctions de ces variables, que nous notons $A_{x,y,z}$:

$$A_x = 0 \text{ ou } 1\,;\; A_y = 0 \text{ ou } 1\,;\; A_z = 0 \text{ ou } 1 \tag{5.40}$$

À première vue, on a l'impression que cela fournit un total de 8 possibilités ; mais, si nous voulons conserver la relation (5.39), nous devons sélectionner parmi ces 8 possibilités seulement celles pour lesquelles deux A valent 1, et un vaut 0. Pour ce spin particulier, nous attribuons alors des couleurs aux trois direction orthogonales Ox, Oy et Oz : les deux directions pour lesquelles $A = 1$ sont colorées en rouge, la dernière en bleu [209].

La même opération peut évidemment être réalisée pour tous les choix possibles de triplet de directions $Oxyz$. Une question qui se pose alors tout naturellement est : pour une direction arbitraire Ox, pouvons-nous attribuer une couleur donnée (une valeur donnée de A_x) qui soit indépendante du contexte dans lequel elle a été définie ? Effectivement, nous n'avons pas défini cette couleur en tant que propriété de la direction Ox seule, mais dans le contexte de deux autres directions Oy et Oz ; la possibilité de réaliser un coloriage des directions qui soit indépendant du contexte n'a donc rien d'évident. Est-il par exemple possible de garder Oz fixe et de faire tourner Ox et Oy autour de cet axe, sans changer la couleur de Oz ? Cette question soulève un petit problème amusant de géométrie qu'on pourrait appeler « coloration ternaire de toutes les directions de l'espace » ? Bell, ainsi que Kochen et Specker, ont montré que ce problème conduit à une impossibilité ; pour la démonstration, voir les articles originaux, ou l'article de revue de Mermin [7].

5.E.2 Deux particules de spin 1/2, règle du produit

Dans la même veine, Peres [210] a montré que les résultats de la mécanique quantique sont incompatibles avec les deux propositions suivantes :

(i) le résultat de la mesure d'un opérateur A dépend seulement de A et du système subissant la mesure (non-contextualité)

(ii) si les opérateurs A et B commutent, le résultat de la mesure de leur produit AB est le produit de ceux correspondant aux mesures séparées de A et B (règle du produit).

Peres montre l'existence de cette incompatibilité en considérant deux particules de spin 1/2 dans un état singulet. Mermin a généralisé le résultat [7, 211] et montré que, pour un vecteur d'état quelconque des deux spins, les deux hypothèses conduisent à une contradiction de signe avec les prédictions de la mécanique quantique[9]. Considérons deux particules de spin 1/2 et le tableau suivant de 9 observables quantiques (nous utilisons la même notation que dans le § 5.A) :

$$\begin{array}{ccc} \sigma_{1x} & \sigma_{2x} & \sigma_{1x}\sigma_{2x} \\ \sigma_{2y} & \sigma_{1y} & \sigma_{1y}\sigma_{2y} \\ \sigma_{1x}\sigma_{2y} & \sigma_{1y}\sigma_{2x} & \sigma_{1z}\sigma_{2z} \end{array} \tag{5.41}$$

Tous ces opérateurs ont des valeurs propres ± 1. Les trois opérateurs d'une même ligne commutent entre eux, ainsi que les trois opérateurs d'une même colonne (les produits de deux σ qui anti-commutent sont des opérateurs qui commutent, puisque le changement d'ordre introduit deux signes -1 dont l'effet s'annule). De plus, le produit des trois opérateurs est toujours $+1$, excepté

9. Nous remarquons au passage que le raisonnement est proche de celui du § 5.A, ce qui illustre à nouveau la similarité entre le théorème GHZ et cette forme du théorème BKS sur la contextualité.

pour la dernière colonne pour laquelle il est[10] -1 . Ici, au lieu d'avoir à prendre en compte un nombre infini de triplets de directions dans l'espace, nous avons simplement trois groupes de trois opérateurs, mais la même question que plus haut se pose : pouvons nous attribuer une valeur ± 1 à chacun des 9 éléments du tableau (5.41) d'une façon qui soit compatible avec les résultats de la mécanique quantique ?

Pour obtenir cette condition de cohérence, chaque ligne ou chaque colonne doit contenir, soit trois valeurs $+1$, soit un $+1$ et deux -1, excepté la dernière colonne qui doit contenir un ou trois -1. Ce petit problème est bien plus simple[11] que le problème d'attribution des couleurs dans le § 5.E.1. On peut calculer le produit de tous les éléments de matrice, soit comme le produit des produits dans chaque ligne, soit comme le produit des produits dans les colonnes. Le produit des toutes les lignes doit être $(+1)^3 = +1$, alors que le produit de toutes les colonnes est $(+1)^2(-1)$, c'est-à-dire -1 ; il y a contradiction de signe. Il est donc impossible de trouver 9 nombres qui satisfassent toutes les conditions.

Pour une autre illustration de ce genre d'impossibilité, voir le § VI de la Ref. [7] qui considère trois spins 1/2 au lieu de deux.

5.E.3 Contextualité et réalisme local

La discussion ci-dessus nous montre que les prédictions de la mécanique quantique sont incompatibles avec une représentation non-contextuelle des éléments de réalité EPR ou des variables additionnelles. Cela dit, ce résultat est-il plus ou moins général que le théorème de Bell qui, lui, met en jeu la localité et non la contextualité ? Le théorème de Bell, vu comme un prolongement de l'argument EPR, ne suppose pas l'existence de variables supplémentaires : leur existence découle de l'argument réaliste local de EPR, appliqué à des corrélations parfaites. Dans le théorème BKS, un tel enchaînement n'existe pas ; l'existence des variables additionnelles est postulée, avec des propriétés spécifiques. En ce sens, le théorème de Bell est plus général. De plus, comme Bell l'a remarqué [3], « les résultats d'une observation peuvent raisonnablement dépendre, non seulement de l'état du système (y compris des variables cachées ou additionnelles), mais aussi de l'ensemble du dispositif expérimental ». Il n'y a par exemple aucune difficulté conceptuelle particulière à construire une théorie où les variables additionnelles collaborent entre elles pour produire ensemble un résultat observé. En revanche, le théorème de Bell peut parfaitement prendre en compte des variables associées aux appareils de mesure, pourvu bien sûr qu'elles soient locales. C'est la raison pour laquelle

10. Ceci peut facilement être vérifié à partir des propriétés bien connues des matrices de Pauli ; le signe moins pour la troisième colonne vient du produit de deux facteurs i, dont l'origine est la relation $\sigma_x\sigma_y = i\sigma_z$; d'autre part, dans la troisième ligne, on obtient $i \times (-i) = 1$ du fait du changement de l'ordre des opérateurs.

11. Les complications du problème géométrique du théorème BKS original sont évitées en passant d'un espace des états de dimension 3 à 4.

on considère généralement que les violations du théorème de Bell par la mécanique quantique représentent des manifestations quantiques plus significatives que celles du théorème BKS.

D'un autre côté, si l'on raisonne dès le départ dans le cadre des variables supplémentaires/cachées, et si l'on dissocie le théorème de Bell de l'argument EPR, la situation devient différente. Les variables cachées locales apparaissent alors comme un type particulier de variables cachées non contextuelles [212] (la condition de Bell d'indépendance vis-à-vis des paramètres de mesure est un cas particulier de non-contextualité). Vu de cette façon, le théorème de Bell apparaît alors comme moins général que les relations BKS. Pour une discussion générale du statut des différents « théorèmes d'impossibilité » avec prise en compte détaillée du théorème BKS, voir les Refs. [7, 211]. De façon générale, il est intéressant de faire la distinction entre des violations quantiques qui se produisent quand le système est dans un état quantique donné, comme (4.1) ou (5.1), de celles qui se produisent avec n'importe quel état quantique – elles sont alors appelées « indépendantes de l'état » (le raisonnement que nous avons utilisé au § 5.E.2 est indépendant de l'état). La Ref. [212] discute la faisabilité de tests de la contextualité quantique indépendants de l'état. Des expériences ont été réalisées avec des photons uniques [213], des neutrons [214], et des ions [215], et ont conduit à un bon accord avec les prédictions de la mécanique quantique.

Chapitre 6

Intrication quantique

Dans ce chapitre, nous étudions les propriétés de l'intrication quantique et, de façon plus générale, la façon dont peuvent apparaître les corrélations en mécanique quantique. L'intrication quantique est une notion importante qui est déjà apparue dans cet ouvrage, par exemple à l'occasion de la discussion de la chaîne de Von Neumann ou du chat de Schrödinger, mais ici nous étudions ses propriétés plus en détail.

En physique classique, la notion de corrélation est bien connue. Elle se base sur le calcul des probabilités et des pondérations linéaires sur un certain nombre de possibilités. On introduit pour cela une distribution donnant la probabilité que le premier système occupe un certain état et le second un autre état. Les deux systèmes sont corrélés lorsque cette distribution n'est pas un produit. Si, au contraire, c'est un produit, les deux systèmes ne sont pas corrélés ; une mesure effectuée sur l'un d'entre eux ne change pas l'information que l'on possède sur l'autre. C'est le cas en particulier si les états de chacun des deux systèmes sont parfaitement définis (de sorte que l'état du système total l'est également). Ainsi la notion de corrélation entre deux sous-systèmes est intimement liée à celle d'une définition imparfaite de l'état du système total ; ce sont les fluctuations de cet état qui donnent tout son sens au concept classique de corrélation.

En mécanique quantique, il en va tout autrement : nous l'avons vu (en particulier au chapitre 4), même un système physique parfaitement défini par un vecteur d'état présente déjà des fluctuations de ses grandeurs physiques, ce qui introduit une notion de corrélation indépendante de toute fluctuation d'état. Par exemple, les composantes de deux spins 1/2 sont totalement corrélées dans un état singulet, qui est un état pur (§ 4.A.1). En effet, le principe de superposition de la mécanique quantique permet d'effectuer des combinaisons linéaires directement au niveau du vecteur d'état lui-même, donc très différentes de combinaisons de probabilités, qui sont des fonctions quadratiques de ce vecteur d'état. En introduisant des corrélations directement au niveau des amplitudes de probabilités, on a accès à un niveau qui est en quelque sorte « en dessous » de celui des pondérations linéaires des probabilités classiques ; les termes croisés entre ces amplitudes peuvent conduire à l'apparition de termes d'interférence quantique. Comme on peut également supposer en mécanique quantique que l'état du système total n'est connu que de façon probabiliste, les deux niveaux peuvent coexister, et il est clair que la notion de corrélation y est bien plus riche qu'en physique classique.

Nous reviendrons plus en détail sur ces points au § 6.B, ainsi que sur les diverses caractérisations possibles de l'intrication. Ensuite nous discuterons au § 6.C comment l'intrication quantique peut être créée dans les expériences, ainsi qu'un processus général qui va dans le sens opposé, la décohérence, qui tend à la faire disparaître[1]. Les deux derniers §§ 6.D et 6.E sont consacrés à un survol rapide de quelques applications de l'intrication quantique. La première application, la cryptographie quantique, a déjà été mise en œuvre de façon très concrète et même commerciale ; elle met en jeu la distribution de clés cryptographiques entre plusieurs partenaires, grâce à un protocole où ce sont les lois fondamentales de la physique elles-mêmes qui garantissent qu'un espion est dans l'impossibilité totale d'intercepter la clé sans que les partenaires s'en rendent compte. La seconde est le calcul quantique, basé sur la manipulation générale de l'information quantique, domaine de recherche probablement plus futuriste mais qui fait actuellement l'objet de travaux de recherche abondants dans le monde entier.

6.A Une notion purement quantique

En mécanique quantique, la relation entre les parties et le tout est très particulière et certainement peu intuitive. Nous avons déjà signalé que les mots « intrication quantique » ont été introduits par Schrödinger en 1935, dans [216] où il écrit (page 555) : « Lorsque deux systèmes, dont nous connaissons les états par leurs représentations (vecteurs d'état), entrent temporairement en interaction et exercent des forces connues entre eux, et lorsqu'après un certain temps d'influence mutuelle les deux systèmes se séparent à nouveau, alors chacun d'entre eux ne peut plus être décrit de la même façon qu'auparavant, c'est-à-dire en lui attribuant à chacun une représentation (vecteur d'état) propre. Pour ma part, je n'appellerai pas cette propriété une des caractéristiques de la mécanique quantique mais plutôt sa caractéristique principale, celle qui nous force à adopter un changement total de nos lignes de pensée habituelles. Par l'interaction les deux représentations [the quantum states] se sont intriquées... Une autre façon de discuter cette situation très particulière est de dire : la meilleure connaissance possible d'un tout n'inclut pas nécessairement la meilleure connaissance possible de ses parties, même si elles sont totalement séparées et pourraient virtuellement être capables d'être elles aussi

1. Plus précisément à la faire se propager de plus en plus loin dans l'environnement, de sorte qu'elle devient rapidement impossible à mesurer en pratique, et que tout se passe comme si elle avait disparu.

'connues aussi bien que possible', c'est-à-dire avoir un vecteur d'état à elles. Le manque de connaissance n'a rien à voir avec une interaction qui serait mal connue – en tous cas pas dans le sens où il serait possible de mieux la connaître – ce manque est dû à l'interaction elle-même ».

6.A.1 La partie et le tout

En mécanique classique, la description d'une partie est simplement contenue dans la description du tout[2] : lorsqu'un système physique est constitué de deux sous-systèmes 1 et 2, une description complète du système total 1+2 fournit immédiatement une description complète de chacun des sous-systèmes. C'est automatique, puisque la description dynamique du système total se ramène à la somme des descriptions des sous-systèmes : si l'on spécifie les valeurs des positions et des impulsions de toutes les particules (ainsi que les valeurs des champs dans l'espace), toutes les variables dynamiques de chaque sous-système sont immédiatement connues. Par exemple, une description parfaite du système solaire contient une description parfaite de toutes les positions et vitesses des planètes et de leurs satellites ; une description parfaite du champ électromagnétique contient une description parfaite et en tous points du champ électrique, ainsi que du champ magnétique.

De façon très curieuse, et comme le souligne Schrödinger, ceci n'est plus vrai en mécanique quantique. Si le système global est décrit de la façon la plus précise possible, donc par un vecteur d'état, les sous-systèmes peuvent être décrits de façon moins précise ; on peut être conduit à leur attribuer seulement des probabilités d'occupation de plusieurs états quantiques – en d'autres termes, et comme nous le verrons plus en détail ci-dessous, ils ne sont pas dans un état pur mais dans un mélange statistique, décrit mathématiquement par un opérateur densité. C'est ainsi que les parties peuvent être connues de façon statistique seulement, alors que le tout est parfaitement connu, avec une probabilité égale à 1.

Pour avoir une idée rapide de comment ceci est possible, considérons un système constitué d'un premier sous-système 1 avec des états quantiques $|\varphi\rangle$, et d'un second sous-système 2 avec des états quantiques $|\chi\rangle$. Si le système global est décrit par un simple état produit :

$$|\Psi\rangle = |1 : \varphi\rangle\, |2 : \chi\rangle \tag{6.1}$$

les deux systèmes ne sont pas corrélés ; le premier est décrit par l'état quantique $|\varphi\rangle$, le second par l'état quantique $|\chi\rangle$. Alors les trois systèmes (total et

2. Heisenberg a publié en 1969 un livre dont le titre est précisément « La partie et le tout », où il relate comment la mécanique quantique a émergé au cours de discussions qu'il a pu avoir avec d'autres physiciens. Il semble toutefois que ce titre n'ait aucune relation particulière avec l'intrication, mais plutôt avec un concept plus abstrait : « C'est une erreur fondamentale que de séparer la partie du tout, d'atomiser ce qui ne doit pas être atomisé. C'est l'unité et la complémentarité qui constituent la réalité » (phrase attribuée à Heisenberg [217]).

sous-systèmes) sont tous associés chacun avec un vecteur d'état, la description la plus précise qui soit possible en mécanique quantique standard pour un système physique. Mais supposons maintenant que le système global soit dans l'état :

$$|\Psi\rangle = \alpha\,|1:\varphi_a\rangle\,|2:\chi_a\rangle + \beta\,|1:\varphi_b\rangle\,|2:\chi_b\rangle \tag{6.2}$$

où les $|1:\varphi_{a,b}\rangle$ sont deux états orthogonaux normés pour le premier sous-système, et $|2:\chi_{a,b}\rangle$ deux autres états normés et orthogonaux pour le second ; α et β sont deux nombres complexes quelconques (non-nuls) satisfaisant la relation $|\alpha|^2 + |\beta|^2 = 1$. Avec (6.2), le système global est toujours dans un état quantique parfaitement bien défini. Mais le premier sous-système se trouve avoir la probabilité $|\alpha|^2$ d'être dans l'état $|\varphi_a\rangle$ et une probabilité $|\beta|^2$ d'être dans l'état $|\varphi_b\rangle$; il est alors décrit par un mélange statistique au lieu d'un état pur[3] – nous revenons sur ce point plus en détail au § 6.B. Il s'ensuit que les sous-systèmes sont décrits avec moins de précision que le système global, une situation sans aucun équivalent en physique classique. On utilise les mots « intrication quantique » pour décrire de telles situations physiques.

Le formalisme de l'opérateur densité (§ 0.A.5) permet d'exprimer cette propriété de façon plus quantitative, en particulier grâce à l'utilisation des traces partielles (§ 0.B.3). L'opérateur densité ρ associé à l'état normé $|\Psi\rangle$ est :

$$\rho = |\Psi\rangle\langle\Psi| \tag{6.3}$$

qui est tout simplement le projecteur sur l'état $|\Psi\rangle$, de trace unité, et satisfaisant la relation $\rho^2 = \rho$ car :

$$\rho^2 = |\Psi\rangle\langle\Psi|\Psi\rangle\langle\Psi| = |\Psi\rangle\langle\Psi| = \rho \tag{6.4}$$

On dit alors que ρ décrit un « état pur », ce qu'on reconnaît à l'égalité :

$$Tr\left\{\rho^2\right\} = 1 \tag{6.5}$$

(la trace de l'opérateur ρ lui-même valant toujours 1 par définition de cet opérateur). Quant aux deux sous-systèmes, ils sont décrits par les traces partielles de ρ; par exemple, le premier sous-système est décrit par un opérateur :

$$\rho_1 = Tr_2\{\rho\} \tag{6.6}$$

dont la matrice s'écrit[4] dans la base $|\varphi_a\rangle$, $|\varphi_b\rangle$:

$$(\rho_1) = \begin{pmatrix} |\alpha|^2 & 0 \\ 0 & |\beta|^2 \end{pmatrix} \tag{6.7}$$

3. De même, le second sous-système a une probabilité $|\alpha|^2$ d'être dans l'état $|\chi_a\rangle$ et une probabilité $|\beta|^2$ d'être dans l'état $|\chi_b\rangle$, de sorte que lui aussi est associé à un mélange statistique.

4. Selon la formule (71) du chapitre 0 définissant une trace partielle, les éléments de matrice de ρ_A sont donnés par $\langle\varphi_i|\,\rho_A\,|\varphi_j\rangle = \sum\limits_k \langle 1:\varphi_i; 2:\chi_k|\,\Psi\rangle\langle\Psi\,|1:\varphi_j; 2:\chi_k\rangle$ (où i et $j = a, b$) ce qui donne, compte tenu de l'expression (6.2) de $|\Psi\rangle$, la relation $\langle\varphi_i|\,\rho_A\,|\varphi_j\rangle = (\alpha\delta_{i,a})(\alpha^*\delta_{j,a}) + (\beta\delta_{i,b})(\beta^*\delta_{j,b})$, soit la matrice (6.7).

On a alors :

$$(\rho_1)^2 = \begin{pmatrix} |\alpha|^4 & 0 \\ 0 & |\beta|^4 \end{pmatrix} \tag{6.8}$$

et :

$$\begin{aligned} Tr\left\{(\rho_1)^2\right\} = |\alpha|^4 + |\beta|^4 = \left[|\alpha|^2 + |\beta|^2\right]^2 - 2\,|\alpha|^2\,|\beta|^2 \\ = 1 - 2\,|\alpha|^2\,|\beta|^2 \leq 1 \end{aligned} \tag{6.9}$$

Si l'un des deux coefficients α ou β est nul, on revient au cas des sous-systèmes non-corrélés comme dans (6.1) ; il vient $(\rho_1)^2 = \rho_1$ et la trace de $(\rho_1)^2$ vaut 1, ce qui permet de retrouver que le premier sous-système est lui aussi dans un état pur (c'est également vrai du second). Mais, si aucun de ces coefficients n'est nul, les sous-systèmes sont corrélés, on a $(\rho_1)^2 \neq \rho_1$, et la trace de $(\rho_1)^2$ est inférieure à 1 ; donc le premier sous-système est décrit avec moins de précision que s'il était dans un état pur, par un mélange statistique.

Il va sans dire qu'on peut ajouter plus de deux termes dans la somme de (6.2), ce qui va tendre à diminuer encore plus la connaissance de l'état de chaque sous-système, alors que l'état du système total reste toujours parfaitement bien défini (§ 6.B). De plus, et comme remarqué par Schrödinger [216], la détermination des états pour le sous-système n'est pas nécessairement unique ; on ne peut alors même pas faire une liste non-ambigüe des états accessibles[5]. On peut même atteindre une situation où la description de chaque sous-système est minimale, de sorte qu'aucune information n'est disponible sur leurs états : tous les kets dans leur espace des états sont également probables. Dans ce type de cas d'intrication extrême, le système global possède les propriétés physiques associées à son état quantique, mais rien ne peut être dit sur les propriétés spécifiques des sous-systèmes. Un exemple simple d'intrication extrême est donné par l'état singulet de deux spins 1/2 déjà étudié plus haut – cf. équation (4.1) – ou sa généralisation directe :

$$|\Psi\rangle = \frac{1}{\sqrt{2}}\left[|+,-\rangle + e^{i\xi}\,|-,+\rangle\right] \tag{6.10}$$

(où $e^{i\xi}$ est un facteur de phase quelconque). Avec cet état, le système total est parfaitement défini, alors qu'aucune information n'est disponible sur chacun des deux spins individuels, qui ont seulement des probabilités égales d'être dans les états $|+\rangle$ ou $|-\rangle$.

6.A.2 Deux origines possibles des corrélations

Intrication et corrélation sont évidemment des notions intimement liées. Pour résumer, les corrélations peuvent avoir deux origines distinctes en mécanique quantique :

5. Ceci se produit chaque fois que deux probabilités (valeurs propres de l'opérateur densité réduit) sont égales.

(i) une qui est une transposition directe des corrélations classiques : on attribue à chacun des sous-systèmes des états quantiques corrélés. La moyenne statistique est alors effectuée linéairement dans le calcul des probabilités, et on dit que le système total est décrit par un mélange statistique d'états produits (ou par un opérateur densité). Les corrélations entre les deux sous-systèmes sont alors de type classique, et satisfont nécessairement les inégalités de Bell (§ 4.A et Appendice C).

(ii) une purement quantique, à la base de l'intrication quantique, où l'on attribue au système global un vecteur d'état qui n'est pas un produit. La superposition linéaire est alors effectuée au niveau du vecteur d'état lui-même, qui est la somme cohérente de plusieurs composantes dont la phase relative peut jouer un rôle important. Il est alors possible de violer les inégalités de Bell.

On peut combiner les deux processus, et associer au système total un mélange statistique d'états qui ne sont pas nécessairement des produits. Le formalisme de l'opérateur densité (§ 0.A.5) permet d'inclure les deux possibilités dans un seul opérateur, ce qui est très commode ; inversement, ceci a parfois l'inconvénient de perdre la trace de l'origine de corrélations d'origines différentes, statistique classique ou purement quantique[6]. On parle parfois de « mélange propre » pour désigner la situation de statistique classique habituelle, de « mélange impropre » pour la seconde situation (sans équivalent classique).

6.B Caractérisations de l'intrication

Étudions de façon un peu plus précise comment se caractérise l'intrication dans le cadre du formalisme de la mécanique quantique. Pour cela nous revenons en particulier sur les propriétés de l'opérateur densité total ρ, comparées à celles des opérateurs densité ρ_1 et ρ_2 des sous-systèmes 1 et 2.

6.B.1 Décomposition de Schmidt d'un état pur

Reprenons la discussion du § 6.A.1 sans supposer que les dimensions des espaces des états des deux sous-systèmes sont nécessairement limitées à 2. Le système quantique constitué par l'ensemble des deux sous-systèmes 1 et 2 est décrit par un vecteur d'état normé $|\Psi\rangle$, ou de façon équivalente par l'opérateur densité ρ donné par le projecteur sur $|\Psi\rangle$; la relation (6.5) est satisfaite, ce qui est normal puisque le système total est bien dans un état pur. Chacun des

6. Le formalisme de l'opérateur densité est élégant et compact, mais justement cette compacité occulte parfois l'origine des termes mathématiques. L'opérateur densité permet de traiter à la fois les probabilités classiques (mélanges propres), provenant d'une connaissance imparfaite du système physique, et des probabilités d'origine purement quantique et plus fondamentale (mélanges impropres), qui n'ont aucune relation possible avec un observateur particulier. Des commodités mathématiques ne devraient jamais cacher des difficultés physiques !

sous-systèmes est pour sa part décrit par les opérateurs densité obtenus par traces partielles :

$$\rho_1 = Tr_2\{\rho\} \quad ; \quad \rho_2 = Tr_1\{\rho\} \tag{6.11}$$

Ces deux opérateurs sont hermitiques et non-négatifs, et leurs matrices peuvent donc être diagonalisées en faisant apparaître des valeurs propres réelles positives ou nulles. Appelons $|u_i\rangle$ les vecteurs propres de ρ_1 (l'indice i prend P valeurs différentes, où P est la dimension de l'espace des états du sous-système 1) et q_i les valeurs propres correspondantes, toutes positives ou nulles (mais pas nécessairement distinctes) ; de même les vecteurs propres de ρ_2 sont notés $|v_j\rangle$ (où j prend Q valeurs différentes, Q étant la dimension de l'espace des états du second sous-système), et les valeurs propres correspondantes r_j. Les deux opérateurs densité partiels se décomposent alors selon :

$$\rho_1 = \sum_{i=1}^{P} q_i \; |u_i\rangle\langle u_i| \qquad \rho_2 = \sum_{l=1}^{Q} r_j \; |v_l\rangle\langle v_l| \tag{6.12}$$

Nous pouvons alors décomposer l'état $|\Psi\rangle$ sur la base des kets produits tensoriels $\{|1:u_i\rangle \otimes |2:v_l\rangle\}$, que nous notons pour simplifier $\{|u_i,v_l\rangle\}$ en supposant que le premier ket représente l'état de 1 et le second celui de 2 ; nous écrivons donc :

$$|\Psi\rangle = \sum_{i,l} x_{i,l} \, |u_i, v_l\rangle \tag{6.13}$$

où les $x_{i,l}$ sont les composantes de $|\Psi\rangle$ dans cette base. Si nous introduisons le ket $|\overline{w}_i\rangle$, appartenant à l'espace des états de 2, par :

$$|\overline{w}_i\rangle = \sum_{l} x_{i,l} \, |v_l\rangle \tag{6.14}$$

l'expression (6.13) se simplifie en :

$$|\Psi\rangle = \sum_{i} |u_i, \overline{w}_i\rangle \tag{6.15}$$

Utilisant la définition de la trace partielle[7], on voit alors que :

$$\rho_A = Tr_B\{|\Psi\rangle\langle\Psi|\} = \sum_{i,j} |u_i\rangle\langle u_j| \times \langle\overline{w}_j|\overline{w}_i\rangle \tag{6.16}$$

7. Selon la définition (71) du chapitre 0, nous avons $\langle u_i|\rho_1|u_{j'}\rangle = \sum_{m} \langle u_i, v_m|\Psi\rangle\langle\Psi|u_i, v_m\rangle$, où l'on insère l'expression de $|\Psi\rangle\langle\Psi|$ obtenue à partir de (6.15). On obtient alors $|\Psi\rangle\langle\Psi| = \sum_{i',j'} |u_{i'}, \overline{w}_{i'}\rangle\langle u_{j'}, \overline{w}_{j'}|$. Dans la sommation, seuls interviennent les termes $i' = i$ et $j' = j$, et il vient finalement $\langle u_i|\rho_1|u_{j'}\rangle = \sum_{m} \langle v_m|\overline{w}_j\rangle\langle\overline{w}_{j'}|v_m\rangle = \langle\overline{w}_{j'}|\overline{w}_j\rangle$, qui est équivalent à (6.16).

Mais, par construction de la base que nous avons utilisée, ρ_A est diagonal et donné par l'expression (6.12) ; la comparaison avec (6.16) montre que l'on a nécessairement :

$$\langle \overline{w}_j \, | \overline{w}_i \rangle = \delta_{i,j} \, \times q_i \tag{6.17}$$

Pour toutes les valeurs de l'indice i correspondant à des valeurs propres q_i non-nulles, cette relation indique qu'on peut définir un ensemble de vecteurs orthonormés $|w_i\rangle$ de l'espace des états du système 2 par :

$$|w_i\rangle = \frac{1}{\sqrt{q_i}} \, |\overline{w}_i\rangle \tag{6.18}$$

Pour toutes les valeurs de l'indice i associées à des valeurs propres q_i nulles, la même relation indique que les kets $|\overline{w}_i\rangle$ sont nuls.

Pour finir, compte tenu de ce résultat, l'expression (6.15) devient :

$$|\Psi\rangle = \sum_i \sqrt{q_i} \, |u_i, w_i\rangle \tag{6.19}$$

où les $|u_i\rangle$ constituent un ensemble de vecteurs orthonomés dans l'espace des états du premier système, et les $|w_i\rangle$ un autre ensemble de vecteurs orthonormés dans le second espace des états ; la somme sur i peut courir, au choix, sur toutes les P valeurs possibles, ou seulement sur celles donnant lieu à une valeur propre q_i non-nulle. Cette expression constitue la décomposition de Schmidt d'un état pur intriqué, parfois également appelée « décomposition bi-orthonormale » de l'état $|\Psi\rangle$; elle joue un rôle important dans l'interprétation modale de la mécanique quantique (§ 8.G).

Si maintenant nous revenons aux traces partielles ρ_1 et ρ_2, le calcul à partir de (6.19) donne deux expressions symétriques :

$$\rho_1 = \sum_i q_i \, |u_i\rangle \, \langle u_i| \tag{6.20}$$

(expression déjà connue) et :

$$\rho_2 = \sum_i q_i \, |w_i\rangle \, \langle w_i| \tag{6.21}$$

Ainsi, les deux opérateurs densité partiels ont toujours les mêmes valeurs propres[8], leur somme valant 1 puisque les deux opérateurs sont de trace unité. Dans le cas particulier où elles sont toutes nulles sauf une, chacun des deux sous-systèmes est dans un état pur. Mais, en général, plusieurs des valeurs propres sont non-nulles, et on voit immédiatement que $(\rho_1)^2$ n'est pas égal à ρ_1, et de même pour ρ_2. Nous retombons sur un cas où les deux sous-systèmes

8. Ces propriétés découlent du fait que nous avons supposé que le système total est dans un état pur ; elles ne sont pas nécessairement satisfaites s'il est décrit par un mélange statistique.

sont alors décrits par des mélanges statistiques, alors que le système total est dans un état pur.

Le nombre de valeurs propres q_i différentes de zéro, soit le nombre de termes effectifs dans (6.19), est appelé le « rang de Schmidt » de $|\Psi\rangle$ et noté R. Si $R = 1$, l'état du système total n'est pas intriqué, les deux sous-systèmes se trouvant donc dans des états purs. Si $R = 2$, on tombe sur l'exemple étudié au § 6.A.1, si $R = 3$ sur une intrication plus compliquée, etc. Le fait que R soit une grandeur indépendante du sous-système, 1 ou 2, montre que l'intrication est en quelque sorte partagée entre eux de façon symétrique ; il n'est par exemple pas possible qu'un des deux sous-systèmes soit dans un état pur et l'autre dans un mélange statistique. La dimension de l'espace des états du système 2 avec lequel 1 est intriqué donne évidemment une borne supérieure au nombre de vecteurs $|w_i\rangle$ indépendants, donc au rang R ; en fait, R ne peut dépasser la dimension d'aucun des espaces des deux sous-systèmes : il faut donc que les deux sous-systèmes aient des espaces des états de dimensions suffisantes si l'on veut obtenir une intrication complexe entre eux.

6.B.2 Entropies statistiques

À tout opérateur densité ρ on peut associer une entropie statistique (§ 0.A.5.d). Comparons alors les entropies associées à ρ et aux opérateurs densité partiels ρ_1 et ρ_2.

Si, comme dans le cas étudié au §précédent, le système physique total est dans un état pur, son opérateur densité est le projecteur (6.3) sur un seul état $|\Psi\rangle$, de sorte que l'entropie associée est $S = 0$. Cependant les deux sous-systèmes ne sont en général pas dans des états purs (sauf dans le cas particulier où $|\Psi\rangle$ est un produit, donc sans intrication), de sorte que :

$$\begin{aligned} S_1 &= -k_B Tr\{\rho_1 \ln \rho_1\} \geq 0 \\ S_2 &= -k_B Tr\{\rho_2 \ln \rho_2\} \geq 0 \end{aligned} \tag{6.22}$$

Il en découle que :

$$S_1 + S_2 \geq S \tag{6.23}$$

(l'égalité correspondant au cas particulier où $|\Psi\rangle$ est un produit, et où le rang de Schmidt est donc égal à 1).

Mais, de façon plus générale, le système total est décrit par un opérateur densité ρ qui ne correspond pas nécessairement à un état pur, de sorte que son entropie S n'est pas nulle non plus. On peut cependant montrer que cette entropie S reste toujours inférieure ou égale à la somme des entropies des deux sous-systèmes[9], de sorte que la relation (6.23) reste valable dans ce cas plus général ; l'égalité est obtenue uniquement quand ρ est un produit :

$$\rho = \rho_1 \otimes \rho_2 \tag{6.24}$$

9. On parle souvent de propriété de « sous-additivité de l'entropie » pour caractériser le fait que l'entropie du système total est infénieure à la somme des entropies de ses deux sous-systèmes.

ce qui correspond au cas de deux sous-systèmes qui sont séparément décrits par des mélanges statistiques, tout en restant non-corrélés. Ainsi la différence $S_1 + S_2 - S$ donne une estimation de la perte de précision entre la description quantique du système total et les deux descriptions quantiques séparées des deux sous-systèmes.

On peut chercher à définir une mesure générale du degré d'intrication de deux sous-systèmes quantiques. Cette mesure doit, pour être acceptable physiquement, satisfaire à un certain nombre de critères. Par exemple elle doit évidemment être nulle si le système total est dans un état produit tensoriel où les deux systèmes ne sont pas corrélés ; il faut également que le degré d'intrication reste invariant lorsque Alice et Bob, agissant sur deux sous-systèmes éloignés, effectuent des opérations locales sur eux [218]. Enfin, on s'attend à ce qu'un système conduisant à des violations maximales des inégalités BCHSH atteigne le maximum de la mesure d'intrication. Diverses mesures d'intrication ont été proposées, généralement liées aux entropies de l'opérateur densité et de ses traces partielles ; pour une revue, voir par exemple [219]. Lorsque les systèmes intriqués sont au nombre de trois ou plus, la question devient plus compliquée et il n'existe pas pour le moment de définition généralement acceptée d'un taux d'intrication de parties multiples.

6.B.3 Monogamie

Un état tel que (6.10) est un état où deux spins sont fortement intriqués, et l'état GHZ (5.1) en quelque sorte l'équivalent pour trois spins. On pourrait penser que cet état à trois spins préserve l'intrication entre les deux premiers spins du premier, tout en les intriquant avec un troisième. En réalité, ce n'est pas du tout ce qui se produit : en passant de (6.10) à (5.1), si l'on intrique effectivement le troisième spin avec les deux premiers, en même temps on détruit totalement leur intrication initiale. Nous l'avons d'ailleurs déjà noté au § 5.B : les états ne manifestent de fortes corrélations entre les spins que si l'ensemble des spins est mesuré ; si la mesure porte sur deux spins au lieu de trois, elle ne fait plus apparaître aucune corrélation entre eux.

Comment faire alors pour ajouter un spin supplémentaire sans détruire la corrélation entre les deux premiers ? On peut supposer que l'état des trois spins est :

$$\begin{aligned} \mid \Psi >= \tfrac{1}{\sqrt{2}} \left[|1:+;2:-\rangle + e^{i\xi} \, |1:-;2:+\rangle \right] \otimes |3:\theta\rangle = \\ = \tfrac{1}{\sqrt{2}} \left[|+;-;\theta\rangle + e^{i\xi} \, |-;+;\theta\rangle \right] \end{aligned} \tag{6.25}$$

(où $|\theta\rangle$ est un état normé quelconque pour le troisième spin), avec un état factorisé du spin supplémentaire ; ce choix préserve visiblement la même intrication entre les spins 1 et 2 que pour l'état (6.10)[10]. Mais le troisième spin est alors totalement décorrélé avec les deux premiers !

10. Dans le calcul de l'effet du terme cohérent (en $e^{i\xi}$) selon la méthode du § 5.B, il suffit maintenant de retourner deux spins, le troisième restant toujours dans l'état $|\theta\rangle$.

Un compromis entre les deux tentatives précédentes est alors :

$$\frac{1}{\sqrt{2}}\left[|1:+;2:-;3:\theta_1\rangle + e^{i\xi}\,|1:-;2:+;3:\theta_2\rangle\right] \tag{6.26}$$

Si $|\theta_1\rangle = |\theta_2\rangle$, on retombe sur (6.25), et le spin n'est pas intriqué du tout avec les deux premiers ; si $|\theta_1\rangle$ et $|\theta_2\rangle$ sont orthogonaux, on retombe sur le cas où aucune des trois paires de spins n'a la moindre intrication, cette dernière n'apparaissant qu'au niveau des trois particules. Lorsque $|\theta_1\rangle$ et $|\theta_2\rangle$ ne sont ni parallèles, ni orthogonaux, la situation est intermédiaire : plus ils sont parallèles, plus les deux spins initiaux restent intriqués (nous verrons au § suivant que les termes cohérents font intervenir le produit scalaire $\langle\theta_1\,|\theta_2\rangle$), mais alors le troisième l'est très peu ; inversement, plus ils sont orthogonaux, plus les deux spins initiaux perdent leur corrélation pour la transmettre entièrement au niveau des trois spins. En fait, le troisième spin joue pour les deux premiers un rôle analogue à l'environnement dans la décohérence qui sera étudiée au § 6.C.3.a : l'environnement détruit d'autant plus la cohérence du système initial qu'il s'y corrèle efficacement avec des états aussi orthogonaux que possible.

Il s'agit là d'une propriété générale : si deux systèmes physiques sont quantiquement intriqués de façon maximale, un principe d'exclusion mutuelle fait qu'il leur est impossible d'être intriqués avec un troisième. Mathématiquement, ceci s'exprime par une inégalité de Coffman-Kundu-Wooters[11] [220, 221]. Une telle propriété n'a guère d'équivalent en théorie classique, où évidemment rien n'empêche de corréler un troisième système à deux autres sans pour autant détruire leur corrélation initiale. On donne souvent le nom de « monogamie de l'intrication » à cette propriété quantique. On peut par exemple montrer que, si deux sous-systèmes quantiques A et B sont corrélés entre eux ainsi qu'à un troisième système C, et si deux d'entre eux sont suffisamment corrélés pour que des mesures qui les concernent violent les inégalités BCHSH, alors ces inégalités sont nécessairement satisfaites pour toutes les mesures portant sur l'un des deux autres couples de systèmes [222, 223].

6.B.4 Critère de séparabilité pour l'opérateur densité

Nous l'avons vu au § 3.C.3, l'argument EPR et le théorème de Bell sont liés à la notion de non-séparabilité quantique ; ils le sont également avec la notion d'intrication quantique, puisque la violation des inégalités de Bell requiert l'existence d'une telle intrication. En termes d'opérateur densité, comment reconnaître la non-séparabilité quantique ?

Considérons un système total décrit par un opérateur densité ρ et constitué de deux sous-systèmes partiels 1 et 2. Lorsque ρ peut se développer en fonction

11. La Ref [220] utilise une mesure de l'intrication appelée « concurrence ». Elle établit que la somme des carrés de la concurrence entre A et B et de celle entre A et C ne peut dépasser le carré de la concurrence entre A et la paire BC.

d'une série d'opérateurs densité ρ_1^n et ρ_2^n relatifs à chacun des deux sous-systèmes selon :

$$\rho = \sum_n w_n \, \rho_1^n \otimes \rho_2^n \tag{6.27}$$

avec des coefficients w_n réels positifs, on dit que l'opérateur densité est séparable[12] [129, 224]. La normalisation à 1 de la trace des opérateurs densité entraîne que :

$$1 = \sum_n w_n \qquad \text{et donc } \; 0 \leq w_n \leq 1 \tag{6.28}$$

de sorte que les w_n peuvent être interprétés comme des probabilités[13] (chaque w_n donne la probabilité pour que le premier système soit décrit par ρ_1^n et le second par ρ_2^n). En revanche, si le développement (6.27) comporte nécessairement des coefficients w_n qui ne soient pas des réels positifs, on dit que l'opérateur densité ρ n'est pas séparable et qu'il contient de l'intrication quantique[14].

Si l'on effectue des mesures séparées sur les sous-systèmes 1 et 2, un système décrit par un opérateur densité séparable satisfait toujours les inégalités de Bell (la réciproque n'est cependant pas vraie : un opérateur densité non-séparable ne conduit pas nécessairement à des violations de ces inégalités). Dans une telle situation, chacun des sous-systèmes possède des propriétés qui peuvent être arbitrairement quantiques, mais la façon dont sont introduites les corrélations entre ces propriétés reste classique. Un système séparable n'est donc jamais intriqué quantiquement, quel que soit le caractère fortement quantique ou non de chacun des deux systèmes séparés. Le critère de Peres-Horodecki [224, 225] indique qu'une condition nécessaire pour qu'une matrice densité représente un opérateur ρ qui soit séparable est que la matrice obtenue par transposition partielle (transposition des indices relatifs à l'un des deux sous-systèmes seulement) n'ait que des valeurs propres non-négatives. L'apparition de valeurs propres négatives de cet opérateur semi-transposé peut donc signaler l'apparition d'intrication quantique, avec une meilleure sensibilité qu'une violation des inégalités de Bell.

6.C Création et perte de l'intrication

Historiquement, à l'époque de Schrödinger, l'intrication était considérée comme un phénomène rare, ne se produisant à peu près que dans des expériences de pensée. De nos jours, de nombreuses méthodes expérimentales ont

12. Dans son article initial, Werner parle de sous-systèmes « classiquement corrélés » [129], mais le mot « séparable » utilisé par Peres [224] est maintenant plus fréquemment utilisé.

13. Si l'on remplace la variable discrète n par une variable continue λ, on tombe alors sur le cas étudié à l'Appendice C.

14. Pour deux spins 1/2, on peut aisément montrer que l'opérateur densité associé avec un état singulet, ainsi que sa généralisation directe (6.10), mettent nécessairement en jeu des coefficients négatifs dans le développement (6.27). Deux spins dans un état singulet ne sont donc pas séparables, mais quantiquement intriqués.

été mises au point pour obtenir de l'intrication. L'intrication est maintenant devenue une composante essentielle de l'information quantique, de la cryptographie, de la téléportation, etc. De fait, toutes les expériences mentionnées au § 4.A.5 mettent en jeu des ensembles de deux particules intriquées, le plus souvent des photons dont l'intrication apparaît sur les variables de polarisation.

6.C.1 Intrication par interactions locales

Comme Schrödinger l'avait initialement envisagé dans son article (voir la citation du § 6.A), une façon d'obtenir l'intrication entre sous-systèmes physiques est de mettre en jeu des interactions locales entre particules. Un atome émettant successivement deux photons peut fournir un schéma de ce type, qui a été effectivement utilisé dans de nombreuses expériences. On part d'un atome excité, qui émet un premier photon, et atteint un état intermédiaire qui dépend des caractéristiques de polarisation du photon émis ; à ce stade le système atome + photon est décrit par un état intriqué, avec des composantes cohérentes sur plusieurs états de polarisation et états intermédiaires de l'atome. Chacune de ces composantes donne lieu ensuite à l'émission d'un second photon, avec des polarisations différentes, alors que l'atome lui-même atteint un état fondamental qui est toujours le même. On retombe alors sur le cas $|\theta_1\rangle = |\theta_2\rangle$ étudié ci-dessus où l'état d'une des trois particules se factorise, l'atome sortant alors de l'intrication quantique et permettant ainsi aux deux photons d'atteindre une intrication maximale.

Un exemple souvent utilisé est celui de la cascade atomique $J = 0 \rightarrow 1 \rightarrow 0$ de l'atome de Calcium qui permet, par simple émission spontanée successive de deux photons par le même atome, d'obtenir deux photons dans un état totalement intriqué :

$$| \Psi >= \frac{1}{\sqrt{2}} \left[|1 : H; 2 : H\rangle + |1 : V; 2 : V\rangle \right] \tag{6.29}$$

où $|H\rangle$ et $|V\rangle$ désignent deux états de polarisation linéaires (horizontale et verticale) perpendiculaires entre eux et à la direction de propagation des photons[15] ; ces états sont analogues aux états $|+\rangle$ et $|-\rangle$ d'un spin 1/2. Nous avons également vu que les techniques de la conversion paramétrique en optique non-linéaire [113] permettent d'obtenir des paires de photons du même type, mais dans des conditions expérimentales plus favorables.

L'intrication quantique ne se limite pas aux photons, mais peut être obtenue avec des particules ayant une masse au repos. Par exemple, l'expérience décrite dans la Ref. [108] porte sur les corrélations entre les spins de deux

15. Pour simplifier, nous ne prenons en compte ici que les variables de polarisation des photons, qui en particulier jouent un rôle essentiel dans la discussion des inégalités BCHCH. En réalité, les photons possèdent également d'autres variables, fréquence (énergie) et direction de propagation, que nous supposons ici fixées.

protons obtenues à la suite d'une collision à basse énergie entre un jet de protons et une cible d'hydrogène ; la Ref. [157] propose d'utiliser la dissociation de dimères d'atomes de mercure (dont l'isotope 199 a un spin nucléaire 1/2) pour obtenir des atomes dont les variables internes sont corrélées. On peut également utiliser un schéma où deux atomes sont intriqués par échange d'un seul photon confiné dans une cavité de très haute surtension [226].

Les ions piégés fournissent d'autres possibilités pour obtenir de l'intrication quantique, dans un cas particulièrement intéressant où les particules sont piégées et peuvent donc être observées pendant longtemps. La Ref. [227] décrit l'obtention d'une telle intrication avec des ions de Béryllium placés dans un piège de Paul à radiofréquences, selon la méthode proposée par Cirac et Zoller [228]. Pour une revue de l'obtention d'intrication dans des ions, voir la Ref. [229]. Enfin l'intrication peut être observée en physique du solide avec des courants supraconducteurs [230] mettant en jeu un grand nombre d'électrons (systèmes macroscopiques).

Nous discutons maintenant une autre méthode, l'échange d'intrication (« entanglement swapping » en anglais) qui permet d'intriquer des paires de particules sans qu'elles interagissent, uniquement sous l'effet du processus de mesure quantique concernant d'autres particules.

6.C.2 Échange d'intrication

La méthode dite « entanglement swapping », qu'on peut traduire par échange d'intrication, permet d'intriquer des particules provenant de sources indépendantes (qui n'ont donc aucun passé commun) sous l'effet de la mesure quantique [231, 232]. Supposons que l'on dispose de deux sources S_{12} et S_{34} créant chacune une paire de photons intriqués, 1 et 2 pour la première, 3 et 4 pour la seconde (Fig. 6.1). L'état décrivant les deux paires est le produit tensoriel de deux états du type (6.29) :

$$\mid \Psi >= \frac{1}{2}\left[|1:H;2:H\rangle + |1:V;2:V\rangle\right] \otimes \left[|3:H;4:H\rangle + |3:V;4:V\rangle\right] \tag{6.30}$$

Si l'on introduit les quatre états de Bell relatifs aux particules i, j avec la définition :

$$\begin{array}{l} \mid \Phi^B_{i,j} >_{(\pm)} = \frac{1}{\sqrt{2}}\left[|i:H;j:H\rangle \pm |i:V;j:V\rangle\right] \\ \mid \Theta^B_{i,j} >_{(\pm)} = \frac{1}{\sqrt{2}}\left[|i:H;j:V\rangle \pm |i:V;j:H\rangle\right] \end{array} \tag{6.31}$$

nous obtenons une base orthonormée de l'espace des états associé aux particules i et j. Comme :

$$\mid \Phi^B_{14} >_{(+)} \otimes \mid \Phi^B_{23} >_{(+)} + \mid \Phi^B_{14} >_{(-)} \otimes \mid \Phi^B_{23} >_{(-)} = \left[|HHHH\rangle + |VVVV\rangle\right]$$

(pour simplifier l'écriture, nous supposons implicitement que l'ordre des particules est 1, 2, 3 et 4 dans le second membre) et :

$$\mid \Theta^B_{14} >_{(+)} \otimes \mid \Theta^B_{23} >_{(+)} + \mid \Theta^B_{14} >_{(-)} \otimes \mid \Theta^B_{23} >_{(-)} = \left[|HHVV\rangle + |VVHH\rangle\right] \tag{6.32}$$

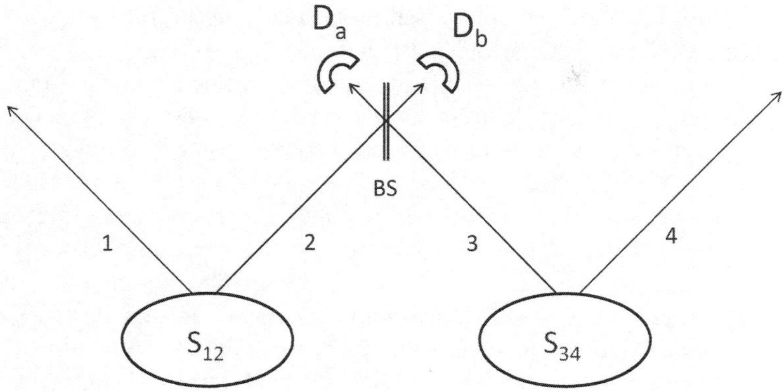

FIG. 6.1 – Schéma de la méthode d'échange d'intrication (« entanglement swapping »). Deux sources S_{12} et S_{34} émettent chacune une paire de particules, numérotées 1 et 2 pour la première, 3 et 4 pour la seconde. Une lame semi-réfléchissante BS est insérée sur la trajectoire des particules 2 et 3, et deux détecteurs D_a et D_b mesurent le nombre de particules dans les deux canaux de sortie. Cette mesure effectue une projection du vecteur d'état qui met les deux particules 1 et 4 dans un état totalement intriqué, alors qu'elles n'ont jamais interagi.

nous pouvons écrire l'état (6.30) sous la forme :

$$\begin{aligned} \mid \Psi >= \tfrac{1}{2} \big[\mid \Phi_{14}^B >_{(+)} \otimes \mid \Phi_{23}^B >_{(+)} + \mid \Phi_{14}^B >_{(-)} \otimes \mid \Phi_{23}^B >_{(-)} + \\ + \mid \Theta_{14}^B >_{(+)} \otimes \mid \Theta_{23}^B >_{(+)} + \mid \Theta_{14}^B >_{(-)} \otimes \mid \Theta_{23}^B >_{(-)}\big] \end{aligned} \tag{6.33}$$

Supposons maintenant que le schéma de l'expérience soit celui de la Fig. 6.1 : on effectue sur les particules 2 et 3 une mesure où les deux particules interfèrent et dont les vecteurs propres de mesure sont les quatre états de Bell de ces deux particules – ceci peut être réalisé en envoyant les deux particules sur une lame semi-réfléchissante et en observant avec des détecteurs D_a et D_b dans quels canaux de sortie les particules sont mesurées[16] après la lame. La projection sur l'un des quatre états de Bell pour ces particules projette le système sur un état où les deux autres particules occupent le même état de Bell. Les deux particules non-observées sont donc projetées dans un état totalement intriqué. Ce qui est remarquable dans ce schéma est que, initialement, la paire des deux particules 1 et 2 est intriquée de façon interne, mais pas avec la paire de particules 3 et 4, qui elle aussi n'a qu'une intrication interne. En effectuant une mesure appropriée sur une particule de chaque paire, on projette les deux particules restantes sur un état fortement intriqué, même si ces deux particules n'ont interagi à aucune étape du processus.

16. Parmi les quatre états de Bell, le seul pour lequel chacune des deux directions de sortie contient une particule est l'état $\mid \Theta_{23}^B >_{(-)}$; les trois autres états correspondent à des situations où les deux particules sortent toujours dans le même canal de sortie (effet Hong-Ou-Mandel). Si donc les deux détecteurs D_a et D_b enregistrent une particule, la mesure projette les particules 1 et 4 dans l'état totalement intriqué $\mid \Theta_{14}^B >_{(-)}$.

Nous avons déjà mentionné la possibilité d'intriquer un plus grand nombre de particules [198] par des méthodes du même type. D'autres protocoles créant de l'intrication quantique ont été mis en œuvre, permettant ainsi de mettre 6 ions dans un état NOON [233] ou jusqu'à 8 ions dans un état W (superposition cohérente d'états où une seule excitation est localisée sur l'un quelconque des ions avec des amplitudes de probabilité égales) [234]. En optique quantique, les techniques de conversion paramétrique dans des cristaux non-linéaires ont été utilisées pour des expériences mettant en jeu l'intrication de 2, 4 ou 6 photons [235, 236]. Dans le § 4.E.1.a nous avons également vu comment l'échange d'intrication a pu être mis en œuvre pour créer avec des photons des corrélations quantiques entre ions éloignés dans des pièges différents (dans la Fig. 6.1, les particules 1 et 4 sont alors des ions, les particules 2 et 3 des photons). Ceci a conduit à des violations des inégalités de Bell se rapprochant un peu plus d'une expérience idéale (sans échappatoire).

6.C.3 Décohérence

Nous discutons maintenant plus en détail un phénomène déjà introduit plus haut, la décohérence, qui tend constamment à réduire la durée de vie des superpositions cohérentes ; ce processus est très rapide si le nombre de particules corrélées est grand. Nous l'avons défini dans le § 2.A, comme l'étape initiale du phénomène associé avec la chaîne infinie de Von Neumann : les superpositions cohérentes tendent constamment à se propager au sein de l'environnement, mettant en jeu des corrélations de plus en plus complexes avec lui. Lors du processus de décohérence, l'intrication ne disparaît pas vraiment, mais elle va encore plus loin dans l'environnement ; en pratique, elle devient rapidement impossible à mettre en évidence.

6.C.3.a Mécanisme

Afin de mieux comprendre comment ceci se produit, considérons un état :

$$| \Psi >= [\alpha \, |\varphi\rangle + \beta \, |\chi\rangle] \otimes |\mathbf{k}_0\rangle \tag{6.34}$$

qui est le produit de deux états, l'un décrivant un atome dans une superposition cohérente de deux états orthogonaux $|\varphi\rangle$ et $|\chi\rangle$, localisés dans des régions différentes de l'espace, l'autre décrivant une autre particule, un photon par exemple, initialement dans l'état $|\mathbf{k}_0\rangle$ (nous supposons tous ces états normalisés).

Initialement, l'atome est décrit par un état possédant des propriétés quantiques qui dépendent de la phase relative de α et β, et sont donc cohérentes ; la décohérence est un processus dans lequel ces propriétés cohérentes disparaissent. Supposons en effet que le photon interagisse avec l'atome et soit diffusé dans un état quantique qui est différent selon l'endroit où la diffusion s'est produite : si l'atome diffusant est dans le premier état $| \varphi >$, le photon est diffusé vers l'état $|\mathbf{k}_+\rangle$; s'il est dans l'état $|\chi\rangle$, le photon est diffusé dans l'état $|\mathbf{k}_-\rangle$ (nous supposons que les états $| \mathbf{k}_\pm >$ sont normalisés). Après diffusion l'atome n'a pas changé de position, et retourne au même état initial, et le vecteur d'état qu'il faut utiliser pour décrire le système devient alors :

$$| \Psi^{'} >= \alpha\,|\varphi\rangle \otimes |\mathbf{k}_+\rangle + \beta\,|\chi\rangle \otimes |\mathbf{k}_-\rangle \tag{6.35}$$

Supposons maintenant que nous ne soyons intéressés que par les propriétés de l'atome, pas celles du photon ; la raison pourrait en être, par exemple, que la détection de ce photon est, soit impossible, soit très difficile (comme c'est le cas pour un photon de l'infrarouge lointain). Il est alors utile de calculer la trace partielle (cf § 0.B.3) sur ce photon, afin d'obtenir l'opérateur densité qui décrit les atomes seuls. Un calcul simple, analogue à celui qui a conduit à (6.16), montre que cette trace partielle peut être écrite, dans la base des deux états $|\varphi\rangle$ et $|\chi\rangle$:

$$\rho = \begin{pmatrix} | \alpha |^2 & \alpha\beta^* \langle \mathbf{k}_- |\mathbf{k}_+\rangle \\ \alpha^*\beta \ \langle \mathbf{k}_+ |\mathbf{k}_-\rangle & | \beta |^2 \end{pmatrix} \tag{6.36}$$

Nous voyons sur cette formule que, si le produit scalaire $\langle \mathbf{k}_- |\mathbf{k}_+\rangle$ était égal à 1, la matrice densité de l'atome ne serait pas affectée par la diffusion du seul photon. Mais cela reviendrait à supposer que le photon est diffusé exactement dans le même état, quelle que soit la localisation spatiale en $| \varphi >$ ou $|\chi\rangle$ de l'atome diffusant, de sorte qu'il n'emporte strictement aucune information sur l'endroit où il a été diffusé ! C'est très peu probable si la distance entre les positions de l'atome est bien plus grande que la longueur d'onde du photon. En fait, il est bien plus réaliste de penser que ce produit scalaire est proche de zéro, ce qui signifie que les éléments non-diagonaux de (6.36) sont, eux aussi, presque zéro. Nous en concluons que la diffusion d'une seule particule détruit presque totalement la cohérence entre les deux états atomiques, dès lors qu'ils sont situés en des endroits différents.

La situation devient encore pire quand plus de photons sont diffusés (en supposant qu'ils sont tous dans le même état initial $| \mathbf{k}_0 >$), car il faut alors remplacer (6.35) par l'état :

$$| \Psi'' >= \alpha\,|\varphi\rangle \otimes |\mathbf{k}_+\rangle\,|\mathbf{k}'_+\rangle\,|\mathbf{k}''_+\rangle ... + \beta\,|\chi\rangle \otimes |\mathbf{k}_-\rangle\,|\mathbf{k}'_-\rangle\,|\mathbf{k}''_-\rangle ... \tag{6.37}$$

avec des notations évidentes (les états avec n primes correspondent au $n-1$ ième photon diffusé) ; le même calcul que ci-dessus fournit alors la valeur suivante pour la trace partielle ρ :

$$\begin{pmatrix} | \alpha |^2 & \alpha\beta^* \langle \mathbf{k}_- |\mathbf{k}_+\rangle \langle \mathbf{k}'_- |\mathbf{k}'_+\rangle ... \\ \alpha^*\beta \langle \mathbf{k}_+ |\mathbf{k}_-\rangle \langle \mathbf{k}'_+ |\mathbf{k}'_-\rangle ... & | \beta |^2 \end{pmatrix} \tag{6.38}$$

Maintenant nous avons, dans les éléments non-diagonaux, le produit d'un grand nombre de produits scalaires $\langle \mathbf{k}_- |\mathbf{k}_+\rangle$, tous plus petits que 1 ; il est clair que ces éléments ont un module encore plus petit que lorsqu'un seul photon est diffusé. En fait, dès que les deux états $|\mathbf{k}_+\rangle$ et $|\mathbf{k}_-\rangle$ ne sont pas strictement identiques, ils tendent exponentiellement vers zéro avec le nombre de processus de diffusion, et la cohérence disparaît rapidement.

Il s'agit là d'une propriété totalement générale : les objets ont une forte tendance à laisser une trace dans l'environnement, car ils développent des corrélations avec toute particule élémentaire qui passe à portée d'interaction. C'est encore plus vrai s'ils sont macroscopiques et constitués d'un grand nombre d'atomes ; on peut par exemple dans (6.34) remplacer l'état cohérent à un atome par un état de type GHZ (cohérent à un grand nombre d'atomes) et prendre pour état initial :

$$| \Psi >= [\alpha \, |\varphi, \varphi, ...\varphi\rangle + \beta \, |\chi, \chi, ...\chi\rangle] \otimes |\mathbf{k}_0\rangle \tag{6.39}$$

Plus le nombre d'atomes se trouvant initialement dans les états $|\varphi\rangle$ et $|\chi\rangle$ est élevé, plus rapidement se produira la diffusion de nombreux photons, entraînant une décroissance encore plus rapide des éléments non-diagonaux. Or nous avons vu qu'il suffit de la diffusion d'un seul photon dans deux états orthogonaux pour détruire la cohérence. Ainsi la grande taille d'un système physique dans une superposition cohérente rend cette superposition extrêmement fragile. La cohérence des objets macroscopiques se transforme rapidement en une cohérence mettant en jeu l'environnement avec des corrélations de plus en plus complexes (le photon diffusé peut, à son tour, se corréler avec d'autres particules) ; rapidement cette cohérence devient impossible à détecter expérimentalement et tout se passe comme si elle avait simplement disparu. Un tel phénomène est inévitable – à moins bien sûr que les propriétés de diffusion des deux états symbolisés par $| \varphi >$ et $| \chi >$ soient exactement les mêmes, ce qui exclut toute séparation spatiale notable entre les états, sinon la différence serait invisible ! Ceci montre combien fragiles sont les superpositions macroscopiques d'objets, chaque fois qu'elles comprennent des états qui peuvent être perçus comme distincts.

Dans certains cas toutefois, il se trouve que le couplage d'un système quantique avec son environnement peut aussi être utilisé pour « adapter sur mesure » l'équation pilote régissant l'opérateur densité du système, et pour le conduire vers un état quantique donné ; la méthode est appelée en anglais « quantum reservoir engineering » [237–239]. Ainsi, le couplage dissipatif avec un réservoir ne conduit-il pas nécessairement à des états sans cohérence quantique ; en fait, une décohérence bien contrôlée peut parfaitement servir à préparer des états quantiques très intéressants.

6.C.3.b Retour sur le chat de Schrödinger

Nous pouvons maintenant revenir plus en détail sur certaines questions que nous avons déjà abordées plus haut, et qui sont reliées à la décohérence et/ou au chat de Schrödinger. Bien évidemment, un chat vivant et un chat mort ne diffuseront pas tous les photons de la même façon, et il est clair que le processus de décohérence va très rapidement intervenir dans le scénario. Cette remarque fournit-elle une solution évidente au paradoxe ? De façon plus générale, ne peut-on voir (comme l'ont fait certains auteurs) dans la décohérence une « explication » du postulat de réduction du vecteur d'état : quand la superposition du système initial devient incohérente, ne sommes-nous pas en présence d'un mélange statistique qui ressemble beaucoup à la description d'un objet classique avec des propriétés physiques bien définies (mais inconnues) ?

Nous avons déjà donné la réponse à cette question dans le § 2 : une telle explication est peu satisfaisante parce que le but du postulat de réduction du paquet d'ondes n'est pas d'expliquer la décohérence, déjà contenue dans l'équation de Schrödinger, mais l'unicité du résultat de la mesure, qui échappe à cette équation. En fait, l'effet de la réduction du vecteur d'état est parfois juste l'opposé d'une décohérence : il remet le sous-système mesuré dans un état pur, le complet opposé d'un mélange statistique, de sorte que la vraie question est de comprendre l'émergence (ou la ré-émergence) d'un résultat unique [44], pas d'un mélange statistique. Dans la vie courante, ainsi que dans les laboratoires, on n'observe jamais de superposition de résultats de mesure différents ; la Nature semble fonctionner d'une façon où un seul résultat émerge de chaque expérience. Par quel processus, ou perturbation, ce qui était indéterminé peut-il devenir déterminé ? Ce fait ne sera jamais expliqué par l'équation de Schrödinger, car tout ce qu'elle réussit à faire est à étendre sans fin ses ramifications dans l'environnement, sans jamais réussir à sélectionner une seule d'entre elles.

Une autre façon de répondre à la question est de se mettre sur le plan de la logique. Le point délicat du paradoxe vient de la nécessité de trouver une limite à la validité de l'équation linéaire de Schrödinger, puisqu'une équation linéaire ne peut jamais prédire l'émergence d'un résultat unique dans une seule expérience. La vraie difficulté est donc de savoir comment introduire la frontière correspondante. Logiquement, il est clair que le problème ne pourra jamais être résolu en invoquant un processus qui est déjà contenu dans l'équation de Schrödinger[17], comme la décohérence et d'autres processus similaires linéaires. Bien sûr, personne ne doute qu'un processus de mesure fasse intervenir la décohérence dans sa première étape, mais la vraie question est de savoir ce qui se produit ensuite pour faire émerger un résultat unique. La décohérence n'est que l'étape préliminaire au processus de mesure, celle qui se produit au moment où les éléments non-diagonaux de l'opérateur densité du système mesuré s'annulent ; dans une seconde étape, tous les éléments diagonaux se réduisent à un seul, et c'est là la véritable difficulté.

Poussés dans la discussion à ce point, certains physiciens font valoir que l'on peut toujours supposer que, ultérieurement, la superposition se résout en

17. Chacun sait que ce n'est pas en restant au milieu d'un pays que l'on peut atteindre ses frontières...

une seule de ses branches. C'est bien sûr exact, mais cela revient à faire sortir un problème par la porte, et le laisser rentrer par la fenêtre ! (voir la discussion du statut du vecteur d'état au § 1.B ou celle du paradoxe de l'ami de Wigner). Nous avons déjà discuté au § 1.B.3.a les différences fondamentales entre une probabilité classique et la façon dont apparaissent les probabilités en mécanique quantique. Une attitude plus logique serait de compléter la décohérence par l'interprétation d'Everett de la mécanique quantique (§ 8.K) ; alors effectivement on obtient un point de vue cohérent, où l'émergence d'un résultat n'a plus à être expliquée, tout simplement parce qu'on suppose qu'elle ne se produit jamais (l'équation de Schrödinger n'a plus de frontière de validité). Mais, bien sûr, dans ce point de vue il faut se préoccuper des autres difficultés intrinsèques qu'introduit cette interprétation, que nous discuterons plus bas (§ 8.K).

Concernant la terminologie, nous avons déjà mentionné au § 2.B qu'au fil des années il est devenu de plus en plus courant d'utiliser les mots « chat de Schrödinger » (Schrödinger cat ou SC en anglais) pour décrire des états cohérents tels que (5.9), même parfois pour de petites valeurs de N (parfois pour un ion unique !). Ceci introduit une redéfinition des mots, du fait que la propriété essentielle du chat original est d'avoir un nombre de degrés de liberté macroscopique, et donc de toujours résoudre les superpositions linéaires (par opposition à un atome radioactif ou un ion). Supposons un instant que l'on puisse réaliser un état « par tout ou rien » avec une très grande valeur de N, serait-ce une meilleure réalisation du chat de Schrödinger tel que l'entendait son inventeur ? Dans une certaine mesure, oui, puisque le chat peut être vu comme le symbole d'un système de beaucoup de particules qui changent d'état quantique individuel pour aller vers un état orthogonal, lorsqu'on passe d'une composante du vecteur d'état à l'autre. Effectivement il est très probable que beaucoup des atomes qui constituent le chat prennent part à des liaisons chimiques différentes, selon que le chat est vivant ou mort. Mais il semble plutôt difficile d'inventer une raison pour laquelle tous les atomes et tous les degrés de liberté devraient nécessairement passer vers des états orthogonaux, alors que c'est la propriété essentielle des états par tout ou rien. En un sens, ils en font plus que ce qui est requis pour un chat de Schrödinger standard, de sorte que pour finir les deux concepts restent relativement distincts, même pour de grandes valeurs de N.

D'un point de vue expérimental, la décohérence est un phénomène physique remarquable qu'il est très intéressant d'étudier pour lui-même, comme l'ont illustré des expériences récentes [240] ; un résultat de ces travaux et des calculs correspondants, parmi d'autres, est de préciser la base de l'espace des états qui est pertinente pour le processus de décohérence, en fonction de l'hamiltonien de couplage, ainsi que les constantes de temps associées. On peut espérer que plus d'expériences sur la décohérence suivront ces premiers travaux et qu'elles fourniront une compréhension plus détaillée des nombreux aspects du phénomène.

6.C.4 Purification, distillation

La distribution d'états intriqués entre deux partenaires peut jouer un rôle important dans plusieurs processus physiques très intéressants, comme la cryptographie quantique ou la téléportation, que nous étudierons au § 6.D. Mais il n'est pas suffisant pour les réaliser de disposer d'une source qui produise des paires de particules dans un état fortement intriqué, car il faut également que ces particules se propagent jusqu'à Alice et Bob, qui dans bien des applications peuvent se trouver en des endroits éloignés. Or cette propagation peut entraîner une transformation de l'état de la paire qu'ils reçoivent, soit en un état pur différent, soit sous l'effet de la décohérence en un mélange statistique, et donc réduire son intrication. Le problème se pose alors de trouver une méthode de « purification » pour restaurer l'intrication initiale afin de continuer à disposer de paires de particules dans des états d'intrication maximale. Pour y arriver, les seules opérations possibles sont des opérations locales : chacun dans son laboratoire, Alice et Bob peuvent modifier localement les propriétés des particules en appliquant des évolutions appropriées (par exemple, on peut appliquer un champ magnétique pour faire tourner localement un spin, ou une lame de phase pour changer la polarisation d'un photon) ; ils peuvent également effectuer des mesures et s'en communiquer mutuellement les résultats par des canaux classiques.

Il a été remarqué théoriquement qu'une telle purification est effectivement possible dans le cadre des règles de la mécanique quantique [241, 242], pourvu qu'on accepte de diminuer le nombre de paires utilisables dont disposent Alice et Bob, qui devient alors plus faible que le nombre de paires émises ; on convertit en quelque sorte le manque de qualité de l'intrication en une diminution de l'efficacité de la source, mais on est sûr que les paires restantes sont bien dans l'état quantique requis. Bien sûr, il faut pour cela que la perte initiale de qualité de l'intrication ne soit pas trop importante. Le processus conserve l'entropie d'intrication, en ce sens que les opérations locales effectuées par Alice et Bob ne modifient en rien les entropies de Von Neumann des opérateurs densité de leur sous-systèmes respectifs. De fait, le rendement de l'opération (nombre de paires obtenues à la fin du processus de concentration d'intrication, ramené au nombre total de paires reçues) est simplement donné par cette entropie. La méthode permet en fait de produire n'importe quel état quantique du système des deux particules, pourvu que les deux partenaires puissent échanger de l'information par un canal classique et agir en conséquence. Elle a un lien fondamental avec la correction quantique des erreurs, essentielle pour le calcul quantique (§ 6.E) [243].

D'un point de vue expérimental, la faisabilité de la méthode a été testée avec succès [244], avec toutefois des taux de succès inférieurs aux taux maximaux théoriques, car les protocoles mis en jeu sont difficiles à appliquer en pratique de sorte que certains compromis sont nécessaires.

6.C.5 Intrication et processus de mesure quantique

L'opération de mesure d'un système physique S par un appareil M implique nécessairement une intrication entre les deux systèmes, comme le montre le modèle de Von Neumann de la mesure.

6.C.5.a Modèle de Von Neumann

Supposons que la quantité physique mesurée sur S soit décrite, dans son espace des états, par un opérateur A dont les vecteurs propres normés sont les kets $|\varphi_n\rangle$ avec les valeurs propres a_n (que nous supposons non-dégénérées pour simplifier l'écriture) :

$$A\,|\varphi_n\rangle = a_n\,|\varphi_n\rangle \tag{6.40}$$

Pour l'appareil M, nous supposons qu'avant la mesure il est toujours dans le même état quantique normé $|\Phi_i\rangle$. Initialement, si le système S est dans l'un des états $|\varphi_n\rangle$, l'ensemble des deux sous-systèmes est dans l'état factorisé :

$$|\Psi_i\rangle = |\varphi_n\rangle \otimes |\Phi_0\rangle \tag{6.41}$$

Après la mesure le système S, qui était initialement dans un état propre correspondant à la mesure effectuée, est laissé dans le même état. En revanche l'appareil de mesure atteint un état $|\Phi'_n\rangle$ qui diffère de $|\Phi_0\rangle$ et dépend de n, puisque la position de son « pointeur » utilisé pour la lecture du résultat (aiguille de mesure macroscopique, inscription du résultat dans une mémoire, etc.) doit évidemment dépendre de n pour permettre l'acquisition de ce résultat. Il est même logique de supposer que les différents états $|\Phi_n\rangle$ sont orthogonaux entre eux, puisque le pointeur met nécessairement en jeu un très grand nombre d'atomes qui atteignent un état différent pour permettre la lecture par un observateur macroscopique. L'effet de la mesure sur le système total est donc résumé dans ce cas simple par :

$$|\Psi_i\rangle = |\varphi_n\rangle \otimes |\Phi_0\rangle \implies |\Psi_f\rangle = |\varphi_n\rangle \otimes |\Phi'_n\rangle \tag{6.42}$$

À ce stade, aucune corrélation ou intrication n'est donc apparue entre l'appareil de mesure et le système mesuré ; ceci correspond à la situation simple où le résultat de la mesure est certain.

Mais, dans le cas général, l'état initial du système S est une superposition d'états propres correspondant à la mesure :

$$|\varphi_i\rangle = \sum_n c_n\,|\varphi_n\rangle \tag{6.43}$$

avec des coefficients complexes c_n qui sont arbitraires ; la seule contrainte est que la somme des carrés de leurs modules vaille 1 (condition de normalisation).

L'état qui remplace (6.41) est alors la combinaison linéaire avec les mêmes coefficients :

$$|\Psi_i\rangle = \sum_n c_n \; |\varphi_n\rangle \otimes |\Phi_0\rangle \tag{6.44}$$

La linéarité de l'équation de Schrödinger entraîne que cet état va évoluer selon :

$$|\Psi_i\rangle \Longrightarrow |\Psi_f\rangle = \sum_n c_n \; |\varphi_n\rangle \otimes |\Phi'_n\rangle \tag{6.45}$$

qui est un état où l'appareil de mesure est intriqué avec le système mesuré S. Après la mesure, dans ce cas on ne peut donc plus attribuer de vecteur d'état au système S (état pur), mais seulement un opérateur densité obtenu par trace partielle et donné par (puisque les $|\Phi'_n\rangle$ sont par hypothèse orthogonaux entre eux) :

$$\rho_S = Tr_M\left\{|\Psi_f\rangle\langle\Psi_f|\right\} = \sum_n |c_n|^2 \; |\varphi_n\rangle\langle\varphi_n| \tag{6.46}$$

6.C.5.b Ambiguïté dans l'intrication

La formule (6.46) paraît très naturelle : elle nous dit que le système mesuré a une probabilité $|c_n|^2$ de se trouver dans chacun des états $|\varphi_n\rangle$ associés aux résultats de mesure a_n, ce qui correspond bien à la règle des probabilités habituelles de Born. C'est donc une formule très utile qui résume de façon simple un certains nombre de caractéristiques du postulat de la mesure en mécanique quantique. Cependant, et comme nous l'avons déjà indiqué à plusieurs reprises (en particulier aux §§ 2.A et 2.B), elle ne contient pas une composante essentielle de ce postulat : l'unicité du résultat de mesure (émergence de l'unicité macroscopique). Tous les résultats possibles continuent à être présents dans la trace partielle, étant considérés comme possibles même après la mesure, alors que dans la réalité un seul résultat est véritablement observé lors d'une réalisation donnée de l'expérience. Rien de surprenant à cela : (6.46) n'est qu'une conséquence directe de l'équation de Schrödinger, qui est incapable à elle seule de faire cesser la progression de la chaîne de Von Neumann, et ne peut donc faire mieux[18].

On pourrait espérer qu'au moins cette équation nous dise sans ambiguïté dans quelle base se fait cette projection vers un état unique associé à la mesure, mais ce n'est pas nécessairement le cas non plus. Pour le voir, prenons un contre-exemple simple, celui d'une mesure de la composante sur l'axe Oz d'un spin 1/2, associée aux vecteurs propres $|+\rangle$ et $|-\rangle$. Si le spin est initialement dans l'état :

$$|\varphi_i\rangle = \frac{1}{\sqrt{2}}\left[|+\rangle + |-\rangle\right] \tag{6.47}$$

18. Voir cependant comment l'interprétation modale (§ 8.G), qui va au-delà de l'interprétation standard, résout ce problème.

après interaction avec l'appareil de mesure le vecteur d'état $|\Psi_f\rangle$ du système total devient :

$$|\Psi_f\rangle = \frac{1}{\sqrt{2}}\left[|+\rangle \otimes \left|\Phi'_+\right\rangle + |-\rangle \otimes \left|\Phi'_-\right\rangle\right] \tag{6.48}$$

où les $\left|\Phi'_\pm\right\rangle$ sont les deux états possibles que peut atteindre l'appareil après la mesure. En lisant l'expression de ce vecteur, on pourrait avoir l'impression qu'il indique directement que la base correspondant à la mesure est bien la base des vecteurs propres $|\pm\rangle$ associés à la composante sur Oz du spin. Mais, en réalité, si l'on introduit la base des états de spin :

$$|\xi_\pm\rangle = \frac{1}{\sqrt{2}}\left[|+\rangle \pm e^{i\xi}\,|-\rangle\right] \tag{6.49}$$

(qui correspondent aux vecteurs propres de la composante du spin le long de l'axe $O\xi$ du plan xOy faisant l'angle ξ avec Ox), le ket $|\Psi_f\rangle$ peut tout aussi bien s'écrire :

$$|\Psi_f\rangle = \frac{1}{2\sqrt{2}}\left\{|\xi_+\rangle \otimes |\Xi_+\rangle + |\xi_-\rangle \otimes |\Xi_-\rangle\right\} \tag{6.50}$$

avec :

$$\begin{aligned} |\Xi_+\rangle &= \left|\Phi'_+\right\rangle + e^{-i\xi}\left|\Phi'_-\right\rangle \\ |\Xi_-\rangle &= \left|\Phi'_+\right\rangle - e^{-i\xi}\left|\Phi'_-\right\rangle \end{aligned} \tag{6.51}$$

Or (6.50) a exactement la même forme que (6.48) ; il suffit de remplacer les deux vecteurs $|\pm\rangle$ par deux autres vecteurs de base $|\xi_\pm\rangle$ ainsi que les vecteurs $\left|\Phi'_\pm\right\rangle$ de l'appareil de mesure par $|\Xi_\pm\rangle$. Au vu de l'expression (6.48) du vecteur d'état intriqué après la mesure, on pourrait maintenant avoir l'impression que c'est la composante du spin selon une direction $O\xi$ qui a été mesurée, en contradiction avec ce qui découle de l'expression (6.48) du même ket. Cet exemple illustre le fait que, pour un état initial de S tel que (6.47), la seule nature de l'intrication finale entre appareil et système mesuré n'est pas suffisante pour déterminer quelle observable a été mesurée (et, évidemment, encore moins quel est le résultat obtenu dans une réalisation particulière de l'expérience).

Pour lever cette ambiguïté, on peut généraliser la discussion et supposer que $|\varphi_i\rangle$ est une superposition linéaire quelconque[19] des états $|\pm\rangle$. Zeh et Zurek ont proposé une autre méthode, qui prend en compte l'interaction inévitable entre l'appareil de mesure et l'environnement.

6.C.5.c Effet de l'environnement ; états pointeurs

Il est impossible que l'appareil de mesure reste totalement isolé de son environnement, y compris à un niveau microscopique. Ceci demanderait qu'aucun

19. Si l'on remplace (6.47) par $|\varphi_i\rangle = \alpha\,|+\rangle + \beta\,|-\rangle$, on obtient $\left|\Psi_f\right\rangle = \alpha\,|+\rangle \otimes \left|\Phi'_+\right\rangle + \beta\,|-\rangle \otimes \left|\Phi'_-\right\rangle$. Lorsque α et β sont quelconques, il n'existe pas d'autre base $|\xi_\pm\rangle\,|\Theta_\pm\rangle$ dans laquelle le ket (6.48) puisse également s'écrire de façon générale $\left|\Psi_f\right\rangle = \alpha\,|\xi_+\rangle \otimes \left|\Theta'_+\right\rangle + \beta\,|\xi_-\rangle \otimes \left|\Theta'_-\right\rangle$, de sorte que l'ambiguïté sur la base est levée.

de ses atomes, ses électrons, etc., qui sont pourtant en nombre macroscopique, n'interagisse avec aucune particule de l'environnement et ne s'y corrèle d'une façon ou d'une autre (par exemple un photon qui est diffusé vers un état différent selon la position de l'aiguille de mesure, comme dans le schéma discuté au § 6.C.3.a). On peut même remarquer que, de par sa fonction même, l'appareil doit être capable d'interagir et de se corréler avec l'expérimentateur lorsque ce dernier prend connaissance du résultat de mesure. Cette impossibilité d'avoir un appareil totalement isolé a incité Zeh [245] et Zurek[246, 247] à pousser plus loin l'analyse du processus de mesure quantique, et d'y inclure l'environnement de l'appareil de mesure.

Des modèles ont été développés, certes simplifiés, mais dont l'avantage est de permettre des calculs qui donnent une bonne idée de la nature générale des phénomènes physiques produits par l'intrication avec l'environnement. Dans le modèle de Coleman-Hepp [248, 249], le système quantique étudié est couplé à un réseau linéaire semi-infini de N spins 1/2 à des positions fixes, qui représentent l'appareil. Le calcul montre alors que, si l'on se limite à la mesure d'observables « locales » construites à partir d'un nombre fini d'opérateurs de spin, leur mesure ne permet pas de faire la distinction entre une superposition cohérente des diverses positions du pointeur et une superposition incohérente. Zurek considère un modèle mettant en jeu le couplage de l'appareil de mesure M avec un environnement composé, soit d'une collection d'oscillateurs harmoniques [250], soit d'un ensemble de spins 1/2 [247] ; l'appareil de mesure lui-même est aussi simplifié et également modélisé par un système à deux niveaux (donc un spin 1/2). Ce couplage se traduit par un hamiltonien $H_{ME}(i)$ entre le $i^{\text{ème}}$ spin de l'environnement et le spin de l'appareil de mesure ; $H_{ME}(i)$ est proportionnel au produit de leurs composantes de spin selon Oz avec une constante de couplage g_i qui varie aléatoirement en fonction de i. On peut alors montrer qu'il existe dans l'espace des états de l'appareil de mesure M (tel que simplifié dans ce modèle) une base privilégiée, dite base des « états pointeurs » (« pointer states » en anglais), qui est celle dans laquelle le système $S + M$ devient diagonal. C'est dans cette base uniquement, définie par des critères de localisation du pointeur, que l'intrication avec E tend à détruire les cohérences. Ce qui fixe la base privilégiée par rapport aux autres est donc la forme explicite de l'hamiltonien de couplage entre l'appareil de mesure et son environnement. Pour revenir à un appareil de mesure plus réaliste qu'un spin unique, par exemple un appareil comportant un cadran sur lequel se déplace une aiguille, cette base correspondra à des états où l'aiguille est bien localisée en position (par opposition, par exemple, avec une base constituée avec des états propres de l'impulsion du centre de masse de l'aiguille, ou de n'importe quel état s'étendant dans une grande région de l'espace). Zurek parle de « einselection » (pour « environement induced selection ») pour décrire le phénomène.

C'est une idée importante : la constitution physique même d'un appareil de mesure détermine la façon dont il est couplé à l'environnement, et c'est l'hamiltonien responsable de ce couplage qui détermine la base des états pointeurs. En fait, si la dynamique propre de l'appareil n'est pas prise en compte, ces états sont simplement les vecteurs propres d'un opérateur réduit qui commute avec l'hamiltonien d'interaction entre l'appareil de mesure et son environnement [246] ; si cette dynamique est prise en compte, la situation est plus compliquée. Nous voyons ainsi apparaître deux conditions nécessaires pour qu'un dispositif puisse être considéré comme un appareil de mesure satisfaisant pour donner accès à une grandeur physique de S ; il faut évidemment que le couplage entre S et M soit approprié pour transférer la bonne information de l'un à l'autre, mais également que cette information transférée reste ensuite stable dans le temps vis-à-vis du couplage entre M et E et robuste vis-à-vis des perturbations.

Sur le plan fondamental cependant, la même remarque que plus haut s'applique une fois de plus : la base des états pointeurs est certes privilégiée, en ce sens qu'elle correspond à des populations auxquelles on peut avoir accès (alors que les effets de cohérence entre ces états se propagent rapidement de plus en plus loin dans l'environnement, ce qui les rend rapidement impossibles à observer). Cependant cette cohérence, même inobservable en pratique, existe toujours, se contentant de se propager de façon de plus en plus complexe dans l'univers physique ; après la mesure, la disparition de tous les résultats au profit d'un seul d'entre eux n'est pas contenue dans la théorie, de sorte qu'il faut bien recourir à un postulat indépendant pour l'expliquer. Zurek [251] (voir également § VI-D de [247]) a cependant proposé d'utiliser la notion qu'il appelle « envariance » (« environment-assisted invariance »), une symétrie que présentent les systèmes quantiques corrélés, pour décrire la nature de l'ignorance statistique et en déduire la règle de Born ainsi que le classicalité macroscopique, sans faire appel à la notion de mesure ou de réduction du vecteur d'état.

6.C.5.d Le paradoxe de Hund

Il existe en physique moléculaire un problème similaire, souvent appelé le « paradoxe de Hund » [252], qui soulève la question de l'origine de la stabilité d'états moléculaires chiraux. Le molécules chirales dans leur état fondamental peuvent se trouver dans deux configurations symétriques l'une de l'autre par rapport à un plan (symétrie miroir) : la première de symétrie gauche associée à l'état quantique $|L\rangle$, la seconde de symétrie droite associée à l'état quantique $|R\rangle$. Aucun de ces deux états lui-même n'est invariant : chacun présente une chiralité, qui se manifeste par le fait qu'une solution de molécules dans l'un de ces deux états manifeste un « pouvoir rotatoire » (elle fait tourner le plan de polarisation d'un faisceau lumineux qui la traverse).

Ces deux états sont toujours couplés par effet tunnel (comme les configurations symétriques de la molécule d'Ammoniac), de sorte que le véritable état fondamental de la molécule est la combinaison symétrique :

$$|G\rangle = \frac{1}{\sqrt{2}} [|L\rangle + |R\rangle] \tag{6.52}$$

Un tel état est invariant par symétrie miroir, comme on s'y attend pour l'état fondamental non-dégénéré de tout système quantique, qui doit posséder la même symétrie que son hamiltonien (ici l'hamiltonien de la molécule, invariant pas symétrie miroir). L'état $|G\rangle$ n'a donc ni chiralité ni pouvoir rotatoire.

Toutefois, lorsqu'on mesure la rotation du plan de polarisation d'un faisceau lumineux traversant la solution, on observe que les molécules sont des « énantiomères » : elles sont soit dans l'état $|L\rangle$ ou $|R\rangle$, qui font tourner la polarisation dans des directions opposées, mais pas dans l'état $|G\rangle$ sans pouvoir rotatoire. On peut même trier les molécules dans l'une seule des configurations, $|L\rangle$ ou $|R\rangle$, afin d'augmenter la rotation. Une question intrigante est alors : pourquoi les molécules ne sont-elles pas chacune dans un état qui possède la même symétrie que l'hamiltonien de la molécule ? De façon plus générale, pourquoi ne pourraient-elles pas se trouver dans n'importe quelle superposition linéaire :

$$|D_\pm\rangle = \frac{1}{\sqrt{2}} \left[|L\rangle \pm e^{i\xi} |R\rangle\right] \tag{6.53}$$

puisque c'est une conséquence directe du principe de superposition ?

La réponse à cette question met en jeu le couplage de la molécule avec l'environnement, comme pour les états pointeurs discutés ci-dessus. La molécule subit constamment des collisions avec d'autres molécules, et se corrèle avec elles d'une façon qui est différente pour les états $|L\rangle$ et $|R\rangle$; ce sont donc ces deux états qui fournissent la base privilégiée par rapport à l'environnement, alors que $|G\rangle$ est une combinaison linéaire de ces états et se trouve donc très fragile vis-à-vis de la décohérence [253]. C'est la raison pour laquelle l'on n'observe pas les propriétés optiques associées à l'état $|G\rangle$. En fait, si le couplage avec les autres molécules est suffisamment rapide et si l'effet tunnel reste relativement lent, l'interaction entre la molécule bloque l'effet tunnel. Supposons par exemple qu'une molécule isolée se trouve dans l'état initial $|L\rangle$; si la molécule était parfaitement isolée, elle oscillerait entre cet état et l'état $|R\rangle$ sous l'effet de son hamiltonien interne, à une fréquence qui est déterminée par le taux d'effet tunnel entre ces états. Mais, en présence des interactions avec l'environnement, cette oscillation ne se produit pas, la molécule restant bloquée dans l'état $|L\rangle$ (ce blocage porte parfois le nom de « effet Zénon quantique »).

6.D Cryptographie quantique, téléportation

Cryptographie quantique et téléportation partagent un certain nombre d'aspects communs. Même si ces deux sujets ne fournissent par réellement un éclairage nouveau sur l'interprétation de la mécanique quantique, ils donnent toutefois des applications très directes de ses principes de base, et c'est pourquoi nous les abordons maintenant. Nous en résumerons ici les idées générales ; le lecteur qui désire en savoir plus est invité à se reporter aux références proposées au cours du texte. Nous commençons par l'introduction de deux théorèmes généraux qui s'avèrent utiles dans le contexte de cette discussion.

6.D.1 Théorèmes : non-clonage et non-détermination d'un état unique

Les deux théorèmes qui suivent sont quelque peu similaires ; le premier concerne la création et la duplication d'états quantiques, le second leur détermination.

6.D.1.a Non-clonage

La duplication d'un état quantique, souvent appelée « clonage quantique », est l'opération qui part d'une particule dans un état quantique arbitraire $|\varphi\rangle$ pour arriver à une situation où deux particules (ou plus) occupent ce même état $|\varphi\rangle$. Comme nous allons le voir, dans le cadre des lois de la mécanique quantique, il se trouve que cette opération est fondamentalement impossible, propriété qui est souvent appelée le « no-cloning theorem » [254, 255]. La démonstration fait intervenir la linéarité et l'unitarité de l'évolution du vecteur d'état (conservation de la norme du produit scalaire entre vecteurs d'état au cours de l'évolution).

Supposons que le système total étudié comporte :

– la « source » à dupliquer dans l'état normé $|\varphi\rangle$,

– la « cible », qui se trouve initialement dans l'état normé $|\xi_0\rangle$, et qu'il s'agit de transférer dans le même état $|\varphi\rangle$ que le premier (ce qui implique qu'il ait le même espace des états, ou au moins un espace isomorphe),

– et enfin un environnement dont l'espace des états est quelconque et qui se trouve dans l'état initial normé $|\Phi_0\rangle$.

Nous voulons étudier l'éventualité que l'état initial du système total évolue depuis l'état initial :

$$|\Psi_i\rangle = |\varphi\rangle \otimes |\xi_0\rangle \otimes |\Phi_0\rangle \tag{6.54}$$

vers un état final $|\Psi_f\rangle$ donné par :

$$|\Psi_f\rangle = |\varphi\rangle \otimes |\varphi\rangle \otimes |\Phi_f(\varphi)\rangle \tag{6.55}$$

Considérons alors deux valeurs différentes $|\varphi_1\rangle$ et $|\varphi_2\rangle$ de $|\varphi\rangle$, associées aux états initiaux $\left|\Psi_i^{(1)}\right\rangle$ et $\left|\Psi_i^{(2)}\right\rangle$; d'après (6.54) le produit scalaire de ces derniers est :

$$\left\langle \Psi_i^{(1)} \middle| \Psi_i^{(2)} \right\rangle = \langle \varphi_1 | \varphi_2 \rangle \tag{6.56}$$

Après évolution, ce produit scalaire doit devenir, d'après (6.55) :

$$\left\langle \Psi_f^{(1)} \middle| \Psi_f^{(2)} \right\rangle = \left[\langle \varphi_1 | \varphi_2 \rangle\right]^2 \langle \Phi_f(\varphi_1) | \Phi_f(\varphi_2) \rangle \tag{6.57}$$

Pour qu'il soit égal à (6.56), deux cas sont possibles :

– soit $\langle \varphi_1 | \varphi_2 \rangle = 0$,

– soit :

$$\langle \varphi_1 | \varphi_2 \rangle \times \langle \Phi_f(\varphi_1) | \Phi_f(\varphi_2) \rangle = 1 \tag{6.58}$$

Puisque tous les kets de cette expression sont normés, chacun des deux produits scalaires de cette expression est en module inférieur ou égal à 1 (inégalité de Schwarz), l'égalité ne se produisant que si les vecteurs eux-mêmes sont égaux. La relation (6.58) implique donc à la fois que $|\varphi_1\rangle = |\varphi_2\rangle$ et $|\Phi_f(\varphi_1)\rangle = |\Phi_f(\varphi_2)\rangle$, alors que nous avons supposé les états $|\varphi_1\rangle$ et $|\varphi_2\rangle$ différents. Le clonage n'est donc possible que si ces états sont, soit orthogonaux, soit identiques ; il est impossible pour des combinaisons linéaires quelconques.

Si maintenant nous renonçons à l'une des hypothèses, à savoir que l'état $|\varphi\rangle$ reste invariant dans tout le processus, le clonage devient-il alors possible ? Nous supposons maintenant que, au lieu de mettre deux systèmes dans l'état initial $|\varphi\rangle$ de la source, le processus les met tous les deux dans un autre état $|\overline{\varphi}\rangle$ qui est une fonction de $|\varphi\rangle$ donnée par :

$$|\overline{\varphi}\rangle = \overline{U}\, |\varphi\rangle \tag{6.59}$$

où $\overline{U}$ est un opérateur unitaire. L'équation (6.55) devient alors :

$$|\Psi_f\rangle = |\overline{\varphi}\rangle \otimes |\overline{\varphi}\rangle \otimes |\Phi_f(\varphi)\rangle$$

Après tout, ce serait également une sorte utile de clonage, puisque connaissant l'état $|\overline{\varphi}\rangle$ l'on peut toujours remonter à $|\varphi\rangle$. Mais ce processus est tout aussi interdit par les règles de la mécanique quantique. En effet, si l'on applique le même raisonnement que plus haut à l'opérateur unitaire obtenu en multipliant l'opérateur d'évolution par le produit U^{-1}(source) $\times$ U^{-1}(cible), on arrive aux mêmes équations et donc aux mêmes contradictions. Ainsi, abandonner l'invariance de l'état source ne facilite en rien le processus.

S'il est impossible de cloner exactement des états, peut-on au moins le faire de façon approchée ? L'argument qui suit montre que c'est tout aussi impossible. En effet, sans imposer l'égalité stricte de (6.55) pour l'état final, écrivons maintenant la condition plus faible :

$$|\Psi_f\rangle = |\overline{\varphi}\rangle \otimes |\widetilde{\varphi}\rangle \otimes |\Phi_f(\varphi)\rangle \tag{6.60}$$

où $|\overline{\varphi}\rangle$ et $|\widetilde{\varphi}\rangle$ sont de bonnes approximations de l'état initial cible $|\varphi\rangle$. La condition de conservation du produit scalaire donne alors :

$$\langle \varphi_1 | \varphi_2 \rangle = \langle \overline{\varphi}_1 | \overline{\varphi}_2 \rangle \langle \widetilde{\varphi}_1 | \widetilde{\varphi}_2 \rangle \langle \Phi_f(\varphi_1) | \Phi_f(\varphi_2) \rangle \tag{6.61}$$

Comme $\langle\overline{\varphi}_1 |\overline{\varphi}_2\rangle \simeq \langle\varphi_1 |\varphi_2\rangle$, on a nécessairement :
- soit $\langle\varphi_1 |\varphi_2\rangle \simeq 0$,
- soit :

$$\langle\widetilde{\varphi}_1 |\widetilde{\varphi}_2\rangle \times \langle\Phi_f(\varphi_1) |\Phi_f(\varphi_2)\rangle \simeq 1 \tag{6.62}$$

qui entraîne que $\langle\widetilde{\varphi}_1 |\widetilde{\varphi}_2\rangle \simeq 1$ et, par symétrie, que $\langle\overline{\varphi}_1 |\overline{\varphi}_2\rangle \simeq 1$. Ainsi, les états approximativement clonés sont, soit presque orthogonaux, soit presque identiques ; à nouveau, des combinaisons linéaires arbitraires ne peuvent pas être clonées.

Dans l'Appendice F nous discutons pourquoi, si le clonage d'états était possible, il deviendrait possible de l'appliquer à chacune des deux particules d'une paire EPR ; la réalisation multiple des états permettrait alors la transmission d'information sur les orientations a et b choisies par les expérimentateurs. Un tel schéma ne serait soumis à aucune limite inférieure de temps pour la transmission d'information à distance, en contradiction avec la relativité. Heureusement pour la cohérence de la physique, il n'en est rien ! Voir [256] pour une discussion historique du théorème de non-clonage, et [257] pour une étude du clonage multiple.

6.D.1.b Non-détermination avec une seule réalisation

Un théorème similaire est le suivant : étant donné un système quantique unique dans un état $|\varphi\rangle$, il est impossible de déterminer exactement $|\varphi\rangle$ en utilisant une séquence quelconque de mesures. En effet, quelle que soit la première mesure effectuée sur le système, si effectivement une certaine information est obtenue, il y a aussi modification de l'état par la mesure (réduction du vecteur d'état). Des mesures ultérieures n'auront alors accès qu'à ces état modifiés, ce qui rend impossible la détermination précise de l'état initial $|\varphi\rangle$. Ce théorème est d'ailleurs nécessaire pour assurer la cohérence avec le théorème du non-clonage : si l'on pouvait déterminer l'état $|\varphi\rangle$ avec une précision arbitraire, on pourrait ensuite construire un filtre (appareil de Stern et Gerlach pour des spins) qui mettrait ainsi un nombre arbitraire de particules dans l'état initial $|\varphi\rangle$, en violation avec le théorème du non-clonage. Le théorème de non-détermination n'est valable que si une seule réalisation du système quantique est donnée ; si de nombreuses copies du même système dans l'état $|\varphi\rangle$ sont disponibles, il devient alors possible de déterminer cet état de façon d'autant plus précise que le nombre de copies est grand.

Un autre résultat intéressant, relié à ce théorème, est le suivant : lorsque plusieurs copies du système initial décrit par un même opérateur densité ρ (état pur ou mélange statistique) sont disponibles, il n'est pas nécessaire d'effectuer de nombreux types de mesures différentes : l'utilisation d'un appareillage de mesure unique permet la détermination parfaite d'un état quantique (pur ou mélange statistique donné par un opérateur densité ρ), pourvu qu'un système quantique auxiliaire plus grand interagisse de façon contrôlée avec le système à déterminer [258]. À la fin du processus on mesure une observable factorisée unique faisant intervenir les deux systèmes. L'interaction avec le système auxiliaire (parfois appelé « ancilla ») permet donc de transformer l'information associée à des opérateurs ne commutant pas dans l'espace du système initial en une information commutative pour l'ensemble des deux systèmes.

6.D.2 Distribution de clés cryptographiques

Contrairement à ce que pourrait laisser croire son nom, la cryptographie quantique n'est pas une méthode de cryptographie qui permettrait de coder ou décoder des messages secrets par des méthodes quantiques ; c'est en fait une méthode qui concerne uniquement la transmission entre deux partenaires de clés de codage cryptographique par l'intermédiaire de systèmes quantiques, l'utilisation ultérieure de cette clé restant classique. On utilise d'ailleurs également pour la désigner la dénomination plus précise « distribution quantique de clé » (ou « quantum key distribution » en anglais). Il s'agit donc de mettre à profit les propriétés spécifiques de la mécanique quantique pour assurer la transmission à distance de clés cryptographiques sans risque d'interception. La méthode se décline en plusieurs versions, soit utilisant la transmission de séries de particules uniques [259] comme dans le protocole BB84, soit celle de plusieurs particules corrélées, typiquement dans un état EPR [260, 261]. Pour une introduction générale, voir [262] et, pour une revue avec plus de détails, voir [263].

6.D.2.a Idée générale

L'idée de base est de construire un schéma permettant la transmission à distance parfaitement sécurisée d'une clé cryptographique – une telle clé est une séquence aléatoire de 0 et de 1 utilisée pour coder, puis ensuite décoder, un message devant rester secret. Dans une première étape, les deux correspondants éloignés Alice et Bob partagent en commun cette clé ; ensuite ils l'utilisent pour coder[20] et décoder tous les messages qu'ils doivent échanger ultérieurement. Si la clé est parfaitement aléatoire et si chacun de ses éléments n'est utilisé qu'une seule fois (ce qui implique que la clé doit être aussi longue que les messages eux-mêmes), il devient totalement impossible de décoder aucun message sans connaître la clé ; c'est vrai même si la version codée est envoyée de façon publique. Mais le risque est que, durant le processus initial de communication de la clé, un espion (traditionnellement appelé Ève à cause du mot anglais « eavesdropping », procéder à des écoutes) réussisse à l'intercepter pour en prendre connaissance ; à partir de ce moment il/elle sera

20. La méthode la plus simple est d'écrire le message en clair avec un codage binaire des caractères, puis d'effectuer une somme binaire de chaque bit du message avec le bit de la clé de même rang ; le résultat, qui apparaît alors comme une suite totalement aléatoire et donc illisible, est envoyé par Alice à Bob. Il suffit ensuite à ce dernier d'effectuer sur la chaîne de bits qu'il reçoit une seconde fois la même somme binaire pour rétablir le message initial.

capable de décoder les messages envoyés avec cette clé. L'échange de clés est donc une étape particulièrement délicate. La stratégie habituelle est d'utiliser au mieux les méthodes classiques de confidentialité : stockage dans un coffre-fort, transport sécurisé, etc., mais il est toujours difficile d'évaluer la sécurité réelle de telles méthodes, où interviennent beaucoup de facteurs humains.

En revanche, le partage quantique de clés se base sur des lois physiques fondamentales qui sont impossibles à violer : si habiles et inventifs que soient les espions, jamais ils ne pourront violer les lois de la mécanique quantique ! L'idée de base est qu'Alice et Bob vont créer leur clé cryptographique commune en effectuant des mesures quantiques, par exemple sur des particules dans des états corrélés EPR ; ils peuvent ainsi obtenir des séries de nombres aléatoires communs qu'il peuvent ensuite utiliser comme clé secrète de communication. Que se produit-il alors si Ève tente d'intercepter les photons échangés par Alice et Bob durant la création de la clé, par exemple en couplant un système optique très élaboré à la fibre qui court entre Alice de Bob, et en faisant des mesures ? Si Ève absorbe les photons qu'elle mesure, elle change immédiatement les propriétés de corrélations que peuvent observer Alice et Bob, et la tentative d'espionnage est immédiatement détectable. Cette prise de conscience ne fait pas nécessairement cesser la tentative d'espionnage, mais au moins Alice et Bob savent quelles données n'ont pas été perturbées et peuvent être utilisées ensuite comme clé cryptographique parfaitement sûre.

6.D.2.b Exemples de protocoles d'échange de clés

La cryptographie quantique est actuellement un domaine de recherche varié et actif. Il a été proposé toute une série de schémas et de protocoles possibles, dont certains ont été mis en pratique de façon très concrète, permettant des distributions de clés sur des distances dépassant 100 km. Nous nous limiterons ici à la présentation de quelques exemples.

Protocole BB84 Supposons qu'Alice envoie à Bob des photons un par un, soit dans l'état $|H\rangle$ de polarisation horizontale pour signaler un bit de la clé égal à 0, soit dans l'état $|V\rangle$ de polarisation verticale pour signaler un bit égal à 1 (Fig. 6.2). Bob, mesurant la polarisation des photons qu'il reçoit, peut reconstruire la clé, mais dans ce cas il n'existe aucune garantie que cette clé n'ait pas été interceptée en chemin par Ève. En effet cette dernière peut, dans son laboratoire le long de la ligne de transmission, effectuer la même mesure que Bob ; ceci la conduit à absorber le photon envoyé par Alice, mais elle a la possibilité de renvoyer ensuite un autre photon sur la ligne de communication avec la polarisation qu'elle vient de mesurer. Bob reçoit alors exactement les mêmes signaux qu'en l'absence d'intervention de Ève, sans que lui ni Alice ne puissent se rendre compte qu'ils sont espionnés.

Le protocole BB84 (pour Bennett et Brasssard, 1984 [259]) permet de s'affranchir de ce risque. Il met en jeu l'utilisation de deux bases différentes

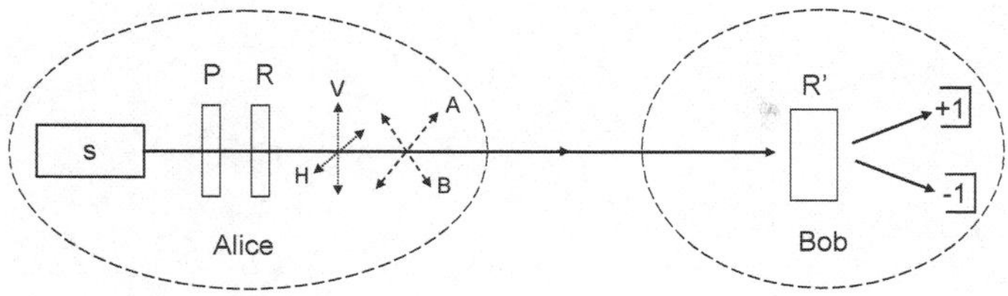

FIG. 6.2 – Schéma du protocole BB84 d'échange sécurisé d'une clé cryptographique. Alice envoie à Bob des photons un par un, et pour chacun d'entre eux choisit au hasard la polarisation parmi quatre possibilités : H (horizontal), V (vertical), A (première diagonale à 45°) et B (seconde diagonale à -45°). Elle utilise pour cela deux dispositifs optiques P et R qui produisent ces quatre polarisations. Par convention, H et A correspondent à un bit 0, V et B à un bit 1. Bob, de son côté, utilise un système analyseur de polarisations R' qui lui permet de choisir au hasard selon quelle paire de polarisations, (H,V) ou (A,B), il effectue chaque mesure, qui lui fournit alors un résultat ± 1. L'extraction d'une clé cryptographique secrète à partir de ces résultats est discutée dans le texte et résumée dans la Fig. 6.3.

pour les polarisations, celle déjà mentionnée des deux états $|H\rangle$ et $|V\rangle$, et en plus une base de deux nouveaux états :

$$\begin{aligned} |A\rangle &= \tfrac{1}{\sqrt{2}}\left[|H\rangle + |V\rangle\right] \\ |B\rangle &= \tfrac{1}{\sqrt{2}}\left[|H\rangle - |V\rangle\right] \end{aligned} \tag{6.63}$$

correspondant aux deux polarisations linéaires à $\pm 45°$ des polarisations $|H\rangle$ et $|V\rangle$. Par convention, $|H\rangle$ et $|A\rangle$ sont associés à un bit de la clé égal à 0, et $|V\rangle$ et $|B\rangle$ à un bit égal à 1 (on pourrait choisir toute autre convention associant 0 à un état de chaque base, puis 1 aux deux autres états).

Un point crucial est qu'Alice doit choisir totalement au hasard d'utiliser pour chaque bit, soit la base $\{|H\rangle, |V\rangle\}$, soit la base $\{|A\rangle, |B\rangle\}$, lorsqu'elle envoie la clé. De son côté, Bob choisit également au hasard sa direction d'analyse, de sorte qu'une fois sur deux sa base diffère de celle d'Alice ; on voit alors sur (6.63) que les deux résultats qu'il peut mesurer ont tous deux la même probabilité 1/2, indépendamment du bit choisi par Alice, de sorte qu'aucune information ne lui parvient. Mais si par chance il a choisi la même base, l'information est effectivement contenue dans la mesure qu'il effectue. Le protocole comprend donc, dans un premier temps, l'envoi de particules entre Alice et Bob et, seulement ensuite (et c'est essentiel pour que la sécurité soit assurée) un échange public (c'est-à-dire non nécessairement secret) d'information entre Alice et Bob, qui se communiquent l'information sur la base utilisée par chacun d'eux. Bien sûr, ils ne communiquent rien concernant les résultats observés, sinon la confidentialité serait perdue ! Cet échange permet à Bob de ne retenir que les bits mesurés dans le cas où les bases sont les mêmes, et de rejeter les autres mesures comme inutiles. Ce sont alors les bits retenus qui

Polarisations d'Alice	↕ V	⤢ A	↕ V	↔ H	⤡ B	⤡ B	↔ H	↕ V
Bits envoyés	1	0	1	0	1	1	0	1
Directions d'analyse de Bob	✥	✕	✕	✥	✥	✕	✕	✥
Résultats de Bob	1	0	0	0	1	1	0	1
Bits de la clé commune	1	0		0		1		1

FIG. 6.3 – Série d'événements typiques dans une expérience d'échange de clé cryptographique. Alice envoie des photons en choisissant au hasard parmi les quatre polarisations H,V, A, et B ; ensuite Bob mesure la polarisation qu'il détecte en choisissant, soit la base (H,V), soit la base (A,B). Une fois la série de mesures terminée, tous deux se communiquent publiquement le choix de leur base pour chaque paire, mais pas les résultats. La clé cryptographique commune est obtenue en ne retenant que les résultats où il s'est trouvé que les bases sont les mêmes ; tous les résultats pour lesquels les bases sont différentes sont rejetés. Dans le cas représenté, la clé ainsi obtenue n'a que 5 bits, mais il suffit de répéter l'expérience autant de fois que nécessaire pour obtenir une clé de longueur arbitraire.

constituent la clé secrète, dont le nombre est proche de la moitié du nombre de particules envoyées par Alice (si ce nombre est grand). Cette méthode peut sembler compliquée, mais nous allons voir qu'elle assure que toute interception des données devient ainsi détectable par Alice et Bob.

En effet, que peut faire Ève pour tenter d'intercepter de l'information ? Pendant que les photons se propagent entre Alice et Bob, elle peut essayer de les capter un par un et d'effectuer la mesure de leurs polarisations ; pour passer inaperçue, à chaque interception elle renvoie vers Bob une particule de même polarisation. Mais, au moment du transfert des particules quantiques (avant communication des bases entre Alice et Bob), aucune information n'est disponible sur la polarisation utilisée par Alice, de sorte qu'Ève ne sait pas si elle doit effectuer l'analyse selon la base $\{|H\rangle, |V\rangle\}$ ou la base $\{|A\rangle, |B\rangle\}$; nous avons vu au § 6.D.1 qu'il lui est impossible de déterminer l'état quantique d'une particule unique, et que de plus le théorème du non-clonage lui interdit de pouvoir multiplier la particule reçue en plusieurs particules dans le même état. Pour finir, tout comme Bob, Ève a une chance sur deux de se tromper de base. Si par exemple Alice a utilisé la première et Ève la seconde, cette dernière recevra un état $|H\rangle$ ou $|V\rangle$ mais renverra une particule dans l'un des états $|A\rangle$ ou $|B\rangle$, ce qui perturbe le flux de particules reçues par Bob et peut créer des anomalies visibles. Comme il y a une chance sur deux qu'Ève se trompe de base, et ensuite une chance sur deux que cela entraîne une perturbation du résultat observé par Bob, c'est au total dans 25 % des cas que la perturbation créée par Alice se traduit par une telle anomalie.

La stratégie d'Alice et Bob est donc de sacrifier un certain nombre des bits obtenus lorsque les bases coïncident, de se les communiquer publiquement, ce qui leur permet de vérifier qu'ils sont bien identiques comme attendu (Fig. 6.3) ; peu importe qu'Ève intercepte alors la valeur des ces bits sacrifiés, puisqu'ils ne seront plus utilisés. Alice et Bob comparent leurs résultats et, s'ils diffèrent de 25 % environ, c'est que quelqu'un est en train de s'interposer dans leur communication. Ainsi, tout ce que Ève peut faire pour obtenir de l'information modifie automatiquement les propriétés de corrélation des photons observées aux deux extrémités du canal de communication. Alice et Bob peuvent donc se rendre compte de la tentative d'intrusion – en supposant évidemment qu'ils comparent soigneusement leurs données et les taux de corrélation.

Bien sûr, notre discussion est simplifiée et se limite aux principes généraux. Dans la pratique, même lorsqu'Alice et Bob utilisent la même base et en l'absence d'Ève, la coïncidence entre leurs résultats n'est pas parfaite, à cause de diverses perturbations qui peuvent se produire lors de la propagation et lors des mesures. Si le taux des erreurs introduites ne dépasse par une certaine valeur, on peut alors parfaitement avoir recours à toutes les techniques habituelles mettant en œuvre les codes classiques de corrections d'erreur (comme ceux qui servent lors de la lecture des CD ou des disques durs d'ordinateurs, par exemple des contrôles de parité) ; on réduit alors encore un peu la taille de la clé, mais on élimine efficacement des erreurs aléatoires. Pour une discussion des diverses méthodes d'amplification de la confidentialité (« privacy amplification » et « quantum secret growing » en anglais), nous renvoyons à la Ref. [263].

Le schéma fonctionne en principe avec des particules quantiques quelconques mais, en pratique, ce sont généralement des photons se propageant dans des fibres optiques. Or ces dernières modifient la polarisation des photons, au risque de détruire les corrélations utilisées dans la transmission de la clé. Pour résoudre ce problème, Bennett [264] a proposé une autre technique mettant en jeu une résolution temporelle, et où Alice et Bob font chacun usage d'un interféromètre de Mach-Zhender muni d'un réglage de phase ajustable dans un bras. Chaque photon émis dans le laboratoire d'Alice peut atteindre les détecteurs de Bob via plusieurs chemins quantiques, dont deux interfèrent dans l'impulsion temporelle qu'il mesure. L'effet d'interférence quantique qui se produit alors est très similaire à l'interférence entre deux polarisations différentes dans le schéma précédent ; un protocole analogue se basant sur des mesures quantiques associées à des opérateurs ne commutant pas peut être utilisé pour transmettre des clés cryptographiques. Ce schéma a été mis en pratique avec succès dans une expérience en 1993 [265] et continue à être utilisé.

Protocole EPR Dans le protocole précédent, les particules quantiques transmettant l'information sont envoyées par l'un des deux partenaires et reçues par l'autre. Il est également possible d'imaginer des protocoles plus symétriques où tous deux reçoivent des particules appartenant à des paires émises par une source commune. Un cas particulièrement intéressant sur le plan conceptuel est celui où ces paires se trouvent dans un état intriqué comme celui utilisé dans le schéma de Bell, ce qui permet de faire un lien entre la complétude de la mécanique quantique (ou sa non-localité) et la distribution quantique de clés [260]. Pour mettre en avant la similarité avec la discussion du § 4.A des inégalités de Bell, nous revenons au cas de deux particules de spin 1/2 initialement dans l'état singulet écrit en (4.1) – mais la discussion en termes de polarisations verticales ou inclinées de photons serait semblable.

Le protocole à utiliser dans ce cas est relativement similaire au protocole BB84 ; il fait également jouer un rôle central à un choix aléatoire de bases, mais cette fois ce sont à la fois Alice et Bob qui font des choix complètement aléatoires des composantes des spins qu'ils mesurent. On peut par exemple supposer qu'ils se limitent à deux directions de mesure, soit le long d'un axe Oz, soit le long d'un axe perpendiculaire Ox. Comme précédemment, deux situations peuvent se produire : soit ils font des choix différents, et leurs résultats n'ont aucune corrélation ; soit ils font le même choix et, pour une expérience idéale, les corrélations sont parfaites. Ici aussi, ce n'est qu'après la réception de l'ensemble des particules et la fin de leurs mesures qu'Alice et Bob communiquent entre eux (de façon non nécessairement confidentielle) pour s'informer mutuellement des choix faits pour les directions de mesure (mais pas des résultats qui restent secrets). Seuls sont retenus par chacun des deux partenaires les résultats de mesures où il se trouve que les deux choix de directions de mesure ont coïncidé. Avec ce protocole, souvent appelé « protocole EPR », la clé cryptographique extraite par Alice et Bob de leurs mesures est totalement aléatoire : aucun d'entre eux ne peut imposer la suite de bits constituant la clé (alors que, dans le protocole BB84, Alice pourrait la choisir), mais cela n'affecte en rien son utilisation dans la transmission ultérieure de messages.

La discussion des possibilités d'intrusion par Ève est du même type que plus haut : comme Ève ne sait pas quelle base sera utilisée par Alice et Bob, toute intervention de sa part implique une probabilité importante de modifier les corrélations entre les polarisations des spins observées par les deux partenaires dans les cas où ils ont choisi la mêmes base. Plus précisément, au moment où Ève effectue une mesure sur un des spins et trouve un résultat, l'autre spin est projeté dans un état propre selon la direction de mesure qu'elle a choisie, avec la valeur propre opposée. Si Ève renvoie sur la ligne un second spin ayant la polarisation correspondant à son résultat de mesure, et si par hasard Alice et Bob choisissent une direction d'analyse parallèle à celle d'Ève, ils vont constater une anti-corrélations parfaite de leurs résultats, comme si de rien n'était : l'intervention d'Ève n'est pas visible. En revanche, si par hasard ils choisissent une direction commune perpendiculaire à celle d'Ève, il apparaît une chance sur deux pour qu'ils observent le même résultat, ce qui serait impossible sans la perturbation imposée par Ève ; un taux d'erreur de 25% s'introduit alors. Ainsi, si Alice et Bob décident de sacrifier une fraction de leurs résultats à une vérification de l'absence de toute perturbation, comme dans le protocole BB84, ils peuvent aisément s'assurer de la confidentialité de leur communication.

De plus, ils peuvent utiliser un éventail plus varié de directions de mesures, en particulier celles qui conduisent à une violation quantique des inégalités BCHSH [99] ; ceci fournit un autre test qui leur permet de vérifier qu'aucune intervention sur les deux spins n'a été faite entre les sources et les deux régions de mesure. En effet, la direction choisie par Ève et le résultat qu'elle observe jouent un rôle semblable à la variable supplémentaire λ, qui ici détermine la polarisation des particules reçues par les deux partenaires ; les moyennes sur cette variable conduisent tout naturellement aux inégalités BCHSH (on tombe en fait ici dans le cas précis étudié dans l'Appendice C). Si donc Alice et Bob vérifient qu'ils sont capables d'obtenir des résultats qui conduisent à des violations des inégalités, en quelque sorte ils vérifient que personne n'a projeté entre temps la polarisation de leurs photons sur une direction donnée, et donc la confidentialité de la transmission. On voit ainsi apparaître un lien intéressant entre le théorème de Bell et la cryptographie quantique.

Sur le plan conceptuel, le protocole EPR reste cependant assez différent du protocole BB84 puisque, au moment où Ève peut tenter son intrusion dans le système, l'information qui sera utilisée par Alice et Bob pour construire leur clé n'existe toujours pas : tous les résultats possibles de toutes les composantes des spins sont toujours présents dans l'état intriqué singulet, puisqu'aucune mesure n'a encore été effectuée – en d'autres termes l'information utile n'existe pas encore. Nous l'avons vu, si Ève s'interpose, c'est elle en quelque sorte qui prend la responsabilité de projeter le vecteur d'état et d'attribuer des polarisations définies aux spins ; on comprend assez aisément que cette opération soit détectable par Alice et Bob.

On peut aller encore plus loin dans cette direction et envisager un schéma ou, pour les événements utiles à la construction de la clé, aucune particule ne se propage dans la ligne de transmission où Ève pourrait s'interposer ; il a déjà été discuté brièvement à la fin du § 2.D. Il s'agit d'un protocole mettant en jeu des mesures ne concernant qu'une seule particule ; la construction de la clé se fait à partir des événements où la particule est restée localisée dans le laboratoire d'Alice, de sorte qu'elle ne s'est jamais propagée entre les laboratoires d'Alice et Bob, à cause d'un effet d'interférence destructive. C'est un cas extrême où, pour les événements retenus dans la distribution de la clé, aucune particule ne se propage entre les partenaires, ce qui interdit évidemment à Ève toute intervention.

Ceci ne clôt pas la liste des protocoles possibles pour la distribution quantique de clés cryptographiques. Il est possible par exemple d'utiliser des protocoles mettant en jeu six états quantiques, ou des systèmes quantiques individuels dont la dimension de l'espace des états est plus grande que 2 ; à nouveau nous renvoyons à l'article de revue [263] pour plus de détails.

6.D.3 Téléportation d'un état quantique

La notion de téléportation quantique [266] est également liée à la non-localité quantique. L'idée est d'exploiter les corrélations entre deux particules intriquées, qui sont par exemple initialement dans l'état (5.9) (pour $N = 2$), de façon à reproduire à distance l'état de spin arbitraire d'une troisième particule. Le scénario est le suivant (Fig. 6.4) : initialement, les deux particules intriquées se propagent vers deux régions éloignées de l'espace ; l'une d'entre elles atteint le laboratoire d'Alice, alors que l'autre atteint celui de Bob ; une troisième particule dans l'état $|\varphi\rangle$ est alors fournie à Alice dans son laboratoire ; le but final de ce scénario est de mettre la particule de Bob exactement dans le même état $|\varphi\rangle$, quel qu'il soit (sans, bien sûr, transporter la particule elle-même). On dit alors que l'état $|\varphi\rangle$ a été téléporté.

Plus précisément, quelle est la procédure suivie dans la téléportation ? Naïvement, on pourrait penser que la meilleure stratégie pour Alice serait d'effectuer une mesure sur la particule dans l'état $|\varphi\rangle$ à téléporter, mais ce n'est pas le cas ; il est plus efficace d'effectuer une « mesure combinée » qui concerne à la fois cette particule ainsi que sa particule de la paire intriquée. On peut d'ailleurs montrer qu'une condition essentielle pour que la téléportation fonctionne est qu'aucune distinction ne soit possible entre les deux particules utilisées par Alice. Avec des photons elle peut par exemple, comme dans la Ref. [267], diriger les particules en question sur les deux faces d'entrée d'une lame séparatrice, et mesurer en sortie de chaque côté combien de photons sont réfléchis ou transmis ; ce dispositif ne permet effectivement pas de savoir de quelle direction initiale venaient les photons détectés, de sorte que la condition essentielle est remplie. Alors Alice communique à Bob le résultat de sa mesure ; cette communication peut se faire par un canal classique tel que téléphone, courrier électronique, etc., en d'autres termes par une méthode qui n'est pas instantanée mais soumise à la limitation provenant de la vitesse finie de la lumière. Pour finir, Bob modifie l'état de sa particule en lui appliquant une transformation unitaire qui dépend de l'information qu'il a reçue. L'opération met alors sa propre particule exactement dans le même état $|\varphi\rangle$ que l'état initial de la troisième particule, ce qui finalement réalise la « téléportation » de l'état. Il s'agit d'un scénario « mixte » nécessitant la combinaison d'une transmission d'information quantique (par la paire intriquée) et de l'information classique (l'appel téléphonique de Alice à Bob) ; on en trouvera une description plus détaillée par exemple dans le § 6.5 de [268].

La téléportation peut paraître soit magique, soit triviale, selon la façon dont on la regarde. La possibilité de reproduire à distance un état quantique à partir d'une information classique n'est pas en soi une surprise. Si

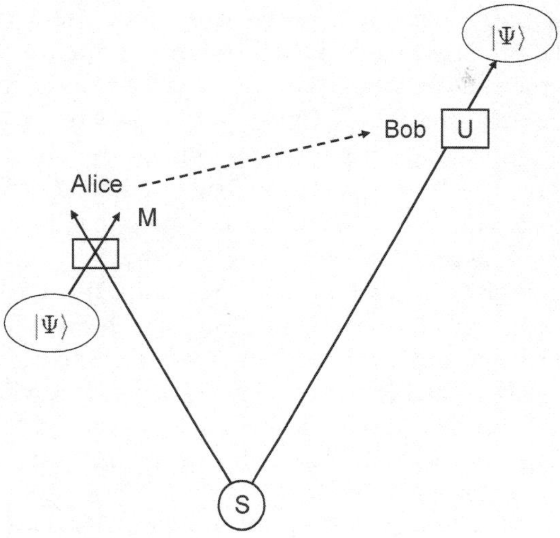

FIG. 6.4 – Une source S émet deux particules de spin 1/2 intriquées, qui se propagent vers Alice et Bob. Alice reçoit en plus une particule de spin 1/2 qui se trouve dans un état arbitraire $|\Psi\rangle$, qu'elle ne connaît pas. Elle effectue alors une mesure qui met en jeu à la fois cette particule et l'une des particules de la paire émise par S. Ensuite elle envoie un message à Bob pour lui communiquer le résultat de son expérience (deux bits d'information classique). Bob fait usage de cette information pour effectuer sur sa particule une transformation unitaire qui lui permet de transférer sa particule exactement dans le même état que la particule lointaine fournie à Alice. Ce proccessus est souvent appelé « téléportation quantique ».

par exemple nous supposons qu'Alice puisse décider de l'état à téléporter, et donc qu'elle filtre le spin (elle envoie des particules à travers un aimant de Stern et Gerlach[21] jusqu'à ce qu'elle obtienne un résultat $+1$) ; elle pourrait alors dire à Bob au téléphone d'aligner son filtre de Stern et Gerlach dans la même direction, et répéter l'expérience jusqu'à ce qu'il obtienne un résultat $+1$. La téléportation serait ainsi réalisée de façon triviale, simplement par la transmission d'information classique. Mais la véritable téléportation quantique est bien plus que cela ! En premier lieu, l'état qui est transporté n'est pas nécessairement choisi par Alice, mais peut être totalement arbitraire et inconnu d'elle. En second lieu, le message envoyé ne contient que deux bits[22] d'information binaire classique (le résultat de l'expérience combinée faite par

21. Pour filtrer un état de spin, il est évident que l'on a besoin d'utiliser une méthode non-destructive dans la détection de la particule après l'aimant de Stern et Gerlach. On pourrait par exemple imaginer un schéma de détection laser, conçu de façon que l'atome passe par un état excité et émette alors un photon en retournant vers son état fondamental de départ (cycle de pompage optique fermé, ce qui est possible par un choix approprié de la transition atomique et de la polarisation du laser).

22. Alice peut observer quatre résultats différents avec son expérience sur deux particules.

Alice), ce qui ne procure pas suffisamment d'information pour reconstruire un état quantique (un état quantique dépend de paramètres continus). En un certain sens, le processus de téléportation a réussi à transformer une information binaire en une information continue ! Cette dernière, en théorie classique de l'information, correspondrait à un nombre infini de bits.

Du point de vue de Bob, l'information reçue comprend deux composantes : de l'information classique envoyée par Alice, dont le contenu n'est pas décidé par elle, mais décrit le résultat aléatoire d'une expérience ; de l'information quantique contenue dans l'état téléporté (que nous appelons « qubit » dans la section suivante), qui peut être contrôlée par elle. Si la téléportation est répétée un grand nombre de fois sur le même état préparé par Alice, grâce à des mesures successives Bob pourra déterminer l'état quantique avec une précision arbitraire, donc la direction qui a été choisie par Alice ; il reçoit de sa part un message réel (pour une discussion de la stratégie optimale que Bob devrait utiliser, voir Ref. [269]).

Ainsi, si l'on veut présenter la téléportation d'une façon sensationnelle, on peut expliquer que, avant même Bob ne reçoive l'information classique, il a déjà reçu « presque toute l'information » sur l'état quantique, et de plus toute l'information contrôlable (le contenu du message classique est totalement aléatoire) ; cette « information » lui est parvenue de façon instantanée, exactement au moment où Alice a effectué sa mesure combinée, sans aucun retard qui soit proportionnel à la distance parcourue. Le reste de cette information, la différence entre une information continue et une information discrète, ne vient qu'ensuite, puisqu'il est soumis au retard minimal de transmission imposé par la relativité. Mais tout ce raisonnement fait intervenir une notion intuitive de « différence entre l'information quantique contrôlable et l'information classique non-contrôlable » que nous n'avons pas définie de façon précise ; inutile de dire que cela n'implique aucune violation des principes de base de la relativité !

Pour finir, est-ce que véritablement « quelque chose » a été transporté dans la téléportation, ou seulement de l'information ? Ce qui est parfaitement clair est que l'essence même du processus de téléportation est totalement différente d'aucun scénario imaginable pour la communication classique entre des êtres humains. La relation entre la téléportation quantique et les expériences de non-localité de Bell est discutée dans [270] ; voir aussi [271] ainsi que [272] pour une revue de résultats récents, et [273] pour une expérience de téléportation d'un état GHZ à N photons grâce à une seule paire de particules intriquées. Récemment, un groupe a mis en évidence la téléportation d'états quantiques de photons dans l'espace libre sur une distance de 16 km [274].

6.E Calcul quantique et information

Ce que nous avons dit de la cryptographie et de la téléportation est encore plus vrai de l'information et du calcul quantique : c'est un sujet de recherche très actif, avec de nouveaux résultats qui paraissent constamment dans la littérature. En donner ici un compte rendu à jour est donc hors de question. Nous nous limiterons à une très brève introduction et à quelques idées importantes, renvoyant à nouveau le lecteur intéressé qui voudrait en savoir plus aux Refs. [275–279].

6.E.1 Principe général

L'idée générale du calcul quantique [280] est de baser des calculs numériques, non plus sur des « bits » classiques qui ne peuvent occuper que deux états discrets (correspondant à 0 et 1 dans la notation binaire habituelle), mais sur des bits quantiques ou « qubits » , c'est-à-dire sur des systèmes quantiques qui ont accès chacun à un espace des états à deux dimensions. Ceci implique que des qubits peuvent, non seulement être dans des états $|0\rangle$ et $|1\rangle$, mais aussi dans n'importe quelle superposition linéaire de ces états. Pour un seul qubit, il est déjà clair qu'un continuum d'états est bien « plus grand » que seulement deux états. Pour un ensemble de nombreux bits classiques ou quantiques, la différence est encore plus grande : pour des bits classiques, la dimension de l'espace des états augmente linéairement avec leur nombre (par exemple, l'état d'un système à 3 bits définit un vecteur à trois composantes, égales à 0 ou 1) ; pour des qubits, la dimension croît exponentiellement (c'est une propriété du produit tensoriel d'espaces ; par exemple, pour 3 qubits, la dimension de l'espace est $2^3 = 8$). Si donc l'on suppose qu'un nombre important de qubits est disponible, on a accès à un espace des états avec une « taille » énorme, au sein duquel un nombre immense d'effets d'interférence peuvent se produire.

On comprend alors que, si l'on pouvait d'une façon ou d'une autre faire « travailler en parallèle » toutes les branches du vecteur d'état pour réaliser des calculs indépendants, on pourrait réaliser des calculs bien plus rapides, au moins en théorie. Supposons par exemple que l'on souhaite résoudre un système d'équations qui dépende d'un paramètre ; on pourrait imaginer un algorithme où le système de qubits soit mis dans une superposition d'états associés chacun à une valeur du paramètre, contenant simultanément toutes les solutions des équations pour toute une série de valeurs du paramètre. Mais la difficulté est alors d'avoir accès à ces composantes : on ne peut pas mesurer directement les composantes d'un vecteur d'état, comme on le ferait pour une variable classique. Toutefois, des protocoles de mesures quantiques peuvent être conçus qui permettent effectivement de faire usage d'une partie de ce « parallélisme quantique », ce qui ouvre bien des possibilités. La notion de complexité de calcul unique pour un problème mathématique donné, qui limite l'efficacité des calculateurs classiques, ne s'applique plus de la même façon.

6.E.2 Portes quantiques et algorithmes

Un « ordinateur quantique » est généralement considéré comme un ensemble d'éléments de base, les « portes logiques quantiques », connectés entre eux de façon appropriée pour le calcul à effectuer. Les plus simples sont celles qui agissent sur un seul qubit :

– la « porte X » qui transforme $|0\rangle$ en $|1\rangle$ et $|1\rangle$ en $|0\rangle$, et dont l'action correspond donc à la matrice de Pauli σ_x ;

– la « porte de Hadamard H » , qui agit selon :

$$\begin{aligned} H\,|0\rangle &= \tfrac{1}{\sqrt{2}}\left[|0\rangle + |1\rangle\right] \\ H\,|1\rangle &= \tfrac{1}{\sqrt{2}}\left[|0\rangle - |1\rangle\right] \end{aligned} \tag{6.64}$$

(si les deux états de base $|0\rangle$ et $|1\rangle$ correspondent à des états de photons polarisés horizontalement et verticalement, l'effet de H est de tourner les polarisations linéaires de 45°). Il existe également des portes quantiques agissant sur les états à deux qubits, comme la « porte cNOT » (pour « controlled not » en anglais) qui agit à la fois sur un qubit de contrôle et sur un qubit cible. Pour une introduction aux différentes portes et une discussion simple de la façon de les utiliser pour mettre en œuvre des algorithmes quantiques, voir par exemple le § 6.5 de [268] ou le chapitre 8 de [281].

Parmi les algorithmes quantiques, on cite souvent en premier celui de Shor [282], qui a remarqué que la factorisation de grands nombres entiers en facteurs premiers pourrait devenir immensément plus rapide que par des méthodes classiques ; une discussion générale des relations entre la mécanique quantique et la factorisation des nombres est donnée dans la Ref. [283], ou avec plus de détails dans le chapitre 3 de [279]. L'algorithme de Grover [284] est un algorithme quantique qui permet la recherche de données à l'intérieur d'une base d'une façon bien plus efficace que le calcul classique (le gain est quadratique en fonction du nombre d'objets dans la base). C'est un algorithme probabiliste qui donne la réponse correcte avec une grande probabilité, la probabilité d'échec pouvant être diminuée autant que nécessaire en répétant l'algorithme – pour plus de détails voir le chapitre 4 de [279]. L'algorithme de Deutsch-Jozsa [285] fournit un autre cas où le gain obtenu par le calcul quantique est exponentiel (voir par exemple § 2.2 de [279]). Des gains analogues de la vitesse de calcul sont prédits pour la simulation de systèmes quantiques à beaucoup de particules [286]. Le gain théorique en vitesse est fonction du problème considéré, polynomial ou exponentiel selon les cas ; mais il existe aussi des cas où aucun gain n'est obtenu ! Plus récemment, un nouvel algorithme a été proposé pour obtenir des informations utiles sur de très grands systèmes d'équations linéaires, en fournissant des valeurs approchées de quantités mathématiques dépendant de la solution [287].

D'un point de vue fondamental, les différences sont nombreuses entre bits classiques et qubits quantiques. Nous l'avons vu, les bits classiques possèdent deux états de référence fixés une fois pour toutes, alors que les qubits peuvent utiliser n'importe quelle base orthogonale dans leur espace des états, mais ceci est loin d'être la seule différence. Par exemple, les bits classiques peuvent être copiés à volonté et un nombre infini de fois (en particulier grâce à l'application de codes de corrections d'erreurs), alors que le théorème du non-clonage interdit de faire de même pour des qubits. Mais, d'un autre côté, les bits classiques ne peuvent être transmis qu'à l'intérieur de cônes de lumière et dans la direction avant, alors que l'utilisation de l'intrication et de la téléportation permet de s'affranchir dans certains cas de cette limitation pour des qubits. Une autre différence est que l'information est codée moins directement dans les bits quantiques que classiques : pour transmettre et recevoir une information utilisable à partir de qubits, il faut spécifier quelles sortes de mesures doivent être faites avec eux (ce point est relié à la flexibilité dans l'espace des états mentionnée ci-dessus). Comme le processus de mesure quantique met en jeu un processus fondamentalement aléatoire, souvent l'algorithme fournira le résultat avec une certaine composante aléatoire, de sorte qu'il peut devenir nécessaire de le répéter. Pour finir, comme tous les être humains, Alice et Bob ne peuvent communiquer directement qu'à un niveau classique, en ajustant des paramètres macroscopiques de leurs appareils de mesure et observant des éclairs lumineux rouges ou verts associés aux résultats de mesure. Pour paraphraser Bohr (voir la fin du § 1.B.3), nous pourrions dire que « il n'existe pas de concept d'information quantique ; l'information est classique de façon inhérente, mais peut être transmise par l'intermédiaire de qubits quantiques ». En dépit de cette remarque, tout ce champ de recherches très actives et intéressantes est généralement appelé « théorie de l'information quantique ».

Pour une des premières propositions de mise en œuvre pratique d'un schéma d'ordinateur quantique avec des ions piégés froids, et de réalisation d'une porte quantique cNOT, voir la Ref. [228]. Depuis, de nombreux laboratoires dans le monde ont monté des expériences pour démontrer la faisabilité d'ordinateurs quantiques élémentaires avec des ions [229]. En 2001, un groupe à IBM [288] a utilisé les techniques de la résonance magnétique nucléaire pour mettre en œuvre l'algorithme de Shor et factoriser le nombre $N = 15$ en 3×5. Pour le moment, nous sommes donc encore loin des applications pratiques !

6.E.3 Codes de correction quantique des erreurs

La décohérence est la grande ennemie du calcul quantique, et ceci pour une raison bien simple : elle tend constamment à détruire les superpositions cohérentes qui y jouent un rôle si utile. Elle tend ainsi à réduire l'information quantique complète à sa seule composante classique, booléenne – celle des éléments de matrice diagonaux seulement. Il est d'ailleurs maintenant parfaitement clair qu'un calculateur quantique « simple » basé sur l'utilisation non-redondante de qubits ne pourra jamais fonctionner, à moins d'être restreint à un nombre très petit de qubits. Il a même été remarqué que ce type de calculateur serait une sorte de résurgence évoluée des anciens calculateurs analogiques, dans une version particulièrement fragile vis-à-vis des perturbations !

Mais, heureusement, il a également été remarqué qu'une utilisation appropriée de redondance quantique peut conduire à des codes de corrections d'erreur fort efficaces [289, 290]. La décohérence peut être corrigée grâce à l'utilisation d'un système contenant plus de qubits, par projection de son état dans des sous-espaces appropriés dans lesquels l'information quantique correcte survit sans être entachée d'erreur [291] ; les schémas théoriques mettent donc en jeu des mesures collectives de plusieurs qubits, qui donnent accès à une information combinée sur l'ensemble d'entre eux, mais aucune sur un qubit isolé. En d'autres termes, il s'agit de « purifier » des états quantiques en combinant plusieurs systèmes, reçus dans des états perturbés intriqués, en leur appliquant des transformations locales de façon à extraire un plus petit nombre de systèmes dans des états non-perturbés [292]. Le chapitre 5 de la Ref. [279] discute de façon détaillée comment ce « miracle » peut se produire et quels schémas de corrections peuvent être construits à partir de portes quantiques logiques élémentaires.

Les codes de corrections quantiques s'appliquent, non seulement au calcul quantique, mais également à la communication et la cryptographie [293]. De façon similaire, la notion de « répéteurs quantiques » [294] a été introduite pour corriger l'effet des imperfections et du bruit dans les communications quantiques. Une autre approche très différente du calcul quantique a été proposée, basée sur un concept semi-classique où les qubits sont toujours utilisés, mais communiquent entre eux uniquement par des signaux classiques macroscopiques, signaux qui sont utilisés pour déterminer le type de mesure à réaliser sur le qubit suivant [295] ; ce genre de calculateur devrait être moins sensible à la décohérence.

Une autre façon de procéder est de contrôler avec précision le couplage d'un système quantique avec son environnement. Si en général, pour de nombreuses formes de dissipation, la décohérence tend à détruire les effets qui sont à la base du calcul quantique, la dissipation peut parfois avoir l'effet opposé. Ainsi, avec un bon contrôle du couplage du système à un réservoir externe, l'environnement peut en fait conduire le système vers un état quantique dans lequel le résultat du calcul quantique est contenu [296].

En conclusion, personne ne peut prévoir avec certitude s'il sera un jour possible de bloquer la décohérence dans un système physique suffisamment grand pour que le calcul quantique devienne un véritable outil de calcul utile. De plus, bien que la factorisation de nombres premiers soit une question importante (en particulier pour la cryptographie), ainsi que le problème à N corps quantiques, il serait utile de pouvoir généraliser ce genre d'approche à une classe plus large de problèmes ! L'avenir dira si, oui ou non, le calcul quantique doit réussir la percée attendue ; les avis sur cette question divergent [277, 297]. Quoi qu'il en soit, il s'agit d'un domaine de recherche passionnant.

Chapitre 7

Expériences : la réduction quantique vue en temps réel

Sur le plan théorique nous devons reconnaître que, depuis 1935 environ, notre compréhension des fondements de la mécanique quantique n'a pas tellement progressé ; les idées vraiment nouvelles sont rares – à part bien sûr la voie majeure ouverte par la contribution de Bell [4]. Il y a là un grand contraste avec l'ensemble de la physique, où l'on a assisté à un nombre impressionnant de découvertes remarquables, et ceci dans de nombreux domaines. Ces découvertes ont toutefois souvent mis en œuvre les outils de la mécanique quantique, ainsi que des progrès expérimentaux spectaculaires qui ont complètement changé la situation. Aux débuts de la mécanique quantique, l'observation de traces de particules uniques dans les chambres de Wilson [298] a joué un rôle essentiel dans l'introduction des postulats quantiques concernant la mesure ; sinon il était totalement impossible d'observer continûment un seul électron, atome, ou ion. Les expériences que les théoriciens proposaient dans les discussions sur les fondements étaient donc le plus souvent des « expériences de pensée » (« Gedanken Experiment »), comme celles inventées par exemple lors des fameux congrès Solvay [1, 19]. De nos jours cependant, et après presque un siècle de progrès continus, des expériences qui étaient alors totalement impensables sont devenues réalité.

Un très grand nombre d'expériences de physique contemporaine met en jeu la mécanique quantique en général, de sorte que plusieurs ouvrages ne suffiraient pas à les décrire toutes. Cependant, dans beaucoup d'entre elles, les effets directs de la réduction du vecteur d'état ne sont pas directement observables. Ce que l'on observe réellement est une somme sur un nombre très grand de particules de la même observable quantique individuelle microscopique (somme des dipôles atomiques par exemple). Or une telle somme est bien décrite par la seule donnée de la valeur moyenne de cette observable ; il suffit alors d'utiliser l'équation de Schrödinger pour calculer cette moyenne, qu'on va ensuite traiter comme une variable classique, sans faire aucun usage de la règle de Born ou du postulat de projection – une illustration typique est donnée par les expériences de RMN (résonance magnétique nucléaire) en physique et chimie. Dans les expériences de coïncidence, ce qui est mesuré correspond au produit de deux opérateurs correspondant à des taux de comptage d'appareils, et à nouveau on peut utiliser l'équation de Schrödinger pour calculer la valeur moyenne de ce produit. Bien sûr, ce n'est pas pour autant que le postulat de projection devient nécessairement sans intérêt pour l'expérience ! En optique quantique et physique atomique par exemple, on fait souvent usage d'une détection optique avec des photomultiplicateurs ou des diodes ; le postulat de projection détermine alors la taille et les propriétés du « bruit expérimental » aléatoire observé. Ce bruit limite la précision de l'expérience en ajoutant une composante fluctuante au signal, qui lui-même varie de façon déterministe et régulière en fonction des paramètres de l'expérience ; comme généralement ce qui est étudié est principalement le signal, le postulat de projection ne joue alors plus qu'un rôle relativement secondaire.

Ici nous nous focaliserons sur une toute petite fraction de ces expériences, celles où les conditions sont telles que les effets de la projection du vecteur d'état sont particulièrement évidents, comme celles où une particule unique est observée et où « les sauts quantiques sont visibles en temps réel ». Les observations ont alors un contenu quantique plus riche que ce que prévoit l'équation de Schrödinger continue, et en ce sens vont au-delà de cette équation. Notre but n'est certainement pas de donner une revue complète du sujet, mais plus modestement de présenter un certain nombre d'exemples choisis parce qu'ils sont particulièrement illustratifs.

7.A Ion unique dans un piège

Il est possible d'observer un ion de Barium unique retenu dans un piège radio-fréquence pendant un temps relativement long. On peut pour cela mesurer continûment sa fluorescence sous irradiation laser [299, 300] ; la durée de vie du niveau excité de résonance étant environ 10^{-9} seconde, même si on ne capte qu'un millième de la lumière de fluorescence (une valeur typique dans ces expériences), on peut toujours détecter un flux lumineux d'un million de photons par seconde, directement visible à l'œil nu. Dans ces conditions il est également possible, comme l'écrivent les auteurs de [299], de directement « observer sur un écran d'oscilloscope la réduction de la fonction d'onde par le processus de mesure ».

Les niveaux d'énergie entrant en jeu dans l'expérience réalisée par Dehmelt et ses collaborateurs sont représentés dans la Fig. 7.1 : l'état fondamental est g, e_1 et e_2 sont deux états excités, m_1 et m_2 deux états métastables. La transition $g - e_1$ depuis le niveau fondamental g vers un premier niveau excité e_1 est fortement excitée par un laser intense, tandis que la fluorescence à la longueur d'onde correspondante est mesurée en permanence. Un autre laser excite la transition depuis e_1 vers un premier niveau métastable m_1,

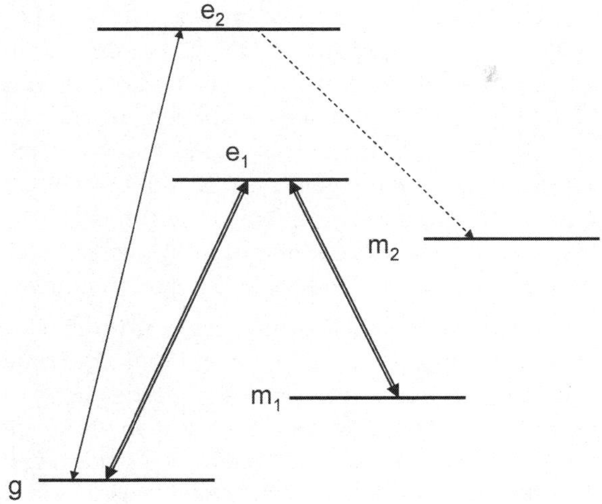

FIG. 7.1 – Niveaux d'énergie d'un ion Barium mis en jeu dans l'expérience. L'état fondamental de l'ion est g, tandis que e_1 et e_2 sont deux états excités, m_1 et m_2 deux états métastables. Deux lasers de forte intensité excitent les transitions $g - e_1$ et $m_1 - e_1$ afin de produire le refroidissement laser du mouvement de l'ion dans le piège. La fluorescence par émission spontanée depuis le niveau e_1 vers g est constamment mesurée ; en présence de deux lasers seulement, elle ne cesse jamais. Cependant on utilise également une lampe de faible intensité pour exciter la transition $g - e_2$; lorsque l'ion atteint le niveau e_2, il retombe parfois dans le niveau métastable m_2, où il ne peut plus fluorescer ; on dit alors qu'il est « mis de côté ». Cette situation dure jusqu'à ce que l'émission spontanée fasse retomber l'ion dans le niveau fondamental et que le cycle recommence.

ce qui évite à l'ion de rester piégé dans ce niveau. Le second laser crée en quelque sorte un circuit fermé $g - e_1 - m$ dont l'ion ne peut pas s'échapper, et qui est utilisé pour le refroidir. Si aucune autre excitation de l'ion n'était produite, il fluorescerait constamment. Mais une autre source lumineuse, bien plus faible, excite la transition $g - e_e$ vers un second niveau excité e_2. Parfois, quand l'ion atteint le niveau e_2, il ne retombe pas vers le niveau fondamental g, mais plutôt vers le niveau métastable m_2 où il ne peut plus être excité optiquement ; il cesse alors de fluorescer, et l'on dit qu'il a été « mis de côté » (en anglais, « shelved ») dans l'état métastable. Toutefois, comme ce niveau possède une durée de vie finie, l'ion finit par retomber spontanément dans le niveau fondamental, et recommence alors à fluorescer.

Si l'on applique l'équation de Schrödinger à une telle situation, il faut inclure dans le système l'ion ainsi que le champ électromagnétique, dont plusieurs modes sont peuplés, et prendre en compte l'effet de leurs interactions (absorption, émission stimulée, émission spontanée). La solution de l'équation qui est alors obtenue est, au bout d'un certain temps, la superposition de deux composantes : une où l'ion n'est pas « mis de côté » et où une forte émission spontanée de lumière se produit, et une autre ou l'ion est mis de côté de sorte qu'aucun rayonnement n'est émis à la fréquence de la transition $e_1 - g$. C'est donc simultanément que l'ion fluoresce et s'abstient de fluorescer, comme le chat de Schrödinger qui est à la fois vivant et mort ; le vecteur d'état permet de calculer une intensité de fluorescence moyenne qui est intermédiaire entre les deux situations. En d'autres termes, dans le cadre de l'équation de Schrödinger, tout reste continu, les « sauts quantiques » ne se produisent jamais, et l'on atteint une sorte de moyenne des deux situations possibles.

Mais, comme l'intensité de fluorescence est constamment mesurée dans l'expérience, les deux composantes du vecteur d'état contiennent également des états macroscopiquement différents des appareils de mesure, de sorte que le postulat de projection s'applique : un processus fondamentalement aléatoire se produit, et le système choisit spontanément une seule des deux composantes. En conséquence, la fluorescence prend, soit sa valeur maximale (correspondant à l'ion en train d'effectuer constamment un circuit entre les trois niveaux g, e_1 et m_1), soit la valeur nulle, mais jamais une valeur intermédiaire.

Les résultats expérimentaux confirment pleinement cette prédiction : comme le montre la Fig. 7.2, la fluorescence observée subit des « sauts » brusques entre une valeur maximale et zéro. Les instants auxquels se produisent ces sauts ne sont pas contrôlés dans l'expérience, car ils sont conséquence d'un processus de mesure quantique de caractère fondamentalement aléatoire. Si la fluorescence d'un grand nombre d'ions était observée, chacun d'entre eux passerait du régime fluorescent au régime sans fluorescence à des instants différents, et par un effet de moyenne on observerait seulement la valeur moyenne – celle précisément prédite par l'équation de Schrödinger continue. Toutefois, avec un seul ion, la quantification du signal est directement visible, et de fait le système peut subir un très grand nombre de sauts entre les deux valeurs.

Des expériences réalisées simultanément par Toschek et son groupe sur le même ion [300] ont permis d'obtenir des résultats très semblables, dans un cas où seulement trois niveaux sont mis en jeu, mais mettant également en évidence des « sauts quantiques » de façon très claire. Des ions différents ont été utilisés dans d'autres laboratoires, en particulier l'ion Mercure [301, 302]. Dans ce cas, trois niveaux interviennent : le niveau fondamental, un niveau excité $^2P_{1/2}$ de courte durée de vie (2 ns) et un niveau métastable $^2D_{5/2}$ de durée de vie 0.1 s. Lorsque la transition entre les deux premiers niveaux est constamment excitée, la fluorescence de l'ion à la longueur d'onde correspondante reste constante. Cependant, si la transition entre le niveau fondamental et le niveau métastable est également excitée, de temps en temps l'ion passe dans le niveau métastable, de sorte que la fluorescence cesse, jusqu'à ce que l'ion retombe ensuite dans le niveau fondamental par émission spontanée. Les résultats sont montrés sur la Fig. 7.3. Comme dans la Fig. 7.2, la fluorescence présente alors des discontinuités marquées entre deux régimes, souvent

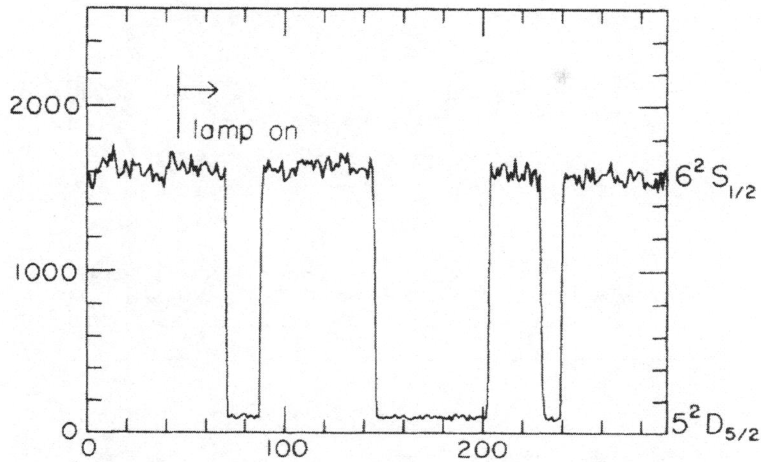

FIG. 7.2 – Signal de fluorescence d'un ion Ba^+ unique à la longueur d'onde de la transition $g - e_1$ en fonction du temps (en secondes) ; l'axe vertical donne le nombre de coups par seconde enregistrés par un photomultiplicateur détectant cette fluorescence. Jusqu'au temps $t = 50$ s, la lampe de faible intensité est occultée ; l'ion effectue alors des cycles fermés entre les niveaux g, e_1 et m_1, de sorte qu'il fluoresce constamment (courbe du haut avec du bruit fluctuant). Ensuite (instant noté « lamp on » en anglais), la lampe de faible intensité entre en action et peut transférer l'ion vers le niveau m_2, où il cesse de fluorescer. Lorsque cela se produit, une période sombre se produit pour un certain temps (ligne du bas), jusqu'à que l'émission spontanée le fasse retomber dans le niveau fondamental ; le cycle recommence alors (figure empruntée à la Ref. [299]).

appelées « sauts quantiques » par référence à la théorie historique de l'atome de Bohr (§ 1.A.1).

Bien avant que ces résultats ne soient obtenus, Schrödinger avait analysé une expérience de pensée où la lumière émise par un atome était utilisée pour obtenir des interférences [303] ; il avait mis en avant que les sauts quantiques, s'ils se produisaient lorsque les atomes émettent des photons, ne peuvent pas être instantanés, mais qu'ils ont nécessairement une durée non-nulle reliée à la largeur radiative des niveaux atomiques. Ici la situation est similaire, puisque le passage du régime « lumineux » (fluorescence) vers le régime « noir » (sans fluorescence) est déclenché par l'émission spontanée du niveau e_2 vers m_2, alors que la transition du régime noir vers le régime lumineux est déclenchée par la transition entre m_2 et le niveau fondamental g – en d'autre termes, deux « sauts » jouent un rôle, au lieu d'un, mais la remarque de Schrödinger s'applique également.

Dans ce cas, comment cela est-il compatible avec les observations de la Fig. 7.2 ? L'explication est que le signal de la Fig. 7.2 est représenté moyenné

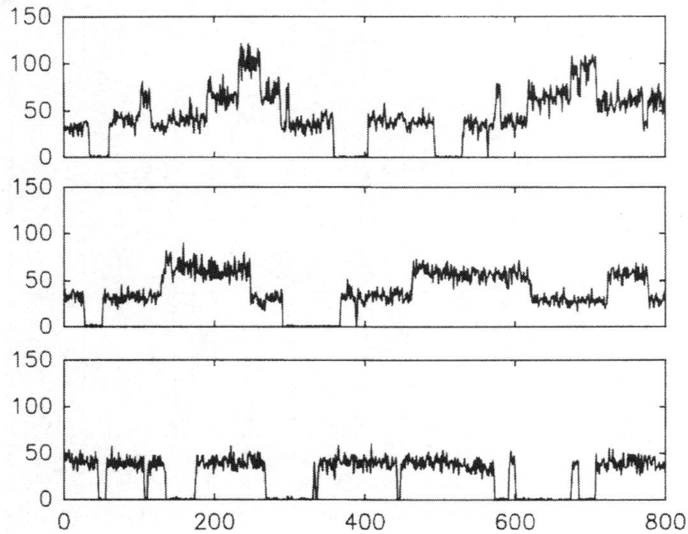

FIG. 7.3 – Courbe du bas : signal de fluorescence d'un ion Hg^+ unique constamment excité sur sa transition de résonance, ainsi que sur une autre transition entre son niveau fondamental et le niveau métastable $^2D_{5/2}$. L'échelle horizontale est en millisecondes, l'échelle verticale donne le nombre de photoélectrons enregistrés par milliseconde. Lorsque l'ion passe dans ce niveau métastable, il cesse de fluorescer, de sorte que des sauts quantiques sont clairement visibles, comme dans la Fig. 7.2. La courbe du mileu est obtenue quand deux ions sont piégés ; trois cas peuvent alors se produire, selon le nombre d'ions « mis de côté » (0, 1 ou 2), ce qui correspond à trois intensités possibles pour la fluorescence. La courbe du haut montre la fluorescence quand trois ions sont piégés et peuvent donner lieu à quatre niveaux de fluorescence (figure aimablement fournie par D. Wineland et W. Itano).

sur le temps, ce qui cache les discontinuités qui apparaissent dès qu'on l'observe de plus près. À une échelle plus petite, le signal fourni par le photomultiplicateur mesurant la fluorescence est une série de « clics » soudains qui se produisent à des instants aléatoires, et correspondent à la détection de photons individuels ; la Fig. 7.2 ne montre en fait que la fréquence moyenne de ces clics. Ce qui est réellement observé consiste donc en transitions entre des périodes où les clics sont fréquents et d'autres où ils ne le sont pas ; chaque transition entre ces périodes ne peut être définie plus précisément que le temps entre deux clics consécutifs. Il s'ensuit que le temps auquel se produisent les « sauts » n'est mesurable qu'avec une certaine incertitude, qui est fonction du taux d'émission de photons et donc de la largeur radiative des niveaux comme le prédisait l'argument de Schrödinger – pour une discussion plus précise voir [304]. Une étude théorique plus détaillée du phénomène d'intermittence de fluorescence est donnée dans les Refs. [305, 306].

7.B Électron unique piégé

Un électron unique dans un piège cyclotron peut également donner lieu à des observations faisant clairement apparaître les effets quantiques de la mesure, comme mis en évidence par Gabrielse et coll. [307]. Dans leur expérience, un piège de Penning refroidi est utilisé pour retenir un électron unique. Un tel piège comprend un fort champ magnétique axial ainsi qu'un champ électrique quadrupolaire créé par des électrodes. Dans le champ magnétique, les niveaux quantifiés d'une particule chargée sont des niveaux orbitaux équidistants, les « niveaux de Landau » d'énergies $nh\nu_c$, où ν_c est la fréquence cyclotron et n un nombre entier (l'énergie combine les effets du couplage avec le champ magnétique des variables orbitales et de spin). La mesure porte sur le nombre quantique n caractérisant cette énergie.

Deux sortes de mouvements différents dans le piège jouent en fait un rôle dans cette expérience. Le mouvement principal est le mouvement cyclotron habituel, perpendiculaire au champ magnétique, qui est l'objet d'étude principal de cette expérience. Mais il se produit également un mouvement longitudinal, parallèle au champ, dont la fréquence dépend légèrement de l'énergie du mouvement cyclotron (en pratique, ce couplage est introduit par une légère distorsion de la carte du champ magnétique homogène). On peut donc avoir un accès indirect à l'énergie cyclotron grâce à une mesure extrêmement précise de cette fréquence longitudinale, ce qui permet aussi de déterminer le nombre quantique n. Dans l'expérience, un électron unique orbite dans le champ magnétique, et l'on mesure en permanence sa fréquence d'oscillation longitudinale, ce qui constitue en fait une mesure quantique continue de son énergie de précession. La Fig. 7.4 montre un exemple de la variation dans le temps de cette fréquence, qui présente clairement des marches se produisant lorsque le système subit les effets de la mesure quantique, et se trouve projeté sur un état propre de l'énergie. Les commentaires généraux du § 7.A s'appliquent également à cette expérience, qui fournit un exemple de « mesure quantique non-destructive » (en anglais, « quantum non-demolition measurement », ou QND) observée en temps réel. Plus récemment, une nouvelle version de cette expérience cyclotron a permis d'obtenir une mesure extrêmement précise du moment magnétique de l'électron et de la constante de structure fine [308].

7.C Mesure du nombre de photons dans une cavité

Dans les deux expériences que nous venons de décrire, le système quantique observé était une particule matérielle (une particule de masse au repos non-nulle), soit un ion soit un électron. A priori, il peut sembler que les photons soient moins adaptés à une observation individuelle qu'une particule

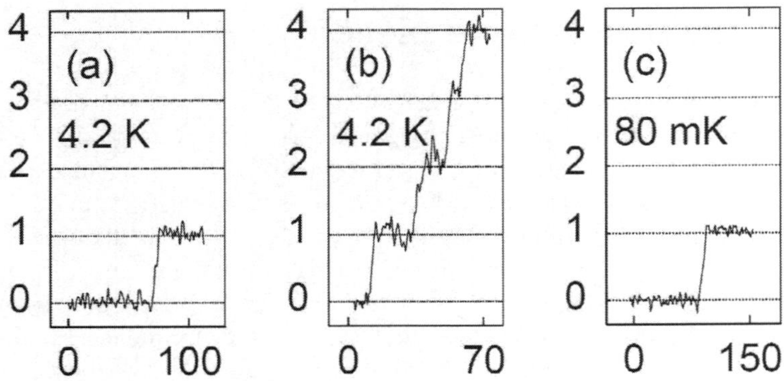

FIG. 7.4 – Détection en temps réel du nombre quantique orbital d'un électron unique dans un piège de Penning. L'axe horizontal donne le temps en secondes, l'axe vertical le niveau quantique de rotation cyclotron. Dans les figures (a) et (b), l'excitation entre les niveaux de Landau est obtenue sous l'effet du rayonnement thermique (rayonnement du corps noir) présent dans l'expérience à quelques degrés Kelvin. Dans la figure (c), la température est plus basse, et un champ micro-onde est appliqué pour faire sauter l'électron vers des niveaux de Landau excités, ici le premier (figure aimablement fournie par G. Gabrielse).

matérielle, du fait qu'ils sont prompts à disparaître, en particulier lors de leur détection qui se fait souvent par absorption. Cependant des expériences récentes ont réussi à obtenir des résultats comparables en observant des photons dans une cavité, illustrant les propriétés de la mesure quantique d'une façon particulièrement spectaculaire. Jusqu'à relativement récemment, la seule méthode pour « voir » un photon était de l'absorber dans un détecteur (un photo-multiplicateur par exemple), de sorte que des mesures ultérieures avec la même particule devenaient impossibles. Mais divers schémas de mesure quantique non-destructive sont maintenant accessibles, afin de mesurer la présence et le nombre de photons sans les détruire [35, 309, 310]. La combinaison de cette possibilité avec les méthodes de l'électrodynamique en cavité a permis des expériences où il est possible d'avoir accès en temps réel au nombre de photons contenus dans une cavité [311].

Les atomes de Rydberg sont des atomes dans des niveaux d'énergie élevés, très proches du seuil d'ionisation ; ils possèdent un très grand dipôle électrique qui les couple fortement au champ électromagnétique. Parmi les niveaux de Rydberg, ceux correspondant à des atomes « circulaires » (où le nombre quantique l prend sa valeur maximale) interagissent avec les photons de façon particulièrement simple et contrôlée. Ceci permet de les utiliser comme des sondes très sensibles des propriétés de ce champ, même s'il ne contient que quelques photons. De plus, ils peuvent être ionisés et détectés avec une grande efficacité, avec un accès sélectif aux divers niveaux de Rydberg. Les techniques expérimentales actuelles permettent la production de jets atomiques de tels états de Rydberg, qui peuvent être envoyés à travers une cavité électromagnétique résonante afin de mesurer le nombre de photons qu'elle contient.

On pourrait penser à faire usage de l'absorption des photons par les atomes, en envoyant les atomes un par un à travers la cavité, et en mesurant le niveau d'énergie dans lequel ils se trouvent avant et après le passage dans la cavité – mais évidemment cette méthode absorberait les photons et ne conduirait pas à une mesure non-destructive. Une technique bien meilleure est de choisir un cas où la fréquence des photons dans la cavité diffère sensiblement de la fréquence de résonance des atomes (fréquence de Bohr associée à la transition entre les deux niveaux de Rydberg sélectionnés), de sorte que la probabilité d'absorption des photons reste négligeable. Du fait de l'interaction non-résonnante entre atomes et photons, les atomes produisent alors des effets d'indice (effets dispersifs) pour les photons et, réciproquement, ces derniers produisent des déplacements des niveaux d'énergie des atomes ; on montre qu'il en résulte une augmentation de la fréquence de transition entre les deux niveaux atomiques qui est proportionnelle au nombre de photons dans la cavité.

L'idée est alors d'envoyer dans la cavité des atomes qui sont dans une superposition linéaire cohérente de deux états de Rydberg, de les laisser interagir avec les photons dans la cavité, et de mesurer à la sortie le changement de phase de la superposition cohérente induit par cette interaction. Comme le changement de phase est proportionnel au nombre de photons dans la cavité, on obtient ainsi une mesure de ce nombre. Cette méthode purement dispersive ne change pas l'énergie du champ électromagnétique (c'est-à-dire le nombre de photons) ; elle est non-destuctive, ne change pas non plus l'énergie de l'atome à la sortie de la cavité, de sorte qu'elle fournit une mesure quantique proche d'une mesure idéale. La Fig. 7.5 schématise l'expérience.

Une difficulté expérimentale majeure est qu'un nombre suffisant d'atomes doit traverser la cavité pour conduire à une mesure raisonnablement précise, avant que le champ électromagnétique n'ait disparu par absorption dans les parois de la cavité. En d'autres termes, il est impératif d'utiliser une cavité de facteur de surtension Q extrêmement élevé. Cette performance a été réalisée grâce à l'utilisation d'une excellente cavité supraconductrice de sorte que, dans l'expérience, des centaines d'atomes peuvent traverser la cavité avant que le nombre de photons ne change. En observant continûment l'état des atomes qui la quittent, on a accès à une mesure continue et non-destructive du nombre de photons. Initialement, on injecte dans la cavité un état cohérent du rayonnement, donc un état où le nombre de photons n'est pas bien défini. Cependant, dès que quelques atomes ont traversé la cavité et que leur phase est mesurée à la sortie, le système est projeté sur un état où le nombre de photons est fixé. Ensuite, au fur et à mesure que les photons sont absorbés dans les parois de la cavité, ce nombre diminue progressivement par sauts quantifiés, que l'on observe sur le signal enregistré ; à la fin plus aucun photon

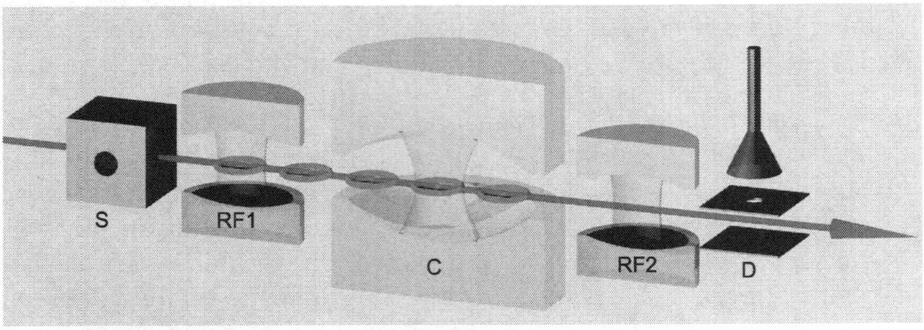

Fig. 7.5 – Un jet d'atomes dans un niveau très excité (niveau de Rydberg circulaire) est créé par une source S. Chaque atome traverse, d'abord une région où un générateur RF1 excite de façon cohérente la transition entre le niveau de Rydberg initial et un niveau très voisin, puis une cavité C dont la fréquence de résonance est déplacée par rapport à celle de la fréquence de transition atomique, puis une autre région où un appareil RF2 (bloqué en phase avec RF1) excite à nouveau la même transition. Les appareils RF1 et RF2 réalisent ce que l'on appelle « spectroscopie Ramsey » sur chaque atome : la première interaction crée un dipôle oscillant à la différence des fréquences de Bohr des deux niveaux, et le second détecte la phase de ce dipôle, y compris son évolution due au passage dans la cavité C. Comme le dipôle accumule lors du passage dans C un déphasage qui dépend du nombre de photons dans la cavité, les populations finales des deux niveaux de Rydberg concernés dépendent également de ce nombre de photons. Le détecteur D y donne donc directement accès en mesurant cette population. La cavité n'étant pas résonante à la fréquence du dipôle atomique, l'interaction est dispersive et ne modifie pas le nombre de photons qu'elle contient, de sorte qu'on obtient une méthode de mesure non-destructive, appelée « QND measurement » en anglais (figure aimablement fournie par J.M. Raimond).

ne reste dans la cavité. Deux exemples d'enregistrements obtenus de cette façon sont montrés dans la Fig. 7.6.

La discussion de la fin du § 7.A peut être répétée dans un cas particulièrement clair, en termes de nombre d'atomes qui sont nécessaires pour estimer avec une bonne probabilité qu'un saut s'est produit [311]. Ce que l'on observe dans une réalisation donnée de l'expérience n'est pas l'évolution continue prédite par l'équation de Schrödinger, qui est la même pour toutes les réalisations ; à chacune d'entre elles, on observe des marches bien visibles, qui tombent à des instants différents à chaque fois. L'équation de Schrödinger ne donne que la moyenne des observations sur un grand nombre d'expériences ; les marches ne peuvent pas être expliquées par cette équation, et demandent donc qu'un autre ingrédient y soit ajouté. C'est un autre cas particulièrement spectaculaire où l'on peut voir « la réduction du paquet d'ondes se produisant directement sous ses yeux ».

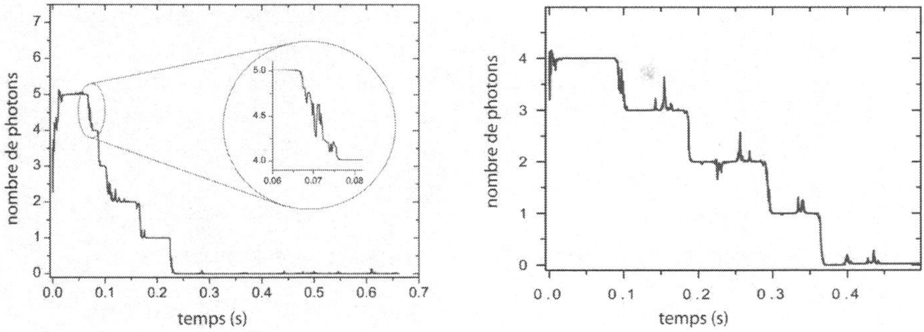

FIG. 7.6 – Observation continue du nombre de photons contenus dans une cavité electromagnétique. On mesure le changement de phase accumulé par des atomes de Rydberg traversant la cavité ; l'échelle horizontale est en secondes, l'échelle verticale donne le nombre de photons dans la cavité. Initialement, la cavité est excitée par un champ cohérent d'amplitude très faible dont le nombre de photons n'est pas bien défini ; sous l'effet du processus de mesure quantique, il saute vers un état de nombre bien défini de photons, 5 pour la partie gauche de la figure, 4 pour la partie droite. Ensuite les photons sont progressivement absorbés par les parois de la cavité et disparaissent l'un après l'autre. Dans l'expérience, ce processus est constamment observé en temps réel (figure aimablement fournie par J.M. Raimond).

7.D Phase spontanée de condensats de Bose-Einstein

Une notion importante en mécanique quantique est celle de « particules identiques », qui conduit à introduire un « postulat de symétrisation » spécifiant les formes possibles du vecteur d'état d'un système de particules identiques. Ceci conduit à distinguer deux grandes classes de particules, les bosons et les fermions. Ces derniers sont soumis au principe d'exclusion de Pauli : deux fermions ne peuvent occuper le même état quantique. En revanche, les bosons peuvent parfaitement être très nombreux à occuper un même état individuel, comme le font par exemple les photons d'un faisceau laser monomode. Un autre exemple est donné par les condensats de Bose-Einstein ; dans un gaz suffisamment dilué à très basse température, ces condensats peuvent effectivement être représentés avec une très bonne approximation, par un état où tous les N bosons sont dans le même état individuel $|\varphi\rangle$:

$$|\Psi\rangle = |1:\varphi\rangle\,|2:\varphi\rangle\,.....\,|N:\varphi\rangle \tag{7.1}$$

Dans ce cas, et contrairement à ce qui se produit pour une seule particule (§ 6.D.1.b), la détermination de l'état $|\varphi\rangle$ – ou de sa fonction d'onde $\varphi(\mathbf{r})$ – devient possible, et l'on dit parfois que cette fonction d'onde devient alors l'analogue d'un champ classique. Or, classiquement, deux paquets d'onde d'un même champ peuvent donner lieu à des effets d'interférence. Par analogie, la question se pose : si l'on prépare indépendamment deux condensats de Bose-Einstein faits d'atomes identiques, peut-on observer des effets d'interférence entre eux ? La réponse à la question fait intervenir les effets quantiques de la mesure, et a été clarifiée par Javanainen et Yoo [312] ainsi que par d'autres auteurs (voir par exemple les références de [92]).

7.D.1 Interférences dans une région de l'espace

Supposons que N bosons identiques occupent l'état $|\varphi\rangle$ et P autres (identiques aux premiers) l'état $|\chi\rangle$; lorsque les fonctions d'onde $\varphi(\mathbf{r})$ et $\chi(\mathbf{r})$ se recouvrent, la première idée qui pourrait venir à l'esprit serait de supposer que les fonctions d'ondes interfèrent exactement comme des champs classiques, de sorte que la probabilité de trouver une particule au point $\mathbf{r}$ est proportionnelle à :

$$|\varphi(\mathbf{r}) + \chi(\mathbf{r})|^2 \tag{7.2}$$

De même que, par exemple en optique classique, l'intensité au point $\mathbf{r}$ contient un terme d'interférence entre les champs électriques de deux faisceaux lumineux qui se croisent, cette expression contient des termes croisés d'interférence en $\varphi^*(\mathbf{r})\chi(\mathbf{r})$ et $\varphi(\mathbf{r})\chi^*(\mathbf{r})$. Mais, en mécanique quantique, la phase de chacune des fonctions d'onde est arbitraire : on ne change rien aux propriétés physiques associées aux fonctions d'onde si on les remplace par $e^{i\alpha}\varphi(\mathbf{r})$ et $e^{i\beta}\chi(\mathbf{r})$, alors que cela change bien évidemment les termes croisés de (7.2). Il n'est donc pas possible que la probabilité quantique de trouver une particule en un point $\mathbf{r}$ soit donnée par cette formule classique. C'est d'ailleurs ce que confirme un calcul quantique explicite : lorsqu'on détecte la première particule, sa probabilité de présence est simplement la somme :

$$|\varphi(\mathbf{r})|^2 + |\chi(\mathbf{r})|^2 \tag{7.3}$$

Il faut donc directement ajouter les probabilités correspondant, soit au cas où la particule détectée était initialement dans l'état $|\varphi\rangle$, soit à celui où elle était dans l'état $|\chi\rangle$, sans aucun terme d'interférence. Pour la détection de la première particule, la phase relative des deux condensats est donc inobservable, tout simplement parce qu'elle n'existe pas : rien dans la définition de l'état initial ne permet de la fixer. On peut d'ailleurs interpréter ce résultat en termes d'une relation d'incertitude entre phase et nombre de particules, semblable à la relation d'incertitude temps-énergie : si le nombre de particules est parfaitement défini, comme c'est le cas ici, la phase est totalement indéterminée.

Mais, comme l'ont montré les auteurs de [312], la situation devient plus intéressante si l'on suppose que les positions de plusieurs particules sont mesurées et si, pour une réalisation donnée de l'expérience, on étudie des corrélations entre ces positions. Le calcul montre alors que, au fur et à mesure que les positions sont mesurées, la phase relative devient de mieux en mieux définie. Déjà, la toute première mesure de position crée une certaine information sur cette phase[1], qui joue un rôle pour la seconde mesure ; on montre que sa distribution, au lieu d'être totalement indépendante de la phase, est alors donnée par une sinusoïde dont les maxima et minima dépendent de la position mesurée. Puis, au fur et à mesure que les mesures s'accumulent, la distribution de la phase est donnée par un produit d'un nombre de plus en plus élevé de sinusoïdes qui présente un pic de plus en plus étroit, rendant la phase de mieux en mieux déterminée ; on se rapproche ainsi d'une situation parfaitement classique où la phase est fixée. C'est donc un processus quantique intéressant où, initialement, la phase relative n'existait pas, mais où les projections successives dues à la mesure quantique la font émerger progressivement et lui attribuent une valeur de mieux en mieux déterminée. Tout semble se passer comme si la phase avait existé depuis le début pour chaque réalisation de l'expérience, sans que sa valeur soit connue. Toutefois, d'une réalisation à l'autre, la nouvelle valeur qui émerge est totalement différente, sans aucune corrélation avec la précédente.

Des expériences effectuées dans le groupe de Ketterle à MIT avec des condensats d'atomes de Sodium ont permis de vérifier ces prédictions [313]. Deux condensats de Bose-Einstein étaient préparés dans des pièges séparés, puis relâchés afin de leur permettre de se recouvrir spatialement ; on mesurait ensuite par absorption optique la position des atomes dans la région de recouvrement. La Fig. 7.7 montre le résultat obtenu pour une réalisation donnée de l'expérience : on observe effectivement des franges avec une phase bien définie, alors qu'elle n'existait pas avant la mesure ; ceci constitue donc un cas où la réduction du paquet d'ondes apparaît de façon bien visible à l'œil nu. Cette phase est aléatoire et, d'une expérience à l'autre, totalement incorrélée ; en d'autre termes, si on fait la somme des mesures obtenues dans plusieurs réalisations, les franges disparaissent, comme le prédit la théorie. Une particularité de l'expérience est que la grandeur physique qui apparaît (la phase) fixe la valeur d'une grandeur physique macroscopique (la densité du gaz en chaque point de la région d'interférence), ce qui permet d'observer directement les effets de la projection du vecteur d'état.

7.D.2 Une variable supplémentaire ?

La question qui se pose alors tout naturellement est la même que pour toute mesure quantique : faut-il réellement penser, comme nous y invite la mécanique quantique standard, que c'est la mesure qui crée la valeur de la grandeur physique mesurée, ici la phase ? Ou au contraire que la mesure ne fait que révéler une phase qui existait déjà auparavant ? Lorsqu'une variable est macroscopique, comme ce peut effectivement être le cas pour la phase d'une figure d'interférence, il semble relativement peu naturel d'admettre qu'elle

1. Par exemple, la mesure indique qu'elle ne peut pas prendre une valeur qui donnerait lieu à interférence totalement destructive à la position mesurée (en supposant pour simplifier que les deux intensités sont égales).

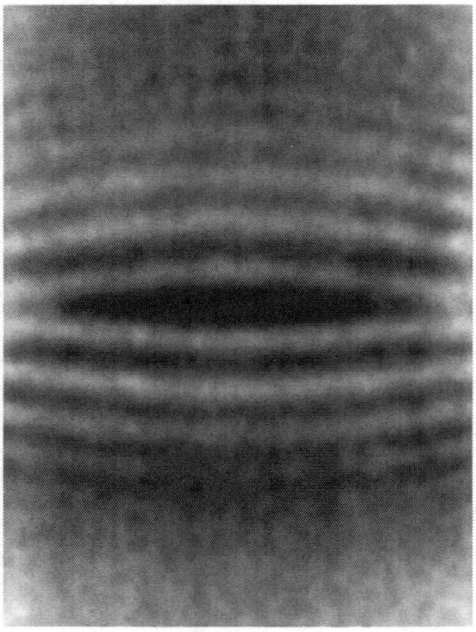

FIG. 7.7 – Observation de franges d'interférence lorsque deux condensats de Sodium sont préparés dans des pièges séparés, puis libérés afin de pouvoir se recouvrir spatialement. Les franges ont, pour chaque réalisation, une phase bien définie, mais leur phase est aléatoire et totalement incorrélée d'une réalisation de l'expérience à la suivante (figure aimablement fournie par W. Ketterle).

puisse véritablement être créée par la mesure, par exemple à la suite d'un effet de perturbation incontrôlée de l'appareillage. C'est donc la question des variables supplémentaires qui se pose à nouveau, mais cette fois dans un cadre macroscopique, rappelant la façon dont la discussion du chat de Schrödinger transpose au monde macroscopique une indétermination quantique.

Leggett et Sols [314] ont donné une discussion d'une situation semblable, celle où un courant Josephson apparaît entre deux supraconducteurs, la valeur de ce courant étant fixée par la différence des deux phases quantiques supraconductrices. Ces auteurs posent la question de savoir si, véritablement, une telle phase avec ses conséquences sur un courant macroscopique peut véritablement apparaître sous l'effet d'une mesure qui, elle, peut être faite grâce à un appareil très petit : « Est-ce que l'acte de 'regarder pour voir' si un courant Josephson s'écoule peut en lui même forcer le système à occuper un état propre du courant, et donc à acquérir une phase relative ?... Se peut-il vraiment que, lorsque l'on place par exemple une minuscule aiguille de boussole près du système[2], avec un faisceau lumineux très faible pour lire sa position, on force le système à 'réaliser' une valeur macroscopique définie d'un courant ? Le bon sens se révolte contre cette idée, et nous pensons que dans ce cas le bon sens a raison ».

2. Le but de cette aiguille est de mesurer, par sa déviation, le champ magnétique créé par le courant Josephson macroscopique.

7.D.3 Non-localité de la phase

On peut ajouter une composante supplémentaire à l'argument en supposant que l'interférence se produit, non pas en une région de l'espace, mais en deux régions très éloignées où opèrent Alice et Bob. On rejoint alors une situation analogue à celle de la discussion des mesures sur deux spins éloignés (§ 4.A.1) ; ce sont alors les phases des figures d'interférence qui sont corrélées au lieu des directions des spins. Pour pousser plus loin l'analogie, il est donc commode de raisonner dans le cas des condensats à spin, dont la phase relative se traduit par l'apparition d'une valeur moyenne de la composante transverse[3] du spin dans toutes les régions de recouvrement. La situation correspondante est schématisée sur la Fig. 7.8 : deux condensats, l'un de spin + et l'autre de spin −, s'étendent dans l'espace et se recouvrent dans deux régions éloignées, où Alice et Bob effectuent des mesures des composantes transverses des spins. Les prédictions de la mécanique quantique dans un tel cas sont une généralisation directe de ce qui a été décrit au § 7.D.1 : lorsqu'Alice effectue la première mesure, le résultat obtenu est totalement aléatoire ; mais, au fur et à mesure que les mesures s'accumulent, les résultats font émerger une phase relative de mieux en mieux définie – ce qui correspond à une direction transverse du spin qui est elle aussi de mieux en mieux fixée ; au bout d'un certain temps, les mesures selon cette direction donnent des résultats pratiquement certains, et l'on peut dire qu'une composante transversale du spin (ou du moment cinétique) a émergé sous l'effet des mesures. Si la région d'interférence où opère Alice contient un nombre macroscopique de particules, cette orientation est macroscopique.

Toujours selon la mécanique quantique standard, l'effet des mesures d'Alice est de faire apparaître également une orientation dans la région de Bob, de mêmes caractéristiques, et ceci sans aucun temps de propagation d'une influence entre les deux régions. Mais est-il vraiment possible qu'une mesure effectuée par Alice sur un petit nombre de spins, une centaine par exemple, détermine instantanément l'apparition d'une orientation macroscopique dans le laboratoire de Bob, surtout si ce dernier est très éloigné ? On rejoint ainsi la logique de l'argument EPR, mais dans un cas où les « éléments de réalité » concernent des grandeurs macroscopiques [92], ce qui rend l'argument encore plus frappant. Peut-on vraiment admettre qu'une orientation macroscopique soit créée dans le laboratoire de Bob sans qu'intervienne la moindre interaction locale, en quelque sorte à partir de rien ? Ou faut-il rejoindre EPR et dire que cette orientation existait nécessairement depuis le début de l'expérience, de sorte que les mesures ne font que traduire l'existence d'une phase initiale tirée au sort ? Cette phase serait alors la variable qu'il convient d'ajouter à la mécanique quantique pour la compléter. Comme il s'agit maintenant de grandeurs physiques macroscopiques, donc a priori directement accessibles à l'expérience humaine, il semble plus délicat de leur

3. Dans le plan perpendiculaire à l'axe de quantification qui définit les condensats initiaux.

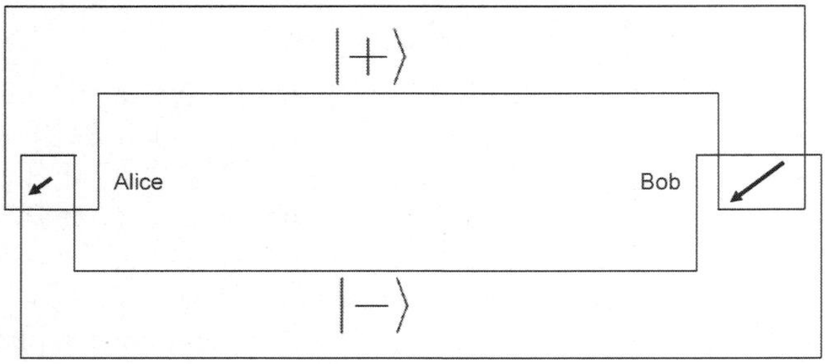

FIG. 7.8 – La figure schématise les fonctions d'onde de deux condensats, l'un correspondant à des particules dont le spin est dans l'état $|+\rangle$, l'autre à des particules dont le spin est dans l'état $|-\rangle$, qui se recouvrent dans deux régions de l'espace A et B. Dans ces deux régions, deux opérateurs Alice et Bob mesurent une composante transverse (dans le plan perpendiculaire à l'axe de quantification initial) du spin des particules. Initialement, la phase relative des deux condensats est totalement indéterminée : lorsqu'Alice effectue la mesure sur le premier spin, le résultat qu'elle trouve est totalement aléatoire. Mais, au fur et à mesure qu'elle accumule des mesures, ces dernières agissent sur le système quantique et la phase relative devient de mieux en mieux déterminée ; au bout d'un certain temps, elle est pratiquement fixée, et l'on peut dire que le système possède une orientation transverale bien déterminée dans les deux régions de recouvrement.
Ce qui est surprenant est que, sous l'effet des mesures effectuées par Alice, une orientation parallèle apparaît également dans la région de Bob, et ceci sans aucune interaction, et de plus sans délai quelle que soit la distance entre Alice et Bob. On retrouve alors la situation de l'argument EPR, à ceci près qu'il porte maintenant sur des orientations de spin transversales qui peuvent être macroscopiques si le nombre de particules est très grand.

refuser le qualificatif d'élément de réalité physique indépendamment des appareils de mesure ; il est difficile de deviner ce que Bohr aurait répondu à une telle version de l'argument EPR.

Dans un tel cas, la conservation du moment cinétique pose des questions particulières. Comment le moment cinétique dans la région de Bob peut-il varier instantanément sous l'effet de mesures effectuées par Alice en un point arbitrairement éloigné[4] ? Si l'on considère uniquement la région où Alice effectue ses mesures, aucune difficulté particulière ne se présente. L'appareil de mesure qu'elle utilise, pour pouvoir mesurer le moment cinétique des spins, doit interagir avec eux par un hamiltonien de couplage qui contient leur moment cinétique, ainsi que le sien propre, ce qui autorise un transfert entre l'un et l'autre. On peut alors supposer que la quantité de moment transférée

4. Nous considérons ici une réalisation unique de l'expérience. Pour un grand nombre de mesures, le moment cinétique peut prendre toutes les directions transverses, et se moyenne donc à zéro dans les deux régions de l'espace ; aucun paradoxe n'apparaît alors.

dépende du résultat de la mesure de façon que le moment cinétique total soit parfaitement conservé ; tout paradoxe est alors levé par un effet de recul de l'appareil de mesure. En revanche, l'hamiltonien de couplage en question commute certainement avec toutes les opérateurs associés à des grandeurs localisées dans la région de Bob ; il lui est donc impossible de changer le moment cinétique dans cette région. On comprend alors mal comment l'appareil de mesure d'Alice puisse faire apparaître à distance un tel moment cinétique. De plus, si Alice effectue sa mesure sur un petit nombre de spins faut-il, pour conserver le moment cinétique total, admettre que son appareil de mesure acquiert par effet de recul le moment cinétique associé au très grand nombre de spins dans la région de Bob ? Ou, au contraire, penser que l'appareil de mesure d'Alice ne peut acquérir de moment cinétique supérieur à la valeur maximale qu'autorise la mécanique quantique pour les spins avec lesquels il interagit, ce qui conduit à l'abandon de la conservation du moment cinétique ? Ici aussi, on est tenté de suivre EPR et de lever toute difficulté en considérant que le moment cinétique macroscopique contenu dans la région de Bob existait avant toute mesure, ce qui revient à compléter la mécanique quantique en lui ajoutant une variable supplémentaire de phase.

Même si l'on modifie la mécanique quantique pour lui adjoindre cette phase, ce n'est pas pour autant qu'elle se comporte toujours comme une grandeur classique permettant de restaurer une notion stricte de localité. En fait, la situation reste relativement semblable au cas habituel de deux spins, où le théorème de Bell contraint les éléments de réalité EPR à évoluer de façon non-locale si l'on veut reproduire toutes les prédictions de la mécanique quantique. Ici, lorsque la phase relative est mesurée en deux régions différentes de l'espace, un modèle où la phase existerait depuis le début de l'expérience (tout en étant inconnue) ne peut reproduire toutes les prédictions de la mécanique quantique [94]. Cette impossibilité apparaît lorsque les composantes des spins selon des directions différentes sont mesurées, et prend la forme d'inégalités BCHSH qui sont violées par la mécanique quantique ; de surcroît, et contrairement à ce qu'on aurait pu attendre, ces violations ne tendent pas vers zéro pour les systèmes d'un très grand nombre de particules[5], mais restent constantes.

Pour finir, les états de Fock (condensats de Bose-Einstein) permettent effectivement de transposer au monde macroscopique l'argument EPR ainsi que le théorème de Bell, leur donnant un éclairage nouveau.

5. Les angles entre les directions des composantes à mesurer, eux, tendent vers zéro quand le nombre de particules tend vers l'infini, mais pas le taux de violation des inégalités.

Chapitre 8

Diverses interprétations

Presqu'en parallèle avec l'apparition de l'interprétation « orthodoxe » de Copenhague, d'autres interprétations de la mécanique quantique ont été proposées depuis longtemps. Une discussion exhaustive de toutes les versions qui sont apparues au cours du temps serait probablement une tâche impossible. En effet, si l'on peut distinguer de grandes familles parmi les interprétations, il est également possible de les combiner de nombreuses façons, avec un nombre presque infini de nuances. L'interprétation standard elle-même, nous l'avons vu, n'est pas une construction monolithique, mais peut être l'objet de variations diverses. C'est pourquoi nous nous limiterons à une description générale et donc nécessairement superficielle des principales familles d'interprétations.

Nous commencerons par une brève description de quelques attitudes fréquentes que l'on remarque dans les laboratoires parmi les chercheurs, qui ne portent pas nécessairement une attention soutenue aux fondements de la mécanique quantique, même lorsqu'ils font des expériences de physique quantique. En pratique, ils utilisent des règles pragmatiques qui sont parfaitement suffisantes pour interpréter leurs expériences tout en évitant les questions délicates, concernant par exemple la nature profonde du processus de mesure. Une possibilité est d'utiliser l'interprétation « des corrélations », qu'on peut certes trouver minimale, mais qui s'avère suffisante dans toutes les situations pratiques ; elle est donc acceptée comme règle commune par une très large majorité de physiciens, y compris ceux qui préfèrent y ajouter d'autres éléments pour arriver à une interprétation plus précise de la théorie. Nous continuerons ensuite en discutant diverses familles d'interprétations qui sont moins répandues, comme celle des variables additionnelles/cachées, la dynamique de Schrödinger modifiée, les histoires cohérentes, l'interprétation de Everett, etc. Toutes tendent à changer le statut du postulat de réduction du vecteur d'état ; certaines l'incorporent dans l'évolution de Schrödinger normale, d'autres le considèrent comme la conséquence d'un autre processus physique qui est postulé comme plus fondamental, d'autres encore utilisent un formalisme où la réduction est dissimulée, voire même n'existe pas. Mais l'objectif général reste toujours le même : résoudre les problèmes et les questions qui sont conséquences du processus de mesure quantique, la coexistence de deux postulats pour l'évolution du vecteur d'état, et l'émergence de l'unicité macroscopique.

8.A Pragmatisme dans les laboratoires

Jusqu'à aujourd'hui les difficultés fondamentales de la mécanique quantique ont eu peu d'impact sur son utilisation pratique dans les laboratoires. Bien heureusement, en un sens, les physiciens savent comment éviter ces difficultés en appliquant suffisamment de bon sens et d'intuition physique, même si à un niveau fondamental la logique qui sous-tend cette méthode peut rester relativement vague. Cette attitude a permis de nombreuses découvertes importantes, alors qu'elles n'auraient pas nécessairement été possibles si leurs auteurs étaient restés bloqués au niveau des fondements de la théorie ; il était plus productif de la mettre en œuvre de la façon la plus efficace possible. De plus, comme nous l'avons noté dans l'introduction du chapitre 7, bien souvent on n'a pas réellement besoin d'appliquer les postulats concernant la mesure (règle de Born et réduction du vecteur d'état), l'équation de Schrödinger étant suffisante pour calculer des moyennes. On comprend donc que les préoccupations relatives aux difficultés conceptuelles de la mécanique quantique ne soient pas considérées comme des problèmes de première priorité.

Cela dit, conceptuellement, même un physicien très pragmatique n'est pas mécontent d'avoir une explication à proposer pour l'unicité des observations macroscopiques ; la cohérence logique demande de trouver une méthode pour arriver à l'incorporer dans la mécanique quantique. Dans un premier temps, nous nous limiterons à la description de trois stratégies courantes, et d'ailleurs pas nécessairement exclusives. La première (§ 8.A.1) est de casser « à la main » la chaîne de Von Neumann dès qu'elle va « évidemment » trop loin ; l'unicité macroscopique est ainsi en quelque sorte plaquée par dessus le formalisme de la théorie. Une autre stratégie fréquente (§ 8.A.2) est de faire usage de l'interprétation « des corrélations », point de vue où les événements macroscopiques sont considérés comme uniques par définition (ou par simple bon sens), le rôle de la théorie étant alors simplement de relier par des probabilités les événements de préparation aux événements de mesure et d'observation. Enfin d'autres scientifiques préfèrent donner un rôle central dans une théorie telle que la mécanique quantique à la notion d'information (§ 8.A.3).

8.A.1 Interrompre « à la main » la chaîne de Von Neumann

C'est souvent de façon relativement implicite, basée sur l'intuition physique, que les physiciens mettent une limite à la chaîne infinie de Von Neumann ; nous tentons ici de rendre cette approche plus explicite en discutant deux exemples : décohérence macroscopique modifiée, effet de la prise de conscience par un observateur.

8.A.1.a Décohérence macroscopique

Une règle empirique qu'on peut utiliser est de considérer que, dès qu'une décohérence « significative » s'est produite, la chaîne de Von Neumann s'arrête : toutes ses branches, sauf une, disparaissent spontanément, la Nature choisissant cette branche unique par un processus physique inconnu. En d'autres termes, on associe systématiquement émergence à intrication et décohérence (l'émergence de l'unicité est associée à l'intrication avec un environnement macroscopique et la décohérence qui en résulte). Par exemple, dès qu'un appareil de mesure fait partie de l'expérience et qu'il permet d'enregistrer des résultats, on considère qu'il n'enregistre qu'un seul résultat, indépendamment du fait qu'un être humain observe ce résultat ou non. Nous l'avons vu plus haut (chapitre 6), de toute façon il est absolument sans espoir de jamais voir les effets physiques des superpositions cohérentes une fois qu'elles se sont propagées trop loin dans l'environnement ; on ne prend donc aucun risque de contradiction avec les expériences si l'on suppose qu'elles disparaissent tout simplement. La difficulté dans ce point de vue est, bien sûr, de définir exactement le mot « significative » pour qualifier la décohérence.

Briser ainsi « à la main » la chaîne de Von Neumann n'est après tout pas très différent d'une application du postulat de réduction du vecteur d'état légèrement modifié : au lieu de l'acte de prise de connaissance consciente de la mesure, on postule que c'est la décohérence qui déclenche la réduction par un mécanisme inconnu. En d'autres termes, on croit à l'équation de Schrödinger, mais pas au-delà d'une certaine limite : jusqu'au point où elle commence à contenir des corrélations avec l'environnement qui deviennent macroscopiques. La décohérence fixe quelque part la frontière entre le monde de Schrödinger et celui de Born (introduction du § 2). Ce « postulat de décohérence macroscopique » n'est pas très différent non plus du point de vue de Bohr, puisqu'on y invoque également un monde macroscopique qui est accessible à notre expérience humaine et qui est unique. La non-localité est contenue de façon inhérente dans la notion d'environnement du vecteur d'état, ce qui permet de rendre compte d'expériences de type Bell : lorsque deux spins dans un état singulet sont soumis à des mesures éloignées, la corrélation avec le monde macroscopique et la décohérence supplémentaire que l'on postule font intervenir à la fois les deux régions de l'espace, d'une façon non-locale.

Certes, on peut voir cette position plus comme une phénoménologie que comme une interprétation complètement élaborée de la théorie ; des questions comme « précisément à quel degré d'intrication la chaîne de Von Neumann se résout-elle en une seule branche ? » sont laissées au simple bon sens et au jugement personnel. On peut remarquer que les théories mettant en jeu une dynamique de Schrödinger modifiée (§ 8.H) sont précisément construites pour rationaliser cette approche, en y introduisant un mécanisme physique précis pour stopper la chaîne de Von Neumann. Elles fournissent des réponses précises à ces questions, mais le mécanisme qu'elles mettent en jeu pour permettre l'émergence d'une branche unique est intrinsèque au système (il peut mettre en jeu les masses des particules), sans être nécessairement relié à l'environnement.

8.A.1.b Effet de la prise de conscience

Nous avons déjà mentionné au § 2.C, l'interprétation quelquefois nommée « interprétation de Wigner » de la mécanique quantique [50], où la brisure de la chaîne de Von Neumann intervient lorsqu'un observateur prend conscience du résultat. Ce n'est pas très différent que de stopper la chaîne de Von Neumann lorsqu'elle atteint un appareil de mesure, mais ici la chaîne est brisée plus tard, seulement au moment où la superposition met en jeu une conscience. Un point de vue similaire a été introduit en 1939 par London et Bauer [44], qui mettent l'accent sur le fait que la réduction du vecteur d'état reconstruit un état pur à partir d'un mélange statistique du sous-système mesuré (voir § 6.C.3), et « le rôle essentiel joué par la conscience de l'observateur dans cette transition entre un mélange statistique et un état pur » ; ils attribuent ce rôle spécial de la conscience à la faculté d'introspection d'observateurs doués de conscience. D'autres préfèrent invoquer des « propriétés spéciales » des courants électriques dans un cerveau humain qui correspondent à la prise de conscience.

Quoi qu'il en soit, le bon sens fournit de toute façon une limite supérieure, une frontière au-delà de laquelle la chaîne de Von Neumann ne se propage certainement pas ; que la propagation cesse exactement à cette frontière ou un peu avant, est une autre question. D'ailleurs il est possible que Wigner lui-même ait vu son introduction du rôle de la conscience comme un cas d'école extrême à ne pas dépasser (un peu comme le chat de Schrödinger a été introduit par Schrödinger), le but étant juste d'illustrer la nécessité d'un processus non-linéaire qui permette de prédire l'unicité du résultat final ; nous reviendrons sur la dynamique de Schrödinger modifiée dans le § 8.H. En tous cas, le mérite de l'idée est de montrer comment la logique de la notion de mesure dans l'interprétation standard peut être poussée dans ses retranchements : effectivement, comment pourrait-on attribuer des propriétés aussi spéciales à l'opération de mesure sans supposer que l'esprit humain lui aussi possède des propriétés très spéciales ?

8.A.2 Interprétation des corrélations

L'interprétation des corrélations est plus ou moins une composante commune à toutes les autres interprétations. Certains la considèrent comme « minimaliste », car ils pensent qu'elle ne fournit pas vraiment une interprétation totalement développée. Mais, justement, le fait qu'elle soit une composante commune en fait tout l'intérêt : après tout, chacun est libre de lui ajouter des éléments supplémentaires, comme par exemple plus de réalisme, s'il la trouve trop pauvre. Nous utiliserons les mots « interprétation des corrélations » pour la décrire, puisqu'elle met l'accent sur les corrélations entre les résultats d'expériences successives.

L'interprétation des corrélations part du postulat que les événements macroscopiques (par exemple les mesures) possèdent deux propriétés : l'unicité (pas de chat de Schrödinger), qu'on ne remet pas en cause mais que l'on postule, et leur caractère stochastique. Le but de la théorie est alors de fournir les probabilités correspondant à toutes les situations possibles de préparation, d'évolution, et de mesures successives sur le système..

8.A.2.a Calcul de la probabilité associée à une séquence de mesures

Commençons par évaluer la probabilité associée avec une séquence générale de mesures effectuées à des instants différents. Nous supposons que la mesure[1] d'une quantité physique associée à un opérateur M est réalisée à l'instant t_1, donnant des résultats possibles m_i, m_j, ... ; cette mesure est suivie d'autres, d'abord de l'observable N à l'instant t_2 avec les résultats possibles n_k, n_l,..., puis de l'observable P à l'instant t_3, etc. Initialement, le système est décrit par un état pur normalisé $|\Psi(t_0)\rangle$. Entre les instants t_0 et t_1 cet état évolue de $|\Psi(t_0)\rangle$ vers $|\Psi(t_1)\rangle$ selon l'équation de Schrödinger :

$$|\Psi(t_1)\rangle \;= U(t_1, t_0)\,|\Psi(t_1)\rangle \tag{8.1}$$

où $U(t', t)$ est l'opérateur unitaire d'évolution entre les instants t et t' ; nous pouvons développer ce nouvel état sur ses composantes correspondant aux divers résultats possibles de la mesure effectuée à l'instant t_1 :

$$|\Psi(t_1)\rangle = \sum_m |\Psi_m(t_1)\rangle \tag{8.2}$$

où $|\Psi_m(t_1)\rangle$ est obtenu en appliquant au ket $|\Psi(t_1)\rangle$ le projecteur $P_M(m)$ sur le sous-espace correspondant au résultat m (cf. § 1.B.2.a) :

$$|\Psi_m(t_1)\rangle = P_M(m)\,|\Psi(t_1)\rangle \tag{8.3}$$

Les termes dans la somme sur m de (8.2) sont tous orthogonaux entre eux ; ils ne donneront jamais lieu à des effets d'interférence dans le futur, puisqu'ils correspondent à des résultats de mesure différents. En fait, chacun de ces termes se corrèle à un état orthogonal de l'environnement (l'aiguille du cadran de mesure de l'appareil par exemple) de sorte que la décohérence se charge de détruire tout effet d'interférence éventuel (cf. § 6.C.3). Au lieu de faire un calcul complet incluant l'état de l'environnement, nous prenons donc

1. Nous supposons ici que toutes les mesures sont idéales ; si des mesures non-idéales étaient prises en compte, un traitement plus élaboré serait nécessaire.

ici le point de vue plus simple où cet environnement est ignoré et où les diverses composantes orthogonales $|\Psi_m(t_1)\rangle$ de $|\Psi(t_1)\rangle$ sont considérées comme indépendantes les unes des autres.

Entre les instants t_1 et t_2, l'état $|\Psi_m(t_1)\rangle$ évolue sous l'effet de l'équation de Schrödinger et devient un état $|\Psi_m(t_2)\rangle$ donné par :

$$|\Psi_m(t_2)\rangle = U(t_2, t_1)\,|\Psi_m(t_1)\rangle \tag{8.4}$$

Pour la seconde mesure, le processus se répète ; nous développons ce nouvel état selon :

$$|\Psi_m(t_2)\rangle = \sum_n |\Psi_{m,n}(t_2)\rangle \tag{8.5}$$

où $|\Psi_{m,n}(t_2)\rangle$ est obtenu par l'action du projecteur $P_N(n)$ sur le sous-espace correspondant au résultat n :

$$|\Psi_{m,n}(t_2)\rangle = P_N(n)\,|\Psi_m(t_2)\rangle \tag{8.6}$$

À nouveau, nous considérons les évolutions de chaque composante $|\Psi_{m,n}(t_2)\rangle$ comme indépendantes et, si une troisième mesure est effectués à un instant ultérieur t_3, elle engendre une décomposition de plus, et ainsi de suite. On peut alors s'assurer (Appendice G) que la probabilité d'une séquence quelconque de mesures m, n, p, etc., est tout simplement la norme du vecteur d'état final :

$$\mathcal{P}(m, t_1; n, t_2; p, t_3; ...; q, t_r) = |\,\langle\Psi_{m,n,p,..,q}(t_r)\,|\Psi_{m,n,p,..,q}(t_r)\rangle\,|^2 \tag{8.7}$$

La probabilité est donc le carré de la norme de la « branche » du vecteur d'état ayant subi toutes les projections successives, aux instants correspondant à toute la séquence de mesures.

Cette formule peut également être écrite en termes de l'opérateur densité initial $\rho(t_0)$:

$$\rho(t_0) = |\Psi(t_0)\rangle\,\langle\Psi(t_0)| \tag{8.8}$$

Dans le point de vue de Heisenberg (pour plus de détails sur ce calcul, voir Appendice G), les projecteurs $P_M(m)$ et $P_N(n)$ deviennent des opérateurs dépendant du temps $\widehat{P}_M(m, t)$ et $\widehat{P}_N(n, t)$. Dans le cas où deux mesures sont effectuées, la probabilité d'obtenir le résultat m, suivi du résultat n, peut alors s'écrire[2] :

$$\mathcal{P}(m, t_1; n_2, t_2) = Tr\left\{\widehat{P}_N(n_2, t_2)\widehat{P}_M(m_1, t_1)\rho(t_0)\widehat{P}_M(m_1, t_1)\widehat{P}_N(n_2, t_2)\right\} \tag{8.9}$$

L'équation (8.9) est parfois appelée formule de Wigner[3]. Elle peut aisément être généralisée à plus de deux mesures par l'addition de projecteurs supplémentaires des deux côtés dans l'ordre des temps inverses, et à des situations où $\rho(t_0)$ décrit un mélange statistique au lieu d'un état pur.

2. Une permutation circulaire sous la trace permet en fait de supprimer l'un des projecteurs extrêmes $\widehat{P}_N(n_2; t_2)$ dans la formule (8.9), mais pas les autres.

3. On la trouve en effet dans l'équation (12) de [49, 315].

8.A.2.b La réduction du vecteur d'état devient inutile

Nous avons présenté les équations (8.7) et (8.9) comme des conséquences du postulat de réduction du vecteur d'état de la mécanique quantique. Inversement, on peut prendre ces équations comme point de départ, comme un postulat en soi qui permet de calculer la probabilité d'une séquence quelconque de résultats de mesure. Le postulat de réduction du vecteur d'état devient alors superflu, puisque la règle de Born généralisée (à des temps multiples) est suffisante pour obtenir ces probabilités – certes, on peut faire valoir que la réduction du vecteur d'état est implicitement contenue dans l'opération de trace de (8.9), mais il reste vrai que nulle référence explicite à la réduction n'est nécessaire. Dans cette optique, la projection du vecteur d'état associée à la mesure n'est donc plus un postulat, mais seulement une règle de calcul commode qui peut être déduite d'un autre postulat. Quant à l'évolution de Schrödinger, elle est contenue dans l'évolution de Heisenberg des opérateurs de projection, de sorte que l'évolution de $\mid \Psi >$ lui-même n'est plus directement visible.

Dans ce point de vue, il reste toujours nécessaire de postuler que les résultats de mesure ne peuvent donner que les valeurs propres de l'opérateur correspondant, et que le résultat est fondamentalement aléatoire – c'est le contenu de la règle de Born. L'avantage à utiliser directement la formule (8.9), tout en laissant de côté la réduction du vecteur d'état, est que les problèmes associés à la difficile coexistence entre deux postulats d'évolution disparaissent ; aucun saut discontinu d'une quelconque quantité mathématique n'apparaît dans le formalisme. Dans ces conditions, pourquoi ne pas tout simplement laisser tomber les autres postulats et n'utiliser que cette formule unique pour obtenir des prédictions sur tous les résultats possibles ?

Pour certains physiciens, c'est effectivement la meilleure solution ; si l'on admet que le but de la physique est uniquement d'établir des corrélations entre la préparation d'un système physique, mathématiquement contenue dans $\rho(t_0)$, avec toutes les séquences possibles de mesures (en fournissant leurs probabilités), il est vrai que la formule (8.9) est parfaitement suffisante. Pourquoi alors s'inquiéter de savoir quelle série particulière de résultats se produit dans une réalisation donnée de l'expérience ? Il est suffisant de supposer que tous les systèmes physiques ont un comportement fondamentalement aléatoire ; nul n'est alors besoin en physique de faire plus que de donner des règles permettant le calcul des probabilités associées aux diverses procédures de préparation et de mesure ; inutile de chercher à décrire le système physique lui-même à chaque réalisation de l'expérience.

L'interprétation des corrélations est parfaitement cohérente ; elle s'inscrit bien dans l'idée que le vecteur d'état exprime une procédure de préparation (voir § 1.B.3), plus qu'une propriété physique quelconque du système mesuré. D'un autre côté, ce raisonnement est totalement opposé à celui de EPR, puisqu'il considère comme sans intérêt toute question reliée à la réalité physique indépendante en tant que telle. Des questions comme « comment décrire le système dans l'intervalle de temps où la première mesure a été effectuée, mais où la seconde est toujours à venir » sont repoussées comme des questions superflues ou sans signification réelle[4]. Inutile de dire que la notion elle-même d'éléments de réalité EPR devient totalement non-pertinente dans cette vue de la physique, ce qui résout automatiquement tous les problèmes potentiels associés à des raisonnements de type Bell, GHZ ou Hardy. Il en va de même pour l'émergence d'un résultat unique dans une expérience isolée ; d'une certaine façon, le paradoxe du chat de Schrödinger est évacué en le rejetant hors du domaine de la physique, puisque le paradoxe n'est pas exprimé en termes de corrélations. Une caractéristique intéressante de ce point de vue est que la frontière entre le système mesuré et les appareils de mesure est flexible ; un avantage qui en découle est que la méthode est bien adaptée à des approximations successives dans le traitement des processus de mesure, par exemple les traces laissées par une particule dans une chambre à bulles comme discuté par Bell [42].

8.A.2.c Discussion

En pratique, on constate souvent que la plupart des physiciens qui adoptent l'interprétation des corrélations n'éprouvent pas le besoin de la rendre très explicite. Certains le font cependant ; voir par exemple l'article de Mermin [316], qui d'emblée part de la prise de position claire « tout au long de cet essai, je considérerai les corrélations et les probabilités comme des concepts de base ». Dans un contexte un peu semblable, voir également un texte de la rubrique « opinions » de Physics Today par Fuchs et Peres [78] qui mettent l'accent sur « la cohérence interne de la théorie sans interprétation ». D'un autre côté, nous l'avons déjà noté, l'interprétation des corrélations est vue par certains physiciens comme quelque peu minimaliste, car elle considère comme non-pertinentes un certain nombre de questions qu'ils trouvent importantes ; le manque le plus important est probablement une notion de réalité physique qui soit indépendante des opérations de mesure faites par des êtres humains. Comme nous l'avons également mentionné, cette interprétation peut aisément être complétée par d'autres éléments pour la rendre plus riche. L'expérience semble montrer que, lors d'une discussion où on les pousse vigoureusement pour qu'ils donnent plus de détails sur leur position, les partisans du point de vue des corrélations s'expriment alors souvent en des termes qui se rapprochent beaucoup de l'interprétation d'Everett (§ 8.K) ; en fait, ils se révèlent

4. Supposons par exemple que la polarisation d'un photon soit mesurée (de façon non-destructive) quelque part en Europe, et que ce photon se propage dans une longue fibre préservant la polarisation pour atteindre l'Amérique, où une autre mesure de polarisation est effectuée. En pratique, la plupart des physiciens pensent intuitivement que « quelque chose avec des propriétés physiques » s'est propagé d'un site de mesure à l'autre, et que la physique est capable de faire des affirmations concernant ces propriétés. Dans l'interprétaton pure des corrélations, cette intuition est considérée comme fausse : rien de réel ne s'est propagé le long de la fibre.

parfois comme des partisans de cette interprétation sans qu'ils le réalisent eux-mêmes !

D'autre part la formule (8.9) peut se révéler le point de départ de nombreuses discussions intéressantes, qu'elle soit juste considérée comme une formule commode ou une composante de base de l'interprétation. Supposons par exemple que la première mesure soit associée avec une valeur propre dégénérée d'un opérateur, en d'autres termes que $\widehat{P}_M(m; t_1)$ soit un projecteur sur un sous-espace de plus d'une dimension :

$$\widehat{P}_M(m; t_1) = \sum_{i=1}^{n} |\varphi_i\rangle \langle\varphi_i| \tag{8.10}$$

(pour simplifier, nous supposons que $t_1 = t_0$, de sorte qu'aucune dépendance en temps n'apparaît dans cette égalité). Si nous insérons cette égalité dans (8.9), il apparaît immédiatement des termes d'interférence (ou termes croisés) $i \neq j$ entre les contributions des divers $|\varphi_i\rangle$. Supposons maintenant que plus d'information a été obtenu lors de la première mesure, de sorte que la valeur de i a en fait été déterminée, mais que cette information a été perdue ou oubliée ; l'expérimentateur ignore lequel parmi deux (ou plus) des résultats possibles a été obtenu. Alors, ce qu'il faut calculer est la somme des probabilités associées à chaque résultat possible, c'est-à-dire une somme unique sur i dont tous les termes croisés $i \neq j$ ont disparu. Dans le premier cas, les termes d'interférence sont présents parce qu'il faut ajouter des amplitudes de probabilité ; dans le second, ce sont les probabilités elles-mêmes qu'il faut ajouter (événements exclusifs). La différence entre les deux cas peut s'expliquer en termes de décohérence : dans le premier cas, plusieurs états du système se corrèlent avec le même état de l'appareil de mesure, qui ici joue le rôle de l'environnement ; ce n'est plus vrai dans le second cas, de sorte que par trace partielle sur l'environnement, tous les termes d'interférence s'annulent. Cette remarque est utile dans la discussion de la relation étroite entre ce qu'on appelle le « paradoxe de Zénon » en mécanique quantique [317] et la décohérence ; elle est également fondamentale dans la définition des conditions de cohérence dans l'interprétation des histoires, sur laquelle nous reviendrons plus bas (§ 8.J).

8.A.3 Mettre l'accent sur l'information

Il est également relativement fréquent d'entendre mettre l'accent sur le rôle de l'information [318–324, 326] ; avec l'essor récent de tout le domaine de recherche sur l'information quantique, un tel point de vue est naturel. L'information peut concerner l'ensemble du dispositif expérimental ; on arrive alors à un point de vue proche de celui de Bohr lorsqu'il insiste sur l'importance de prendre en compte l'ensemble du dispositif expérimental (§ 3.C.2). Mais l'information peut aussi inclure celle acquise lors de la prise de connaissance de résultats expérimentaux, qui en produit alors une soudaine augmentation ; on peut invoquer ce fait comme une explication du postulat de réduction du vecteur d'état de Von Neumann, vu comme un « processus purement mental » (Appendice A).

Un point intéressant à souligner est que tout processus de mesure (ou, plus généralement, d'intrication quantique) donne lieu à un courant d'information qui s'éloigne du lieu où la mesure est effectuée. En effet, l'interaction entre le système mesuré et l'appareil de mesure, puis l'environnement, initie une chaîne de Von Neumann au cours de laquelle l'intrication progresse de plus en plus loin dans cet environnement [324]. Considérons alors un volume fixé contenant tout l'appareil de mesure ; tant que la chaîne reste à l'intérieur de ce volume, comme toute évolution hamiltonienne conserve les états purs ainsi que l'entropie, la quantité d'entropie contenue dans le volume reste constante ; mais, dès que l'intrication se propage au-delà du volume considéré, les propriétés du système physique contenu à l'intérieur doivent être calculées par une trace partielle sur celles du système extérieur, de sorte que l'entropie à l'intérieur augmente (§ 6.B.2). L'effet de cette fuite d'intrication vers le monde extérieur apparaît donc à l'observateur local comme une source de production d'entropie – à titre d'illustration, voir par exemple la citation de Peres dans le § 8.C.2 et sa discussion du flux d'information dans une expérience EPR, ou la Ref. [325].

Ce point de vue informationnel peut être appliqué de manière plus ou moins stricte. On peut, soit focaliser l'intérêt sur le contenu en information du vecteur d'état[5], soit aller plus loin et considérer que la nature du vecteur d'état lui-même est avant tout informationnelle, soit même prendre le point de vue extrême où il ne représente que de l'information (§ 8.C.2). Dans tous les cas, il existe évidemment un certain lien avec l'interprétation des corrélations, et on peut même le voir les deux points de vue comme des utiles compléments mutuels. Les discontinuités introduites par la réduction du vecteur d'état semblent être expliquées de façon relativement naturelle, sans toutefois que les difficultés déjà discutées aux §§ 1.B.3.a et 8.A.2 ne soient levées (par exemple les questions concernant la division du monde entre les systèmes qui fournissent de l'information et ceux sur lesquels l'information est acquise, ou celles concernant la description de la réalité pendant l'expérience). Le paradoxe de l'ami de Wigner n'est évidemment pas un problème particulier puisque, tant que l'ami à l'extérieur du laboratoire dispose de moins d'information que celui qui est à l'intérieur, il continue à utiliser un vecteur d'état non réduit, contrairement à son ami à l'intérieur.

5. Voici par exemple comment Fuchs [322] voit le programme de la mise au point d'une version informationnelle de la mécanique quantique : « Le système quantique représente quelque chose de réel et d'indépendant de nous ; l'état quantique représente une collection de degrés subjectifs de connaissances sur *quelque chose* à faire avec le système... La structure appelée mécanique quantique s'intéresse aux relations entre ces deux objets – le subjectif et l'objectif. Notre rôle est alors de séparer le bon grain de l'ivraie. Si l'état quantique représente une information subjective, dans ce cas quelle proportion de son expression mathématique pourrait-elle être dans le même cas ? Une certaine partie, peut-être la plus grande partie, mais certainement pas la totalité ».

8.B Interprétation statistique

L'interprétation statistique ne rejette pas l'idée de fournir une description des systèmes physiques, mais précise que la description donnée par le vecteur d'état ne s'applique qu'à un ensemble statistique de systèmes préparés dans des conditions identiques, et pas à un système physique unique (ou une seule réalisation d'une expérience). Einstein était un partisan de cette interprétation ; par exemple, dans une lettre à Schrödinger [48], il écrit « la fonction Ψ ne décrit pas l'état d'un système unique mais (statistiquement) un ensemble de systèmes ». L'argument EPR mène à l'interprétation statistique. Ballentine [327] a passé en revue cette interprétation et écrit : « Plusieurs arguments sont avancés en faveur du point de vue qui considère que la description par un état quantique ne s'applique qu'à un ensemble de systèmes préparés de façon similaire, plutôt que de supposer, comme on le fait souvent, qu'un tel état représente un système individuel de façon exhaustive. La plupart des problèmes associés à la théorie quantique de la mesure sont des artefacts conséquences de tentatives de maintenir la seconde interprétation ». Cet auteur fait la distinction entre deux classes d'interprétations :

(i) « L'interprétation statistique... selon laquelle un état quantique pur... n'a aucune raison de fournir une description complète d'un système physique individuel ;

(ii) Les interprétations qui affirment qu'un état pur fournit une description complète et exhaustive d'un système unique. L'interprétation de Copenhague fait partie de cette classe ».

Il ajoute ensuite que « l'hypothèse (ii) est superflue en théorie quantique, et de plus conduit à de sérieuses difficultés ». D'autres auteurs ont exprimé des points de vue similaires ; voir par exemple la Ref. [90] qui propose une alternative à l'interprétation orthodoxe de la mécanique quantique contenant beaucoup d'éléments semblables. Pour un exemple de désaccord net et explicite avec l'interprétation statistique, voir par exemple [40].

Une fois l'interprétation statistique acceptée, deux attitudes logiques sont possibles :

(i) ou bien l'on considère comme satisfaisante une théorie qui ne décrit que des ensembles de systèmes. Si une seule expérience est réalisée, on postule qu'un processus fondamentalement aléatoire prend place, ce qui permet à un seul résultat d'expérience d'émerger ; aucune tentative n'est faite pour décrire ce processus. C'est, en un sens, la version moderne des « sauts quantiques ». Cette attitude, poussée à ses limites, conduit à ce que Leggett [328] appelle « l'interprétation statistique extrême, selon laquelle aucun mécanisme physique ne doit être relié au formalisme de la mécanique quantique, ni à un niveau microscopique, ni macroscopique ».

(ii) ou l'on considère que le fait même que la description n'est valable que pour des ensembles, et pas pour un système unique, est le signe que la description en question ne peut être complète ; il faut donc plus de variables pour arriver à décrire un seul système au sein de l'ensemble. Ceci conduit à introduire de nouveaux éléments de description qui s'ajoutent au vecteur d'état[6], ce qui mène aux théories à variables supplémentaires (ou cachées).

Tous les physiciens qui sont partisans de cette interprétation ne font pas nécessairement un choix explicite entre ces deux possibilités. Toutefois, avec ou sans référence aux variables supplémentaires, on trouve un nombre relativement conséquent d'auteurs qui soutiennent l'idée que le vecteur d'état ne doit être utilisé que pour la description d'ensembles statistiques. Une relation intéressante entre les deux points de vue a été proposée par Aharonov et al. dans la Ref. [329], sous le titre « Quelle est la signification de la fonction d'onde ? ». Après avoir remarqué que « depuis la découverte de la théorie quantique une question fondamentale a obsédé les physiciens : quelle est la signification physique de la fonction d'onde ? », l'auteur explique comment il est possible d'étendre l'interprétation habituelle de la condition d'onde (associée à des moyennes d'ensemble sur un grand nombre de systèmes identiques) à un système unique. Ceci est réalisé en considérant une mesure qui dure pendant un temps long, une « mesure protectrice », durant laquelle la fonction d'onde ne peut beaucoup changer à cause d'une autre interaction qu'elle subit au même instant.

8.C Interprétation relationnelle, vecteur d'état relatif

D'autres interprétations mettent l'accent sur le caractère relatif du vecteur d'état lorsque plusieurs observateurs décrivent la même séquence d'événements (même s'ils utilisent tous le même référentiel galiléen).

8.C.1 Interprétation relationnelle

Le point de vue relationnel sur la mécanique quantique a été introduit par Rovelli en 1996 [330] ; il est inspiré de la relativité, où il est bien connu que des observateurs différents peuvent utiliser des temps différents (s'ils utilisent des référentiels galiléens différents). Dans l'interprétation relationnelle, on rejette la notion d'état absolu d'un système physique : des observateurs différents peuvent rendre compte de la même suite d'événements en utilisant des vecteurs d'état différents. Ici la différence ne provient pas de l'usage de référentiels galiléens distincts, mais d'informations différentes dont disposent les observateurs, ou plus concrètement du fait qu'ils utilisent des appareils de mesure différents pour faire leurs observations. Les propriétés physiques des systèmes ne sont donc pas vues comme absolues, mais comme dépendant de l'appareil utilisé pour y avoir accès. La mécanique quantique est considérée comme une « théorie concernant l'information ». Selon les termes de Rovelli

6. Dans son article, Ballentine remarque que « l'introduction de variables cachées est parfaitement compatible avec les prévisions statistiques de la théorie quantique » et discute les propriétés de telles variables à la fin de son article.

(§ 2.3 de [330]) : « Une description quantique de l'état d'un système S ne peut exister que si un autre système O, considéré comme un observateur[7], est effectivement en train de 'décrire' S ou, plus précisément, a interagi avec S. L'état quantique d'un système est toujours un état de ce système par rapport à d'autres systèmes ».

L'accent est clairement mis sur les relations entre objets physiques, et non sur les objets eux-mêmes. Dans une expérience EPR par exemple, si le spin d'une seule particule est mesuré, cette mesure n'a absolument aucun effet sur l'état de l'autre spin, qui n'est en relation avec aucun appareil de mesure ; rien de semblable à la réduction non-locale du vecteur d'état ne se produit. Dans une seconde expérience, si maintenant les spins des deux particules sont mesurés le long de directions parallèles, on peut alors observer une propriété de la paire, à savoir que les résultats sont toujours opposés ; mais cette observation n'a aucune relation avec les propriétés du système dans la première expérience, puisque ses propriétés par rapport à un appareil de mesure différent n'ont a priori plus rien à voir avec les précédentes. Si pour finir les propriétés des deux spins sont mesurées le long de directions non-parallèles, on observe alors encore de nouvelles propriétés de la paire, sans relations particulières avec celles relatives aux deux premières expériences.

En un sens, ce point de vue est assez semblable à celui de Bohr, où c'est le rôle de l'ensemble de l'appareillage expérimental qui est considéré comme essentiel. Cependant, dans l'interprétation de Copenhague, il faut introduire la notion d'appareils de mesure, d'observateurs, etc., et invoquer la différence entre les mondes microscopique et macroscopique, alors que dans l'interprétation relationnelle ceci n'est plus nécessaire. Tous les systèmes physiques sont considérés sur le même plan, sans mention du caractère nécessairement macroscopique des appareils de mesure : le processus de mesure est un simple processus d'interaction ordinaire, donc sans aucun rôle particulier dans la théorie.

Dans cette interprétation, la réduction du vecteur d'état devient différente de ce qu'elle est dans le point de vue standard. Par exemple, certains observateurs peuvent considérer que la réduction du vecteur d'état s'est déjà produite en ce qui concerne un système quantique donné, alors que pour d'autres la réduction n'a pas encore eu lieu – pour eux, le système est toujours dans une superposition cohérente. En guise de résumé, on peut citer la phrase de Rovelli dans [330], « La mécanique quantique est une théorie qui concerne la description des systèmes physiques en rapport avec d'autres systèmes physiques, et ceci fournit une description complète du monde ». Comme l'interprétation relationnelle considère que les vecteurs d'état fournissent une description complète de la réalité physique, elle est en complète opposition avec l'argument EPR, les variables supplémentaires, etc..

7. Le système O peut être compris comme un appareil de mesure. Cette phrase signifie alors que (dans un référentiel galiléen donné) une particule peut avoir une position définie, ou une vitesse définie, ou une direction de son spin, etc., seulement en relation avec un appareil de mesure spécifique mesurant cette propriété, jamais de façon absolue.

8.C.2 Point de vue informationnel pur

Nous avons vu plus haut (§ 8.A.3) que, par pragmatisme, certains physiciens mettent en avant le lien entre le vecteur d'état et l'information. On peut aller encore plus loin, et prendre un point de vue informationnel extrême qui dissocie totalement $|\Psi\rangle$ de la réalité physique ; ce qui est pris en compte est uniquement sur le contenu informationnel du vecteur d'état $|\Psi\rangle$, qui décrit l'information que possède un observateur sur un système physique donné (§ 8.A.3), mais ne dit rien du système lui-même. Le vecteur d'état devient ainsi « purement mental » (Appendice A). Rien n'empêche alors le vecteur d'état $|\Psi\rangle$ de prendre des valeurs totalement différentes pour le même système, en fonction des connaissances que l'on peut définir pour un observateur arbitraire. L'analogie est alors évidente avec une distribution classique de probabilités, qui contient également une relation entre une certaine quantité de connaissance et une réalité physique indépendante ; par exemple, une telle distribution peut parfois décrire le système avec une parfaite précision, mais elle peut également ne contenir aucune information (si l'observateur ne sait rien sur le système).

Considérons une expérience que l'on décrirait en termes du langage courant, par : « Un appareil au point A produit une particule, qui se propage dans l'espace jusqu'à un point éloigné B, où son interaction avec une cible est observée et enregistrée » – par exemple il peut s'agir d'un proton qui est injecté dans un accélérateur du CERN et qui entre en collision avec une cible dans un laboratoire à des kilomètres de distance. Au cours de l'expérience, un paquet d'ondes associé au vecteur d'état se propage donc de A à B. Dans un point de vue strictement informationnel, on considère que rien de réel ne se propage au sein de ce paquet d'ondes : il s'agit juste d'un transfert d'information abstraite. Le monde réel se limite alors éventuellement aux appareils de mesures et aux observations, ce qui se propage n'étant qu'une information concernant des potentialités d'observations futures avec les appareils.

Dans la Ref. [86], les mots de Peres illustrent bien ce point de vue, dans le cadre d'une discussion de l'expérience EPR : « Quand Alice mesure son spin, l'information quelle obtient est localisée à sa position, et restera ainsi localisée jusqu'à ce qu'elle décide de la communiquer au loin. Absolument rien ne se produit à l'endroit où se trouve Bob... Ce n'est que si, et au moment où, Alice informe Bob de son résultat... que Bob prend conscience du fait que sa particule est dans un état pur bien défini. Jusqu'alors, les deux observateurs peuvent en toute légitimité attribuer des états quantiques différents au même système... Les états quantiques ne sont pas des objets physiques : ils n'existent que dans notre imagination... La réponse à la question posée par EPR 'peut-on considérer que la description quantique de la réalité physique est complète ?' est oui. Cependant, il est possible que la réalité soit différente pour des observateurs différents ».

La plupart des physiciens sont parfaitement prêts à accepter que des opérateurs densité dépendent de l'observateur : si différents observateurs possèdent des quantités différentes d'information sur le même système physique, il semble naturel qu'ils décrivent ce système par des opérateurs densité ρ différents. Lorsque ρ décrit un mélange statistique, l'analogie avec une distribution de probabilités classiques est directe, parce que ρ ne correspond pas à la description la plus précise possible d'un système en mécanique quantique ; cet opérateur attribue en fait des probabilités (classiques) à plusieurs descriptions de ce type (avec des vecteurs d'état, donc des états purs). Mais une dépendance des vecteurs d'état $|\Psi\rangle$ eux-mêmes, alors qu'ils ne laissent plus place à une description quantique plus précise, semble plus délicate à accepter. De plus, beaucoup acceptent l'idée que, au moins quelquefois, la fonction d'onde contient des éléments de réalité. Par exemple, un système physique décrit par la fonction d'onde de l'état fondamental est réellement dans cet état et en possède les propriétés, pas seulement dans l'esprit des humains. Les électrons d'un supraconducteur à très basse température sont réellement dans un état fondamental BCS (Bardeen-Cooper-Schrieffer) ; la fonction d'onde BCS n'est pas un processus mental, mais donne une description du système lui-même. Les chimistes pensent de même : les orbitales moléculaires décrivent des propriétés intrinsèques des molécules, leur forme, leur réactivité, etc., et non pas juste notre connaissance de leurs propriétés. Ainsi, le point de vue standard est plutôt que l'évolution de Schrödinger contient à la fois l'évolution des propriétés physiques que la mécanique quantique attribue au système (observables qui admettent $|\Psi\rangle$ comme vecteur propre) et celle des probabilités (pour toutes les autres observables) qui représentent notre connaissance du système et peuvent donc être vues comme mentales.

Nous avons déjà discuté les difficultés associées avec ce point de vue purement informationnel dans les §§ 1.B.3.a et 8.A.3 ; si $|\Psi\rangle$ n'est que pure information, à quelle réalité physique s'applique cette information ? Comment alors devrions nous parler du système lui-même et le décrire ? Est-ce que cela signifie que la physique renonce totalement à l'espoir de dire quelque chose à propose d'une réalité indépendante ? Dans certains de ses écrits initiaux, Heisenberg semblait n'être pas loin de ce point de vue purement informationnel, mais plus tard il a nuancé sa position. En ce qui concerne Bohr, ce n'était pas un positiviste mais un réaliste, on pourrait dire à sa façon (voir § 2.E, par exemple la citation de Von Weizsäcker à la fin) ; le point de vue purement informationnel est généralement considéré comme au-delà de l'interprétation standard (§ 1.A.3).

8.D Logique quantique ; approches axiomatiques

La logique quantique étudie la structure formelle du raisonnement déductif en mécanique quantique, afin de fournir une série de règles qui sont compatibles avec ses principes. De façon générale, pour l'ensemble de la science, ceci définit un problème très large, avec une histoire riche – en fait trop large et trop philosophique (logique) pour être discuté ici, en dépit de son intérêt intrinsèque. Les racines de ce sujet remontent à la philosophie grecque, mais bien sûr les applications à la mécanique quantique sont plus récentes. Même si l'on se restreint au cadre de cette théorie, on peut toujours noter un grand nombre de contributions ; nous ne pourrons donc que nous limiter à un résumé quelque peu superficiel, mais susceptible de donner quelques idées utiles à un premier contact avec la logique quantique. Une présentation générale du domaine et une revue sont proposées dans le chapitre 8 du livre de Jammer « The philosophy of quantum mechanics » [45], qui contient également de nombreuses références.

Von Neumann, dans son fameux traité de 1932 [2], a remarqué que « les relations entre un système physique d'une part, et les projections de l'autre, rendent possible une sorte de calcul logique. Néanmoins, contrairement aux concepts de la logique ordinaire, ce système logique est augmenté par le concept de 'décidabilité simultanée', qui est caractéristique de la mécanique quantique ». En 1933, un astrophysicien, Fritz Zwicky, a suggéré qu'une logique non-classique devrait être mise en œuvre en microphysique [331] ; il a proposé un « principe de flexibilité de la vérité scientifique », qui « doit être multivaluée ». En 1936 Birkhoff et Von Neumann ont tenté de réconcilier la contradiction apparente entre la logique classique booléenne et les règles concernant la mesure d'observables incompatibles en mécanique quantique [332] ; ils ont mis en lumière la différence caractéristique entre les structures logiques des mécaniques classique et quantique, qui est que des identités distributives sont valables dans le premier cas, mais pas dans le second. Jordan a publié quelques articles sur ce sujet vers 1950 [333]. Peu après la publication de l'article de Birkhoff et Von Neumann, Strauss a élevé des critiques dans sa thèse de PhD (1938) ; il a alors introduit une autre forme de logique, la « logique de la complémentarité » [334]. Plus tard, en 1968, Popper a également critiqué l'article de Birkhoff et Von Neumann, mais cette fois en le considérant comme logiquement incohérent [335] ; un débat s'est alors développé, en particulier avec Ramsay et Pool, mais nous n'en parlerons pas ici.

La logique multivaluée correspond à une version de la logique quantique qui a été mise en œuvre en particulier par Reichenbach [336] et Von Weizsäcker [337] (en proposant une version différente de la « logique de la complémentarité »). Finalement, mentionnons juste les approches axiomatiques dites « C* algèbres », qui fournissent un formalisme permettant de mettre en relation observables, filtres de préparation des systèmes, et états quantiques ; sous la forme développée par Mackey [338], c'est une axiomatisation de la mécanique quantique basée sur deux notions fondamentales, observables et états. Pour une revue, en particulier sur le rôle de l'école de Genève dans ce domaine (Jauch, Piron), voir le § 8.5 de [45].

8.E Le réel voilé

L'interprétation du « réel voilé » a été introduite par d'Espagnat [21, 22]. Sur le plan du formalisme mathématique, elle ne diffère en rien de l'interprétation standard, mais elle propose un cadre conceptuel et philosophique qui lui est propre. Ce cadre est réaliste, comme celui de Bohr, mais il en diffère en ce que la définition de la réalité n'y fait pas intervenir la perception humaine via les appareils de mesure, qui en sont le prolongement. L'existence du réel est considérée comme fondamentale, sans aucun besoin d'être rapportée à l'Homme, et donc indépendante de toute propriété de notre structure sensitive. Partant de la théorie de la mesure quantique, des arguments EPR et de Bell, d'une étude du lien entre contrafactualité et réalisme, ainsi que des conséquences de la notion d'accord inter-subjectif, d'Espagnat arrive à la conclusion que la mécanique quantique ne peut pas donner lieu à des interprétations descriptives d'objets quantiques individuels. Il distingue entre réel indépendant dont on n'atteint, au mieux, que certaines structures générales, et réalité empirique (ensemble des phénomènes que la science analyse). Ceci le conduit à conclure que le réel ultime est un « réel voilé », n'offrant une prise que marginale à la connaissance discursive.

D'autres interprétations de la mécanique quantique distinguent deux niveaux de réalité. C'est par exemple le cas de la théorie de De Broglie-Bohm (§ 8.F.1) où apparaissent deux niveaux différents : celui d'un champ physique (la fonction d'onde) qui est manipulable mais pas directement observable, et celui des positions des particules qui sont observables, mais pas manipulables (cf. Appendice H). Mais c'est une approche différente de celle du réel voilé, en particulier parce que les deux niveaux de réalité sont présents dans le formalisme mathématique lui-même.

8.F Variables supplémentaires (« cachées »)

Avec les variables supplémentaires/cachées, nous quittons maintenant le domaine des interprétations proches de l'interprétation standard ; clairement, des éléments qui n'appartiennent pas à la théorie standard sont introduits. Les variables supplémentaires sont ajoutées au vecteur d'état quantique afin d'obtenir une description physique d'un système unique plus précise qu'en mécanique quantique standard. Nous avons déjà vu que le théorème EPR lui-même peut être vu comme un fort argument en faveur de l'existence de telles variables supplémentaires. Ces variables sont parfois appelées « cachées », même si ce mot est quelque peu paradoxal, puisqu'elles sont dans la plupart des cas bien plus visibles que le vecteur d'état complexe[8] ; Bell préférait utiliser le mot « beable » [340] combinant la notion d'être (to be) avec la fin du mot variable, mot qui tend à être utilisé dans la littérature récente. Pour notre part, nous utiliserons le mot « supplémentaire » à cause de sa généralité.

Les théories à variables supplémentaires sont habituellement construites mathématiquement de façon à reproduire exactement toutes les prédictions de la mécanique quantique standard ; elles donnent exactement les mêmes probabilités pour tous les types de mesures possibles, de sorte qu'il est clair qu'il n'y aura jamais aucun espoir de mettre en défaut la mécanique quantique pour laisser la place à ces théories, ou le contraire. En ce sens, elles ne sont pas réellement des théories complètement nouvelles, mais plutôt des variations sur une théorie connue. Elles possèdent toutefois un intérêt conceptuel réel : elles peuvent rétablir le réalisme et résoudre les difficultés provenant des deux sortes d'évolution du vecteur d'état (paradoxe du chat de Schrödinger). Elles peuvent également rétablir le déterminisme, sans que cela soit une nécessité, puisque l'on peut également bâtir des théories à variables supplémentaires qui restent fondamentalement non-déterministes.

Ces théories ont débuté en 1926-1927 avec le travail précurseur de L. de Broglie et l'introduction de la notion d'une « onde pilote » [341, 342]. Dans sa « théorie de la double solution », une particule est décrite par deux champs, la fonction d'onde habituelle $\Psi(\mathbf{r})$ ainsi qu'un autre champ $u(\mathbf{r})$; la particule est considérée comme une petite horloge, dont le mouvement est déterminé par une « équation de guidage ». En 1926, Born avait également envisagé la possibilité d'introduire des « paramètres supplémentaires » dans la théorie, au cours de son fameux article proposant l'interprétation probabiliste de la fonction d'onde [30] ; il avait même travaillé plus en détail sur ce sujet avec son assistant Frenkel [45] mais, malheureusement, ce travail semble avoir été perdu. En 1952, Bohm mit au point une version plus complète de la théorie [9, 343] ; elle est également plus simple, puisque ce qui est ajouté à la fonction d'onde n'est pas un autre champ, mais tout simplement une position pour la particule. À nouveau, le mouvement de la particule est guidé par les gradients de la fonction d'onde, comme dans la théorie de De Broglie. Les deux points de vue partagent donc des concepts de base communs, et l'on parle souvent de la « théorie de De Broglie-Bohm ».

À l'heure actuelle, parmi les diverses théories qui ajoutent des variables supplémentaires à la mécanique quantique, la théorie de Bohm est probablement la plus connue. Un autre exemple est le travail de Wiener et Siegel [10], qui ont mis au point une formulation mathématique de la mécanique

8. Les variables supplémentaires apparaissent directement dans les résultats de mesure de sorte que, au lieu d'être cachées, elles sont actuellement bien visibles. Cependant, elles sont également incontrôlables – voir Appendice VII.
Dans [339], Bell écrit « De façon absurde, ces théories sont connues sous le nom de 'théories à variables cachées'. C'est absurde, car dans ce cas ce n'est pas dans la fonction d'onde que l'on peut trouver une image du monde visible et des résultats des expériences, mais dans les variables 'cachées' (!) qui ont été ajoutées ».

quantique en termes de probabilités (ou de densités de probabilité) au lieu d'amplitudes de probabilités, tout en conservant des résultats parfaitement équivalents à ceux des probabilités standard. Un tel point de vue élimine totalement la nécessité d'introduire un postulat spécial pour le processus de mesure.

8.F.1 Théorie de De Broglie-Bohm

En mécanique quantique standard, un seul objet quantique peut parfois se comporter comme une particule, parfois comme une onde, parfois combiner les deux. En théorie de De Broglie-Bohm, cette dualité est remplacée par une coexistence : onde et particule coexistent constamment et, de plus, interagissent. Nous commençons par une brève discussion du cadre général de cette théorie ; nous discuterons ensuite les trajectoires pour une ou deux particules. Ceci nous conduira à l'étude du processus de mesure dans ce cadre, et au commentaire de quelques objections qui ont été faites à cette théorie.

8.F.1.a Cadre général

Aucun des ingrédients habituels de la mécanique quantique standard ne disparaît dans une théorie à variables supplémentaires comme la théorie de Bohm. En un sens, ces ingrédients prennent même une plus grande importance, puisque le statut de la fonction d'onde est élevé à celui d'un champ qui est physiquement réel[9], au lieu de rester un objet avec un statut de réalité intermédiaire (§ 1.B.3). L'équation de Schrödinger elle-même reste strictement inchangée. Un ingrédient totalement nouveau est cependant ajouté : chaque particule se voit attribuer une variable supplémentaire λ, ou plus précisément trois variables additionnelles qui sont les trois composantes de sa position $\mathbf{R}$, en plus de sa fonction d'onde. L'évolution de $\mathbf{R}$ est couplée à la fonction d'onde par un « terme de vitesse quantique » (ou « formule de guidage ») qui, pour une particule unique de fonction d'onde $\Psi(\mathbf{r}, t)$, s'écrit :

$$\frac{d}{dt}\mathbf{R} = \frac{1}{m\left|\Psi(\mathbf{R},t)\right|^2}\,\mathrm{Re}\left[\frac{\hbar}{i}\Psi^*(\mathbf{R},t)\nabla\Psi(\mathbf{R},t)\right] = \frac{\hbar}{m}\nabla S(\mathbf{R},t) \tag{8.11}$$

où m est la masse de la particule et $S(\mathbf{r}, t)$ la phase du nombre complexe $\Psi(\mathbf{r}, t)$. En fait, le membre de droite de cette équation n'est autre que la vitesse locale de la version hydrodynamique de l'équation de Schrödinger introduite par Madelung en 1927 [344]. Pour un système de N particules, la variable λ est un résumé des $3N$ composantes des vecteurs $\mathbf{R}_1$, $\mathbf{R}_2$,...,$\mathbf{R}_N$, qui évoluent dans l'espace des configurations selon une généralisation directe de (8.11). Un point important à noter est qu'il n'existe par de rétroaction des variables

9. Ce champ a deux composantes, les parties réelle et imaginaire de la fonction d'onde (pour simplifier, nous supposons la particule considérée sans spin). Ces composantes sont tout aussi « réelles » que, par exemple, les composantes du champ électrique ou magnétique (le champ électromagnétique est composé de vecteurs alors qu'ici nous nous préoccupons d'un champ scalaire, mais cette différence ne joue aucun rôle particulier).

additionnelles sur la fonction d'onde ; le couplage ne va que dans un sens. Ainsi, depuis le début, la théorie introduit donc une dissymétrie marquée entre les deux objets qui sont utilisés pour décrire une particule ; nous verrons plus bas qu'ils ont également des propriétés physiques très différentes.

Pour rendre sa théorie plus semblable à la mécanique classique, Bohm n'est pas parti directement de (8.11) mais a introduit la notion de « potentiel quantique » ; ce dernier dépend de la fonction d'onde et vient ajouter son effet à celui du potentiel habituel $V(\mathbf{r})$ agissant sur la particule. Sa valeur est :

$$V_{\text{quantum}}(\mathbf{r}) = -\frac{\hbar^2}{2m}\frac{\Delta\,|\Psi(\mathbf{R},t)|}{|\Psi(\mathbf{R},t)|} \tag{8.12}$$

(où Δ est le laplacien). À partir de l'équation de Schrödinger et de l'équation de Newton habituelle pour l'accélération de la particule, on peut alors obtenir le terme de vitesse quantique[10]. Les deux points de vue sont équivalents : on peut, soit postuler directement que l'équation (8.11) est toujours satisfaite, soit supposer qu'elle l'est à l'instant $t = 0$ et ajouter $V_{\text{quantum}}(\mathbf{r})$ au potentiel habituel.

La théorie suppose de plus une distribution initiale des variables de position[11] qui est aléatoire et reproduit exactement la distribution $|\Psi(\mathbf{r}_1, \mathbf{r}_2, ...)|^2$ de la probabilité standard pour des mesures de position ; ainsi les variables additionnelles dépendent de la fonction d'onde de deux façons, à la fois par leurs valeurs initiales et par leur évolution. Combinant l'équation de Schrödinger avec la forme du terme de « vitesse quantique » (8.11) on peut montrer que, si à l'instant t la distribution des positions est égale à $|\Psi(\mathbf{r}_1, \mathbf{r}_2, ...)|^2$, l'égalité reste vraie à l'instant $t + dt$. Ceci assure que la propriété continue à

10. La plupart des versions ultérieures de la mécanique de Bohm ont préféré ignorer le potentiel quantique en faveur du terme de vitesse quantique. Les deux points de vue sont toutefois équivalents, pourvu qu'on suppose des conditions intiales appropriées pour les vitesses.
Le terme de vitesse quantique dépend seulement du gradient de la phase de la fonction d'onde, pas de son module. Il s'ensuit que des fonctions d'onde de très petit module peuvent conserver une influence finie sur la position des particules, ce qui peut être vu comme une sorte d'effet non-local.

11. Cette distribution est parfois appelée « distribution d'équilibre quantique » . Elle n'est pas due à une préparation du système qui serait insuffisamment précise, mais postulée comme conséquence d'un principe physique fondamental. Pour une réalisation donnée d'une expérience, il n'existe aucune méthode permettant de sélectionner la valeur de la position qui est effectivement réalisée parmi toutes celles de la distribution ; d'une réalisation à la suivante, un nouveau choix totalement aléatoire de cette position est fait par la Nature, sans possibilité par exemple de répéter la valeur précédente. Ainsi le caractère fondamentalement aléatoire de la mécanique quantique est maintenu.
Toutefois, une fois que le système a évolué, si la position est mesurée on obtient une valeur aléatoire à partir de laquelle on peut reconstruire l'ensemble de la trajectoire de la position dans le passé. En ce sens, la théorie de de Broglie-Bohm est plus rétrodictive que prédictive. De plus, il se trouve que supposer l'existence de cette distribution joue un rôle fondamental dans la théorie ; sinon, elle prévoirait la possibilité de communication instantanée de signaux (§ 4.D.1), en contradiction avec la relativité [345].

être satisfaite à tout instant[12], et préserve automatiquement les prédictions de la mécanique quantique ; en particulier, sous l'effet du terme de vitesse quantique, les particules ne peuvent jamais quitter le domaine où la fonction d'onde est non-nulle, mais restent toujours dans les régions de l'espace où elle ne s'annule pas. Une autre conséquence utile de cette hypothèse concernant la distribution initiale des positions est d'éviter un conflit avec la relativité [345] (Appendice H).

On peut alors rétablir le déterminisme, et supposer que les résultats de mesures ne font que mettre en évidence les valeurs pré-existantes des positions, prises parmi toutes celles qui sont initialement possibles. Cette hypothèse résout plusieurs difficultés, comme par exemple celle de comprendre pourquoi des systèmes quantiques peuvent présenter un comportement à la fois ondulatoire et particulaire dans des expériences d'interférence. En fait, le système quantique contient toujours deux objets, une onde et une particule ; l'onde peut produire des effets d'interférence et guider la particule d'une façon qui force sa position à reproduire les caractéristiques d'une figure d'interférence – rien de particulièrement mystérieux sur le plan conceptuel. De même, dans l'expérience négative avec un interféromètre de Mach-Zhender (§ 2.D), dans tous les cas une onde se propage dans les deux bras, sans aucune influence de la position de la particule ; l'effet d'interférence qui se produit sur la lame séparatrice de sortie est cependant différent, selon que la composante de l'onde qui s'est propagée dans un des bras est absorbée par l'objet ou non, de sorte que la particule est guidée d'une autre façon. Le résultat final de l'expérience est une simple conséquence du choix aléatoire de chemin que fait la particule à l'entrée de l'interféromètre et de son guidage sur la lame de sortie, sans aucun paradoxe. Il en est de même du chat de Schrödinger : en théorie de Bohm, suivant la position exacte d'une variable de grande dimension λ, appartenant à un espace des configurations énorme (comprenant les variables associées au noyau radioactif et celles associées au chat), le chat survit ou meurt, mais les deux ne se produisent jamais simultanément. Cependant, la décohérence aura exactement le même effet, et rendra impossible en pratique l'observation d'interférences avec des objets macroscopiques dans des états très différents (ceci est relié à la notion des « ondes vides », cf. § 8.F.1.c) ; nous savons en effet que la théorie est construite pour donner des prédictions équivalentes à celles de la mécanique quantique.

Pour celui qui pratique couramment la mécanique quantique standard, mais pas le concept de variables supplémentaires, au premier contact elles peuvent paraître quelque peu mystérieuses, car elles forcent à beaucoup changer les habitudes de raisonnement ; c'est peut-être pourquoi elles sont souvent appelées « cachées », mais c'est uniquement une conséquence de notre familiarité bien meilleure avec la mécanique quantique habituelle ! En réalité, ces

12. Bohm a également étudié l'effet de perturbations aléatoires incontrôlées agissant sur la position des particules [343] et démontré qu'une distribution initiale arbitraire ne peut que tendre vers une distribution donnée par $|\Psi(\mathbf{r}_1, \mathbf{r}_2, ...)|^2$.

variables sont moins abstraites que des fonctions d'onde, qui dans ces théories deviennent un champ physiquement réel. Ces variables additionnelles sont celles qui sont directement « vues » dans les expériences, alors que le vecteur d'état lui-même reste invisible ; il ne joue qu'un rôle indirect, par son effet sur les variables supplémentaires. Dans l'exemple d'une particule créant une trace dans une chambre à bulles, ce que nous voyons directement sur la photo est l'ensemble des valeurs successives de la variable supplémentaire, la position de la particule qui donne la trace. En revanche, qui a jamais obtenu la photographie de la fonction d'onde d'un système quantique unique ?

Pour résumer, nous avons dans ce point de vue une description de la réalité physique à deux niveaux différents :

(i) un premier correspondant aux éléments associés au vecteur d'état, qui peut directement être influencé dans les expériences : l'évolution du vecteur d'état dépend d'un hamiltonien qui peut être contrôlé, par exemple en appliquant des champs externes. Cette évolution se fait dans un espace de dimension élevée : par exemple, pour un ensemble de N particules sans spin, la fonction d'onde évolue dans un espace à $3N$ dimensions. Cependant le vecteur d'état seul n'est pas suffisant pour donner une description complète d'un système physique.

(ii) un second correspondant aux variables supplémentaires, les positions des particules, qui sont visibles dans les résultats des expériences, mais ne peuvent pas être manipulées directement (Appendice H). Elles obéissent à des équations d'évolution contenant le vecteur d'état, mais se déplacent dans un espace totalement différent, l'espace habituel à 3 dimensions.

Ensemble, les deux niveaux sont nécessaires et suffisants pour fournir une description complète de la réalité. Nous avons déjà mentionné qu'il n'existe aucune rétroaction des variables additionnelles sur le vecteur d'état, ce qui crée une situation inhabituelle en physique : habituellement, quand deux quantités physiques sont couplées, elles s'influencent mutuellement[13]. De façon amusante, nous sommes alors en présence d'une autre sorte de dualité, qui distingue entre actions directes entre systèmes physiques (ou leur préparation), directement exprimables en termes de vecteur d'état, et résultats des expériences qui sont réalisées, déterminés par les variables supplémentaires.

8.F.1.b Trajectoires bohmiennes

Dès lors que les particules ont une position à chaque instant, elles retrouvent également une trajectoire comme en physique classique. En étudiant ces trajectoires, on obtient toute une série d'informations intéressantes et parfois inattendues. Par exemple, même dans le cas simple d'une particule unique libre dans l'espace, les trajectoires ne sont généralement pas de simples lignes droites [346, 347] ; elles peuvent se courber d'une façon inhabituelle. Pour illus-

13. Une autre caractéristique inhabituelle est que l'effet du champ sur la position de la particule ne dépend pas de l'intensité du champ correspondant, mais juste de ses variations relatives dans l'espace.

trer cette propriété, nous passons à une étude de quelques situations conduisant à des trajectoires de Bohm caractéristiques.

Une particule Une première remarque est que, chaque fois que la fonction d'onde est réelle, l'équation (8.11) donne zéro : une vitesse ne peut exister que si la phase de la fonction d'onde varie dans l'espace. En conséquence, par exemple dans l'état fondamental de l'atome d'Hydrogène, l'électron ne tourne pas autour du proton comme on aurait pu s'y attendre, mais reste statique en un point fixe de l'espace. L'effet du potentiel quantique compense exactement l'attraction par le proton de l'électron dans son état fondamental, qui ne ressent donc aucune force. De même, pour un oscillateur harmonique dans l'état fondamental (ou n'importe lequel de ses états stationnaires), la particule n'oscille pas dans le potentiel, mais reste au même endroit.

Cette propriété est générale : chaque fois que l'hamiltonien est invariant par renversement du temps, on peut choisir une base de fonctions d'onde stationnaires qui sont réelles, de sorte que la vitesse de Bohm correspondante s'annule pour tous ces états stationnaires[14]. Bien sûr, avec des fonctions d'onde quelconques qui sont des superpositions cohérentes d'états stationnaires, la situation est différente : sous l'effet du changement de phase induit par l'équation de Schrödinger, les positions et vitesses associées deviennent des fonctions du temps. Un exemple est un oscillateur dans un état cohérent quasi-classique, pour lequel l'évolution temporelle de la position reproduit parfaitement l'oscillation classique dans le puits de potentiel. De plus, même dans des états stationnaires réels, les fonctions de corrélations des positions sont des fonctions du temps car, en théorie de Bohm, l'effet de la mesure sur la fonction d'onde doit être pris en compte (dans la discussion du § 8.F.1.e, nous revenons sur les corrélations entre mesures à des instants différents).

Considérons maintenant une expérience habituelle d'interférence, comme celle montrée schématiquement sur la Fig. 8.1 : une source S émet une par une toute une série de particules qui peuvent atteindre un écran D à travers lequel deux ouvertures ont été percées ; des interférences sont observées dans la région R de l'autre côté de l'écran. L'expérience est symétrique par rapport à un plan horizontal représenté par une ligne tiretée sur la figure. Nous savons que la mécanique de Bohm est construite de façon à reproduire exactement les prédictions de la mécanique quantique standard en ce qui concerne les positions de particules ; comment cette théorie peut-elle réussir à reproduire les franges d'interférence qui sont observées après l'écran si l'on mesure la position des particules ?

14. L'atome d'hydrogène a des fonctions d'ondes qui ne sont pas réelles, avec un facteur de phase $e^{im_l\varphi}$, où φ est l'angle azimuthal et m_l le nombre quantique associé à une composante du moment cinétique orbital. Pour ces états, les trajectoires de Bohm tournent effectivement autour du proton, comme dans l'image orbitale classique. Cependant, les valeurs $\pm m_l$ correspondent à la même énergie et on peut, par combinaison linéaire, construire une base de fonctions d'ondes stationnaires qui sont réelles et donnent donc une vitesse de Bohm nulle. Il s'ensuit que, pour une énergie donnée, si elle est dégénérée, selon le choix de la base que l'on effectue, on trouve des vitesses qui s'annulent ou pas.

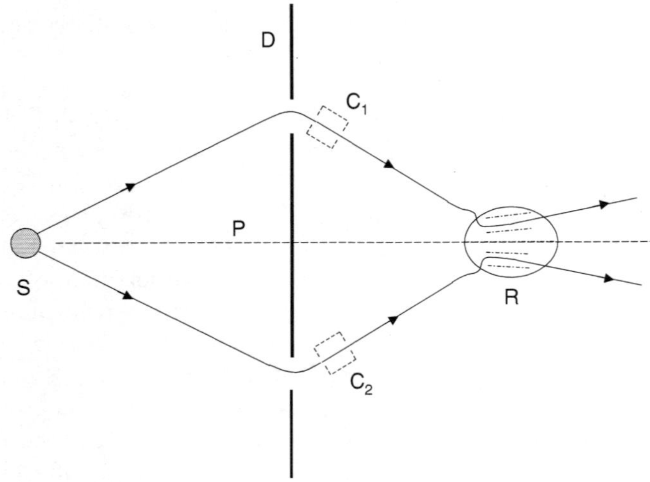

FIG. 8.1 – Trajectoires de Bohm associées à une particule émise par une source S et croisant un écran D percé de deux orifices. Dans la discussion du §8.F.1.e, deux cavités C_1 et C_2 seront ajoutées, mais pour le moment elles peuvent être ignorées. La mécanique quantique prédit que la particule interfère avec elle-même et produit une figure d'interférence dans la région d'observation R ; les lignes tiretées symbolisent les franges brillantes. En mécanique de Bohm, les trajectoires de la particule s'incurvent dans les deux orifices sous l'effet de la diffraction, et de plus oscillent dans la région où se produit l'interférence. Le résultat final est que les prédictions de la mécanique quantique standard sont exactement reproduites. On remarque une « règle de non-croisement » : les trajectoires ne traversent jamais le plan de symétrie horizontal P (ligne tiretée horizontale).

La théorie de Bohm résout le problème grâce à la relation (8.11), qui prédit que des particules libres peuvent parfaitement avoir des trajectoires courbées ; cette propriété est en fait indispensable pour que la statistique des positions reproduise les prédictions habituelles de la mécanique quantique [348]. Deux trajectoires typiques sont représentées sur la figure. Un premier effet intéressant se produit lorsque la particule passe à travers un des trous de l'écran, si ce trou est suffisamment petit pour diffracter la fonction d'onde (si son diamètre est plus petit que, ou comparable à, la longueur d'onde de De Broglie) : sans toucher les parois, la particule est défléchie parce que la fonction d'onde qui pilote sa vitesse est soumise à la diffraction. De plus, après l'écran et dans la région R où les fonctions d'onde provenant des deux orifices se recouvrent, des effets de déviations de la trajectoire se produisent à nouveau, car la vitesse de la particule est modifiée par des effets d'interférence. Ces modifications sont telles que, lorsque la position de la particule est mesurée, la figure d'interférence quantique est exactement reproduite.

On peut facilement voir par symétrie que, aux points du plan de symétrie de l'expérience (ligne centrale tiretée de la Fig. 8.1), la vitesse de Bohm est toujours contenue dans ce plan : aucune trajectoire de la particule ne peut croiser ce plan. Ce résultat est parfois appelé « règle de non-croisement » des trajectoires de Bohm. Considérons maintenant deux paquets d'ondes, chacun venant d'un orifice différent, et se croisant dans la région du plan de symétrie. La règle du non-croisement impliquent donc que les trajectoires « rebondissent » sur le plan de symétrie de sorte que, lorsque les paquets d'onde se sont croisés, les trajectoires qui suivaient un paquet d'ondes ont rejoint l'autre. En d'autres termes, pendant que les paquets d'ondes se croisent, les trajectoires sautent de l'un à l'autre. Il s'ensuit que, après l'écran, une trajectoire qui se trouve au-dessus du plan de symétrie est nécessairement passée par l'orifice du haut, et réciproquement.

Voir [42] pour une discussion de comment la trajectoire d'une particule peut être reconstruite à partir de l'observation de ses positions successives dans une chambre à bulles, et le chapitre 5 de [347] pour une discussion des trajectoires de Bohm à travers une barrière de potentiel (effet tunnel).

Deux particules Pour un système de deux particules ou plus, la situation devient encore plus intéressante. Les vitesses des deux particules sont données à partir de la fonction d'onde à deux particules $\Psi(\mathbf{r}_1, \mathbf{r}_2; t)$ par :

$$\begin{aligned} \frac{d}{dt}\mathbf{R}_1 &= \frac{1}{m_1|\Psi(\mathbf{R}_1,\mathbf{R}_2;t)|^2} \operatorname{Re}\left[\frac{\hbar}{i}\Psi^*(\mathbf{R}_1,\mathbf{R}_2;t)\nabla_{\mathbf{R}_1}\Psi(\mathbf{R}_1,\mathbf{R}_2;t)\right] \\ \frac{d}{dt}\mathbf{R}_2 &= \frac{1}{m_2|\Psi(\mathbf{R}_1,\mathbf{R}_2;t)|^2} \operatorname{Re}\left[\frac{\hbar}{i}\Psi^*(\mathbf{R}_1,\mathbf{R}_2;t)\nabla_{\mathbf{R}_2}\Psi(\mathbf{R}_1,\mathbf{R}_2;t)\right] \end{aligned} \tag{8.13}$$

où m_1 et m_2 sont leurs masses. Puisque l'équation de Schrödinger reste inchangée en théorie de Bohm, comme en mécanique quantique standard la fonction d'onde se propage toujours dans l'espace des configurations, contrairement aux positions de Bohm se propageant dans l'espace ordinaire à trois dimensions. Du fait de cette opposition, des effets non-locaux peuvent apparaître dans la propagation.

Si la fonction d'onde $\Psi(\mathbf{r}_1, \mathbf{r}_2; t)$ est un produit :

$$\Psi(\mathbf{r}_1, \mathbf{r}_2; t) = \varphi(\mathbf{r}_1, t)\chi(\mathbf{r}_2, t) \tag{8.14}$$

il est facile de voir que (8.13) se simplifie en :

$$\begin{aligned} \frac{d}{dt}\mathbf{R}_1 &= \frac{1}{m_1|\varphi(\mathbf{R}_1,t)|^2} \operatorname{Re}\left[\frac{\hbar}{i}\varphi^*(\mathbf{R}_1,t)\nabla_{\mathbf{R}_1}\varphi(\mathbf{R}_1,t)\right] \\ \frac{d}{dt}\mathbf{R}_2 &= \frac{1}{m_2|\chi(\mathbf{R}_2,t)|^2} \operatorname{Re}\left[\frac{\hbar}{i}\chi^*(\mathbf{R}_2,t)\nabla_{\mathbf{R}_2}\chi(\mathbf{R}_2,t)\right] \end{aligned} \tag{8.15}$$

Chaque particule se propage alors indépendamment, guidée de façon locale par sa propre fonction d'onde.

Si la fonction d'onde n'est pas un produit, les vitesses doivent être évaluées à un point de l'espace des configurations qui dépend des positions des deux particules ; le résultat est alors que la vitesse de la particule 1 peut dépendre explicitement de la position de la particule 2, et réciproquement. Supposons par exemple que la fonction d'onde à deux particules s'écrive comme la somme de deux produits :

$$\Psi(\mathbf{r}_1, \mathbf{r}_2; t) = \alpha\varphi(\mathbf{r}_1, t)\chi(\mathbf{r}_2, t) + \beta\varphi'(\mathbf{r}_1, t)\chi'(\mathbf{r}_2, t) \tag{8.16}$$

Quand des effets non-locaux se produisent-ils ? Tout dépend du recouvrement des fonctions d'onde à une particule dans les deux termes de (8.16).

(i) Prenons un point particulier $(\mathbf{R}_1, \mathbf{R}_2)$ de la trajectoire dans l'espace des configurations. Si, à l'instant t, l'une des deux fonctions d'onde $\chi(\mathbf{R}_2, t)$ ou $\chi'(\mathbf{R}_2, t)$ s'annule, un seul des termes de (8.16) joue un rôle, de sorte que la fonction d'onde de la particule 2 disparaît de l'expression de la vitesse de la particule 1 au point $\mathbf{R}_1$. La localité est alors satisfaite.

(ii) Si les deux fonctions d'onde $\chi(\mathbf{R}_2, t)$ et $\chi'(\mathbf{R}_2, t)$ sont simultanément non-nulles, alors la même simplification ne se produit plus ; en général apparaissent des effets non-locaux. Bien sûr, ce n'est pas toujours le cas ; si, par exemple, il se trouve qu'au point $\mathbf{R}_1$ les deux fonctions d'onde de la première particule ont la même variation relative :

$$\frac{\nabla_{\mathbf{R}_1}\varphi(\mathbf{R}_1, t)}{\varphi(\mathbf{R}_1, t)} = \frac{\nabla_{\mathbf{R}_1}\varphi'(\mathbf{R}_1, t)}{\varphi'(\mathbf{R}_1, t)} \tag{8.17}$$

alors à nouveau une simplification se produit et la vitesse au point $\mathbf{R}_1$ est indépendante de la position $\mathbf{R}_2$. Mais, en général, cette relation n'est pas satisfaite, de sorte que la vitesse de chaque particule dépend explicitement de la position de l'autre.

En résumé, des effets non-locaux de la particule 2 sur la particule 1 peuvent se produire quand les fonctions d'onde $\chi(\mathbf{R}_2, t)$ et $\chi'(\mathbf{R}_2, t)$ se recouvrent, et si la position $\mathbf{R}_2$ tombe dans la région de recouvrement. Si les deux fonctions d'onde n'ont aucun recouvrement, quelle que soit la trajectoire considérée, une des composantes s'annule toujours, et les particules se déplacent indépendamment. La composante de la fonction d'onde qui s'annule[15] est ce que Bohm appelle une « onde vide » [9].

Spin (i) Le spin peut facilement être pris en compte dans la théorie de Bohm ; il introduit des effets nouveaux, mais toujours d'une façon qui évite toute contradiction avec les prédictions de la mécanique quantique standard. En particulier, le direction d'un spin n'est pas toujours nécessairement constante le long d'une trajectoire – pour plus de détails, voir par exemple les chapitres 9 et 11 de [347] et [349]. Si une particule pénètre dans un appareil de Stern et Gerlach qui mesure la composante du spin le long de Ox, mais si initialement le spin pointait dans une direction perpendiculaire Oy, la direction du spin change progressivement au fur et à mesure que la trajectoire pénètre dans le gradient de champ magnétique, afin de devenir parallèle (ou

15. Selon la trajectoire considérée, ce peut être l'une ou l'autre des composantes qui est vide.

antiparallèle) à Ox. Le premier cas correspond aux trajectoires conduisant au résultat de spin $+1$, le second à celles donnant le résultat -1. Des rotations du spin le long des trajectoires se produisent même pour des particules libres ; il existe un équivalent de la « règle du non-croisement » : si deux paquets d'ondes associés avec des directions opposées du spin se croisent dans l'espace libre, le long de toute trajectoire de Bohm la direction du spin tourne au cours du croisement, et termine dans la direction opposée de la direction initiale – un effet analogue à l'échange de paquets d'ondes par les trajectoires que nous avons discuté plus haut.

(ii) Une expérience de pensée intéressante fait intervenir une particule avec spin qui est envoyée successivement à travers toute une série d'analyseurs (des aimants de Stern et Gerlach par exemple) d'orientations différentes ; le premier analyseur mesure la composante du spin de long de Ox, le second le long d'une direction perpendiculaire Oy, le troisième à nouveau le long de Ox, etc. (à chaque étape, la direction selon laquelle la mesure est effectuée tourne de 90°). Le premier analyseur divise les trajectoires en deux groupes, celles qui vont dans des directions positives le long de Ox, et celles qui vont dans des directions négatives, en fonction de la position initiale de la particule. Le second analyseur divise à nouveau chacun de ces deux groupes de trajectoires en deux sous-groupes, parmi lesquels la trajectoire de la particule fait un choix en fonction de sa position initiale. Le même phénomène se répète et introduit une sensibilité aux conditions initiales qui croît exponentiellement, d'une façon très analogue à une situation chaotique en mécanique classique. Cependant, quel que soit le nombre d'analyseurs utilisés, et quelle que soit la précision atteinte sur la détermination de la position initiale, on n'atteindra jamais une situation où elle est suffisamment bien connue pour permettre une détermination parfaite du résultat de la mesure suivante : sans aucune limite, le résultat reste toujours complètement aléatoire. Il n'existe aucune façon, même avec un très grand nombre de mesures, d'éliminer le caractère fondamentalement non-déterministe de la mécanique quantique.

Wigner a mis l'accent sur la non-réversibilité de l'évolution des variables supplémentaires dans de telles situations [350] ; Clauser a remarqué que la réversibilité peut être rétablie si l'on prend en compte les variables de polarisation de spin [351]. De plus, il est parfaitement possible de supposer l'existence de variables supplémentaires associées aux appareils de mesure, comme le montre un « argument informel de Von Neumann sur les variables supplémentaires » [351] ; dans ce cas, un supplément d'aléatoire se produit lors de chaque mesure, de sorte qu'il n'est plus nécessaire d'invoquer une extrême sensibilité aux conditions initiales.

(iii) Pour deux particules, considérons par exemple une expérience EPRB, comme celle décrite dans le § 3.C.1, et l'évolution des positions des particules lorsqu'elles sont éloignées l'une de l'autre. Si la particule 1 traverse un analyseur de Stern et Gerlach orienté selon la direction a, l'évolution de sa position de Bohm est évidemment fonction de a (la position doit suivre la fonction d'onde quantique ; dans ce cas, elle a le choix entre deux paquets d'ondes qui se séparent le long d'une direction définie par a). Mais cela change en même temps la position $(\mathbf{R}_1, \mathbf{R}_2)$ du point représentant le système dans l'espace des configurations à 6 dimensions. Comme nous l'avons vu plus haut, pour une fonction d'onde orbitale qui n'est pas un produit, cela change le terme de vitesse quantique pour la particule 2, d'une façon qui dépend explicitement de a. De plus, il faut tenir compte des spins et de leurs corrélations avec les variables de position. Pour un état singulet de spin, on constate alors (pour plus de détails, voir Appendice I, seconde partie) que la sélection d'un paquet d'ondes orbital pour la première particule induit une projection de l'état de spin de la seconde particule sur un état qui dépend également de a. Il n'est donc pas étonnant qu'une théorie de ce type n'ait aucune difficulté à reproduire les effets non-locaux associés avec des violations des inégalités de Bell !

Dans ce cas, l'avantage d'introduire des variables supplémentaires est de mettre en lumière explicitement les effets de la non-localité, qui souvent reste relativement cachée dans le formalisme standard de la mécanique quantique (une raison de plus de ne pas appeler ces variables « cachées » !). Bell par exemple écrit « c'est un mérite de l'interprétation de De Broglie-Bohm de mettre en avant ce point (la non-localité) de façon tellement explicite qu'il n'est plus possible de l'ignorer » – de fait, historiquement, c'est précisément par cette voie qu'il est parvenu à sa fameuse inégalité. Comme mentionné dans § 4.E.2, il n'existe pas d'unanimité concernant la question de savoir si l'interprétation standard de la mécanique quantique se contente d'occulter la non-localité qu'elle contient, ou si elle peut être considérée comme une théorie locale en dépit des violations des inégalités.

Contraintes concernant les vitesses bohmiennes L'accord entre les prédictions de la mécanique quantique standard et la statistique sur les trajectoires de Bohm se base sur une relation où seule intervient la divergence de la vitesse définie en (8.11). Donc, si l'on ajoute à cette vitesse un vecteur quelconque sans divergence (un rotationnel quelconque), l'accord reste le même. Cette remarque peut donner au premier abord l'impression d'une flexibilité presque illimitée, et d'une certaine façon celle d'un cadre insuffisamment défini pour pouvoir raisonner. Mais, en réalité, pour construire des trajectoires raisonnables, d'autres contraintes physiques existent que celles découlant de ce simple accord. Voir la Ref. [352] pour une discussion des contraintes introduites par l'invariance galiléenne, qui introduit des limitations sévères (mais cependant pas suffisantes pour imposer une définition unique de la vitesse de Bohm).

8.F.1.c Mesure quantique en théorie de Bohm

En théorie de Bohm il est inutile d'introduire un postulat particulier pour la mesure et la réduction du vecteur d'état ; il est déjà contenu dans la théorie comme conséquence du mécanisme des « ondes vides » , qui sont elles-mêmes conséquences des équations du mouvement et de la notion de trajectoire. Ceci résout immédiatement les difficultés associées à la définition d'une frontière entre l'équation de Schrödinger et la réduction du vecteur d'état. En d'autres termes, l'équation de Schrödinger s'applique tout aussi bien pendant toutes les étapes d'un processus de mesures qu'à tout autre instant.

Considérons en effet un système physique après qu'il ait interagi avec un appareil de mesure. Il est alors nécessairement intriqué avec l'appareil (§ 6.C.5), de sorte que la fonction d'onde de l'ensemble des deux systèmes prend la forme :

$$\Psi(\mathbf{r}_1, \mathbf{r}_2; t) = \sum_j \varphi_j(\mathbf{r}_1, t)\chi_j(\mathbf{r}_2, t) \tag{8.18}$$

où les $\varphi_j(\mathbf{r}_1, t)$ sont des fonctions d'onde mutuellement orthogonales du système mesuré associées aux différents résultats possibles de mesure ; les $\chi_j(\mathbf{r}_2, t)$ sont les fonctions d'onde correspondantes[16] pour l'appareil de mesure (aiguille du cadran), également orthogonales. En fait elles sont, non seulement orthogonales, mais également sans recouvrement – sinon l'observation de la position de l'aiguille ne fournirait pas une mesure. Nous retombons sur une forme du vecteur d'état semblable à (8.16), dans le cas où il n'y a pas de recouvrement, de sorte que la même discussion reste valable. Pour n'importe quelle trajectoire, seul un terme de la somme (8.18) intervient donc, alors que tous les autres sont des « ondes vides » . Une fois qu'on n'a gardé que le terme non-vide, il est possible de le normaliser (en théorie de Bohm, les vitesses sont invariantes si l'on multiplie la fonction d'onde par une constante). Le résultat final est que, pour toute trajectoire donnée :

– un seul résultat est obtenu,

– une seule des composantes de (8.18) est non-nulle, et doit donc être retenue si l'on désire calculer le mouvement ultérieur de la particule ; ceci reconstruit la réduction du vecteur d'état.

Dans le point de vue de De Broglie-Bohm, le résultat d'une expérience n'est que la conséquence de la position initiale aléatoire du système dans l'espace des configurations. Le déterminisme est rétabli mais, du fait que cette variable de position ne peut être contrôlée lors de l'étape de préparation du système – voir ci-dessus et le point (ii) du § 8.F.1.a – en pratique les expériences donnent toujours des résultats aléatoires. Alors qu'en mécanique quantique standard le mécanisme de la décohérence (corrélation avec l'environnement) n'est pas suffisant pour expliquer l'émergence d'un résultat unique dans une expérience unique, en théorie de Bohm il l'est grâce à l'introduction des variables de position de l'appareil de mesure et au mécanisme des ondes vides. C'est un succès considérable !

---

16. En pratique, un appareil de mesure possède évidemment un très grand nombre de variables de position. Pour simplifier la notation, nous les résumons toutes dans la variable $\mathbf{r}_2$.

8.F.1.d Théorie des champs

Dans le second de ses articles initiaux (appendice A de [88]), Bohm donne une brève discussion de la quantification du champ, dans le contexte d'une étude de l'effet Compton. L'analogie proche entre un oscillateur harmonique et la dynamique d'un mode du champ électromagnétique (libre) est un guide utile pour introduire des trajectoires de Bohm en électrodynamique quantique – voir aussi le § 12.4 de [347]. Plus tard, Bell a discuté la quantification de champs fermioniques sur un réseau d'espace discret [340] ; c'est à cette occasion qu'il a introduit le mot « beable ». La Ref. [353] prolonge ce travail afin de montrer comment la théorie de Bohm peut être développée en ajoutant des positions au vecteur d'état habituel, mais pas de variable de Bohm spécifique pour le champ ; les opérateurs de création et d'annihilation jouent alors le même rôle qu'en théorie des champs standard. Pour des revues sur les théories de Bohm des champs, voir par exemple [354] et [355] et, pour une théorie relativiste, [356].

8.F.1.e Discussion

Nous ne pouvons discuter ici tous les aspects de la théorie de De Broglie-Bohm. Ce n'est pas une théorie d'usage général en physique ; elle n'a certainement pas été appliquée à tous les problèmes qui ont été traités dans le cadre de la mécanique quantique standard, allant des innombrables applications en matière condensée, optique quantique, etc. jusqu'à la chromodynamique quantique (théorie des interactions fortes mettant en jeu les quarks, une composante essentielle de notre description actuelle du monde physique). Puisque notre propos ici est plutôt de nous concentrer sur l'interprétation, nous nous contenterons de discuter quelques exemples d'application de la théorie de Bohm. Nous les choisirons parce qu'ils mettent en lumière le contenu physique de cette théorie, et permettent au passage de clarifier un certain nombre de malentendus.

Les trajectoires bohmiennes sont-elles réelles ? Les auteurs de la Ref. [349] proposent d'étudier une expérience d'interférence dans un cas à la fois intéressant et intriguant. Le dispositif d'interférence habituel est complété par deux cavités électromagnétiques, qui peuvent emmagasiner l'énergie de photons qu'elles contiennent et être utilisées comme des dispositifs « Welcher Weg » (dispositif « quel chemin »), indiquant à l'expérimentateur à travers quel trou est passée la particule dans une expérience d'interférence. La première particule passe à travers un écran muni de deux orifices, avec une cavité située près de chacun d'entre eux (C_1 et C_2 dans la Fig. 8.1). Si la particule passe par l'orifice du haut, elle laisse un photon dans la première cavité[17] ;

17. Dans ce contexte, nous pouvons supposer que les particules sont des atomes dans des niveaux de Rydberg élevés, qui peuvent avoir de très grands moments dipolaires électriques et peuvent donc aisément émettre ou absorber des photons dans des cavités supraconduc-

si elle traverse l'orifice du bas, elle laisse le photon dans la seconde cavité. Si l'on teste le nombre de photons dans l'une quelconque des deux cavités, ou les deux, on peut en déduire à travers quel orifice la particule est passée. Une façon d'obtenir cette information est d'observer la trajectoire d'une seconde particule[18], qui est envoyée ensuite à travers cette même cavité, interagit avec son champ, et prend une trajectoire qui dépend du nombre de photons qu'elle contient. Au bout du compte, l'idée générale de cette expérience est de comparer les trajectoires des deux particules, qui peuvent interagir indirectement via un photon dans une cavité, et d'étudier les conditions dans lesquelles ces trajectoires peuvent s'influencer mutuellement.

On suppose que l'expérience est symétrique par rapport au plan horizontal noté P sur la Fig. 8.1. La diffraction de la fonction d'onde par chaque orifice crée une dispersion angulaire de sorte que, loin derrière l'écran, l'onde issue de chaque ouverture s'étend sur les deux côtés de P. Les auteurs de la Ref. [349] montrent alors que, en mécanique quantique standard, il est possible que la première particule laisse un photon dans la cavité du haut, alors qu'ultérieurement une détection de sa position donne un résultat en dessous du plan de symétrie. Mais, en théorie de Bohm, nous avons vu que les trajectoires ne peuvent jamais croiser le plan de symétrie (« règle du non-croisement ») : trouver la particule en dessous du plan de symétrie P signifie nécessairement que sa trajectoire est passée par l'orifice inférieur, même si le photon est déposé dans la cavité du haut. Finalement, lorsque ce photon est détecté par son influence sur la trajectoire d'une seconde particule passant dans la cavité du haut, le résultat est que les deux trajectoires s'influencent mutuellement, alors que jamais elles ne sont proches. La première particule a laissé un photon dans la cavité où elle n'est jamais passée ! De cette conclusion surprenante, les auteurs concluent que les trajectoires de Bohm sont « surréalistes ».

Bien sûr, considérer que des trajectoires sont surréalistes ou pas est un peu une question de goût, et nous ne discuterons pas cette question. Une première remarque est que le paradoxe repose sur l'idée que les deux particules peuvent être identifiées à leur trajectoire seulement. Or cela correspond à une vision tronquée de la théorie de Bohm, où seules les positions des particules seraient associées à la réalité physique, mais pas la fonction d'onde[19]. Mais, en théorie de Bohm complète, la fonction d'onde n'est pas exclue de la réalité physique. Au contraire, elle devient un champ réel classique qui existe objectivement, tout aussi réel que le champ optique d'un laser par exemple. Comme le dit

---

trices. Cette technique de détection est semblable à celle utilisée dans l'expérience décrite au § 7.C.

18. Il est également possible d'envoyer deux particules supplémentaires, afin de tester le champ électromagnétique dans les deux cavités. En principe cependant une seule est suffisante puisque l'on peut inférer l'état du champ de chaque cavité par une mesure du champ dans l'autre (le photon est nécessairement dans l'une des deux cavités).

19. Une théorie tronquée de ce type serait une sorte d'intermédiaire entre la théorie standard et la mécanique quantique de Bohm, avec une fonction d'onde qui garderait le même statut que dans l'interprétation standard, combinée avec des positions qui, elles, sont parfaitement réelles.

Bell [357] : « Personne ne peut comprendre cette théorie s'il n'est pas prêt à considérer que Ψ est un champ réel et objectif, plutôt qu'une amplitude de probabilité ». Une « particule » met toujours en jeu simultanément une position et le champ associé, et il n'existe aucune raison a priori de penser que ce dernier ne peut pas également influencer son entourage. De fait, aucun argument fondamental n'existe pour dire que les influences doivent être limitées à la proximité de la seule trajectoire.

Ainsi, dans le cadre d'une théorie de Bohm non tronquée, le paradoxe apparent peut être résolu à partir de plusieurs arguments :

(i) La façon la plus simple est de faire remarquer que le champ réel associé à la première particule peut parfaitement interagir localement avec le champ électromagnétique dans la cavité, et y laisser un photon ; plus tard, ce photon pourra agir sur la trajectoire de la seconde particule. Cette explication repose sur un effet croisé champ-champ-trajectoire, et dans ces termes il est même parfaitement local ! Ou alors, de façon équivalente, on peut exprimer la même idée dans les termes des auteurs de la Ref. [358] : « l'énergie a été transférée non-localement au champ dans la cavité par l'action du potentiel quantique... phénomène qui est tout aussi réel que les corrélations non-locales observées dans les effets EPR » – voir les figures de cette référence pour des exemples de tracés des trajectoires.

Après tout, les interactions entre les corps physiques sont médiées par des champs dans beaucoup de domaines de la physique. La notion d'action à distance a été introduite par I. Newton avec sa loi universelle de la gravitation, qui stipule que la Terre peut attirer la Lune sans que les deux corps ne soient jamais en contact, ni même proches. La Terre crée dans tout l'espace un champ gravitationnel réel, qui agit ensuite de façon locale sur la Lune. Ici, de façon similaire, la première particule crée un champ de Bohm qui traverse les deux cavités, et peut parfaitement créer un photon dans chacune d'entre elles, photon qui à son tour dévie la trajectoire de la seconde particule[20].

De surcroît, dans le cadre de l'interprétation standard de la mécanique quantique, les « mesures sans interactions » sont décrites d'une façon qui est en réalité très proche de cette description de Bohm. Dans le § 2.D nous avons décrit une expérience où certains événements ne peuvent se produire que parce que l'onde de Schrödinger est absorbée dans un bras d'un interféromètre, alors que la particule n'a accès qu'à l'autre bras pour se propager ; dans de tels événements, les propagations de l'onde et de la particule semblent tout aussi dissociées. Les processus de mesure sans interaction tout à fait standard ne sont pas moins « surréalistes » que les trajectoires de Bohm !

(ii) Mais il est également intéressant d'aller au-delà de cette simple remarque et de faire une relation historique avec l'apparition de corrélations avec l'appareil de mesure, telle que discutée au cours du fameux débat

20. Toutefois, il susbsite une propriété curieuse de ce champ de Bohm, car plusieurs trajectoires différentes de la particule sont associées au même champ d'onde, alors que pour le champ gravitationnel les valeurs du champ seraient évidemment différentes.

Einstein-Bohr aux conférences Solvay. Ceci donne une idée de comment les traces partielles d'opérateurs densité apparaissent en théorie de Bohm.

En effet l'existence des événements étudiés par [349], où la particule dépose un photon dans une cavité sans que sa trajectoire n'y passe, est une conséquence de la « règle du non-croisement », du fait que les trajectoires ne peuvent jamais traverser le plan de symétrie horizontal de la Fig. 8.1. C'est assurément vrai pour une particule unique qui se propage dans un environnement symétrique avec une fonction d'onde symétrique. Mais, après que la particule a traversé les cavités, elle est intriquée avec les champs des deux cavités, et il n'est plus possible de la traiter comme un système quantique isolé avec une seule fonction d'onde : une étude plus précise devient nécessaire.

Mesure et intrication Deux cas différents peuvent alors se produire, selon qu'une mesure est effectuée ou non :

– Si l'on effectue une mesure du champ dans les cavités, l'analyse du § 8.F.1.c s'applique directement : pour chaque trajectoire, une des composantes de la fonction d'onde devient « vide », sans avoir aucun effet sur la trajectoire ultérieure. La particule est alors guidée uniquement par la composante de la fonction d'onde qui provient d'un seul des orifices, et la symétrie initiale est brisée. Les trajectoires peuvent alors parfaitement traverser le plan de symétrie, et les événements surréalistes invoqués dans [349] disparaissent, ce qui résout le paradoxe[21]. Voir également la discussion donnée par Bell [348] concernant la cohérence des trajectoires engendrées par la théorie de Bohm. Dans l'Appendice I nous donnons une discussion des effets des mesures sur les fonctions de corrélations en théorie de Bohm.

– Si aucune mesure n'est réalisée, nous devons cependant tenir compte de l'intrication de la particule avec les champs dans les deux cavités, lorsqu'elle se propage sur le droite de l'écran ; en théorie de Bohm, lorsque se produit une intrication, pour conserver la cohérence de la logique il devient indispensable de prendre en compte les variables de positions associées à tous les systèmes intriqués. Nous devons donc introduire des variables de positions associées aux modes du champ dans les cavités ; comme nous ne souhaitons pas ici mettre en œuvre une théorie de Bohm des champs, nous traiterons ces modes par un modèle simple : des oscillateurs harmoniques associés à des particules massives dans un potentiel. La variable de position de la particule initiale est $\mathbf{r}$, celle associée avec la cavité C_1 est $\mathbf{r}_1$, et celle associée à la cavité C_2 est $\mathbf{r}_2$, qui en mécanique de Bohm correspondent aux variables de position $\mathbf{R}$, $\mathbf{R}_1$ et $\mathbf{R}_2$. La situation intriquée est alors décrite par une fonction d'onde :

$$\Psi(\mathbf{r}, \mathbf{r}_1, \mathbf{r}_2) = \frac{1}{\sqrt{2}} \left[\varphi_{upper}(\mathbf{r})\chi_e(\mathbf{r}_1)\theta_g(\mathbf{r}_2) + \varphi_{lower}(\mathbf{r})\chi_g(\mathbf{r}_1)\theta_e(\mathbf{r}_2)\right] \quad (8.19)$$

21. La même conclusion s'applique à la version du paradoxe faisant intervenir des spins proposée dans [349] : dès qu'un détecteur « Welcher Weg » (quel chemin) fournit de l'information sur le chemi suivi par la particule, il faut inclure la fonction d'onde de l'appareil de mesure, de sorte que les particules vont alors en ligne droite au point de croisement. Le paradoxe disparaît donc à nouveau si une théorie de Bohm complète est mise en œuvre.

où $\varphi_{upper}(\mathbf{r})$ et $\varphi_{lower}(\mathbf{r})$ sont les fonctions d'onde de la particule qui partent respectivement des orifices supérieur et inférieur dans l'écran, $\chi_{g,e}(\mathbf{r}_1)$ les fonctions d'onde associées au premier oscillateur harmonique dans son état fondamental g et son premier état excité e, et $\theta_{g,e}(\mathbf{r}_2)$ les fonctions d'onde analogues pour l'autre oscillateur.

Considérons maintenant une trajectoire particulière du système (dans un espace des configurations à 9 dimensions) et supposons que, pour cette trajectoire, la particule passe par exemple par l'orifice supérieur. Juste après cet orifice, les deux fonctions d'ondes $\varphi_{upper}(\mathbf{r})$ et $\varphi_{lower}(\mathbf{r})$ ne se recouvrent pas, et la position $\mathbf{R}$ n'est guidée que par la première composante de (8.19). Mais ce n'est plus le cas dans la région d'interférence où les deux fonctions d'onde ont un recouvrement. Pour la trajectoire considérée, les positions les plus probables de $\mathbf{R}_1$ et $\mathbf{R}_2$ sont dans les régions où $|\chi_e(\mathbf{r}_1)|^2$ et $|\theta_g(\mathbf{r}_2)|^2$ où elles prennent de grandes valeurs, qui ne correspondent pas nécessairement aux régions où $|\chi_g(\mathbf{r}_1)|^2$ et $|\theta_e(\mathbf{r}_2)|^2$ ont également de grandes valeurs ; par exemple, $|\chi_e(\mathbf{r}_1)|^2$ est maximal dans le plan de symétrie de l'oscillateur correspondant, alors que $|\chi_g(\mathbf{r}_1)|^2$ s'y annule exactement[22]. Le résultat est que, pour une trajectoire typique, les deux termes de (8.19) n'ont plus le même module : celui où l'excitation est localisée dans la cavité à travers laquelle est passée la particule a un poids plus grand. Cet effet brise la symétrie, de sorte que la « règle du non-croisement » ne s'applique plus.

Ainsi, le nombre de trajectoires paradoxales est déjà réduit si l'on prend correctement en compte les corrélations avec les deux champs. Mais cette étape n'est pas la dernière du processus de décohérence dans le cadre de la mécanique de Bohm : l'effet de la particule test sur l'écran doit également être pris en compte. De fait, dans l'une des célèbres expériences de pensée avec Einstein, Bohr a montré que, pour lever un paradoxe concernant une expérience « Welcher Weg », il faut prendre en compte le recul de l'écran contenant les deux orifices qui créent l'interférence (voir par exemple le complément D_I de [359]). Ici nous avons une situation semblable ; de l'impulsion est également transmise de la particule test vers l'écran, en particulier au moment où les trajectoires se courbent dans les orifices[23]. Donc, si l'état quantique de l'écran change aussi selon que la particule est passée par l'orifice supérieur ou inférieur, alors il est clair qu'il faut également introduire des variables de position de Bohm correspondantes, et l'argument déjà donné plus haut se répète. Une façon de traiter le problème est de considérer qu'un phonon est émis et se propage au sein de l'écran, et de calculer les changements microscopiques des positions d'un nombre macroscopique d'atomes dans l'écran (le

22. Les deux fonctions d'onde $\chi_{g,e}$ sont orthogonales, ainsi que les deux fonctions d'onde $\theta_{g,e}$. En conséquence, le terme d'interférence entre les deux composantes de (8.19) s'annule si on le moyenne sur $\mathbf{R}_1$ et $\mathbf{R}_2$,. Ceci traduit le fait que, en mécanique quantique standard, les franges d'interférence disparaissent lorsqu'un système « Welcher Weg » est intriqué avec la particule test.

23. En ce qui concerne les champs contenus dans les cavités, ils ne peuvent pas subir de recul sans transférer de l'impulsion aux parois des cavités.

recul de chacun d'entre eux est extrêmement petit, mais affecte un nombre très élevé de termes dans un produit, de sorte que l'effet résultant est fini). Nous ne donnons pas plus de détails ici mais il reste clair que le fait que la chaîne de Von Neumann se propage inéluctablement de plus en plus loin des champs dans les cavités va réduire encore plus le poids de la composante de la fonction d'onde non désirée. Après quelques étapes de ce type, on s'attend à ce que cette composante soit nulle en pratique. Il est amusant de voir que cet argument historique mis en avant pas Bohr trouve une autre application dans le cadre de la mécanique de De Broglie-Bohm !

Deux points généraux émergent de cette discussion. Le premier est que l'on ne doit jamais oublier que la mécanique de Bohm considère les fonctions d'onde comme des quantités physiques réelles, et pas seulement les positions qu'elle introduit ; en conséquence, les trajectoires de deux particules peuvent s'influencer mutuellement, même si leurs positions ne se rapprochent jamais (dans une expérience EPR par exemple). Ce n'est en rien absurde, mais juste une conséquence du caractère explicitement non-local de la théorie – voir la citation de Bell ci-dessus, ou une discussion de cette expérience de pensée dans la Ref. [360]. Il existe bien des exemples illustrant que les phénomènes quantiques sont effectivement locaux dans l'espace des configurations, mais pas nécessairement dans l'espace habituel. La seconde remarque est que, lorsqu'une intrication apparaît dans le traitement quantique standard du problème, il devient indispensable d'inclure également ce fait dans la théorie de Bohm, ce qui impose de prendre en compte les variables de position associées à tous les systèmes intriqués ; mener un calcul correct d'intrication quantique en théorie standard, mais ne pas inclure les variables de position de Bohm associées et leurs effets, est incohérent.

Corrélations entre mesures à des instants différents Jusqu'ici nous n'avons considéré que des mesures effectuées à un instant donné, mais la mécanique quantique donne également des prédictions concernant les mesures effectuées à plusieurs instants différents ; il est donc intéressant de les comparer avec celles de la théorie de Bohm [361]. De fait, à première vue, il n'est pas évident que les résultats seront les mêmes ; par exemple, si l'on étudie un système dans un état stationnaire avec une fonction d'onde réelle, la vitesse de Bohm s'annule, de sorte que la position $\mathbf{R}$ reste constante. Mais d'autre part, en mécanique quantique, la fonction de corrélation à deux temps dans un état stationnaire n'a aucune raison de ne pas dépendre du temps : pour un oscillateur harmonique dans son état fondamental par exemple, il est bien connu que la fonction de corrélation à deux temps oscille dans le temps. On pourrait alors penser naïvement que la théorie de Bohm prédit des fonctions de corrélations constantes dans le temps, en contradiction avec la dépendance temporelle prévue par la mécanique quantique standard.

Mais, en réalité, une utilisation correcte de la mécanique de Bohm montre à nouveau que cette contradiction n'existe pas. En effet, dans le cadre de cette théorie, l'effet de la première mesure doit être pris en compte – c'est indispensable même si les deux observables mesurées commutent, et même si elles correspondent à des systèmes indépendants. La première mesure corrèle la position de la particule avec celle d'une aiguille de mesure ; il est alors indispensable de tenir compte également de cette position dans l'application de la théorie. Comme la fonction d'onde du système total n'est plus un produit, des situations analogues à celles discutées au § 8.F.1.b pour deux particules se produisent alors : la position du système mesuré prend une vitesse qui dépend de la position de l'aiguille. Ce fait change complètement son évolution future, et donc la fonction de corrélation. Au bout du compte, un calcul dans le cadre de la théorie de Bohm bien appliquée reproduit exactement les résultats de la mécanique quantique standard - pour plus de détails, voir l'Appendice I, qui discute également d'autres expériences dans le contexte de la mécanique de Bohm [362–364].

Les structures des deux théories sont similaires La conclusion de cette brève revue de diverses objections à la théorie de Bohm est que, d'une certaine façon, sa structure est plus proche de celle de la mécanique quantique standard qu'on aurait pu le penser ; toutes les règles standard qui s'appliquent au vecteur d'état trouvent leur contrepartie directe en termes de vitesses et positions de Bohm. Il ne faut donc pas répéter en théorie de Bohm des erreurs que nous avons appris à éviter en théorie standard. Nous savons en effet que, lorsque le système physique se corrèle avec d'autres, en particulier des appareils de mesure, il devient indispensable de prendre en compte cette corrélation par un vecteur d'état intriqué. De même, en théorie de Bohm, il faut prendre en compte les corrélations entre les variables de position de Bohm, ce qui introduit le phénomène des ondes vides (§ 8.F.1.c). Nous avons appris à l'occasion des arguments célèbres de Bohr que la cohérence logique de la mécanique quantique demande que toutes les parties de l'expérience soient traitées quantiquement, et par exemple qu'on ne peut pas ignorer l'effet de recul d'une partie de l'appareillage (l'écran de l'expérience d'interférence). De même, la description de Bohm du système demande que le recul soit pris en compte en termes de positions, sinon diverses contradictions apparaissent.

Mais ces similarités entre la façon dont il faut utiliser la théorie quantique standard et celle de De Broglie-Bohm ne signifient pas que, conceptuellement, les deux théories sont proches. Il existe en fait de profondes différences conceptuelles, qui ne sont pas limitées à une ré-introduction du déterminisme avec un traitement plus explicite de la non-localité. Une particularité tout aussi importante de la théorie de Bohm est qu'elle introduit deux niveaux de réalité, comme nous l'avons noté à la fin du § 8.F.1.a : l'un associé à des champs (les fonctions d'onde habituelles, ici considérées comme réelles), qui sont contrôlables expérimentalement, mais pas directement observables ; les positions, qui sont observées, mais ne peuvent absolument pas être contrôlées expérimentalement (voir Appendice H).

8.F.2 Mécanique de Nelson

Une autre formulation de la mécanique quantique a été introduite en 1952 par Fenyes [365] et en 1966 par Nelson [366], avec une forme quelque peu différente. Au lieu d'introduire des trajectoires déterministes, on étudie les mouvements aléatoires de particules de masse m sujettes à un mouvement brownien (processus de Wiener), avec un coefficient de diffusion $\hbar/m$ et aucune friction ; l'effet d'une force extérieure dérivant d'un potentiel est simplement pris en compte en appliquant la loi classique de Newton. On obtient alors des équations d'évolution couplées non-linéaires pour deux variables classiques réelles[24], qu'il est possible de regrouper en une seule variable complexe, Ψ. Un choix judicieux de changement de variable permet de produire un « miracle », de sorte qu'on obtient finalement une équation d'évolution linéaire pour Ψ. Ainsi, pour des valeurs appropriées des paramètres, l'hypothèse de l'existence d'un mouvement brownien universel conduit naturellement à l'équation de Schrödinger, indépendante ou dépendante du temps, en tenant compte de l'effet éventuel d'un champ électromagnétique extérieur.

On peut considérer cette façon de faire comme une méthode de quantification de nature purement mathématique, sans conséquence physique particulière. Mais on peut également lui donner une portée plus fondamentale et attribuer une réalité physique à la position aléatoire ainsi calculée pour toutes les particules, ainsi qu'à ce mouvement brownien universel. On arrive alors à une autre interprétation de la mécanique quantique, qui rappelle par certains aspects la théorie de Bohm. Une différence avec cette théorie (et la théorie standard) est que l'évolution de la fonction d'onde n'est plus donnée par un postulat, mais déduite d'autres postulats que l'on considère comme plus fondamentaux, ceux décrivant un « mouvement brownien universel ». Une autre différence est que le point de vue de Nelson utilise directement l'équation dynamique de Newton ; il est donc bien plus ancré dans la mécanique classique qu'une théorie où cette équation est modifiée. Cependant, comme en théorie de Bohm, il apparaît des trajectoires continues pour les particules, trajectoires qui ne sont pas directement accessibles à l'expérimentation. À nouveau, le formalisme est construit pour reproduire exactement les prédictions de la mécanique quantique standard, de sorte qu'une bonne partie de notre discussion sur la théorie de Bohm peut être transposée à la mécanique de Nelson. Pour une discussion de mélanges statistiques dans ce contexte, voir la Ref. [367].

Comme la théorie de De Broglie-Bohm, la mécanique de Nelson donne un rôle important aux équations hydrodynamiques de Madelung [344]. Il a cependant été remarqué [368] que ces équations ne sont pas suffisantes pour garantir un caractère univalué à la fonction d'onde lorsque cette dernière a

24. Les deux variables classiques réelles sont la « vitesse ordinaire » et la « vitesse osmotique », définies respectivement comme la demi-somme et la demi-différence de deux vitesses : les dérivées temporelles vers le futur et vers le passé de la position aléatoire (non-différentiable) de la particule. Le changement de variables introduit Ψ, défini avec un module égal à la racine carrée de la densité de probabilité de la position, et une phase dont le gradient est proportionnel à la vitesse ordinaire.

des nœuds (points où elle s'annule) ; pour obtenir une valeur unique, on doit ajouter des conditions de circulation quantifiées autour des nœuds, en plus des équations locales d'évolution du fluide. En mécanique quantique stochastique, des contraintes additionnelles sont donc nécessaires pour assurer une compatibilité complète avec la mécanique quantique standard, ce qui complique cette interprétation d'un point de vue physique.

Les processus de Wiener sont également mis en œuvre dans de nombreux autres domaines de la physique, en particulier pour donner le point de départ d'une méthode mathématique de quantification. C'est ainsi que la méthode de « quantification stochastique » a été utilisée en théorie quantique des champs [369, 370], en particulier par Parisi et Wu, qui ont proposé une méthode de quantification faisant intervenir une variable de temps supplémentaire et une équation stochastique de Langevin, et permettant des calculs perturbatifs indépendants de la jauge [371, 372].

8.G Interprétation modale

Les mots « interprétation modale de la mécanique quantique » sont utilisés pour désigner une classe d'interprétations [373] qui attribuent elles aussi au système physique un plus grand nombre de propriétés que ne le fait la mécanique quantique standard, sans toutefois que la position des particules joue un rôle particulier comme en théorie de Bohm. Dans ces interprétations, un système physique peut avoir une valeur parfaitement définie pour une observable donnée même si son vecteur d'état n'est pas un vecteur propre de l'observable en question. D'un côté, les propriétés additionnelles sont supposées suffisamment riches pour conduire à des événements macroscopiques bien définis (pas de chat de Schrödinger) ; d'un autre côté, elles doivent également être suffisamment restreintes pour éviter des contradictions avec des faits bien établis. La première condition entraîne que le postulat de réduction du paquet d'ondes n'a plus son utilité dans le cadre de ces interprétations, et qu'on peut donc s'en passer.

Van Fraassen [374] a proposé des règles qui stipulent quelles observables peuvent être simultanément parfaitement bien définies. Une liste de propositions concernant un système physique peuvent être simultanément réalisées uniquement s'il existe un état quantique pour lequel elles le sont toutes[25] selon les règles de la mécanique quantique standard. Bien évidemment, si le système en question était déjà dans cet état quantique, il n'y a rien de nouveau ; mais Van Fraassen suppose que les propositions peuvent être également vraies de façon plus générale. Il distingue entre un « état dynamique » du système, qui n'est autre que l'état habituel de la mécanique quantique standard (évoluant

25. C'est le cas si elles sont associées à des opérateurs commutant tous entre eux, mais exclut par exemple la définition précise simultanée de position et impulsion (contrairement à la mécanique quantique de Bohm, où la particule possède à chaque instant une position et une vitesse parfaitement déterminées).

selon l'équation de Schrödinger) et un « état des valeurs » qui représente les propriétés du système à cet instant. Cet état des valeurs spécifie toutes les propriétés bien définies du système, alors que l'état dynamique fournit son évolution temporelle (une telle dualité rappelle quelque peu la théorie de la mesure de Bohm et Bub [5], à laquelle nous revenons dans le § suivant). Lorsqu'on applique cette interprétation à des sous-systèmes qui ne sont pas dans un état pur (même si le système total l'est), typiquement des systèmes mesurés qui sont intriqués avec un appareil de mesure, l'interprétation doit attribuer aux sous-systèmes les propriétés physiques associées à un résultat de mesure déterminé (unicité macroscopique). Dans un tel cas, l'état dynamique ne détermine pas l'état des valeurs de façon univoque, mais uniquement les probabilités de diverses possibilités. Le point de vue de Van Fraassen est appelé « modal » parce qu'il conduit à une logique modale de propositions quantiques (§ 8.D).

Ce programme a été étendu ensuite par Kochen [375] en mettant l'accent sur le caractère relationnel des propriétés des systèmes physiques, Dieks [376] dans une perspective différente où les systèmes physiques possèdent des propriétés intrinsèques, et Healey [377] surtout dans le contexte de la non-localité quantique. Alors que Van Fraassen ne propose aucune restriction concernant les possibles états des valeurs, ces auteurs sont plus spécifiques : ils introduisent une relation entre états dynamiques et états des valeurs grâce à la décomposition bi-orthonormale (décomposition de Schmidt, § 6.B.1). Supposons en effet qu'un système soit constitué de deux sous-systèmes intriqués se trouvant dans l'état dynamique :

$$|\Psi\rangle = \sum_n c_n \ |\varphi_n\rangle \otimes |\Phi'_n\rangle \tag{8.20}$$

où les $|\varphi_n\rangle$ sont par exemple les états possibles d'un système ayant subi une mesure, et les $|\Phi'_n\rangle$ les états correspondants de l'appareil de mesure (ou de n'importe quel environnement avec lequel le système est intriqué). En mécanique quantique standard, avec un état dynamique de ce type, le premier sous-système ne possède pas les propriétés associées à un seul $|\varphi_n\rangle$. Dans l'interprétation modale, on suppose que ce premier sous-système, considéré en lui-même, possède effectivement toutes les propriétés associées à un $|\varphi_n\rangle$ unique, qui joue alors le rôle de son « état des valeurs ». Cette interprétation reste fondamentalement non-déterministe : on ne peut prévoir que la probabilité pour qu'un $|\varphi_n\rangle$ donné soit effectivement l'état déterminant les propriétés physiques du sous-système ; cette probabilité est évidemment $|c_n|^2$ pour reconstruire la règle des probabilités de Born. Dieks [376] discute la façon dont on peut comprendre en ces termes les processus de mesure et l'existence de comportements physiques macroscopiques. Il fait remarquer que cette interprétation est réaliste, en ce sens qu'elle attribue des valeurs bien définies à toute une série de grandeurs concernant le système physique (« beables » ou

« existents »), et non pas seulement à des résultats de mesure comme le fait la théorie standard.

On considère dans l'interprétation modale que ces résultats sont généraux, et qu'ils sont valables chaque fois que deux systèmes quantiques sont intriqués ; la base à utiliser est celle qui correspond à une décomposition bi-orthonormale comme celle écrite en (8.20). Dans ces conditions, un système physique peut parfaitement posséder des valeurs bien définies de ses grandeurs physiques même si son état dynamique n'est pas un état propre de l'opérateur hermitique correspondant. Ce qui est requis est que le système soit intriqué d'une façon appropriée avec son environnement, ou avec un appareil de mesure (cas auquel les « états pointeurs » jouent un rôle essentiel, voir § 6.C.5.c). Bien sûr, en soi l'idée d'introduire une correspondance entre les propriétés physiques d'un système physique et son environnement n'est pas unique à cette interprétation ; elle fait partie également, par exemple, des points de vue pragmatiques discutés aux §§ 8.A.1 et 8.A.2. Bacciagaluppi [378], Dickson[379], Berkowitz et Hemmo [380], et d'autres ont également contribué à cette interprétation, en discutant par exemple le rôle des mesures imparfaites, le lien avec le théorème BKS (§ 5.E), etc. Cette interprétation présente toutefois un certain nombre de difficultés, en particulier pour les modèles de décohérence attribuant une position unique aux « pointeurs » [381] lorsque ces modèles deviennent continus [378], de l'invariance de Lorentz et la contextualité [380, 382], et enfin dans l'application à la théorie quantique des champs relativistes [383].

8.H Dynamique de Schrödinger modifiée

Une autre façon de résoudre le problème de coexistence entre les deux postulats d'évolution du vecteur d'état en mécanique quantique est de les fondre en un seul en modifiant l'équation de Schrödinger, de façon qu'elle présente toutes les caractéristiques nécessaires pour décrire une opération de mesure. On suppose alors que l'équation d'évolution du vecteur d'état (ou de la fonction d'onde) contient, en plus du terme hamiltonien habituel, un ou plusieurs termes nouveaux (qui peuvent être non-linéaires et/ou stochastiques) ; ces derniers introduisent l'équivalent de la réduction du vecteur d'état lorsque c'est nécessaire [5, 11, 13, 384, 385]. Les objectifs généraux à atteindre dans cette approche sont les suivants :

(i) Unicité de la réalité macroscopique : la nouvelle dynamique doit être construite de telle façon que les superpositions d'états macroscopiquement distincts ne soient jamais atteintes, en d'autres termes que les chats de Schrödinger (tels que définis dans l'article original) ne se produisent jamais. En particulier, toutes les mesures effectuées avec des appareillages macroscopiques doivent avoir un résultat unique et bien défini.

(ii) Compatibilité avec la mécanique quantique standard au niveau macroscopique : les probabilités des différents résultats de mesure doivent reproduire la règle de Born habituelle pour les probabilités.

(iii) Compatibilité avec la mécanique quantique standard au niveau microscopique : la théorie doit rester compatible avec la quantité énorme de résultats expérimentaux que la mécanique quantique a permis de prédire avec une excellente précision pour divers systèmes microscopiques.

La condition (i) implique que, pour des superpositions macroscopiques mettant en jeu par exemple les aiguilles des cadrans d'appareils de mesure, le nouveau terme sélectionne une seule branche de la superposition et annule toutes les autres. Si c'est le cas, le postulat de réduction du vecteur d'état devient alors sans objet ; une loi d'évolution unique suffit, et l'on peut dire que macro- et micro-dynamiques sont unifiées. La condition (ii) ajoute que la sélection d'une seule branche doit être (ou sembler être) aléatoire d'une façon qui reproduise exactement les règles de probabilité de la mécanique quantique standard, ainsi que l'effet de la réduction du vecteur d'état. La condition (iii) implique que les conséquences de la modification de l'équation de Schrödinger doivent rester extrêmement petites dans toutes les situations ne mettant en jeu que des objets microscopiques (atomes, molécules, etc.) ; ceci assure immédiatement la préservation de l'immense capital de prédictions excellentes fournies par la mécanique quantique dans ce domaine.

Ainsi, deux extrêmes doivent être évités : ou bien trop perturber l'équation de Schrödinger, et faire disparaître les effets d'interférence dans des cas où l'on souhaite les conserver (comme par exemple, une éventuelle recombinaison de deux jets atomiques à la sortie d'un aimant de Stern et Gerlach) ; ou alors trop peu, et ne plus assurer la totale disparition d'incertitude macroscopique (chats de Schrödinger). Le nouveau terme doit devenir important au moment où (et pas avant) un système microscopique s'est corrélé à un environnement macroscopique, ce qui assure qu'une décohérence efficace s'est déjà produite ; de toute façon, dans le cadre de la théorie standard, la restauration d'effets d'interférence est déjà devenue impossible. Le nouveau terme reproduit alors bien les effets du postulat de réduction du paquet d'ondes, qui n'est ainsi plus un postulat indépendant, mais juste une conséquence de l'évolution tout à fait « normale » de la fonction d'onde.

Inclure de cette façon l'émergence de l'unicité macroscopique dès l'équation dynamique fondamentale de la théorie résout bien des difficultés conceptuelles de la mécanique quantique. Bien évidemment, il n'est plus nécessaire de préciser une frontière entre les domaines d'application de deux postulats, puisque les processus de mesure deviennent des processus d'interaction tout à fait ordinaires entre deux systèmes physiques ; l'observation ne joue aucun rôle particulier, et cela supprime toute nécessité de traiter les mesures différemment de l'évolution « normale ». De plus, il devient alors parfaitement possible de considérer que le vecteur d'état décrit directement la réalité physique, au lieu de n'avoir qu'un statut d'outil de calcul. La théorie contient donc tous les éléments nécessaires pour expliquer [12] « pourquoi les événements se produisent » !

Bien évidemment, pour véritablement définir une théorie, les conditions générales ci-dessus ne sont pas suffisantes ; il faut préciser de quelle façon exacte on choisit de modifier l'équation de Schrödinger, sans autre guide que les « lignes jaunes à ne pas dépasser » (ii) et (iii). Il n'est donc pas étonnant que plusieurs versions des théories à dynamique de Schrödinger modifiée aient été proposées.

8.H.1 Évolution des idées

Deux approches sont possibles : on peut construire des versions de théories à dynamique de Schrödinger modifiée, soit sans introduire des variables supplémentaires, soit en procédant à cette introduction ; les deux méthodes ont été mises en œuvre.

8.H.1.a Premiers travaux

En 1966, Bohm et Bub [5] ont proposé une théorie de la mesure contenant un mécanisme conduisant à la réduction du vecteur d'état. Cette théorie appartient à la seconde catégorie, puisque ces auteurs introduisent dans leur théorie les variables supplémentaires de Wiener et Siegel [10], qui sont contenues dans un « vecteur dual ». Ce dernier est un objet mathématique très semblable au vecteur d'état $\mid \Psi >$, mais qui obéit à une équation de mouvement totalement différente – en fait les deux vecteurs évoluent sous l'effet d'équations couplées. Les probabilités des résultats de mesure sont simplement des conséquences d'une distribution initiale aléatoire du vecteur dual. Pour certaines distributions « normales » de ces nouvelles variables, les prédictions de la mécanique quantique standard sont retrouvées ; mais il est également possible de supposer l'existence de distributions « sans dispersion » qui conduisent à des prédictions plus précises, donc non-standard. Il en résulte que cette théorie conduit à une statistique plus riche que celle de la mécanique quantique habituelle. Les auteurs discutent dans quelles circonstances les effets des nouvelles variables, qui n'ont pas été observées pour le moment, pourraient être détectées dans le futur.

En 1976, Pearle [11] a introduit une version de la théorie qui, elle, appartient à la première catégorie, celle sans variables supplémentaires. On considère le vecteur d'état du système comprenant à la fois le système mesuré et l'appareil de mesure, juste après l'interaction ; ils sont alors fortement intriqués dans une superposition cohérente d'états macroscopiquement différents (§ 6.C.5). L'idée est de supposer que le résultat de la mesure est déterminé par les phases relatives des diverses composantes du vecteur d'état ; comme ces phases ne peuvent pas être contrôlées expérimentalement avec une parfaite précision, le résultat final de la mesure apparaît alors comme aléatoire. Ce comportement est obtenu en ajoutant dans l'équation d'évolution du vecteur d'état un nouveau terme non-linéaire, avec une constante de temps λ, qui réduit le vecteur d'état à l'une seule de ses composantes macroscopiques d'une façon qui dépend des phases initiales relatives. Dans ce point de vue le caractère aléatoire du processus de mesure, postulé en mécanique quantique standard comme fondamentale, n'est qu'une conséquence du fait que les conditions expérimentales ne sont jamais parfaitement reproductibles. Le formalisme habituel de la mécanique quantique est relativement relativement peu modifié, le terme nouveau dans l'équation d'évolution devant satisfaire à un certain nombre de conditions dont l'auteur fait la liste suivante :

– propriété 1 : un résultat unique est prédit par la nouvelle équation d'évolution, ce qui veut dire que, parmi une série d'amplitudes de probabilités, toutes s'annulent après l'interaction, sauf l'une d'entre elles qui prend un module unité – c'est l'équivalent de la propriété (i) ci-dessus.

– propriété 2 : si l'expérience est répétée un grand nombre de fois, la sélection d'une amplitude de probabilité non-nulle unique se fait d'une façon qui est cohérente avec les prédictions de la mécanique quantique concernant les probabilités – l'équivalent de la propriété (ii) ci-dessus.

Dans les deux théories ci-dessus, la réduction du vecteur d'état est un processus dynamique qui, comme tout processus dynamique, dure un certain temps fini. Nous verrons plus bas des exemples de théories (GRW) où ce n'est pas le cas et où la réduction est instantanée.

En 1979, Pearle a proposé une approche différente [11], cette fois en introduisant un terme stochastique dans l'équation de Schrödinger ; elle devient alors une équation stochastique différentielle contenant un opérateur fluctuant, qui agit sur le vecteur d'état de façon non-linéaire. La présence de ce nouvel opérateur fait qu'on peut ranger cette théorie dans la catégorie de celles à variables supplémentaires. Par comparaison avec la version de 1976, la sélection du résultat unique de la mesure n'est plus due à des phases mal contrôlées, mais aux fluctuations de l'opérateur. Le mécanisme mathématique par lequel la nouvelle équation réduit le vecteur d'état à une seule composante est décrit par une équation de Fokker-Planck ; il est analogue à une marche aléatoire entre des conditions aux limites de barrières totalement absorbantes – les propriétés statistiques correspondantes sont parfois décrites comme celles du « jeu de la ruine du parieur » (« the gambler's ruin »). Cette version de la théorie de Pearle est plus générale que la précédente, mais elle continue à souffrir d'un certain nombre de difficultés dont il dresse la liste dans un article de revue [386], parmi lesquelles le « problème de la base privilégiée », le « problème de l'interaction », le « problème du déclenchement ». Dans la théorie de Bohm-Bub, le temps de réduction complète était infini mais, ici, il a maintenant une durée finie du fait des propriétés statistiques du « jeu de la ruine du parieur » [387].

8.H.1.b Localisation spontanée par sauts (« hits »)

En 1986 Ghirardi, Rimini et Weber (GRW) ont introduit une nouvelle version de la théorie fournissant une « théorie unifiée des systèmes microscopiques et macroscopiques » [13]. Ils arrivent à ce résultat en ajoutant à l'équation de Schrödinger habituelle des processus d'évolution qu'ils nomment « localisation spontanée » (« spontaneous localization », ou SL en anglais) ; ces derniers changent brusquement le vecteur d'état en localisant les particules dans l'espace – comme si les positions des particules étaient mesurées à des temps aléatoires, et avec une précision imparfaite (la localisation garde une certaine imprécision). Un certain nombre des propriétés de cette théorie rappellent l'effet des observations et mesures continues en mécanique quantique standard [388, 389], ou celles de mesures approximatives. La localisation spontanée se produit à des instants aléatoires avec une constante de temps qui est ajustée de façon que, pour des systèmes macroscopiques, toute superposition d'états de localisations spatiales éloignées soit détruite – cf. condition (i) ci-dessus ; mais ceci n'est vrai que pour des systèmes macroscopiques, et pas pour des systèmes microscopiques – cf. condition (ii) ci-dessus. Un peu auparavant (1984), Gisin avait également introduit une dynamique modifiée de Schrödinger avec des équations semblables réalisant le postulat de projection [384], mais avec un temps infini de réduction du vecteur d'état.

Une propriété remarquable de l'approche GRW est qu'elle résout le problème de la « base privilégiée » (la base correspond nécessairement à des états localisés en position) ainsi que le problème du « déclenchement ». Dans ce modèle, pour des systèmes individuels[26], les processus de localisation sont soudains – on les appelle parfois en anglais « hitting processes » - ce qui les rend bien sûr totalement différents de ce qui peut se produire dans une dynamique de Schrödinger habituelle. Considérons par exemple une particule unique décrite par un vecteur d'état $|\Psi(t)\rangle$ pouvant subir un processus de localisation spontanée. Dans un tel processus, $|\Psi(t)\rangle$ est soudainement remplacé par le ket $|\Psi'(t)\rangle$ donné par :

$$|\Psi'(t)\rangle = \frac{F_j\,|\Psi(t)\rangle}{\langle\Psi(t)|\,(F_j)^2\,|\Psi(t)\rangle} \tag{8.21}$$

(le numérateur de cette expression assure la conservation de la norme du vecteur d'état) où F_i est un opérateur hermitique diagonal en représentation position. GRW supposent que F_j localise la particule autour d'un point de l'espace $\mathbf{r}_j$ avec une précision caractérisée par un paramètre arbitraire α de la théorie ($\alpha^{-1/2}$ est une longueur) :

$$F_j = c\; e^{-\alpha(\mathbf{R}-\mathbf{r}_j)^2/2} \tag{8.22}$$

($\mathbf{R}$ est l'opérateur de position de la particule et c est un coefficient de normalisation réel). Supposons maintenant que tous les processus de localisation

26. Pour un ensemble de systèmes, les discontinuités sont moyennées, et l'on retrouve des équations d'évolution continues pour les opérateurs densité. Comme la plus grande partie de la discussion de la Ref. [13] est donnée en termes d'opérateurs ou de matrices densité, et d'apparition de mélanges statistiques (décohérence), on peut en retirer l'impression que les réalisations uniques ne sont pas prises en compte dans ce travail, mais en réalité ce n'est pas le cas : les « hitting processes » sont bien introduits à un niveau fondamental.

autour des divers points $\mathbf{r}_j$ agissent constamment en parallèle pour localiser aléatoirement la particule, chacun avec une probabilité par unité de temps donnée par :

$$\lambda \ \langle\Psi(t)|\,(F_j)^2\,|\Psi(t)\rangle \tag{8.23}$$

où λ est un autre paramètre libre de la théorie (un taux par unité de temps, l'inverse d'un temps). La condition :

$$\sum_j (F_j)^2 = 1 \tag{8.24}$$

assure que la probabilité totale pour une localisation quelconque soit indépendante de l'état initial $|\Psi(t)\rangle$. On ajoute ensuite l'effet de ces processus aléatoires de localisation à l'évolution habituelle donnée par l'équation de Schrödinger. Le résultat est alors une théorie où, pour chaque réalisation possible des localisations, le vecteur d'état suit une « trajectoire » unique et bien définie, mais évidemment différente pour chaque réalisation.

Considérons le premier processus de localisation. Si $\Psi(\mathbf{r},t)$ est la fonction d'onde associée à l'état $|\Psi(t)\rangle$, d'après (8.22) la probabilité que le processus d'indice j a de se réaliser est :

$$\mathcal{P}_j = \lambda c^2 \int d^3r \ e^{-\alpha(\mathbf{R}-\mathbf{r}_j)^2} \ |\Psi(\mathbf{r},t)|^2 \tag{8.25}$$

Les processus de localisation ont donc plus de chances de se produire dans les régions de l'espace où la densité de présence $|\Psi(\mathbf{r},t)|^2$ est grande ; inversement, les localisations spontanées sont très peu probables dans les régions de l'espace où le module de la fonction d'onde est très faible. Quel que soit celui des $\mathbf{r}_j$ qui est sélectionné par le premier processus de localisation, il a pour effet de multiplier la fonction d'onde par $e^{-\alpha(\mathbf{r}-\mathbf{r}_j)^2/2}$, ce qui tend à la restreindre dans un voisinage du point $\mathbf{r}_j$ avec une extension spatiale $\alpha^{-1/2}$.

Commençons par supposer pour simplifier que la fonction d'onde n'a pas le temps d'évoluer entre cette localisation et la suivante. À cause de l'effet sur la fonction d'onde de la première localisation, la seconde se produit avec une grande probabilité autour d'un point situé dans le voisinage proche de $\mathbf{r}_j$, la troisième dans le voisinage des deux points précédents, et ainsi de suite : après quelques processus de localisation, la fonction d'onde est très efficacement restreinte autour d'un point $\mathbf{r}$ qui est, certes aléatoire, mais bien défini. C'est le processus spontané de réduction spatiale de la fonction d'onde. Si maintenant une évolution de la fonction d'onde a lieu entre les processus de localisation, les points autour desquels ils se produisent reconstituent de façon approchée la trajectoire de la particule, comme une trace dans une chambre de Wilson.

Ce schéma peut immédiatement être généralisé à un système constitué de N particules ; on suppose que toutes les particules subissent en parallèle des processus de localisation de façon indépendante. Les opérateurs F_j sont alors remplacés par des opérateurs hermitiques F_j^i agissant sur la i-ème particule pour la localiser autour du point $\mathbf{r}_j$; il faut maintenant sommer leurs effets sur les indices i et j dans l'équation de Schrödinger du système, mais à nouveau pour chaque réalisation l'on obtient une trajectoire unique pour le vecteur d'état $|\Psi(t)\rangle$ décrivant le système physique. L'effet des processus aléatoires est de localiser spatialement le fonction d'onde autour d'un seul point de l'espace des configurations à $3N$ dimensions, avec une extension linéaire $\alpha^{-1/2}$ dans chaque direction.

Prenons maintenant un ensemble de réalisations du même système physique, décrit par un opérateur densité ρ. La moyenne sur toutes les réalisations des localisations donne une évolution de ρ qui s'écrit :

$$i\hbar\frac{d\rho(t)}{dt} = [H(t), \rho(t)] + \lambda\sum_j [F_i\rho(t)F_i - \rho] \tag{8.26}$$

Dans cette équation, le premier terme est celui de l'évolution habituelle de Schrödinger-von Neumann. Le second est nouveau et décrit l'effet moyen de processus stochastiques, qui remplacent avec une probabilité par unité de temps λ l'opérateur densité ρ par une nouvelle valeur $F_i\rho(t)F_i$.

En mécanique quantique, la localisation d'une particule entraîne automatiquement un changement de son énergie cinétique ; il s'ensuit que les hitting processes « chauffent » la particules, de sorte qu'une étude du rôle de la conservation de l'énergie devient nécessaire. En pratique, ceci signifie qu'il faut ajuster les constantes de temps λ et de localisation spatiale α, de façon à éviter la prédiction d'effets de chauffage spontané qui n'ont jamais été observés expérimentalement. GRW proposent des choix de ces paramètres ($\lambda = 10^{-16}$ s^{-1} et $\alpha^{-1/2} = 10^{-7}$ m) tels que la rapidité d'échauffement d'une mole de gaz parfait soit de l'ordre de 10^{-15} K par an, donc effectivement suffisamment faible pour rester compatible avec l'absence de mise en évidence expérimentale d'un tel échauffement spontané.

Benatti et al. ont montré que l'effet principal du nouveau terme est effectivement de produire une réduction du vecteur d'état [390]. Une étude plus générale des conséquences de l'introduction de termes non-hamiltoniens dans l'évolution du vecteur d'état a été donnée dans [391], avec en particulier une discussion des effets éventuels d'une localisation combinée de la position et de l'impulsion ; la conclusion de cette étude et que, si l'on veut éviter des modifications inacceptables des prédictions concernant les processus microscopiques, il convient de se limiter à des localisations de la seule position. Un problème qui subsiste toutefois dans l'approche GRW est qu'elle suppose des localisations indépendantes des particules individuelles, de sorte qu'elle ne conserve pas la symétrie requise par la mécanique quantique pour des particules identiques, bosons ou fermions.

8.H.1.c Localisation spontanée continue

En 1989, Pearle a montré [392] qu'il est possible de résoudre ce problème et de se débarrasser du caractère discontinu des « hitting processes », tout en préservant les caractéristiques utiles du modèle GRW. Ce résultat est obtenu en ajoutant des termes de « localisation spontanée continue » - en anglais « continuous spontaneous localization » ou CSL – à l'hamiltonien habituel de l'évolution de Schrödinger. Ces termes correspondent à des processus aléatoires de Markov qui dépendent de fonctions du temps aléatoires $w_j(t)$ avec un spectre large (bruit blanc), et contiennent une constante de temps λ ainsi qu'une série d'opérateurs hermitiques A_j commutant entre eux. Pour un choix approprié de ces opérateurs, une compatibilité complète avec la notion standard de particules identiques est obtenue. Un autre avantage de ce point de vue est qu'il introduit une modification moins radicale du formalisme de la théorie standard, puisque le vecteur d'état évolue toujours selon une équation différentielle continue. Cependant, l'équation inclut maintenant des fonctions aléatoires du temps ainsi que des opérateurs anti-hermitiques (équation stochastique différentielle de Itô), ce qui fait que la norme du vecteur d'état n'est plus conservée.

Cette non-conservation de la norme joue en fait un rôle essentiel dans la théorie, car les propriétés statistiques des fonctions aléatoires sont définies précisément en fonction de cette norme : on postule (loi CSL des probabilités) que la probabilité[27] de réaliser une dépendance temporelle $w_j(t)$ qui conduit à une valeur donnée de $|\Psi(t)\rangle$ n'est autre que $\langle\Psi(t)\,|\Psi(t)\rangle^2$. C'est le moment où le caractère non-linéaire de la théorie devient évident : l'évolution de $|\Psi(t)\rangle$ dépend de fonctions $w_j(t)$ qui, à leur tour, ont des propriétés statistiques qui suivent constamment la norme de $|\Psi(t)\rangle$ lui-même. Un tel postulat favorise fortement les réalisations des fonctions aléatoires qui donnent une grande norme au vecteur d'état, tout en réduisant les effets de toutes les autres donnant des valeurs exponentiellement petites à la norme (même si mathématiquement elles correspondent à un nombre beaucoup plus grand de possibilités). On peut alors vérifier que ce choix de propriétés statistiques reste compatible avec une évolution indépendante de chaque réalisation du vecteur d'état. Une équation de Fokker-Planck peut alors être obtenue pour la dépendance temporelle des densités de probabilités.

Pour comprendre le mécanisme de réduction dans cette théorie (décrit plus en détail dans l'Appendice J), commençons par prendre le cas simple où un seul opérateur A est introduit (valeurs propres a_n). Nous supposons que cet opérateur est associé à une mesure quantique, comme dans la situation considérée au § 6.C.5 ; juste après la fin de l'interaction entre système mesuré et appareil de mesure, tous deux sont intriqués et décrits par l'état (6.45) du § 6.C.5. Sous l'effet des termes anti-hermitiens contrôlés par les fonctions aléatoires $w_j(t)$, le module des amplitudes de probabilité $c_n(t)$ fluctue dans le temps, au lieu de rester constant. Parmi le très grand nombre de $w_j(t)$ qui sont mathématiquement possibles, d'après la loi CSL des probabilités qui

27. Cette hypothèse est un peu semblable au fait de postuler (8.23). Plusieurs réalisations des fonctions aléatoires $w_j(t)$ peuvent conduire à la même valeur de $|\Psi(t)\rangle$ à l'instant t ; le carré de la norme de $|\Psi(t)\rangle$ donne alors la probabilité associée à chacune de ces réalisations.

a été postulée, seule une très petite proportion peut se produire avec une probabilité non négligeable, la proportion des réalisations qui conduit à une grande valeur de la somme sur n de tous les $|c_n(t)|^2$. Or il se trouve que, parmi toutes ces fonctions très particulières, les plus efficaces pour donner une grande norme au vecteur d'état sont celles qui donnent une grande valeur à l'un seul des $|c_n(t)|^2$. En effet, les fluctuations de $w_j(t)$ peuvent favoriser une des valeurs de n, mais pas plusieurs à la fois ; si les fluctuations des $w_j(t)$ favorisent successivement deux (ou plus) des valeurs de n, elles conduisent à une dilution de l'effet de préservation de la norme et, au bout du compte, à une valeur exponentiellement plus faible de la norme totale. Nous obtenons ainsi un processus qui sélectionne un seul résultat de mesure, quelque peu semblable au « jeu de la ruine du parieur » de [12]. Les fluctuations des fonctions aléatoires brisent la symétrie entre tous les résultats possibles de mesure, de sorte que cette théorie reproduit la réduction du vecteur d'état.

En théorie CSL, l'opérateur A n'est pas associé à un processus particulier de mesure – sinon l'on perdrait immédiatement une des motivations de la théorie (ne donner aucun rôle particulier aux opérations de mesure). On préfère supposer que A est remplacé par une série d'opérateurs de localisation des positions A_j, agissant sur toutes les particules du système, et les situant à toutes les positions possibles de l'espace (j devient alors un indice caractérisant des positions spatiales, et peut ainsi être continu). Comme en théorie SL, une localisation parfaite poserait problème, puisqu'elle transférerait une énergie infinie aux particules, ce qui est physiquement inacceptable. On postule donc que la localisation réalisée par chaque A_j est imparfaite, et caractérisée par un imprécision spatiale $\alpha^{-1/2}$; tous les A_j commutent mutuellement. En dépit de ces changements concernant la définition des opérateurs, l'essence du processus de localisation reste presque la même que celle qui a été discuté plus haut, et conduit à une sélection qui finit toujours par localiser les particules dans une seule région aléatoire de l'espace – c'est une réduction spatiale du vecteur d'état. Pour de petits systèmes quantiques (particule unique, atomes, molécules, etc.), la probabilité pour qu'un effet de réduction du vecteur d'état se produise reste extrêmement faible pendant des temps très longs (λ est très petit). Pour des systèmes macroscopiques dans des superpositions quantiques de deux états distincts spatialement, comme toutes les particules sont simultanément sujettes au processus de localisation, et que la localisation d'une seule d'entre elles est suffisante pour détruire la coexistence des deux composantes, il devient très probable qu'une telle réduction apparaisse en un temps très court.

En 1990, l'étude des processus de Markov et de la localisation spontanée continue pour des particules identiques fut reprise par Ghirardi, Pearle et Rimini [393]. Ils montrèrent que, pour un ensemble de systèmes, l'équation (8.26) est remplacée par une « forme de Lindblad » conduisant à l'évolution temporelle :

$$i\hbar\frac{d\rho(t)}{dt} = [H(t), \rho(t)] - \frac{\lambda}{2}\sum_{i=1}^{N}\left[(A_j)^2\rho(t) + \rho(t)(A_j)^2 - 2A_j\rho A_j\right] \quad (8.27)$$

où les A_j sont des opérateurs hermitiques commutant entre eux (ils peuvent en principe être quelconques, mais ici l'on choisit des opérateurs de localisation de position). De façon générale, des processus de Markov discrets dans un espace de Hilbert peuvent toujours être ramenés, dans une limite appropriée, à une localisation continue spontanée. Effectivement, si l'on choisit dans (8.27) des opérateurs tels que $A_j = F_j$, on retrouve (8.26) compte tenu de (8.24) ; ceci introduit une correspondance entre les modèles discrets (type GRW) et des théories du type CSL en ce qui concerne l'évolution moyenne des opérateurs densité. Inversement, les théories CSL ne demandent pas nécessairement que la somme des carrés des opérateurs soit 1 ; la forme la plus générale d'un opérateur de Lindblad ne peut pas être obtenue à partir d'une théorie à « hitting processes ». Les théories CSL couvrent donc un domaine plus grand de possibilités, ce qui peut s'avérer utile dans l'élaboration de versions relativistes de la théorie, ou en théorie cosmologique.

Un problème qui subsiste cependant est qu'en théorie CSL, ici aussi, une réduction complète de la fonction d'onde ne se produit jamais en un temps fini. Même quand la plus grande partie de la fonction d'onde est concentrée dans une composante correspondant à un résultat unique dans une expérience, il reste toujours une minuscule composante sur les autres (même si elle est extrêmement petite et décroissante dans le temps). L'existence de cette composante n'est pas considérée comme posant un problème sérieux par les défenseurs de la théorie [394]. Cependant, Shimony a fait valoir [395] que, de son point de vue, il est philosophiquement peu justifié d'associer la réalité avec un seul état, tant que le système reste dans une superposition de cet état et d'un autre ; il considère que cela reste problématique même si le poids du premier est énorme en comparaison de celui du second. Le problème correspondant est souvent appelé le « problème des queues » (queue de la variation de la probabilité en fonction du temps) de la dynamique modifiée de Schrödinger ; voir [396] et par exemple [397] pour une proposition d'une solution à ce problème mettant en jeu une combinaison de dynamique de Schrödinger modifiée et des vitesses de Bohm, toutes deux stochastiques.

Une caractéristique importante commune à toutes ces théories est qu'elles contiennent de nouvelles constantes universelles. Ces dernières apparaissent dans la modification de la dynamique de Schrödinger, et sont ajustées pour satisfaire les conditions (i) à (iii) de § 8.H. Par exemple, nous avons vu que la théorie GRW introduit une échelle de temps λ^{-1} pour la probabilité par unité de temps avec laquelle la localisation spontanée se produit, ainsi qu'une échelle de longueur $\alpha^{-1/2}$ pour caractériser la précision de cette localisation. On pourrait voir ces quantités comme des paramètres auxiliaires introduits dans la théorie pour des raisons techniques. Elles jouent cependant un rôle conceptuel absolument essentiel, puisqu'elles définissent la frontière entre les mondes microscopique et macroscopique. Cette frontière, qui restait floue et mal définie dans l'interprétation standard, est maintenant introduite de façon parfaitement précise. Conceptuellement, leur rôle rappelle donc celui de la constante de Planck.

8.H.1.d Liens avec la gravité

En 1989, partant également d'une étude des processus quantiques stochastiques (« quantum Wiener processes » [10]) comme modèles pour la réduction du vecteur d'état [385], ainsi que du traitement de mesures continues [398], Diosi a proposé une intéressante modification de la théorie GRW [399]. La nouvelle théorie continue à fournir une unification de la micro- et de la macrodynamique, mais sans demander l'introduction d'aucun paramètre nouveau. L'idée générale est de remplacer les processus de localisation spontanée évoqués antérieurement par un processus de localisation stochastique de la masse, avec une intensité qui est proportionnelle à la constante universelle de gravitation G de Newton ; c'est le seul paramètre qui apparaisse dans les nouveaux termes ajoutés à ceux de la dynamique habituelle de Schrödinger. Diosi introduit alors un traitement de la réduction de la fonction d'onde provenant d'une loi totalement générale de localisation de la densité, ce qui fournit l'unification recherchée, mais cette fois sans avoir à introduire de nouveau paramètre. On peut alors parler d'un mécanisme réellement universel pour la réduction !

Cependant, Ghirardi et al. [400] ont rapidement montré que cette approche séduisante introduit au passage des problèmes réellement sérieux à courtes distances, car des prédictions totalement irréalistes sont obtenues ; par exemple, les noyaux atomiques recevraient tellement d'énergie qu'ils ne pourraient plus rester dans leur niveau fondamental, mais seraient rapidement excités (ou même dissociés). Ghirardi et al. ont proposé une modification de la théorie de Diosi qui résout ces problèmes tout en conservant l'idée de faire intervenir la constante de Newton ; cependant une autre constante reste nécessaire, ayant la dimension d'une longueur. En ce sens, le caractère « universel » de la théorie est perdu – les auteurs considèrent d'ailleurs ce fait comme un signe du caractère indispensable d'un paramètre nouveau pour résoudre le problème de la théorie quantique de la mesure.

Penrose a souvent invoqué l'existence d'une relation profonde entre gravité et unicité de la réalité en mécanique quantique [401], dans un contexte plus général et philosophique incluant la notion de conscience, et émis l'avis que « le seuil quantique de la gravité qui produit une auto-réduction du vecteur d'état joue un rôle vis-à-vis de la conscience ».

8.H.1.e Liens avec la relativité

La localisation introduite dans la théorie GRW n'est pas facile à décrire de façon relativiste, puisqu'elle attribue un rôle particulier aux positions, lors de leur localisation dans un volume fini à un instant donné ; c'est un concept plus proche de la relativité galiléenne que de celle d'Einstein. Cependant des versions relativistes de dynamiques quantiques stochastiques et de la théorie CSL ont été développées [402, 403]. De plus, en 2005 Pearle a introduit une quantification du champ aléatoire classique de la théorie CSL [404], ce qui conduit à « une théorie complètement quantifiée de la réduction du vecteur d'état » ; on résout ainsi le problème lié l'augmentation de l'énergie des particules sous l'effet du mécanisme de réduction, en attribuant une énergie décroissante au champ stochastique de sorte que l'énergie totale reste constante. Voir également [405].

Une remarque générale est que la non-linéarité et la stochasticité doivent impérativement aller de concert si l'on veut éviter des contradictions avec la relativité ; par exemple, si l'on introduit des changements dans l'équation de Schrödinger tout en maintenant le postulat habituel de réduction de la mécanique quantique, la transmission de signaux plus rapide que la vitesse de la lumière devient possible, comme souligné par Gisin [406]. Tumulka a proposé une version relativiste de la théorie GRW qu'il appelle « flash ontology » [407], où les « local beables » (§ 8.F) sont données par un ensemble discret de points d'espace-temps où sont centrées les réductions du vecteur d'état ; ces points sont aléatoires avec une distribution donnée par la fonction d'onde initiale (on retrouve ici une caractéristique de la théorie de De Broglie-Bohm, mais il s'agit de points de réduction dans l'espace-temps et non de positions purement spatiales dans une théorie sans réduction). Pour une revue générale ou historique des théories dynamiques de la réduction du vecteur d'état, voir [408] et [386].

8.H.1.f Liens avec l'expérience

Nous l'avons vu, la motivation fondamentale des théories à dynamique de Schrödinger modifiée est de fournir une unification de toutes les sortes d'évolution physique, y compris l'émergence d'un résultat unique dans une expérience ; ce résultat est obtenu par l'introduction de mécanismes physiques nouveaux caractérisés par des constantes nouvelles, ce qui implique immédiatement que ces théories sont plus précises sur les conditions dans lesquelles la réduction du vecteur d'état se produit effectivement. En d'autres termes, ces théories sont plus prédictives que la mécanique quantique standard. Nous l'avons vu, ce fait fournit à la fois une contrainte forte, qui prend la forme d'une compatibilité totale avec tous les résultats expérimentaux connus, mais en même temps fournit des occasions intéressantes de tester la nouvelle théorie sur le plan expérimental. Ce domaine n'est donc pas limité à des considérations purement théoriques.

En ce qui concerne des conflits possibles avec les expériences connues, nous avons déjà mentionné la discussion de la Ref. [400] signalant des incompatibilités entre la théorie universelle de Diosi et le comportement connu d'objets microscopiques. Un cas similaire est fourni pas une généralisation de la mécanique quantique proposée par Weinberg [409], qu'il a introduit précisément comme un exemple de non-linéarité qui peut conduire à des incompatibilités avec les données expérimentales ; voir également [410] pour une application de la même théorie à l'optique quantique, et [406] pour une démonstration de l'incompatibilité de cette théorie avec la relativité, du fait de la prédiction de transmission de signaux à une vitesse dépassant celle de la lumière (la démonstration est limitée à l'incompatibilité de cette théorie avec la relativité, et ne concerne pas les autres formes de dynamique de Schrödinger modifiée mentionnées plus haut).

Une autre possibilité serait de détecter le faible effet de chauffage spontané prévu par ces théories. Sous l'influence du terme de réduction spontanée dans l'équation d'évolution, les atomes et leurs noyaux devraient se trouver partiellement excités, et donc émettre un faible rayonnement que l'on pourrait essayer de détecter [411]. Il se trouve que plusieurs expériences de ce type ont été réalisées, mais avec des motivations différentes, par exemple la détection du rayonnement éventuellement produit dans des cristaux de Germanium par des collisions avec la « matière noire », ou encore la radioactivité spontanée à deux neutrinos et double β [412]. Cependant, pour le moment aucune expérience n'a réussi à confirmer ou infirmer la validité des théories à dynamique de Schrödinger modifiée.

Pour les expériences futures, on pourrait concevoir des tests de ces nouvelles théories en réalisant des expériences d'interférence quantique avec des objets contenant chacun beaucoup de particules et passant à la fois par deux chemins bien distincts spatialement. En effet, si les termes de localisation spontanée jouent un rôle totalement négligeable dans les expériences d'interférence quantique réalisées jusqu'à maintenant avec de petits objets, pour des objets plus lourds ils devraient intervenir en diminuant, voire en annulant, le contraste des franges observées. Si l'on retient les valeur proposées actuellement pour les paramètres λ et α, des tests significatifs pourraient être obtenus avec des objets contenant 10^8 nucléons. Il reste cependant que l'observation de figures d'interférence avec des objets ayant les masses correspondantes reste pour le moment un véritable défi expérimental, compte tenu des technologies actuellement disponibles.

8.H.2 Description de la réalité dans le cadre d'une théorie à dynamique modifiée

Dans cette classe d'interprétations de la mécanique quantique, le vecteur d'état perd le statut intermédiaire subtil qu'il avait en mécanique quantique standard (§ 1.B.3) : il représente maintenant directement la réalité physique « en elle-même ». L'évolution dans le temps de cette réalité se fait selon une théorie dynamique unifiée, indépendamment du fait que des mesures, des observations humaines, etc., se produisent ou non. Bien sûr, cela ne veut pas dire que la théorie redevienne plus ou moins semblable à la mécanique classique.

Par exemple, comme le vecteur d'état évolue dans un espace des états complexe (espace de Hilbert), c'est dans cet espace que la description de la réalité doit être faite, au lieu de l'espace habituel à 3 dimensions ; or les deux espaces sont très différents (ne fût-ce que par leur dimension !), et cette différence subsiste même si on accepte de passer à une dimension plus élevée en comparant avec l'espace classique des configurations. Cependant, le but général d'unification de la théorie est atteint, ce qui apporte une grande simplification conceptuelle.

Des descriptions physiques assez semblables sont obtenues quelle que soit la forme spécifique de théorie à dynamique non-linéaire. Par exemple, quand une particule passe à travers une chambre à bulles, les termes nouveaux se chargent de faire apparaître à un niveau macroscopique une trajectoire pour la particule ; ces termes sélectionnent également un seul des paquets d'ondes à la sortie d'un aimant de Stern et Gerlach (et éliminent l'autre), mais pas avant que ces paquets d'ondes ne se soient corrélés avec l'environnement (par exemple des détecteurs). Bien sûr, un processus de localisation de la fonction d'onde qui agit dans l'espace des positions, plutôt que celui des impulsions, détruit la symétrie habituelle en mécanique quantique entre position et impulsion. Mais ceci n'est pas un problème insurmontable : on peut aisément se convaincre que ce qu'on mesure en pratique dans les expériences est en fait la position des particules ou d'objets comme les aiguilles des cadrans des appareils de mesure, alors que les impulsions ne sont accessibles que de façon indirecte.

Qu'en est-il du chat de Schrödinger et des paradoxes de ce type ? Si le terme non-linéaire ajouté possède toutes les propriétés nécessaires pour mimer les effets de la réduction du vecteur d'état, ces paradoxes sont aisément résolus. Par exemple, une bouteille cassée de poison doit avoir au moins certaines parties qui sont dans une position spatiale différente (dans l'espace des configurations) que pour une bouteille intacte, sinon toutes leurs propriétés physiques seraient identiques. Il est alors clair que la dynamique modifiée résoudra les composantes du vecteur d'état bien avant que la superposition n'atteigne le chat, ce qui assure l'émergence d'une seule possibilité. Pour une revue récente des effets de la dynamique modifiée sur les « états par tout ou rien » (§ 5.B) dans le contexte de l'optique quantique, et sur les effets de la perception en termes d'états relatifs du cerveau, voir le § 8.K et la Ref. [413].

Que devient la description d'une expérience EPRB dans ce point de vue ? Dans le cas des trajectoires de Bohm, nous avions insisté sur le rôle du « terme de vitesse quantique », qui était défini dans l'espace des configurations et non dans l'espace ordinaire. Ici, le rôle essentiel est tenu par les termes supplémentaires de localisation introduits dans l'équation de Schrödinger et leur effet sur le vecteur d'état. Intrinsèquement, ces termes restent parfaitement locaux ; dans la théorie GRW par exemple, chaque particule peut subir à tout instant un processus de localisation spontanée vers tout point où sa probabilité de présence n'est pas nulle. Considérons alors deux particules à spin dans un état singulet se propageant vers des analyseurs de Stern et Gerlach, dont les champs magnétiques sont orientés selon les directions a et b. Rien de spécial ne se produit tant que les particules se propagent vers les analyseurs de Stern et Gerlach, ou même dans les aimants, puisque les particules sont microscopiques et que la probabilité d'une localisation spontanée reste extrêmement faible ; comme en théorie standard, elles peuvent parfaitement se trouver dans des superpositions cohérentes, même si elles sont très éloignées dans l'espace. Cependant, aussitôt que la particule 1 (par exemple) frappe un détecteur à la sortie de l'aimant, le système développe des corrélations avec les particules qui constituent le détecteur, le courant électronique, l'amplificateur, etc. Une chaîne de Von Neumann se développe alors avec deux branches, chacune issue de l'un des deux paquets d'onde que l'aimant de Stern et Gerlach a séparés. Un niveau macroscopique est alors atteint de sorte que le terme de localisation spontanée devient très efficace et agit presque instantanément. Supposons par exemple que la localisation se produise dans la branche associée pour la particule 1 à état de spin de composante + selon la direction a. Mathématiquement, cette localisation effectue une projection du vecteur d'état à deux particules sur sa composante où la première particule est dans l'état de spin + selon a, composante qui d'après la structure mathématique de l'état singulet contient l'état − selon la même direction a pour le spin de la seconde particule. Ainsi, du simple fait de la structure mathématique du vecteur d'état initial intriqué, le spin de seconde particule est projeté exactement comme si l'on avait appliqué le postulat de réduction. Ce n'est donc pas le processus de localisation en lui-même qui introduit la non-localité, mais son effet sur un vecteur d'état qui contenait initialement une intrication non-locale. Comme ce point de vue insiste sur le rôle des détecteurs plutôt que sur celui des analyseurs (rien ne se produit tant que les particules se propagent librement dans les gradients de champs magnétiques), en ce sens il est plus proche de l'interprétation standard que l'interprétation de Bohm. Cependant, lui aussi met en lumière de façon explicite la non-localité, bien que par un mécanisme différent.

On peut voir ce programme comme une sorte de résurgence des espoirs initiaux de Schrödinger, pour qui l'essentiel de la physique devait être contenu dans la fonction d'onde et dans son évolution progressive (voir la fin du § 1.A.2) ; c'est tout particulièrement vrai, évidemment, des versions de la dynamique non-linéaire qui sont continues (même si des quantités supplémentaires fluctuantes peuvent être introduites), et moins vrai des versions incluant les « hits » qui, elles, sont plutôt dans la ligne des sauts quantiques et du postulat de réduction du vecteur d'état. Ici, c'est bien le vecteur d'état qui décrit directement la réalité physique, en opposition avec ce qui a été dit au § 1.B ; nous sommes donc en présence d'une nouvelle catégorie de mécanique ondulatoire, où la notion de particules ponctuelles est totalement abandonnée au profit de petits paquets d'ondes. La théorie est évidemment très différente de la théorie de Bohm puisque la notion de position infiniment précise dans l'espace des configurations n'apparaît jamais. Comme nous l'avons vu, une autre différence importante est que ces théories à dynamique modifiée sont véritablement de nouvelles théories : il peut arriver qu'elles conduisent à des prédictions différentes de celles de la mécanique quantique standard, de sorte que des tests expérimentaux sont en principe envisageables. Enfin, nous devrions rappeler une fois de plus que, dans ce point de vue non plus, il n'est pas possible de considérer la fonction d'onde comme un champ classique ordinaire, puisqu'elle se propage dans l'espace des configurations et non dans l'espace ordinaire.

Nous concluons notre discussion de la dynamique de Schrödinger modifiée en citant l'essai de Bell « Speakable and unspeakable in quantum mechanics » (chapitre 18 de [4]). Il écrit à propos de la mécanique quantique standard : « Le 'problème' est alors le suivant : comment le monde doit-il être divisé en un appareil dont on peut parler normalement... et un système quantique dont on ne peut rien dire ? Combien d'électrons, d'atomes, ou de molécules sont nécessaires pour constituer un 'appareil de mesure' ? La mathématique de la théorie standard demande qu'une telle division soit effectuée, mais ne nous dit rien sur la façon de la faire... À mon avis les pères fondateurs (de la mécanique quantique) avaient tort sur ce point. Les phénomènes quantiques n'excluent *pas* une description unifiée des micro- et macro-mondes,.. système et appareil de mesure. Il n'est *pas* essentiel d'introduire une division vague de ce type ». Effectivement, la dynamique de Schrödinger donne une réponse à ces questions, et montre qu'une théorie où c'est le vecteur d'état qui décrit directement la réalité physique est parfaitement possible : modifier la mécanique quantique n'entraîne pas nécessairement des contradictions immédiates avec le corpus de résultats connus. Il reste vrai que le mécanisme précis de la réduction du vecteur d'état reste inconnu ; c'est toute une classe de possibilités qui subsistent, de sorte qu'il y a toujours là un objet d'études tant qu'on ne disposera pas d'une théorie complète.

Mais le simple fait que cette possibilité existe est conceptuellement très important. L'existence des théories de dynamique de Schrödinger est la preuve qu'il n'est pas impossible de construire une théorie quantique qui soit réaliste. Il n'est donc pas obligatoire d'enseigner la mécanique quantique aux étudiants à partir de l'interprétation standard, ce qui demande de les faire passer par toutes ses difficultés conceptuelles. On peut parfaitement prendre un point de vue où le monde physique possède des propriétés indépendantes de l'observation, en considérant que chaque système est réellement décrit par une fonction d'onde (ou un vecteur d'état) qui se propage dans l'espace des configurations. L'évolution de cette fonction d'onde obéit à une équation dont, pour le moment, la forme la plus générale n'est pas connue. Dans la limite des systèmes microscopiques, cette équation se réduit à l'équation de Schrödinger, qui permet de prédire l'évolution de tels systèmes avec une extrême précision. Pour des systèmes physiques plus grands, l'équation contient des termes qui conduisent à l'émergence spontanée de l'unicité macroscopique. Plusieurs possibilités pour ces termes ont déjà été suggérées, mais la forme complète de la théorie est toujours l'objet de recherches. Mais après tout cette situation n'est pas tellement pire que celle de l'interprétation standard où l'on ne peut rien dire du tout du processus de réduction du vecteur d'état ! De plus, le prix à payer pour cette simplification du cadre conceptuel général serait l'introduction d'équations mathématiques plus compliquées, contenant le processus de réduction. On peut espérer qu'un jour des expériences nous permettent de savoir si ce point de vue est correct.

8.H.3 Systèmes quantiques ouverts en mécanique quantique standard

On peut également introduire des termes stochastiques dans l'équation de Schrödinger sans aucun objectif fondamental ou d'interprétation, juste afin d'obtenir une méthode de calcul commode [414–416]. Ces termes permettent d'obtenir l'évolution temporelle d'un opérateur densité décrivant un sous-système (trace partielle), dans le cadre d'une équation de Schrödinger du système total qui reste strictement linéaire et inchangée. La méthode remplace une équation pilote pour l'opérateur de trace partielle par le calcul de l'évolution d'une série de vecteurs d'états, qui sont soumis à des perturbations aléatoires pouvant introduire des modifications soudaines ressemblant à des sauts quantiques. Chaque évolution temporelle d'un vecteur d'état fournit une trajectoire quantique individuelle.

Dans certains cas il se trouve que cette méthode est très efficace en termes d'économies de temps de calcul. Elle a donc été appliquée à toute une série de situations intéressantes, en particulier en optique quantique. On l'appelle parfois « méthode des trajectoires quantiques », ou alors « fonctions d'ondes de Monte-Carlo », ou enfin « simulation des sauts quantiques » : pour une revue, voir [417]. Dans la limite des sauts infinitésimaux, elle devient la « méthode de la diffusion des états quantiques » [418, 419].

8.I Interprétation transactionnelle

L'interprétation transactionnelle de la mécanique quantique considère également les états quantiques (ou les fonctions d'ondes associées) comme réels, plutôt que comme une représentation mathématique d'une information sur un système physique. Cette interprétation a été proposée par Cramer en 1986 [420] à partir d'un travail qu'il avait fait antérieurement en 1980 [421] sur le rôle possible des ondes avancées et retardées dans des situations EPR. En électromagnétisme classique, il est bien connu que des ondes avancées (se propageant dans la direction du futur vers le passé) sont des solutions des équations de Maxwell, au même titre que les ondes retardées habituelles (du passé vers le futur). En mécanique quantique non-relativiste, l'équation différentielle de Schrödinger est du premier ordre en temps, de sorte qu'elle ne présente pas ce double type de solutions pour une énergie donnée ; en mécanique quantique relativiste cependant, on utilise des équations du second ordre en temps, de sorte que dans ce cas également les ondes avancées cohabitent avec les ondes retardées. En mécanique quantique transactionnelle, cette possibilité est utilisée pour décrire l'échange microscopique d'un quantum entre un émetteur dans le présent et un absorbeur dans le futur en termes d'échange d'ondes retardées et avancées.

Cet échange est appelé une « transaction » – Cramer utilise également l'image d'une « poignée de main » entre les deux participants de ce processus quantique. L'émetteur produit une onde retardée, que Cramer appelle « onde proposée », qui se propage jusqu'à l'absorbeur, ce qui lui fait alors émettre une onde avancée « de confirmation », qui remonte le temps pour revenir sur l'émetteur et réagir sur lui. Le cycle se répète jusqu'à ce qu'un régime d'onde stationnaire soit atteint, dans lequel une interférence destructive annule l'onde hors de l'intervalle de temps de la transaction (interférence destructive entre les deux ondes retardées ou entre les deux ondes avancées). Tout ce processus a une étendue finie dans l'espace et le temps, de sorte qu'en relativité il n'obéit pas à la définition habituelle d'un événement relativiste (point dans l'espace-temps). En ce qui concerne la réduction du vecteur d'état, elle non plus ne se produit pas à un instant donné précis ; elle dure durant toute la transaction, dans un processus symétrique entre émission et absorption. La théorie est explicitement non-locale et n'a donc aucune difficulté à expliquer des corrélations du type Bell [421].

L'élégance mathématique de ce point de vue le rend fort séduisant. Il reste cependant relativement peu utilisé par les physiciens, probablement parce qu'il demande de renoncer à des idées intuitives comme celle du passé influençant le futur, et non l'inverse, ce que beaucoup peuvent considérer comme un prix trop élevé à payer pour mieux comprendre la mécanique quantique.

8.J Histoires cohérentes

L'interprétation des « histoires cohérentes » est parfois également appelée « interprétation des histoires décohérentes », ou simplement « interprétation des histoires » – dans cette partie nous nous contenterons de cette dernière appellation car la notion de cohérence joue un rôle essentiel pour des familles d'histoires, plus que pour une histoire individuelle. Comme nous le verrons, cette interprétation permet la discussion dans l'absolu de l'évolution d'un système quantique fermé, sans faire aucune référence aux opérations de mesure. L'idée générale a été introduite et développée par Griffiths [15], et ensuite par Omnès et Gell-Mann [422–424] qui y ont contribué et parfois l'ont adaptée. L'interprétation des histoires est probablement la plus récente de celles qui sont présentées dans ce livre. Ici aussi, nous resterons dans les limites d'une introduction non-spécialisée au sujet ; le lecteur intéressé par plus de détails pourra se reporter aux références fournies – voir aussi un article dans Physics Today [425] et les références qu'il contient.

8.J.1 Histoires, familles d'histoires

Considérons un projecteur orthogonal quelconque P sur un sous-espace $\mathcal{F}$ de l'espace des états ; il possède deux valeurs propres, $+1$ qui correspond à tous les états appartenant à $\mathcal{F}$, et 0 qui correspond à tous les états orthogonaux à $\mathcal{F}$ (ils appartiennent au sous-espace supplémentaire, associé au projecteur $Q = 1 - P$). On peut associer un processus de mesure à P : si l'état du système appartient à $\mathcal{F}$, le résultat de la mesure est 1 ; s'il est orthogonal à $\mathcal{F}$, il est zéro. Supposons maintenant que cette mesure soit effectuée à l'instant t_1 sur un système qui initialement (à l'instant t_0) était décrit par un opérateur densité $\rho(t_0)$; la probabilité de trouver l'état du système dans $\mathcal{F}$ à l'instant t_1 est alors donnée par la formule (8.9), qui ici se simplifie en :

$$\mathcal{P}(\mathcal{F}, t_1) = \text{Tr}\left\{\widehat{P}(t_1)\rho(t_0)\widehat{P}(t_1)\right\} \tag{8.28}$$

où $\widehat{P}(t)$ est le projecteur P dans le point de vue de Heisenberg à l'instant t. Ce résultat peut évidemment être généralisé à plusieurs sous-espaces $\mathcal{F}_1$, $\mathcal{F}_2$, $\mathcal{F}_3$, etc. et à plusieurs mesures effectuées aux instants t_1, t_2, t_3, etc. (nous supposons que $t_1 < t_2 < t_3 < ...$). La probabilité que l'état du système appartienne à $\mathcal{F}_1$ au temps t_1, puis à $\mathcal{F}_2$ au temps t_2, puis à $\mathcal{F}_3$ au temps t_3, etc. s'écrit selon la formule de Wigner :

$$\mathcal{P}(\mathcal{F}_1, t_1; \mathcal{F}_2, t_2; \mathcal{F}_3, t_3...) = \\ \text{Tr}\left\{...\widehat{P}_3(t_3)\widehat{P}_2(t_2)\widehat{P}_1(t_1)\rho(t_0)\widehat{P}_1(t_1)\widehat{P}_2(t_2)\widehat{P}_3(t_3)...\right\} \tag{8.29}$$

où, comme ci-dessus, les $\widehat{P}_i(t_i)$ sont les projecteurs sur les sous-espaces $\mathcal{F}_1$, $\mathcal{F}_2$, $\mathcal{F}_3$ dans le point de vue de Heisenberg. Nous pouvons maintenant utiliser cette équation pour associer une « histoire » du système à la probabilité calculée : une histoire $\mathcal{H}$ est définie par une série de temps arbitraires t_i, chacun d'entre eux étant associé à un projecteur orthogonal P_i sur un sous-espace donné ; sa probabilité est donnée par (8.29) que, pour simplifier, nous écrirons $\mathcal{P}(\mathcal{H})$. En d'autres termes, une histoire correspond à la sélection d'un chemin particulier, ou branche, du vecteur d'état dans une chaîne de Von Neumann ; cette dernière est définie mathématiquement par une série de projecteurs associés à des temps donnés. Inutile de préciser qu'il existe un très grand nombre d'histoires différentes, qui peuvent avoir toutes sortes de propriétés ; certaines d'entre elles sont précises car elles contiennent beaucoup de temps qui sont associés avec des projecteurs sur de petits sous-espaces $\mathcal{F}$; d'autres restent très vagues parce qu'elles ne contiennent que peu de temps et des projecteurs sur de grands sous-espaces $\mathcal{F}$ (on peut même choisir pour $\mathcal{F}$ l'ensemble de l'espace des états, de sorte que l'histoire correspondante ne contient aucune information au temps correspondant).

Il existe en fait tellement d'histoires qu'il est commode de les regrouper en familles. Une famille est définie à nouveau par une série de temps t_1, t_2,

t_3,..., mais maintenant nous associons à chacun de ces temps t_i un ensemble de projecteurs orthogonaux $P_{i,j}$ dont la somme sur j donne le projecteur sur l'ensemble de l'espace des états initial. Pour chaque temps nous avons alors une série de projecteurs orthogonaux qui donnent une décomposition de l'opérateur unité :

$$\sum_j P_{i,j} = 1 \tag{8.30}$$

Ainsi le système a en quelque sorte le choix parmi tous les projecteurs à chaque instant t_i, ce qui correspond à un choix parmi plusieurs histoires de la même famille. Il est en fait facile de voir à partir de (8.30) et (8.29) que la somme des probabilités d'une famille donnée est égale à un :

$$\sum_{\text{histoires d'une famille}} \mathcal{P}(\mathcal{H}) = 1 \tag{8.31}$$

ce qui s'interprète en disant que le système suivra toujours une, et une seule, des histoires de la famille considérée.

Le cas le plus simple se produit lorsqu'une famille est construite à partir d'une seule histoire : une façon triviale d'incorporer une histoire dans une famille est d'associer, à chaque temps t_i ($i = 1, 2, ..., N$), en plus du projecteur P_i, le projecteur supplémentaire $Q_i = 1 - P_i$; la famille contient alors 2^N histoires individuelles. Inutile de dire qu'il existe bien d'autres façons de compléter une histoire avec d'autres histoires qui sont plus « précises » que celles contenant les Q ; on peut décomposer chaque Q en beaucoup d'autres projecteurs individuels, la seule limite étant la dimension totale de l'espace des états considéré.

8.J.2 Familles cohérentes

Les définitions ci-dessus ne sont en général pas suffisantes pour garantir la cohérence logique des raisonnements. Une fois qu'on a choisi une famille donnée, il est en effet naturel d'incorporer également dans la famille toutes celles qui peuvent être construites en remplaçant par leur somme n'importe quelle paire de projecteurs, ou plus généralement n'importe quel groupe de projecteurs. La somme de deux projecteurs orthogonaux est effectivement encore un projecteur sur un sous-espace qui est la somme directe des espaces initiaux. La différence introduite par cette opération est que, maintenant, pour chaque instant les événements ne sont plus nécessairement exclusifs[28] ; les histoires incorporent alors une hiérarchie dans la précision de leurs descriptions, y compris même des situations où le projecteur à un instant donné est simplement le projecteur sur l'ensemble de l'espace des états (aucune information n'est donnée sur le système à cet instant).

28. Pour ces familles non-exclusives, la relation (8.31) n'est plus valable, car elle ferait du double comptage de certaines possibilités.

Prenons le cas le plus simple où deux projecteurs seulement, correspondant à l'instant t_i, ont été regroupés en un seul pour construire une nouvelle histoire. Les deux histoires « parentes » correspondent alors à deux possibilités exclusives (elles contiennent des projecteurs orthogonaux), de sorte que leurs probabilités s'ajoutent indépendamment dans la somme (8.31). Qu'en est-il de l'histoire « fille » ? Elle n'est exclusive d'aucun de ses parents et, en termes de propriétés physiques du système, elle contient moins d'information à l'instant t_i : le système peut avoir les deux propriétés associées aux parents. Mais un théorème général de la théorie des probabilités dit que la probabilité d'un événement qui peut se réaliser par l'un quelconque de deux événements exclusifs est la somme des probabilités individuelles. On s'attend alors à ce que la probabilité de l'histoire fille soit la somme des probabilités des histoires parentes. Mais, d'autre part, en mécanique quantique la relation (8.29) indique que cela n'est pas nécessairement vrai ; comme chaque projecteur, par exemple $\widehat{P}_2(t_2)$, apparaît deux fois dans la formule, le remplacer par une somme introduit quatre termes : deux termes « carrés » qui donnent la somme des probabilités, comme attendu, mais aussi deux termes croisés[29] (ou « termes d'interférence ») entre les histoires parentes. Ainsi la probabilité de l'histoire fille est en général différente de la somme des probabilités des parents. Cette difficulté était prévisible : nous savons que la mécanique quantique est une théorie linéaire pour les amplitudes de probabilité, mais quadratique pour les probabilités elles-mêmes ; des interférences se produisent car le vecteur d'état à l'instant t_i, dans l'histoire fille, peut appartenir à l'un des sous-espaces associés aux histoires parentes, mais peut également être une combinaison linéaire de tels états. C'est pourquoi une règle de somme concernant les probabilités n'est pas évidente.

Une façon de rétablir l'additivité des probabilités est de ne considérer que des familles pour lesquelles les termes croisés s'annulent, ce qui conduit à imposer les conditions :

$$\begin{aligned}\operatorname{Tr}\left\{..\widehat{P}_{3,j_3}(t_3)\widehat{P}_{2,j_2}(t_2)\widehat{P}_{1,j_1}(t_1)\rho(t_0)\widehat{P}_{1,j_1'}(t_1)\widehat{P}_{2,j_2'}(t_2)\widehat{P}_{3,j_3'}(t_3)...\right\}\\ \propto \quad \delta_{j_1,j_1'}\times\delta_{j_2,j_2'}\times\delta_{j_3,j_3'}\times ...\end{aligned} \tag{8.32}$$

Du fait de la présence du produit de deltas de Kronecker dans le membre de droite, le membre de gauche de (8.32) s'annule dès qu'un couple d'indices (j_1, j_1'), (j_2, j_2'), (j_3, j_3'), etc., contient des valeurs différentes ; si elles sont égales, la trace donne simplement la probabilité $\mathcal{P}(\mathcal{H})$ associée à l'histoire particulière de la famille. De cette façon nous introduisons la notion de « famille cohérente » : si la condition (8.32) est remplie pour tous les projecteurs d'une famille donnée d'histoires, nous dirons que cette famille est logiquement cohérente, ou tout simplement cohérente par abréviation. La condition (8.32)

29. Ces termes croisés sont en fait très semblables au membre de droite de (8.29), mais la trace contient toujours à un instant donné t_i le projecteur $\widehat{P}_{i,j}(t_i)$ à gauche de $\rho(t_0)$ et le projecteur orthogonal $\widehat{P}_{i,k}(t_i)$ à droite.

est fondamentale dans l'interprétation des histoires de la mécanique quantique ; on la trouve parfois exprimée sous une forme moins contraignante, comme l'annulation de la partie réelle seulement ; ce point, ainsi que d'autres reliés à la condition de cohérence, est brièvement discuté dans l'Appendice K. Venons-en maintenant à la façon dont les familles cohérentes peuvent être utilisées pour une interprétation de la mécanique quantique.

8.J.3 Évolution quantique d'un système isolé

Considérons un système isolé et supposons qu'une famille cohérente d'histoires ait été choisie pour le décrire ; n'importe quelle famille cohérente peut être choisie mais, aussitôt que ce choix est fait, il ne doit pas être changé ensuite (nous discutons plus bas ce qui se produit si on essaye de décrire le même système avec plus d'une famille cohérente). Ce choix unique nous fournit un cadre logique bien défini, ainsi qu'une série d'histoires possibles qui sont accessibles au système et donnent des informations à tous les temps intermédiaires t_1, t_2,... On ne peut prédire à l'avance quelle histoire sera suivie par le système lors d'une réalisation unique d'une expérience : nous postulons donc l'existence d'un processus fondamentalement aléatoire dans la Nature qui sélectionne une histoire unique parmi toutes celles de la famille. La probabilité correspondante $\mathcal{P}(\mathcal{H})$ est donnée par le membre de droite de (8.29) ; comme cette formule est contenue dans la mécanique quantique standard, ce postulat garantit que les prédictions standard de la théorie sont obtenues sans changement dans le nouveau point de vue. Pour chaque réalisation, le système possède donc à chacun des temps t_i toutes les propriétés physiques associées aux projecteurs particuliers $P_{i,j}$ qui sont concernés par l'histoire choisie.

Cette méthode fournit une description de l'évolution de ses propriétés physiques qui peut être plus précise que celle donnée par le vecteur d'état ; en fait, plus les sous-espaces associés aux projecteurs $P_{i,j}$ sont petits, plus l'on gagne en précision[30]. Par exemple, si le système est une particule et si le projeteur est le projecteur sur une région de l'espace, nous pourrons dire que pour une histoire donnée la particule est dans cette région à l'instant correspondant, même si l'ensemble de la fonction d'onde de Schrödinger s'étend sur une région bien plus grande. Ou alors, si un photon pénètre dans un interféromètre de Mach-Zehnder, certaines histoires du système peuvent contenir de l'information sur la trajectoire choisie par le photon dans l'interféromètre[31], alors que la mécanique quantique standard considère que la particule prend toutes les

30. Inversement, il est bien évident qu'aucune information n'est gagnée si tous les projecteurs $P_{i,j}$ sont des projecteurs sur tout l'espace des états ; cela correspond à un cas trivial de peu d'intérêt.

31. Supposons effectivement que, avec un interféromètre de Mach-Zhender, la famille fournisse de l'information sur le chemin pris par le photon à l'intérieur de l'interféromètre. Dans ce cas, la cohérence demanque que l'histoire ne donne aucune information sur la voie de sortie de la particule (après la seconde lame séparatrice), et donc sur quel détecteur est activé par la particule. La raison en est que, dans les probabilités de présence de la particule dans chacune des voies de sortie, il existe des termes d'interférence entre les

trajectoires à la fois. Comme les histoires comprennent plusieurs temps différents, on peut même tenter de reconstruire une trajectoire approchée pour la particule, chose qui est totalement exclue en mécanique quantique standard (par exemple pour une fonction d'onde qui est une onde sphérique) ; mais, bien sûr, il faut toujours s'assurer que les projecteurs introduits dans ce but restent compatibles avec la condition de cohérence pour une famille.

L'information contenue dans les histoires ne concerne pas nécessairement que la position : un projecteur peut également projeter sur un ensemble de vecteurs propres de l'impulsion, ou inclure une information mélangée entre position et impulsion (en tenant compte, bien sûr, des relations de Heisenberg, comme toujours en mécanique quantique), une information sur le spin, etc. Il existe en fait une immense flexibilité concernant le choix des opérateurs ; pour chaque choix, les propriétés physiques qui peuvent être attribuées au système sont toutes celles qui appartiennent en commun à tous les états invariants sous l'action du projecteur, mais pas les états qui s'annulent sous son action. Un choix fréquent est de supposer que, à un instant particulier t_i, tous les $P_{i,,j}$ sont les projecteurs sur les états propres d'un opérateur hermitique H : le premier opérateur $P_{i,,j=1}$ est le projecteur sur tous les états propres de H correspondant à la valeur propre h_1, le second $P_{i,,j=2}$ le projecteur correspondant pour la valeur propre h_2, etc. Dans un tel cas, toutes les histoires de la famille incluent une information exacte sur la valeur à l'instant t_i de la grandeur physique associée à H (l'énergie par exemple, si H est l'hamiltonien). Mais, comme déjà signalé, il n'est pas possible de choisir n'importe quel opérateur H_i à tout instant t_i : si l'on choisit arbitrairement des quantités physiques de cette façon, en général il n'y a aucune raison pour que la condition de cohérence soit satisfaite pour une famille.

Avec les histoires, nous obtenons une description des propriétés du système en lui-même, sans faire référence particulière à des mesures, des observateurs, etc. Ceci n'implique pas que les mesures sont exclues ; elles peuvent en fait simplement être considérées comme des cas particuliers, à condition d'inclure les appareils physiques correspondants dans le système étudié. De plus, on attribue des propriétés au système à des temps différents, ce qui s'oppose à l'interprétation orthodoxe, où l'opération de mesure ne révèle aucune propriété pré-existante du système, et de surcroît le projette sur un nouvel état qui peut être complètement indépendant de l'état initial. Il est facile de montrer que le formalisme des histoires cohérentes est invariant par renversement du temps, en d'autres termes qu'il ne fait aucune distinction entre le passé et le futur (au lieu de l'opérateur densité initial $\rho(t_0)$, on peut se donner l'opérateur densité final $\rho(t_N)$ et continuer à utiliser le même formalisme quantique

---

chemins intermédiaires, alors que ces termes disparaissent si on somme les probabilités sur les deux voies de sortie.
On peut également construire des familles d'histoires cohérentes où le canal de sortie est spécifié, et quel détecteur est activé, mais alors la cohérence exige qu'aucune information ne soit donnée sur le trajet du photon dans l'interféromètre. C'est une illustration de la façon dont la complémentarité apparaît dans le cadre de l'interprétation des histoires cohérentes.

[426]) – pour plus de détails, et même une définition intrinsèque de la cohérence qui ne met en jeu aucun opérateur densité, voir le § III de la Ref. [427]. De plus, il est possible d'étudier une relation entre les familles cohérentes et les descriptions semi-classiques d'un système physique ; voir la Ref. [423] pour une discussion de la façon dont les équations classiques peuvent être obtenues pour un système quantique pourvu qu'un moyennage à gros grains suffisant soit effectué (afin de garantir, non seulement la décohérence nécessaire entre les diverses histoires de la famille, mais également ce que les auteurs de cette référence appellent l'inertie pour retrouver la prédictabilité classique). Voir aussi le chapitre 16 de [424] pour une discussion de la façon dont le déterminisme classique est rétabli, dans une forme faible qui garantit des corrélations parfaites entre les valeurs d'observables quasi-classiques à des temps différents (il va sans dire qu'il n'est pas question de déterminisme fondamental dans ce contexte). Le point de vue des histoires quantiques a sans nul doute bien des aspects séduisants, et paraît particulièrement clair et simple à mettre en œuvre, du moins tant qu'on se limite à une seule famille d'histoires cohérentes.

8.J.4 Incompatibilité des familles différentes

Comment alors traite-t-on dans cette interprétation les problèmes soulevés par l'existence de nombreuses familles cohérentes ? A priori, elles sont toutes sur le même plan et toutes aussi valables, mais de toute évidence elles conduisent à des descriptions totalement différentes de l'évolution du même système physique ; c'est là l'aspect le plus délicat de cette interprétation (nous y reviendrons plus bas). L'interprétation des histoires spécifie que des familles différentes d'histoires cohérentes doivent impérativement être considérées comme mutuellement exclusives (sauf, évidemment, dans le cas très particulier où les deux familles peuvent être incorporées dans une plus grande famille cohérente unique) ; n'importe quelle famille peut être utilisée pour un raisonnement logique, mais il est interdit de la combiner avec d'autres. Certes, dans une seconde étape indépendante, on peut faire le choix d'utiliser une autre famille et de développer d'autres considérations logiques dans un autre cadre ; mais il n'y aurait aucun sens (on tomberait dans des incohérences logiques) à combiner les considérations provenant des deux cadres de raisonnement. C'est une règle fondamentale importante, qui rappelle la complémentarité, et qui doit constamment être gardée à l'esprit. Nous renvoyons le lecteur à la Ref. [427] pour une discussion détaillée et systématique de la façon de procéder de façon cohérente en présence de familles disparates, et à la Ref. [428] pour un certain nombre d'exemples simples de familles incompatibles (un photon traversant une lame semi-réfléchissante, § II) et une discussion de l'incompatibilité quantique (§ V) ; diverses analogies classiques sont discutées à propos de cette incompatibilité, y compris une représentation à deux dimensions d'un objet à trois dimensions par un dessinateur, qui est libre de choisir de très nombreux points de vue pour faire son dessin, mais qui ne peut en aucun cas en prendre plusieurs simultanément – sinon la projection deviendrait incohérente.

8.J.4.a Comparaison avec d'autres interprétations

Dans l'interprétation des histoires, nul n'est besoin d'invoquer des observateurs, des appareils de mesure, etc. Le système possède des propriétés en lui-même, comme dans la théorie de Bohm ou celles de dynamique de Schrödinger modifiée. Lorsqu'on la compare aux autres interprétations, la caractéristique de l'interprétation des histoires qui saute le plus aux yeux est probablement l'immense flexibilité qui existe pour la sélection des points de vue possibles pour décrire le système. On peut même se demander si l'interprétation en question est suffisamment spécifique, et si ce nombre immense d'histoires n'est pas un sérieux problème.

Quelle est la relation exacte entre l'interprétation des histoires et l'interprétation orthodoxe ? Elles sont assurément proches, mais plusieurs concepts sont exprimés de façon plus précise dans le point de vue des histoires. Par exemple, la complémentarité apparaît dans l'interprétation de Copenhague comme un principe général, presque philosophique. Dans l'interprétation des histoires, elle est étroitement reliée à des conditions mathématiques précises, des conditions de cohérence et d'orthogonalité de projecteurs. Revenir à la physique classique qui permet une définition simultanée de toutes les observables est impossible : chaque projecteur ne peut être plus précis que le projecteur sur un état quantique unique $|\varphi\rangle$, qui lui-même est évidemment sujet aux relations d'incertitude du fait de la structure même de l'espace des états. Bien sûr, les considérations inspirées de Bohr concernant les appareils de mesures incompatibles restent toujours valables, ainsi que la distinction entre les mondes microscopique et macroscopique, mais avec les histoires elles perdent une partie de leur caractère fondamental. L'interprétation des histoires permet l'existence d'une théorie de l'Univers entier (voir par exemple la citation (viii) du § 2.E) ; nous n'avons plus à nous préoccuper de diviser le monde physique entre système observé et observateur.

La plus grande différence entre la théorie standard et l'interprétation des histoires est probablement dans la façon dont elles décrivent l'évolution temporelle d'un système physique. Dans l'interprétation habituelle, nous avons deux postulats différents pour l'évolution d'un seul objet, le vecteur d'état ; dans l'interprétation des histoires, l'évolution de Schrödinger continue, et l'évolution aléatoire du système entre histoires, sont placées à des niveaux totalement différents, de sorte que le conflit est bien moins direct. En fait, dans l'interprétation des histoires, l'évolution de Schrödinger joue un rôle au niveau de la définition initiale des familles cohérentes (via les opérateurs d'évolution contenus dans les projecteurs en point de vue de Heisenberg) et dans le calcul de la probabilité $\mathcal{P}(\mathcal{H})$; l'évolution en temps réel se produisant entre les temps t_i et t_{i+1} est purement stochastique. Une évolution totalement non-déterministe est devenue la source majeure d'évolution ! On peut voir ceci comme une sorte d'inversion des priorités par rapport au point de vue orthodoxe, où la source principale d'évolution est plutôt déterministe et conséquence de l'équation de Schrödinger. Toutefois, en dépit de ces différences, il reste vrai que l'interprétation des histoires découle d'un esprit très proche de celui de l'interprétation orthodoxe ; elle a d'ailleurs été décrite comme une « extension de l'interprétation de Copenhague », ou « une façon de mettre en lumière la cohérence interne de la notion de complémentarité ». Cependant Gell-Mann préfère un point de vue plus général sur l'interprétation des histoires [429] où l'interprétation de Copenhague devient « juste un cas particulier d'une interprétation en termes d'histoires décohérentes de l'Univers. L'interprétation de Copenhague est trop spéciale pour être fondamentale ».

Qu'en est-il de l'interprétation « des corrélations » ? Elle aussi semble très proche, puisque les deux points de vue attribuent un rôle central à la formule de Wigner. En un sens, cette interprétation minimale est contenue à la fois dans l'interprétation de Copenhague et dans l'interprétation des histoires. Certains physiciens partisans de l'interprétation des corrélations feraient probablement valoir qu'ajouter une discussion physique en termes d'histoires cohérentes à leur calcul mathématique des probabilités n'ajoute pas grand chose à leur point de vue : ils sont satisfaits par un calcul des corrélations et n'éprouvent aucun besoin de parler des propriétés de l'évolution du système lui-même. De plus, ils pourraient ajouter qu'ils préfèrent pouvoir insérer dans (8.9) n'importe quel projecteur associé à une série de mesures, sans avoir à se préoccuper de conditions de cohérence des histoires : dans le cadre de l'interprétation des histoires, une séquence arbitraire de mesures correspond à des histoires non-cohérentes pour le système isolé (il est indispensable d'ajouter les appareils de mesure pour restaurer la cohérence). Nous avons déjà remarqué dans le § 8.A.2 que l'interprétation des corrélations permet une très grande souplesse en ce qui concerne la frontière entre le système mesuré et son environnement. Ainsi, pour ces physiciens, l'interprétation des histoires est probablement plus une possibilité intéressante qu'une nécessité, mais n'introduit pas pour autant des contradictions.

Existe-t-il également des similarités avec les théories à variables additionnelles ? Oui dans une certaine mesure. Au sein d'une famille donnée, il existe un grand nombre d'histoires correspondant à la même évolution de Schrödinger ; pour chaque histoire, nous avons vu que la quantité d'information concernant l'évolution des propriétés physiques du système est plus grande que celle donnée par le vecteur d'état seul. Dans ces conditions, le vecteur d'état peut apparaître comme une description non-complète de la réalité, et l'on peut même soutenir que les histoires elles-mêmes sont des variables additionnelles[32]. En un sens, les histoires proposent une sorte de point de vue intermédiaire entre une trajectoire de Bohm infiniment précise pour la position et une fonction d'onde très délocalisée. En théorie de Bohm, la fonction

32. Ces variables dépendraient alors de la famille considérée, et ne seraient donc pas des éléments de réalité au sens de EPR, comme nous le verrons plus bas.

d'onde pilote la position des particules ; dans l'interprétation des histoires cohérentes, la propagation de la fonction d'onde définit plutôt les histoires par une condition de cohérence, fournit également un calcul des probabilités de ces histoires, mais pas l'évolution entre les temps t_i et t_{i+1}, qui est supposée fondamentalement aléatoire.

Deux théories, l'une déterministe, l'autre complètement indéterministe, sont nécessairement différentes sur le plan conceptuel. Toutefois, il n'est pas impossible de transposer certaines des idées de Bohm à l'interprétation des histoires, afin de la rendre déterministe. Considérons une famille cohérente donnée pour laquelle, à l'instant t_1, le nombre de projecteurs P_{j1} différents est Q_1 ; à l'instant t_2 le nombre de projecteurs différents est Q_2, etc.. On pourrait alors introduire par exemple une variable supplémentaire $x(t_i)$ qui, par définition, appartient toujours à l'intervalle $[0, 1]$, et postuler que cette variable donne un critère pour fixer, parmi tous les projecteurs P_{ji} à chaque instant t_i, lequel est « réalisé » (quel projecteur définit des propriétés physiques qui sont effectivement associées à cette histoire à cet instant). Mathématiquement, ceci peut être obtenu en divisant l'intervalle $[0, 1]$ en Q_i intervalles plus petits I_{ij} (avec $j = 1, 2, ..., Q_i$) et en associant les valeurs de $x(t_i)$ comprises dans l'intervalle I_{ij} à la réalisation du projecteur P_{ji}. De cette façon, une « trajectoire », définie par les valeurs de $x(t)$ à tous les instants discrets t_1, t_2, ..t_i, .. définit une histoire unique dans la famille. À l'instant initial t_1, comme en théorie de Bohm, on peut alors supposer une distribution de probabilités qui reproduit les prédictions quantiques, et pour finir définir une loi de mouvement pour le point qui garantisse la compatibilité avec les prédictions de la mécanique quantique standard[33] – ici la relation (8.29). En ajoutant ainsi la variable $x(t)$ à l'interprétation des histoires, cette dernière peut donc être rendue déterministe et, dans une certaine mesure, compatible avec les idées de Bohm. Il reste que, dans l'état actuel des deux théories, on conclurait plutôt que les deux théories donnent des points de vue très différents sur la mécanique quantique.

Enfin, comment s'effectue la comparaison avec les théories à dynamique de Schrödinger modifiée ? En un sens, elles découlent d'une stratégie complètement opposée, puisqu'elles introduisent dans une équation unique l'évolution continue du vecteur d'état ainsi qu'un mécanisme simulant sa réduction (quand c'est nécessaire) ; à l'opposé, l'interprétation des histoires met sur des niveaux différents l'évolution continue de Schrödinger et une sélection des histoires suivies par le système qui est totalement aléatoire. On pourrait se risquer à dire que la dynamique modifiée est un prolongement du programme purement ondulatoire de Schrödinger, alors que l'interprétation des histoires est une version moderne des idées mises en avant par Bohr. Une autre différence importante est, bien sûr, qu'une théorie à dynamique modifiée n'est pas parfaitement équivalente à la théorie standard, ce qui peut conduire à

33. Ceci pourrait être fait, soit de façon continue en postulant une équation d'évolution de $x(t)$, soit par marches discrètes en postulant une application de l'intervalle $[0, 1]$ sur lui-même correspondant à la translation dans le temps de t_i à t_{i+1} (notons au passage une analogie avec la notion de carte de Poincaré en mécanique classique).

des tests expérimentaux, alors que l'interprétation des histoires cohérentes est construite pour reproduire strictement les prédictions de la mécanique quantique standard – même si elle peut parfois fournir des points de vue qui sont utiles pour mieux en comprendre le contenu [295].

8.J.5 Une profusion d'histoires ; discussion

Revenons pour finir à la discussion de l'impact de la profusion des points de vue possibles fournis par toutes les familles satisfaisant le critère de cohérence logique. Nous avons déjà remarqué qu'il n'existe pas, et de loin, une seule façon dont cette interprétation peut décrire les propriétés physiques d'un système – par exemple toutes les descriptions complémentaires de l'interprétation de Copenhague apparaissent au même niveau. Il s'agit là d'une souplesse énorme, bien plus grande qu'en physique classique ou même qu'en théorie de Bohm. Les règles que nous avons définies ci-dessus (« pas de combinaison de points de vue différents ») sont-elles véritablement suffisantes pour garantir que la théorie est vraiment satisfaisante ? La réponse à cette question n'est pas très claire, et pour plusieurs raisons. En premier lieu, pour des systèmes macroscopiques, il serait naturel de souhaiter que la théorie introduise naturellement une restriction à des familles d'histoires qui aient un caractère quasi-classique ; par malheur, le nombre de familles cohérentes est bien trop grand pour qu'elles possèdent cette propriété [250]. C'est la raison pour laquelle ont été proposés des critères plus restrictifs pour sélectionner les familles, mais pour le moment aucune solution complète n'a été trouvée de sorte que le consensus n'est pas complet ; les conséquences physiques détaillées des conditions de cohérence sont toujours l'objet de travaux, et de fait fournissent un sujet de recherches intéressant. De plus, les paradoxes historiques ne sont pas tous résolus dans l'interprétation des histoires. Certains le sont, comme par exemple le paradoxe de l'ami de Wigner, dans la mesure où aucune référence à l'observateur n'est faite dans cette interprétation. Mais d'autres restent sans réponse, trouvant juste une reformulation dans un formalisme et un vocabulaire différents.

Prenons par exemple le paradoxe du chat de Schrödinger, paradoxe qui initialement provient du fait que l'équation de Schrödinger ne contient aucun ingrédient qui permette l'émergence de résultats macroscopiques uniques – en d'autres termes qui permette d'exclure des superpositions macroscopiques pour un système isolé et non observé. Dans l'interprétation des histoires, le paradoxe se transpose en termes de familles d'histoires où le chat peut se trouver à la fois mort et vivant ; en fait, la plupart des histoires qui sont mathématiquement acceptables en termes de condition de cohérence contiennent des projecteurs sur des superpositions macroscopiques, tout en gardant exactement le même statut que les familles « physiques » pour lesquelles ce n'est pas le cas. On aurait alors tendance à rechercher une condition de « super-cohérence » qui permette d'éliminer systématiquement ces superpositions, mais pour le moment cette condition n'existe pas. À ce stade, on peut faire deux choses :

soit considérer que la question du choix d'un ensemble d'histoires raisonnables est juste une question de bon sens – mais alors on retourne à la situation habituelle dans l'interprétation standard, où l'application du postulat de réduction du vecteur d'état est également laissée au bon goût du physicien ; soit invoquer la décohérence et le couplage au monde extérieur pour éliminer toutes les familles indésirables – mais alors on revient à la situation habituelle où, conceptuellement, il est impossible d'attribuer des propriétés physiques raisonnables à un système fermé, sans faire référence au monde extérieur et aux interactions avec lui[34].

Enfin on peut remarquer que, dans l'interprétation des histoires cohérentes, il n'est fait aucune tentative de « suivre en temps réel » l'évolution du système physique ; on parle des histoires uniquement en tant que processus complets, « fermés dans le temps », en fait en un sens presque comme des histoires du passé. Des questions fondamentales qui étaient à l'origine de l'introduction de la réduction du vecteur d'état, comme par exemple « comment décrire la réalité physique d'un spin qui a subi une première mesure mais pas encore la seconde » n'ont pas de réponse simple. En fait, la condition de cohérence de l'histoire complète dépend du choix futur des observables qui seront mesurées, de sorte que la discussion n'est pas plus facile qu'au sein de l'interprétation traditionnelle – peut-être en fait plus complexe du fait que c'est tout le cadre logique qui est en discussion. Que dira-t-on d'une série de mesures qui pourront être effectuées, ou pas, en fonction d'une décision qui n'est pas encore prise ? En ce qui concerne les expériences de corrélation EPR, elles peuvent être ré-analysées dans l'interprétation des histoires et son formalisme [430] (voir également [176] pour une discussion des impossibilités de Hardy et de la notion de « contrafactualité cohérente ») ; cependant, à un niveau fondamental, le raisonnement EPR doit toujours être rejeté pour exactement les mêmes raisons que celles invoquées par Bohr il y a bien longtemps : son erreur est d'introduire la notion d'éléments de réalité EPR, ou des arguments contrafactuels, qui ne sont pas plus valables dans l'interprétation des histoires que dans l'interprétation de Copenhague (voir par exemple le § V de [430] ou la première lettre dans [429]). Nous sommes donc ramenés au vieux débat sans aucun élément fondamentalement nouveau. Toutefois nous avons déjà remarqué, que, comme l'interprétation des corrélations, celle des histoires peut être complétée par d'autres ingrédients, comme par exemple l'interprétation de Everett ou, à l'autre extrême, des ingrédients EPR ou déterministes, cas auquel la situation deviendrait bien sûr différente.

34. Par exemple, dans le contexte des histoires, on invoque parfois l'impossibilité de construire un appareillage permettant de distinguer une superposition macrosocopique d'une superposition orthogonale ; ceci justifierait l'élimination de celles qui devraient vraiment être utilisées pour décrire la réalité. Un tel argument réintroduit la notion de mesure et d'observateurs, en contradiction avec les motivations initiales de cette approche – voir la citation de Rosenfeld's dans le §2. De plus, ceci ré-ouvrirait immédiatement la porte aux paradoxes du type ami de Wigner, etc.

Voir les références données au début de cette partie pour une discussion plus détaillée de cette interprétation. Pour une discussion sur les relations avec la décohérence, la notion de base préférée (ou base de l'aiguille du compteur), et les probabilités classiques, voir [250]. Pour une critique de l'interprétation des histoires cohérentes, voir par exemple [431], où entre autres on met en avant que les conditions de cohérence ne sont pas suffisantes pour prévoir la persistance de la quasi-classicalité, même à l'échelle de l'Univers ; voir aussi la Ref. [432], qui considère que ces conditions ne sont pas suffisantes pour établir la validité de l'interprétation de Copenhague dans le futur ; mais voir aussi la réponse à cette critique de Griffiths dans [428]. Il existe un lien [433] entre l'interprétation des histoires et la théorie des mesures continues en mécanique quantique, ainsi que la technique des trajectoires quantiques stochastiques (§ 8.H.3). Enfin, une autre référence instructive est un article publié en 1998 dans Physics Today [16], qui contient une discussion de l'interprétation des histoires en des termes qui ont suscité des réactions intéressantes de ses défenseurs [429].

8.K Interprétation d'Everett

Un point de vue maintenant fameux a été proposé en 1957 par Everett [434], qui l'a nommé « interprétation de l'état relatif » , mais on trouve aussi d'autres dénominations dans la littérature : « interprétation des mondes multiples » (en anglais « many-worlds interpretation » ou MWI), « fonction d'onde universelle » , ou encore « Univers à branches multiples » (le mot « branches » fait ici référence aux ramifications du vecteur d'état de l'Univers). Ces noms désignent différentes versions d'une même famille d'interprétations, parfois proches, parfois significativement différentes. Une caractéristique commune est cependant que toute contradiction éventuelle entre les deux postulats d'évolution du vecteur d'état est éliminée par une méthode simple et efficace : le second postulat est tout simplement supprimé.

8.K.1 Aucune limite pour l'équation de Schrödinger

Dans l'interprétation d'Everett, l'équation de Schrödinger est prise encore plus au sérieux que dans toute autre interprétation. Au lieu d'essayer d'expliquer comment, dans une séquence de mesures, chacune d'entre elles donne un résultat bien défini, on préfère considérer que des résultats uniques et bien définis n'apparaissent jamais : à chaque mesure, toutes les possibilités sont simultanément réalisées ! La chaîne de Von Neumann n'est alors jamais brisée, son arbre de possibilités restant libre de développer ses branches jusqu'à l'infini. Everett considère un système composite formé de sous-systèmes corrélés (système observé, appareil de mesure et observateurs, après une mesure), et écrit [434] : « il n'existe rien de tel qu'un état unique pour un sous-système. Les systèmes n'ont pas d'état qui soit indépendant du reste du système... On peut choisir arbitrairement un état pour un sous-système et en déduire un état relatif pour le reste » – ce qui ressemble fort à une description de l'intrication quantique, un concept bien connu. Mais la nouveauté est qu'un observateur est considéré comme un système purement physique qui doit être traité sur le même plan que l'environnement, microscopique ou macroscopique. « Comme modèle pour les observateurs nous pouvons, si nous le souhaitons, considérer des machines automatiques, munies de capteurs sensoriels et couplées à des instruments qui enregistrent les perceptions passées de l'observateur ainsi que la configuration propre de la machine ». Everett ajoute que « les données de perception en cours, ainsi que la configuration de la machine, sont immédiatement enregistrées dans la mémoire, de sorte que toutes les actions de la machine à un instant donné peuvent être considérées comme des fonctions du seul contenu de la mémoire »... ; tout ce que l'observateur retient des expériences passées est conservé dans cette mémoire (bande magnétique, compteur, ou même configuration de cellules nerveuses du cerveau). A partir de là Everett en conclut que « il n'existe pas un état unique de l'observateur ; ... au cours de chacune des observations successives (ou interactions), l'état de l'observateur se ramifie en états différents... Toutes les branches existent simultanément dans la superposition après une séquence d'observations, quelle qu'elle soit ». Il vérifie alors que les expériences de l'observateur contenues dans sa mémoire sont « en plein accord avec les prévisions de la formulation standard de la mécanique quantique en termes d'observateur externe ». Dans une lettre à L.D. Raub [435], il écrit que cette interprétation est « la seule approche complètement cohérente pour expliquer à la fois le contenu de la mécanique quantique et la façon dont le monde nous apparaît ».

Considérons par exemple le système physique composé d'un (ou plusieurs) systèmes microscopiques étudiés, d'un appareil de mesure et d'un observateur, et supposons que cet ensemble soit isolé du reste de l'Univers. Le vecteur d'état de cet ensemble représente alors fidèlement la réalité elle-même, et non pas notre connaissance de cette réalité. Lors des mesures successives, le vecteur d'état se ramifie entre toutes les branches correspondant aux différentes séries de résultats possibles, sans jamais effectuer de choix entre elles ; toutes sont considérées comme réelles après une mesure. L'observateur lui-même prend part à ce processus de ramification, son cerveau se trouvant capturé dans un état intriqué avec les appareils de mesure, à la fois dans plusieurs états où il a enregistré des résultats différents (on parle parfois de « many-mind interpretation »). En d'autres termes, l'observateur lui-même joue le rôle du chat de Schrödinger dans le paradoxe historique. Cependant il lui est impossible de prendre conscience de plusieurs résultats à la fois ; chaque « composante de l'observateur » n'a aucune relation avec toutes les autres et les vecteurs d'états qui leur correspondent (d'où le nom d'interprétation « de l'état relatif »). L'émergence d'une unicité macroscopique dans une expérience est alors vue comme une illusion, une conséquence des limitations intrinsèques à l'esprit humain et de ses facultés d'introspection. Puisque le système total évolue de façon parfaitement régulière et déterministe, c'est donc l'observateur lui-même, sa mémoire et la façon dont il peut en consulter les résultats, qui sont la seule source d'aléatoire. Dans la réalité, le processus aléatoire que nous appelons habituellement « mesure quantique » n'existe pas !

La « fonction d'onde universelle » est la fonction d'onde de l'Univers, ramifiée en de très nombreuses branches, en particulier toutes celles crées par des expériences de mesure quantique sur des systèmes microscopiques donnant lieu à plusieurs résultats possibles ; une ramification d'une branche peut également se produire sous l'effet d'un processus physique d'interaction qui ne provient pas d'une mesure[35]. Les différentes branches associées à des situations macroscopiquement différentes, par exemple à des positions différentes des pointeurs des appareils de mesures et à leurs conséquences, sont indépendantes. En effet, aucun hamiltonien d'interaction n'a d'éléments de matrice entre des états où un nombre macroscopique de particules sont dans des états différents ; elles ne peuvent pas donner lieu à des effets d'interférence, car cela demanderait d'agir de façon cohérente sur l'état d'un nombre beaucoup trop grand de systèmes quantiques élémentaires. C'est pourquoi l'on considère parfois ces branches comme des « mondes » différents existant en parallèle, ce qui est l'origine de l'appellation « interprétation des mondes multiples » ; d'autres préfèrent considérer que le monde est toujours unique, dans une superposition d'états macroscopiques très différents – on l'appelle parfois « multiverse » [436]. Quoi qu'il en soit, l'Univers est ainsi dans un état quantique unique, mais ses sous-systèmes, y compris les observateurs, sont à la fois dans de nombreux états qui peuvent être très différents.

8.K.2 Développement logique de l'interprétation

Tandis que l'interprétation de Copenhague demande de postuler l'existence d'un monde classique qui permet à des observateurs extérieurs d'effectuer des mesures et d'en enregistrer les résultats, dans l'interprétation d'Everett les observateurs ne sont ni externes ni classiques ; bien évidemment, le postulat de réduction du vecteur d'état disparaît également. De plus, la règle des probabilités de Born n'est plus un postulat supplémentaire, mais doit être déduite du principe de superposition linéaire et de l'évolution de Schrödinger. Il faut alors expliquer, dans le cadre du formalisme de l'espace des états et de l'équation de Schrödinger linéaire, pourquoi :

(i) comme nous l'avons déjà noté, l'observateur pris dans les ramifications de ce vecteur d'état ne peut pas s'en rendre compte, mais pense avoir enregistré un seul résultat lorsqu'il scrute sa mémoire pour prendre conscience de la mesure qu'il a effectuée dans le passé. Des observateurs différents de la même

35. Quand l'ami de Wigner (§ 2.C) communique le résultat qu'il a obtenu à l'observateur extérieur au laboratoire, par exemple en lui donnant un coup de téléphone, un branchement supplémentaire se produit ; l'observateur extérieur devient intriqué avec les branches créées par l'expérience quantique, alors qu'il ne l'était pas avant d'en connaître le résultat. Il existe une relation entre les ramifications du vecteur d'état et le flux d'information.

expérience sont toujours en accord lorsqu'ils comparent entre eux les résultats obtenus.

(ii) quand il répète la même expérience et enregistre les résultats, chaque observateur perçoit des fréquences d'occurrence de chacun des résultats possibles qui reproduisent bien la règle habituelle des probabilités de Born ;

(iii) et définir exactement la base de l'espace des états dans laquelle les propriétés précédentes s'appliquent, et les conditions dans lesquelles les ramifications du vecteur d'état se produisent pour les observateurs.

Le point (i) est un postulat concernant les capacités d'enregistrement en mémoire et d'introspection de l'esprit humain. Même s'ils appartiennent à un Univers parfaitement déterministe, lorsqu'ils effectuent des expériences quantiques, les observateurs ont une perception aléatoire des résultats qu'ils ont obtenus et mémorisés. Une composante essentielle de la théorie est que, dans chacun de ses états, l'observateur ne peut avoir accès qu'à l'état de sa mémoire dans la branche du vecteur d'état correspondante, sans aucune influence de toutes les autres. L'observateur s'est donc en quelque sorte scindé en composantes totalement indépendantes, sans aucune communication possible entre elles.

Établir (ii) demande que, sans faire intervenir des observations extérieures, on fasse émerger la notion de probabilité à partir de considérations sur la structure mathématique du vecteur d'état intriqué, et ensuite que les valeurs des probabilité soient obtenues [437, 438]. L'équation de Schrödinger est linéaire et n'attribue en elle-même aucune signification particulière aux carrés des normes des différentes composantes du vecteur d'état, qu'il faut donc relier aux fréquences d'occurrence des différentes séries de résultats possibles. Une situation intéressante est celle où la même expérience est répétée de nombreuses fois, ce qui fait apparaître de nombreuses branches dans le vecteur d'état, associées à toutes les séquences possibles de résultats ; l'idée est alors de montrer que, dans la plupart des cas, l'observateur se trouve dans une branche où la fréquence relative des résultats reproduit la règle de Born[36]. On peut également considérer des situations où le type d'expérience change au cours de la séquence, ou encore celui où plusieurs observateurs effectuent des séries d'expériences différentes.

Everett considère qu'il est naturel d'attribuer des mesures (au sens mathématique du terme) aux différentes « trajectoires » des observateurs en choisissant la norme habituelle de Lebesgue, car elle conserve la probabilité totale. Il évalue ensuite la mesure (mathématique) de toute séquence particulière

---

36. Prenons le cas le plus simple, une expérience qui peut fournir deux résultats avec les probabilités p et $q = 1 - p$, selon la règle de Born. Quand l'expérience est répétée un grand nombre de fois, à chaque fois le vecteur d'état se scinde en deux composantes, de sorte qu'il donne lieu à un très grand nombre de branches. On peut alors montrer que la plupart de sa norme est contenue dans des branches où le rapport entre les deux sortes de ramifications est très proche de p/q, alors que la norme des autres composantes reste négligeable. Cet argument a parfois été utilisé comme démonstration de la règle de Born, mais il est circulaire : il suppose dès le départ que le poids des diverses branches est précisément donné par le carré de leur norme.

de résultats stockés dans une mémoire[37]. Des versions plus récentes de l'interprétation d'Everett sont plutôt formulées en termes d'information et de courant d'information (§ 8.A.3). Par exemple, Deutsch [437] a proposé une démonstration de la règle de Born basée sur la théorie de l'information et des décisions, en combinant l'interprétation d'Everett avec la théorie des jeux ; voir également les contributions de Wallace [440] et de Saunders [441]. Zurek [251, 442] a discuté les relations entre les probabilités de Born et ce qu'il appelle « environment-assisted invariance » , ou « envariance » , qu'il compare à la définition standard de Laplace des probabilités, basée sur le « principe d'indifférence » . L'envariance peut également être utilisée pour montrer l'indépendance dynamique des diverses branches du vecteur d'état. Toutefois, il n'existe pas vraiment de consensus sur le fait que la règle de Born puisse réellement être déduite de l'interprétation d'Everett de façon économique, sans introduire d'hypothèses qui soient aussi fortes que la règle elle-même. Par exemple, Peres écrit (§12.1 de [318]), en parlant de cette famille d'interprétations : « Aucune n'est satisfaisante parce qu'elles remplacent simplement le caractère arbitraire du postulat de réduction par l'hypothèse d'une absence de communication » (entre branches du vecteur d'état) ; voir également les Refs. [443] et [444].

Quoi qu'il en soit, la notion de probabilité de la théorie d'Everett reste profondément différente de la notion usuelle de probabilité, y compris celle utilisée en mécanique quantique standard. D'habitude, la probabilité caractérise une situation d'incertitude, où l'on se trouve en présence d'une série de possibilités, alors qu'une seule se trouvera réalisée. Ici, au contraire, tous les résultats sont obtenus, de sorte qu'il n'existe plus de distinction entre ce qui s'est produit et ce qui ne s'est pas produit ; la réalité ne laisse place à aucune incertitude. De plus, dans la notion habituelle des probabiltés, c'est l'observateur qui échantillonne parmi des possibilités contenues dans un ensemble statistique ; dans le point de vue d'Everett, l'observateur lui-même contient toutes les possibilités dans les diverses branches du vecteur d'état et, en un sens, c'est lui qui joue le rôle de l'ensemble statistique. Un nouveau concept de probabilités est ainsi introduit, voir par exemple les discussions des Refs. [445] et [446]. Au lieu de disparaître de la théorie comme on aurait pu s'y attendre[38], l'observateur y joue au contraire un rôle central pour engendrer des probabilités.

Le point (iii) est également très important. Dans l'interprétation d'Everett, l'unicité macroscopique n'est pas une propriété du monde extérieur, mais plutôt des états quantiques de ce monde extérieur qui s'intriquent avec la base

37. Ces considérations sont reliées au théorème de Gleason [439], découvert indépendamment et publié presque simultanément.

38. Voir par exemple la citation de Rosenfeld dans le § 2.E.

pertinente des états de la mémoire des observateurs[39]. Cette base est celle dans laquelle ils conservent une information permanente sur le passé et celle qu'ils utilisent pour échanger entre eux une information cohérente sur les résultats des expériences. Chaque observateur est toujours macroscopique, n'ayant aucun accès direct au monde microscopique : un appareil macroscopique est nécessaire pour transmettre une information microscopique qui parvienne à sa mémoire macroscopique. Ceci signifie qu'un observateur ne peut jamais s'intriquer directement avec un système microscopique, par exemple avec les deux trajectoires que peut prendre une particule unique dans un interféromètre (ce qui détruirait l'effet d'interférence), il ne le peut qu'indirectement, via un appareil de mesure qui joue le rôle d'un environnement du système observé. Dans ces conditions, il devient naturel d'invoquer la décohérence macroscopique comme critère de ramification de l'observateur [447] ; nous avons vu aux §§ 6.C.3 et 8.A.1.a que cette décohérence empêche de toute façon l'observation d'interférence entre les diverses composantes d'une superposition cohérente, que l'observateur y soit impliqué ou pas. De façon générale, la base des « états pointeurs » apparaît comme la plus appropriée pour développer l'état intriqué de la théorie d'Everett et appliquer les propriétés (i) et (ii). C'est un point de vue assez répandu, même si la relation ainsi créée reste quelque peu indirecte : l'environnement externe et la mémoire de l'observateur sont tous deux couplés au « pointeur » (aiguille de mesure de l'appareil), mais on suppose que c'est la nature du premier couplage qui détermine la base des états appropriée pour étudier la seconde interaction et l'intrication produite. En d'autres termes, la base pertinente pour la mémoire n'est pas déterminée par son couplage avec l'objet observé, mais par le couplage de ce dernier avec un troisième partenaire (il semblerait irréaliste de considérer que la mémoire est le seul environnement agissant sur le pointeur). Ceci revient à postuler des propriétés communes concernant les bases préférées associées aux deux couplages.

Dans la version « interprétation des mondes multiples », souvent ce sont spécifiquement les opérations de mesure qui sont considérées comme à l'origine des ramifications du vecteur d'état ; on conserve alors la notion de mesure de l'interprétation de Copenhague. Dans l'interprétation des « many-minds », la ramification se produit au niveau de la prise de conscience des observateurs ; on arrive alors à un point de vue proche de l'interprétation de Wigner faisant intervenir la prise de conscience (§§ 8.A.1.b et 2.C). Enfin, comme chaque branche du vecteur d'état met en jeu une histoire différente de l'Univers, il est également relativement naturel de combiner l'interprétation d'Everett avec celle des histoires décohérentes (§ 8.J).

39. Considérons les sous-ensembles macroscopiques de l'Univers ayant interagi avec des observateurs. L'unicité macroscopique n'est pas une propriété intrinsèque qu'on pourrait attribuer à ces sous-ensembles ; elle correspond plutôt à une propriété perçue du fait des types de corrélations pouvant se produire entre eux et les registres mémoire des observateurs. De ce point de vue, les observateurs jouent donc un rôle au moins aussi important que dans les autres interprétations de la mécanique quantique. Par exemple, pour les parties de l'Univers qui n'ont jamais interagi avec des observateurs, l'unicité macroscopique n'a aucun sens.

8.K.3 Discussion

Comment apparaît une expérience EPRB dans ce point de vue ? Dans l'interprétation de Bohm, nous avons insisté sur le rôle des analyseurs de Stern et Gerlach ; dans l'interprétation de la dynamique de Schrödinger modifiée, sur l'évolution non-linéaire des détecteurs et sur la décohérence ; ici nous devons mettre en avant les corrélations avec le monde extérieur qui prennent place et mettent en jeu les mémoires conscientes des deux observateurs. Le vecteur d'état va effectivement développer sa chaîne de Von Neumann à travers les analyseurs et les détecteurs et, à un certain point, les observateurs dont la mémoire enregistre les résultats. Pour chaque choix des paramètres expérimentaux a et b, quatre branches du vecteur d'état coexistent donc ; chaque branche dépend explicitement des deux paramètres, et on ne peut pas écrire mathématiquement de vecteur d'état qui soit relatif à une région de l'espace et qui ne dépendrait seulement que de a, ou de b. Or, dans l'interprétation d'Everett, le vecteur d'état représente directement la réalité, de sorte que l'expression même d'un vecteur d'état intriqué implique une description non-locale de cette réalité. Quant aux observateurs Alice et Bob, ils sont eux-mêmes pris dans une chaîne de Von Neumann où chacune des composantes dépend à la fois de a et de b, de sorte que le choix de a a une influence à distance sur ce qu'enregistre la mémoire de Bob et réciproquement. Il est donc clair que l'interprétation d'Everett implique une description intrinsèquement non-locale de la réalité [40].

Une question qui se pose naturellement est l'existence, ou non, de la notion de paramètres extérieurs à la théorie dans le cadre de cette interprétation (cf. discussion et citation de Bell au § 4.E.1.c). Les mémoires des observateurs sont considérées comme des registres dont le fonctionnement relève de l'équation déterministe de Schrödinger. Faut-il cependant considérer que ces observateurs conservent un libre arbitre, de sorte que les paramètres de mesure a et b peuvent effectivement être choisis arbitrairement, ou au contraire que ces choix sont déterministes au même titre que le fonctionnement des mémoires ? Dans le second cas, on arrive à un cadre « superdéterministe » d'où la notion de paramètres externes à la théorie disparaît, de sorte que la démonstration des inégalités de Bell devient impossible ; toutes les discussions que nous avons menées sur la localité perdent alors leur sens, les paramètres a et b pouvant parfaitement être considérés comme des conséquences d'une cause commune fluctuante dans le passé.

Nous avons vu plus haut que les différentes branches du vecteur d'état de l'Univers sont en principe indépendantes. Alors, par construction, l'interprétation d'Everett conduit à des prédictions expérimentales qui sont identiques à

40. Cependant, si on considère le flux d'information se produisant lors de l'évolution de Schrödinger/Heisenberg d'un système de qubits reproduisant une expérience EPR, on est conduit à des équations qui restent locales [448]. Les auteurs de cette référence en concluent qu'une violation des inégalités de Bell remet en cause le fait qu'on puisse attribuer des variables stochastiques aux résultats des expériences, ce qui s'apparente à remettre en cause la contrafactualité (ou le réalisme EPR).

celles de l'interprétation standard ; en ce sens, elle n'est pas réfutable. DeWitt [14] considère même que cette interprétation est une simple conséquence du formalisme : après avoir posé la question « la solution du dilemme de l'indéterminisme pourrait-elle être un univers où les expériences fournissent en réalité tous les résultats possibles au lieu d'un seul ? » il affirme que « le formalisme mathématique de la théorie quantique est capable de fournir sa propre interprétation » – voir également un intéressant débat contradictoire [17] suscité directement par la publication de ce point de vue. Il considère également que ce point de vue est une nécessité[41] en cosmologie quantique : « L'interprétation d'Everett a été adoptée par l'auteur [Bryce DeWitt] par simple nécessité pratique : il n'en connaît aucune autre. Tout au moins, c'est la seule qu'il connaisse qui n'impose ni limitations artificielles ni métaphysique floue tout en restant capable de servir aux besoins variés de la cosmologie quantique, de la physique quantique mésoscopique, et de la discipline en chantier qu'est la physique quantique » (page 144 de [449]). On comprend bien que prendre en compte la fonction d'onde de l'Univers soit naturel dans l'étude de cet univers comme un tout. De façon générale, l'idée d'univers multiples n'est pas étrangère à l'astrophysique et à la cosmologie. Elle a parfois été évoquée pour expliquer l'existence de la matière noire et de l'énergie noire ; dans le cadre de la théorie d'Everett, on pourrait dans ce but supposer l'existence d'une certaine interaction entre les diverses branches du vecteur d'état de l'Univers. On a également spéculé l'existence d'univers multiples dans le contexte du « principe anthropique » (on suppose que l'état de l'Univers contient de nombreuses branches où les conditions physiques sont telles que l'apparition d'êtres pensants n'est pas possible ; cependant l'humanité ne peut effectuer d'observations que dans la petite proportion de ces branches où cette apparition a été possible, donc dans des univers aux propriétés très particulières. Pour une revue des univers parallèles et des mondes multiples dans le contexte de la cosmologie, voir les articles de Tegmark [450], qui insiste sur le fait que « L'existence d'univers parallèles n'est pas une théorie, mais une prédiction de certaines théories ». Il semble effectivement que la majorité des physiciens spécialistes de cosmologie quantique aient une nette préférence pour l'interprétation d'Everett [451].

Au premier contact, l'interprétation d'Everett peut apparaître comme une belle unification dans un cadre relativement simple, ce qui la rend a priori séduisante ; mais, lors d'une étude plus approfondie, un certain nombre de physiciens considèrent qu'elle est difficile à vraiment assimiler. Des critiques ont parfois été exprimées. Bell écrit dans [42] : « cette multiplication des univers... ne remplit aucune fonction utile dans la théorie, et peut tout simplement être abandonnée sans répercussions »[42]. Peres l'appelle « une théorie

41. Il existe toutefois d'autres interprétations, comme par exemple celles qui font intervenir une dynamique de Schrödinger modifiée (§ 8.H), qui permettent de prendre en compte le vecteur d'état de l'Univers.

42. Si l'on supprime à la main toutes les branches d'univers sauf une, on arrive à une interprétation très proche de l'interprétation pragmatique discutée au § 8.A.1.a.

bizarre » [318] qu'il considère comme peu économique (voir citation ci-dessus, § 8.K.2). Leggett discute cette interprétation dans les termes suivants [73] : « Les branches de la superposition dont nous ne sommes pas conscients sont considérées comme 'tout aussi réelles', bien que ce que ces mots, visiblement de l'anglais, sont supposés signifier ... ne soit pas très clair ». Une question qui se pose est ce qu'il faut attendre d'une théorie physique ; doit-elle expliquer la façon dont nous percevons les résultats des expériences, et si oui de quelle nature devrait être une telle explication ? Comme l'accent est mis, non sur les propriétés physiques en elles-mêmes, mais plutôt sur les effets qu'elles produisent sur nos mémoires, des notions comme celles de perception (la Ref. [434] parle de la « trajectoire de la configuration de la mémoire ») proches des neurosciences (les propriétés de l'introspection) commencent à jouer un rôle dans la théorie. Ce qui est clair, en tous cas, est que l'ensemble de cette interprétation procède d'une approche qui est juste l'opposée de celle des variables supplémentaires. L'interprétation d'Everett est esthétiquement séduisante mais reste par certains aspects profondément troublante pour l'esprit. La population humaine est faite de milliards d'individus qui, probablement, sont tous en train d'effectuer des mesures sans même s'en rendre compte à chaque instant – devons-nous imaginer une réalité physique de l'Univers qui se ramifie constamment et exponentiellement avec une rapidité qui défie l'imagination ?

Conclusion

La mécanique quantique est, avec la relativité, l'essence de l'immense révolution conceptuelle de la physique du XXe siècle. Les progrès, tant théoriques qu'expérimentaux, ont été extraordinaires. De nouvelles percées se sont constamment produites, allant de la pure théorie à des applications très concrètes ; elles ont engendré des milliers de dispositifs et d'appareils qu'il n'était même pas possible de concevoir avant la mécanique quantique. De plus, notre compréhension actuelle de l'Univers fait intervenir la mécanique quantique, presqu'à chaque étape.

Ceci dit, comprenons-nous véritablement cette théorie merveilleuse ? Nous comprenons fort bien ses méthodes, et nous savons utiliser son formalisme pour faire des prédictions dans un nombre immense de situations, même dans des cas qui sont extrêmement compliqués. De fait, la mécanique quantique a fourni bien des prédictions contre-intuitives et surprenantes qui, initialement, semblaient difficiles à croire, mais qui se sont trouvées parfaitement vérifiées par les expériences – même si parfois les vérifications sont venues bien plus tard. Une illustration frappante est l'observation de la condensation de Bose-Einstein dans des gaz dilués, prédite par Einstein en 1925 [452], mais observée seulement en 1995 [453, 454]. Le phénomène se produit à des températures extrêmement basses (bien plus basses que celle du rayonnement cosmique fossile) de sorte que, très probablement, il ne s'était jamais produit dans toute l'histoire de l'Univers avant 1995 ! Il était juste dans les limbes, attendant patiemment, caché dans les équations de la mécanique quantique, jusqu'au jour où il a été réalisé. C'est une belle illustration de la puissance prédictive extraordinaire de la physique en général et de la mécanique quantique en particulier. Heinrich Hertz, qui joua un rôle tellement crucial dans la compréhension des ondes électromagnétiques au XIXe siècle (ondes hertziennes) a remarqué que, parfois, les équations de la physique sont « plus intelligentes que la personne qui les a inventées » [455]. La remarque s'applique sans nul doute aux équations de la mécanique quantique (en particulier, au principe de superposition) : elles contiennent probablement encore plus de substance que leurs inventeurs ne le pensaient, par exemple en termes de types inattendus de corrélations, d'intrication, etc. Il est véritablement incroyable de voir que, dans tous les cas actuellement connus, les équations ont prédit des résultats corrects. Mais, conceptuellement, si la question est de savoir si nous comprenons vraiment cette théorie, la réponse est bien moins évidente, comme l'illustre bien la variété des interprétations proposées par les physiciens. L'équation de Schrödinger, emportée par ses succès innombrables, semble vouloir aller trop loin lorsqu'elle étend ses superpositions linéaires jusqu'au monde macroscopique ; elle remet alors en question l'unicité de nos observations et l'existence même d'un monde classique à notre échelle. Un enjeu important est de savoir si la forme actuelle de la théorie est complète, ou incomplète comme le pensait Einstein. Si elle l'est, il ne sera jamais possible dans l'avenir de décrire les propriétés d'une particule unique mieux que par une fonction d'onde ; c'est la position des partisans de l'interprétation standard. Si elle ne l'est pas, les générations futures seront probablement capables d'aller plus loin et d'introduire une description qui sera plus puissante.

Nous avons vu à quel point l'argument EPR est semblable au raisonnement de Gregor Mendel, qui à partir d'observations effectuées entre 1854 et 1863 l'a conduit à la découverte de composants spécifiques, les gènes (le mot n'est en fait apparu que plus tard, en 1909). Ces gènes, qu'il était impossible de voir directement, se sont révélés correspondre à des composants microscopiques cachés au sein des plantes qu'il étudiait. Dans de tels cas, on induit l'existence d'éléments de réalité microscopiques à partir d'observations macroscopiques. Mendel a été capable d'en déduire des règles auxquelles les gènes obéissent lorsqu'ils se combinent pour donner lieu à une nouvelle génération de plantes, mais bien évidemment il lui était totalement impossible d'avoir la moindre idée de leur nature à un niveau microscopique (ou même, s'ils étaient microscopiques ou macroscopiques, mais trop petits pour être vus avec les techniques disponibles à l'époque). Il a fallu presque un siècle avant que O.T. Avery et coll. (1944) puissent montrer que les objets en question étaient contenus dans des molécules d'ADN ; plus tard (1953) R. Franklin, F. Crick et J. Watson ont mis en évidence la subtilité de la structure microscopique de ces objets, les gènes correspondant à des dispositions élaborées de bases nucléiques cachées au milieu de la double hélice de molécules d'ADN. Nous savons donc maintenant que, en un sens, plutôt que des objets microscopiques simples, les gènes sont des arrangements de tels objets, et que toute la machine biologique qui les lit va très au-delà de tout ce que l'on pouvait imaginer à l'époque de Mendel. De même, si la mécanique quantique est un jour complétée par des variables supplémentaires, ces variables ne seront probablement pas un prolongement simple d'autres variables que nous utilisons déjà en physique, mais de nature réellement différente. Bien évidemment, ceci n'est à l'heure actuelle que spéculation, et rien ne garantit que les histoires de la biologie et de la physique soient parallèles !

Une comparaison naturelle qui vient à l'esprit est avec la relativité restreinte, car ni la mécanique quantique ni la relativité ne sont intuitives ; l'expérience prouve que toutes deux, lorsqu'on les découvre, demandent beaucoup de réflexion pour être assimilées. Mais la similarité ne va pas plus loin : en relativité, plus on traite de problèmes relativistes, plus les concepts deviennent clairs (à un certain point, on acquiert le sentiment qu'elle est une sorte de nécessité logique !) ; on peut difficilement en dire autant de la mécanique quantique, qui ne perd jamais son mystère. Toutefois, parmi toutes les constructions de l'esprit humain, on peut considérer que la mécanique quantique est la plus couronnée de succès de toutes puisque, malgré tous les efforts des physiciens depuis des décennies pour lui trouver des limites de validité (comme ils le font pour toutes les autres théories), et un nombre immense de spéculations, personne n'a pour le moment réussi à trouver le moindre signe clair de l'existence de ces limites. Le futur nous dira si c'est possible, les surprises ne sont jamais à exclure !

Chapitre 9

Appendices

9.A Appendice A : Contenu « mental » du vecteur d'état

(i) Un article relativement récent (1999) de Englert, Scully et Walther [77] fournit une illustration intéressante du débat sur le statut du vecteur d'état, en particulier du fait de la formulation choisie par les auteurs. Se plaçant dans le cadre de la théorie standard, ils écrivent en effet : « (On) serait dans une impasse si l'on considérait la réduction du vecteur d'état comme un processus physique, plutôt que d'accepter l'idée qu'elle n'est en fait qu'un processus purement mental ». Ils plaident ensuite pour une « interprétation minimalistique du vecteur d'état » et ajoutent en guise d'avertissement général qu'il est dangereux d'aller au-delà (le « caveat de Van Kampen »[1]) – mais ne disent pas très précisément ce que sont ces dangers. Il est intéressant de pousser un peu plus loin la discussion dans cette direction : si le vecteur d'état peut évoluer selon un « processus purement mental », quelles en sont les conséquences pour lui-même ? Il semble alors inévitable qu'il contienne des éléments qui sont mentaux (subjectifs), au lieu d'être reliés à une réalité extérieure (objective). L'évolution de Schrödinger, qui concerne le même vecteur d'état, est-elle alors réelle, et dans quelle mesure ? Devons-nous considérer que le vecteur d'état combine des éléments décrivant la réalité extérieure, au moins en partie, et d'autres qui sont purement mentaux, le tout dans un seul et même objet mathématique[2] ? Dans cette optique, la réduction du vecteur d'état correspondrait probablement aux moments où le vecteur d'état acquiert soudainement plus de contenu mental (puisqu'elle résulte d'un processus

1. « Toute personne qui attribuera au vecteur d'état plus de signification que nécessaire sera considérée comme responsable des conséquences » [76].

2. En soi, ce ne serait pas nécesairement choquant. Une distribution statistique classique pour un ensemble de systèmes dépendant du temps peut parfois effectivement combiner une évolution réelle avec des éléments associés à notre connaissance initiale imparfaite du système.

purement mental) alors que l'évolution de Schrödinger correspondrait, en revanche, à des périodes où le contenu mental serait constant. Mais nous avons vu plus haut que le vecteur d'état peut être aussi considéré comme décrivant la préparation d'un système physique, préparation qui peut être réalisée par une mesure (sélection des atomes à la sortie d'un aimant de Stern et Gerlach par exemple) ; si donc la mesure qui le définit est une action purement mentale, il semble difficile de ne pas admettre que le vecteur d'état possède la même propriété. Pour finir, dans cette optique le vecteur d'état serait donc un objet uniquement mental.

Nous l'avons noté au § 8.C.2, la majorité des physiciens considèrent que, au moins quelquefois, la fonction d'onde contient des éléments de réalité, en donnant quelques exemples (état BCS des électrons dans un supraconducteur, liaisons moléculaires, etc.). On considère généralement que l'évolution de Schrödinger contient à la fois l'évolution des propriétés physiques que la mécanique quantique attribue au système (observables qui admettent $|\Psi\rangle$ comme vecteur propre) et celle des probabilités (pour toutes les autres observables) qui représentent notre connaissance du système et peuvent donc être vues comme mentales. C'est probablement pourquoi la notion de « processus purement mental » n'est pas souvent mise en avant par les partisans de l'interprétation standard de Copenhague (sauf peut-être par Wigner, cf. § 8.A.1.b). Par exemple Peres, qui lui aussi défend le point de vue orthodoxe, dans la citation de [39] du § 1.B.3.b ne parle jamais d'esprits humains, mais seulement de préparations et d'expériences sur des systèmes physiques.

(ii) Une autre illustration différente nous est fournie par une note de Fuchs et Peres [78] « La théorie quantique n'a besoin d'aucune interprétation », d'autant plus que cette note a suscité de nombreuses réactions d'auteurs exprimant des points de vue divers. Cette note va encore plus loin que la Ref. [77] puisque ces auteurs prennent explicitement la position selon laquelle le vecteur d'état n'est pas absolu, mais dépend de l'observateur[3]. Après avoir écrit que « La théorie quantique ne décrit pas la réalité physique. Ce qu'elle fait est de fournir un algorithme permettant de calculer des *probabilités* d'événements macroscopiques qui sont les conséquences de nos inventions expérimentales », ils ajoutent « une fonction d'onde n'est qu'une expression mathématique destinée à évaluer des probabilités et dépend de celui qui fait ce calcul ». Vue de cette façon, la fonction d'onde devient vraiment similaire à une distribution de probabilité classique qui, de toute évidence, dépend des connaissances de l'observateur sur le système. Cependant, et comme mentionné plus haut au § 1.B.3.a, associer plusieurs états quantiques différents à un seul système physique n'est pas possible au sein de ce que l'on appelle l'interprétation standard de la mécanique quantique (mis à part, bien sûr, un facteur de phase

3. Comme au §1.B.3.a, nous supposons que les observateurs utilisent le même référentiel galiléen. Sinon, ils utilisent évidemment des vecteurs d'état différents pour décrire le même système, pour des raisons triviales (les mêmes qu'en mécanique classique).

trivial) ; en revanche, l'interprétation relationnelle (§ 8.C.1) prend en compte cette possibilité.

9.B Appendice B : Inégalités de Bell et théories locales non-déterministes

Dans les démonstrations des formes variées des inégalités de Bell à partir du réalisme local (§ 4), nous avons supposé que les résultats des expériences sont des fonctions bien définies $A(a, \lambda)$ et $B(b, \lambda)$ dépendant des paramètres de mesure a et b ainsi que de la variable supplémentaire λ. C'est un prolongement naturel du théorème EPR, qui part de l'hypothèse du réalisme local et conclut à l'existence de ces fonctions, en d'autres termes qui conduit au déterminisme. Dans cet appendice nous montrons que les inégalités de Bell sont plus générales et que, tant que la localité est conservée, elles peuvent toujours se démontrer dans un cadre non-déterministe.

L'idée générale de cette généralisation est simple : on peut toujours considérer des probabilités comme résultant d'un processus déterministe contrôlé par une variable supplémentaire de plus, que nous appellerons μ. Ajouter cette variable ne change rien au raisonnement qui conduit aux inégalités (en fait, rien n'empêche de voir λ comme une seule variable à plusieurs dimensions dont une composante est μ).

Considérons une valeur donnée de λ. Le fait que la théorie soit non-déterministe conduit mathématiquement à remplacer $A(a, \lambda)$ par deux probabilités $\mathcal{P}_+^A(a, \lambda)$ et $\mathcal{P}_-^A(a, \lambda)$, ainsi que $B(b, \lambda)$ par deux probabilités $\mathcal{P}_+^B(b, \lambda)$ et $\mathcal{P}_-^B(b, \lambda)$. Pour a et λ quelconques, nous avons :

$$\mathcal{P}_+^A(a, \lambda) + \mathcal{P}_-^A(a, \lambda) = 1 \tag{9.1}$$

avec une condition semblable pour les probabilités $\mathcal{P}_\pm^B$. Nous pouvons alors introduire la variable supplémentaire μ répartie uniformément dans l'intervalle $[0, 1]$ ainsi que la fonction $\overline{A}(a, \lambda, \mu)$ définie par[4] :

$$\overline{A}(a, \lambda, \mu) = \begin{cases} +1 & \text{si} \quad 0 \leq \mu \leq \mathcal{P}_+^A(a, \lambda) \\ -1 & \text{si} \quad \mathcal{P}_+^A(a, \lambda) < \mu \leq 1 \end{cases} \tag{9.2}$$

Nous avons alors :

$$\int_0^1 d\mu \; \overline{A}(a, \lambda, \mu) = \mathcal{P}_+^A(a, \lambda) - \mathcal{P}_-^A(a, \lambda) \tag{9.3}$$

ainsi que, bien sûr, une relation semblable pour la différence $\mathcal{P}_+^B(b, \lambda) - \mathcal{P}_-^B(b, \lambda)$.

4. Nous utilisons la notation $\overline{A}$ pour faire la distinction avec A, qui a été défini dans le texte comme le résultat de l'expérience. Ici $\overline{A}$ est seulement une variable mathématique commode introduite pour exprimer les probabilités qui apparaissent dans le calcul.

Supposons maintenant que nous souhaitions calculer la moyenne du produit des résultats observés avec les paramètres de mesure a et b. Pour chaque valeur de λ, nous devons faire la somme des probabilités associées aux événements $+, +$ et $-, -$, et soustraire les probabilités des événements $+, -$ et $-, +$, ce qui revient à introduire le terme :

$$\mathcal{P}_+^A(a,\lambda)\mathcal{P}_+^B(b,\lambda) + \mathcal{P}_-^A(a,\lambda)\mathcal{P}_-^B(b,\lambda) - \mathcal{P}_+^A(a,\lambda)\mathcal{P}_-^B(b,\lambda) - \mathcal{P}_-^A(a,\lambda)\mathcal{P}_+^B(b,\lambda) \\ = \left[\mathcal{P}_+^A(a,\lambda) - \mathcal{P}_-^A(a,\lambda)\right]\ \left[\mathcal{P}_+^B(b,\lambda) - \mathcal{P}_-^B(b,\lambda)\right] \tag{9.4}$$

La valeur moyenne de cette expression est obtenue par sommation sur λ qui, d'après (9.3), donne l'intégrale :

$$\int d\lambda \int_0^1 d\mu\ \overline{A}(a,\lambda,\mu) \int_0^1 d\mu'\ \overline{B}(b,\lambda,\mu') \tag{9.5}$$

À ce stade, nous obtenons la même expression qu'avec une théorie déterministe, avec l'intégrale d'un produit de deux fonctions égales à ± 1. La seule différence est la présence de deux variables d'intégration supplémentaires μ et μ' : la théorie locale stochastique est donc équivalente à une théorie locale déterministe, mais avec une (ou des) variables supplémentaires en plus. Le reste du raisonnement qui conduit aux inégalités de Bell ne change pas.

La conclusion est donc que ces inégalités restent valables pour des théories non-déterministes, pourvu que les dépendances des probabilités restent locales – si nous avions supposé que $\mathcal{P}_+^A(a,\lambda)$ dépend également de b, la démonstration des inégalités n'aurait plus été possible.

9.C Appendice C : Une tentative pour construire une théorie quantique « séparable » (non-déterministe mais locale)

Nous donnons maintenant un exemple d'une théorie non-déterministe et locale qui ressemble beaucoup à la mécanique quantique, dont elle utilise le formalisme, mais reste en fait très différente. Cette théorie prend en compte le non-déterminisme de la mécanique quantique, mais donne au vecteur d'état un rôle qui est plus local que dans la théorie quantique standard. Imaginons un physicien qui a bien assimilé les règles de base de la mécanique quantique et son non-déterminisme, mais qui reste sceptique concernant la non-localité (ou la non-séparabilité ; nous avons défini ces termes au § 3.C.3 mais on pourra également se reporter aux Refs. [21, 42]). Ce physicien pense que, si des mesures sont effectuées dans des régions très éloignées de l'espace, il est plus naturel d'appliquer les règles de la mécanique quantique séparément dans ces régions. Pour calculer la probabilité d'un résultat de mesure quelconque, il va donc appliquer les règles de la mécanique quantique d'une façon qui est parfaitement correcte localement, mais il va aussi supposer qu'il est possible de raisonner séparément dans les deux régions de l'espace. Si par exemple les deux mesures sont effectuées dans des galaxies différentes, notre physicien applique les règles de la mécanique quantique à l'échelle galactique, mais pas intergalactique !

Comment alors traiter le processus de mesure dans la première galaxie ? Il est alors tout à fait naturel de supposer que le spin qu'elle contient est décrit par un vecteur d'état (ou par un opérateur densité, cela ne fait ici aucune différence) que l'on peut utiliser pour appliquer la formule standard donnant les probabilités d'obtenir chacun des résultats possibles. Il va sans dire que penser que chaque spin est décrit par un opérateur unique et fixe ne serait pas une bonne idée : évidemment, on perdrait alors toutes les corrélations possibles entre les résultats de mesures effectuées dans les deux galaxies. Une meilleure idée est donc de supposer que les opérateurs densité en question sont fonctions $\rho_1(\lambda)$ et $\rho_2(\lambda)$ d'une variable aléatoire λ, correspondant par exemple à des conditions d'émission fluctuantes des particules. La méthode est alors claire : pour chaque condition d'émission, on effectue un calcul quantique standard dans chaque région de l'espace, et ensuite on prend la moyenne sur toutes les conditions d'émission en question. Après tout, ceci n'est autre que la méthode universelle pour calculer des corrélations dans tout le reste de la physique ! Cette méthode prend en compte le caractère non-déterministe de la mécanique quantique[5], mais y introduit une notion de séparabilité dans l'espace qui est directement dans le prolongement du raisonnement EPR. Notre physicien peut par exemple supposer que les deux événements de mesure sont séparés par un intervalle relativiste du genre espace, de sorte qu'aucune relation causale ne peut les relier en aucun cas ; effectuer un calcul indépendant des deux phénomènes semble alors totalement justifié.

Si nous notons $|+(a)\rangle$ l'état propre de la mesure associé au résultat $+1$, la probabilité d'obtenir le résultat $+1$ si la première mesure est faite le long d'une direction a est alors :

$$\mathcal{P}_+^A(a,\lambda) = \langle +(a)|\, \rho_1(\lambda)\, |+(a)\rangle \tag{9.6}$$

De même, nous écrivons la probabilité du résultat -1 sous la forme :

$$\mathcal{P}_-^A(a,\lambda) = \langle -(a)|\, \rho_1(\lambda)\, |-(a)\rangle \tag{9.7}$$

Si, au lieu de la direction a, une autre direction a' est choisie, les calculs sont les mêmes et conduisent à deux fonctions $\mathcal{P}_\pm^A(a',\lambda)$. Quant aux mesures effectuées dans la deuxième région de l'espace, elles fournissent les deux fonctions $\mathcal{P}_+^B(b,\lambda)$ et $\mathcal{P}_-^B(b,\lambda)$.

5. Au § 6.D.2.b, nous avons vu que c'est également elle qu'il faut appliquer, dans le cadre de la mécanique quantique standard, pour traiter le cas des corrélations observées par Alice et Bob lorsqu'Eve s'interpose pour mesurer la polarisation des particules.

Calculons maintenant la moyenne du produit des deux résultats, qui n'est autre que la moyenne sur λ de l'expression déjà écrite en (9.4). Si maintenant nous définissons $\widehat{A}(\lambda)$ et $\widehat{B}(\lambda)$ par :

$$\begin{aligned} \widehat{A}(\lambda) &= \mathcal{P}_+^A(a,\lambda) - \mathcal{P}_-^A(a,\lambda) \\ \widehat{B}(\lambda) &= \mathcal{P}_+^B(b,\lambda) - \mathcal{P}_-^B(b,\lambda) \end{aligned} \tag{9.8}$$

nous pouvons écrire la moyenne du produit des résultats sous la forme :

$$\int d\lambda \; n(\lambda) \; \widehat{A}(\lambda) \; \widehat{B}(\lambda) \tag{9.9}$$

où $n(\lambda)$ est la densité de distribution de la variable λ. La différence avec le résultat habituel est que, ici, $\widehat{A}(\lambda)$ et $\widehat{B}(\lambda)$ ne sont pas définis comme des fonctions toujours égales à ± 1.

Pour terminer la démonstration, nous avons le choix entre deux méthodes différentes :

(i) soit nous procédons comme dans l'Appendice B et introduisons une variable supplémentaire μ pour exprimer les différences de probabilités comme celles de (9.3) en termes de nouvelles quantités $\overline{A}(a,\lambda,\mu)$ et $\overline{B}(b,\lambda,\mu')$, toujours égales à ± 1. Ceci conduit à la même expression mathématique et la même démonstration des inégalités BCHSH que ci-dessus.

(ii) soit nous introduisons les couples d'orientation (a,b), $(a,b^{'})$, $(a^{'},b)$, $(a^{'},b^{'})$ pour calculer la moyenne sur λ de l'expression :

$$\widehat{A}(\lambda)\widehat{B}(\lambda) - \widehat{A}(\lambda)\widehat{B}'(\lambda) + \widehat{A}^{'}(\lambda)\widehat{B}(\lambda) + \widehat{A}^{'}(\lambda)\widehat{B}^{'}(\lambda) \tag{9.10}$$

Les $\widehat{A}$ et $\widehat{B}$, qui sont maintenant définis comme des différences de probabilités, ne sont plus nécessairement égaux à ± 1, mais il est facile de voir qu'ils prennent des valeurs entre $+1$ et -1 , quelle que soit la valeur de λ. Il s'ensuit[6] que l'expression (9.10) est nécessairement comprise entre ± 2, ce qui nous ramène au calcul du § 4.A.2.

Le théorème de Bell reste vrai dans un grand nombre de situations différentes. On peut cependant se demander à quel point exactement l'approche de notre physicien sceptique est devenue incorrecte et pourquoi ses résultats, du fait qu'ils satisfont aux inégalités de Bell, sont nécessairement incompatibles avec ceux de la mécanique quantique standard (pas forcément toujours, mais au moins dans certains cas) ; après tout, son raisonnement était fondé sur une utilisation du formalisme quantique habituel. En fait, ce qui a causé l'erreur était la volonté de traiter les mesures quantiques éloignées comme des

6. Pour voir pourquoi, considérons pour un instant λ, $\widehat{A}$ et $\widehat{A}^{'}$ comme fixés, ne gardant que $\widehat{B}$ et $\widehat{B}^{'}$ comme variables. Dans l'espace de ces variables, l'expression (9.10) correspond à une surface plane qui, aux quatre coins du carré $\widehat{B} = \pm 1$, $\widehat{B}^{'} = \pm 1$, prend les valeurs $\pm 2\widehat{A}$ ou $\pm 2\widehat{A}^{'}$, qui sont comprises entre ± 2 ; au centre du carré, le plan passe par l'origine. Par interpolation linéaire il est clair que, à l'intérieur du carré, la fonction donnée par (9.10) reste également comprise entre ± 2 ; ainsi, sa valeur moyenne possède la même propriété.

événements indépendants, séparables, alors que la mécanique quantique nous impose de considérer le système des deux spins comme un tout indissociable ; au sein de ce tout, il est interdit de distinguer deux sous-systèmes. Le raisonnement quantique correct fait donc usage de vecteurs d'état (ou d'opérateurs densité) qui décrivent à la fois l'ensemble du système dans un objet mathématique unique. Cet exemple illustre donc que c'est réellement la séparabilité et/ou la localité qui sont en jeu dans une violation des inégalités de Bell, pas le déterminisme.

9.D Appendice D : Probabilité maximale pour un état particulier

Dans cet appendice nous donnons plus de détails sur les calculs du § 5.D ; l'état à deux particules correspondant à la mesure considérée en (i) est le produit tensoriel du ket (5.32) par l'état correspondant pour le second spin :

$$\cos^2\theta\,|+,+\rangle + \sin\theta\cos\theta\,[|+,-\rangle + |-,+\rangle] + \sin^2\theta\,|-,-\rangle \tag{9.11}$$

donc le produit scalaire avec le ket (5.37) est :

$$\cos^2\theta\sin\theta - 2\sin\theta\cos^2\theta = -\sin\theta\cos^2\theta \tag{9.12}$$

La probabilité requise est obtenue en divisant le carré de cette expression par la norme au carré du vecteur d'état :

$$\mathcal{P} = \frac{\sin^2\theta\cos^4\theta}{2\cos^2\theta + \sin^2\theta} = \frac{\sin^2\theta\left(1-\sin^2\theta\right)^2}{2-\sin^2\theta} \tag{9.13}$$

Un tracé de cette fonction montre qu'elle a un maximum qui vaut approximativement 0.09.

9.E Appendice E : Influence d'une sélection des paires observées

Dans la démonstration du théorème de Bell, nous avons supposé que toutes les paires de particules émises par la source sont effectivement détectées, quelles que soient les valeurs choisies pour les paramètres de mesure a et b ; dans le cadre du réalisme local, les inégalités de Bell sont alors satisfaites, ce qui implique qu'il est impossible de reproduire la dépendance en a et b (4.9) du taux de corrélation prédit par la mécanique quantique (puisque celle-ci autorise des violations des inégalités de Bell). Dans cet appendice, nous examinons ce qui se produit lorsque le processus de détection introduit une sélection dans l'ensemble des paires émises ; dans un premier temps (partie 1), nous supposons que cette sélection est indépendante de a et b, dans un second (partie 2) nous levons cette restriction. Dans ce dernier cas, nous verrons qu'il devient alors effectivement possible de reproduire n'importe quelle variation de la fonction de corrélation en fonction de a et b, y compris la prédiction (4.9) en $\cos(a-b)$ de la mécanique quantique, tout en restant dans le cadre du réalisme local. C'est l'origine du « loophole » discuté au § 4.E.1.a.

9.E.1 Sélection indépendante des paramètres de mesure

Notre premier modèle est le suivant :

(i) Nous supposons l'existence d'un processus de sélection indépendant du choix des paramètres a et b des expériences. On peut par exemple supposer que les particules sont émises par la source de façon aléatoire dans toutes les directions, et que seules les particules qui sont émises dans un petit angle solide peuvent atteindre les analyseurs et les détecteurs. Pour chaque particule, nous caractérisons cette direction d'émission par une variable aléatoire ω. La première particule est donc détectée seulement si la variable aléatoire ω_1 tombe dans un domaine angulaire $D_\lambda(\Omega_1)$ correspondant à un cône dont le sommet est sur la source et la base le pourtour du diaphragme d'entrée du détecteur :

$$\omega_1 \in D_1(\Omega_1) \tag{9.14}$$

Si la condition n'est pas satisfaite, la particule est perdue. De même la seconde particule est détectée seulement si sa variable aléatoire ω_2 tombe dans le domaine $D_\lambda(\Omega_2)$, perdue sinon. Cet type de sélection angulaire se produit en pratique dans toutes les expériences où la dimension limitée des détecteurs impose une sévère limitation angulaire ; les deux domaines seront alors de petits domaines en ω, de tailles $d\Omega_{1,2}$ et centrés autour des valeurs $\omega_{\text{det }1,2}$.

(ii) Les particules qui ont passé avec succès la sélection précédente et arrivent donc sur analyseur de détecteur donnent un résultat qui dépend d'une variable aléatoire λ_1 pour la première, λ_2 pour la seconde. Comme au § 4.A.2, ces résultats dépendent également du paramètre local choisi pour la mesure ; ils sont notés $A(a,\lambda_1) = \pm 1$ pour la première particule, $B(b,\lambda_2)$ pour la seconde (nous supposons l'existence de détecteurs à deux voies, comme dans une expérience EPRB). Pour les particules qui n'ont pas passé la sélection (i), on peut par convention leur attribuer le résultat de mesure 0.

L'ensemble des λ_1, λ_2, ω_1, ω_2, peuvent être groupés formellement en un paramètre unique Λ avec plusieurs composantes (un vecteur dans un espace à plusieurs dimensions) ; chaque paire est alors caractérisée par une valeur donnée de Λ, qui détermine si la paire sera détectée ou non par les appareils de mesure et quels résultats elle fournira. Supposons maintenant que la source émette les paires de particules de façon aléatoire. Les valeurs de Λ sont alors associées à une distribution de probabilité $\rho(\Lambda)$, avec la condition de normalisation :

$$\int d\Lambda \; \rho(\Lambda) \; = \; \int d\lambda_1 \int d\lambda_2 \int d\omega_1 \int d\omega_2 \; \rho(\lambda_1, \lambda_2, \omega_1, \omega_2) = 1 \qquad (9.15)$$

La valeur moyenne du produit des résultats des deux mesures est alors :

$$\langle AB \rangle = \int d\lambda_1 \int d\lambda_2 \int_{D_1(\Omega_1)} d\omega_1 \int_{D_2(\Omega_2)} d\omega_2 \; \rho(\Lambda) \; A(a, \lambda_1) \; B(b, \lambda_2) \quad (9.16)$$

qui, si les tailles des domaines $d\Omega_{1,2}$ centrés autour des valeurs $\omega_{\text{det}\,1,2}$ sont petites, est également donnée par :

$$\langle AB \rangle \simeq d\Omega_1 d\Omega_2 \int d\lambda_1 \int d\lambda_2 \; \rho(\lambda_1, \lambda_2, \omega_{\text{det}\,1}, \omega_{\text{det}\,2}) \; A(a, \lambda_1) \; B(b, \lambda_2) \quad (9.17)$$

Ces deux formules sont exactement du type de celles qui relèvent du théorème de Bell et permettent de démontrer les inégalités correspondantes, comme par exemple l'inégalité BCHSH donnée en (4.8). On peut cependant remarquer que, si la sélection est efficace, la plupart des particules ne contribuent pas à la valeur moyenne, de sorte que l'expression (9.17) est nécessairement très petite (puisqu'elle contient le produit $d\Omega_1 d\Omega_2$ qui lui même est très petit) ; il n'est alors pas surprenant que la somme de quatre valeurs moyennes ne puisse jamais atteindre la valeur ± 2. En mécanique quantique, les probabilités de détection de paires de particules sont également proportionnelles au produit $d\Omega_1 d\Omega_2$, donc très petites ; il n'y a alors aucun espoir de violer les inégalités en dépassant ± 2, de sorte que la situation n'est pas très intéressante.

Cependant, on peut prendre un autre point de vue : au lieu de normaliser les valeurs moyennes sur l'ensemble des paires émises, normaliser sur l'ensemble des paires détectées. On remplace alors la normalisation (9.15) par :

$$\int d\lambda_1 \int d\lambda_2 \int_{D_1(\Omega_1)} d\omega_1 \int_{D_2(\Omega_2)} d\omega_2 \; \rho(\lambda_1, \lambda_2, \omega_1, \omega_2) = 1 \qquad (9.18)$$

soit :

$$d\Omega_1 d\Omega_2 \int d\lambda_1 \int d\lambda_2 \; \rho(\lambda_1, \lambda_2, \omega_{\text{det}\,1}, \omega_{\text{det}\,2}) \simeq 1 \qquad (9.19)$$

Ce changement de normalisation introduit dans ρ un facteur en $1/d\Omega_1 d\Omega_2$ qui s'élimine avec celui de la valeur moyenne (9.17) ; la forte réduction des valeurs moyennes due à la sélection des paires ne se produit plus, et on retombe alors tout simplement dans un cas exactement équivalent à celui où cette sélection n'existait pas. La combinaison BCHSH de quatre valeurs moyennes peut alors atteindre les valeurs ± 2. En mécanique quantique, comme le petit facteur des angles solides a maintenant disparu, on retrouve la seule dépendance en $\cos(a - b)$ en fonction des paramètres de mesure a et b, qui conduit à une violation de l'inégalité de Bell.

9.E.2 Sélection dépendante des paramètres de mesure

Nous remplaçons maintenant l'hypothèse (i) ci-dessus par une condition plus générale, n'excluant plus une dépendance en fonction des paramètres de mesure :

(iii) Il existe maintenant une condition de sélection qui dépend des paramètres expérimentaux a et b : par exemple, après avoir été émises, et lorsqu'elles se rapprochent des analyseurs, les particules sont soumises à un processus physique (une absorption par exemple) qui en fait disparaître une proportion, d'une façon qui dépend du paramètre a pour la première particule, b pour la seconde. La condition de non-absorption pour la première particule devient alors :

$$\omega_1 \in D_1(a) \tag{9.20}$$

et celle pour la seconde particule est semblable. Si a et b sont des angles, nous pouvons par exemple écrire la condition de non-absorption des particules sous la forme :

$$a - \Delta a < \omega_1 < a + \Delta a \qquad ; \qquad b - \Delta b < \omega_2 < a + \Delta b \tag{9.21}$$

où Δa et Δb sont de petits angles donnés. On peut alors remplacer avec une bonne approximation $\rho(\lambda_1, \lambda_2, \omega_1, \omega_2)$ par $\rho(\lambda_1, \lambda_2, a, b)$, et la relation (9.17) est alors remplacée par :

$$\langle AB \rangle \simeq \Delta a \; \Delta b \int d\lambda_1 \int d\lambda_2 \; \rho(\lambda_1, \lambda_2, a, b) \; A(a, \lambda_1) \; B(b, \lambda_2) \tag{9.22}$$

À ce stade, il devient clair que le modèle permet une souplesse bien plus grande que ci-dessus pour reproduire des dépendances en a et b arbitraires ; nous sommes en effet libres de choisir la distribution positive $\rho(\Lambda)$ à notre gré, en particulier sa dépendance par rapport aux variables ω_1 et ω_2 qui, alors, introduit dans (9.22) une dépendance de ρ en a et b.

Pour voir de façon mathématiquement précise pourquoi, simplifions encore le modèle, en supposant par exemple que les domaines $D_1^{\pm}$ de la variable λ_1 où $A(a, \lambda_1) = \pm 1$ sont indépendants de a, et une hypothèse semblable pour l'autre particule ; c'est certes un cas extrême, puisque λ ne joue plus aucun rôle direct, toute la dépendance étant reportée dans celle de ρ en a et b, mais il permet toutefois de reproduire la mécanique quantique. En effet, on a alors :

$$\langle AB \rangle \simeq \Delta a \; \Delta b \; [I_{+,+} + I_{-,-} - I_{+,-} - I_{-,+}] \tag{9.23}$$

avec :

$$I_{\pm,\pm} = \int_{D_1^{\pm}} d\lambda_1 \int_{D_2^{\pm}} d\lambda_2 \; \rho(\lambda_1, \lambda_2, a, b) \tag{9.24}$$

Ces quatre intégrales sont évidemment proportionnelles aux probabilités des quatre résultats de mesure $(\pm, \pm)$, dont l'expression quantique a été donnée en (4.3) et (4.4). En choisissant arbitrairement la dépendance de ρ en ω_1 et

ω_2, donc de $\rho(\lambda_1, \lambda_2, a, b)$ en a et b, nous pouvons obtenir n'importe quelle dépendance des quatre probabilités par rapport aux paramètres de mesure, tout en restant dans le cadre d'un modèle réaliste et local. Il suffit par exemple de choisir une distribution ρ constante (en fonction de λ_1 et λ_2) dans les quatre domaines $D^{\pm}_{1,2}$, et de donner à ρ une valeur proportionnelle à la probabilité choisie pour réaliser l'accord des dépendances en a et b recherché. On reproduit ainsi les prédictions d'une théorie arbitraire, la seule condition étant qu'elle fournisse des probabilités positives pour toutes les valeurs de a et b.

Quelle est l'interprétation physique de ce résultat ? Nous avons simplement supposé que, pour chaque valeur des paramètres a et b, une sélection étroite des particules détectées était effectuée. À chaque changement (non-infinitésimal) des paramètres, l'expérience détecte des échantillons des paires pratiquement différents, de sorte qu'il suffit d'attribuer à ces classes de paires des propriétés arbitraires pour reproduire toutes les dépendances possibles en a et b, y compris celles de la mécanique quantique. Ce sont toutefois uniquement les variations relatives en fonction de a et b qui sont reproduites par ce modèle, et non les valeurs absolues des taux de coïncidence. Il existe en fait un compromis entre précision et efficacité de détection : plus les Δa et Δb sont petits, mieux l'équation (9.22) peut approcher une variation quelconque, mais le prix à payer est que de plus en plus de paires sont laissées de côté (non-détectées).

La conclusion est que la validité des inégalités de Bell est étroitement associée avec une hypothèse de détection de toutes les paires d'un échantillon bien défini, indépendant de a et b. Si, à chaque fois qu'on change les paramètres de mesure, on change la catégorie des paires détectées, aucune limite de type Bell ne peut exister pour la dépendance des taux de corrélation en fonction des paramètres de mesure a et b.

9.F Appendice F : Impossibilité d'une transmission superluminale de messages

9.F.1 Introduction

Dans les schémas d'expériences EPR, l'application du postulat de réduction projette instantanément la seconde particule sur un état propre correspondant à l'axe de quantification imposé par la première mesure. S'il était possible de parfaitement déterminer cet état, une transmission de messages plus rapide que la vitesse de la lumière serait possible : connaissant cet état, le second expérimentateur pourrait calculer la direction de quantification à laquelle il correspond, et donc connaître la direction choisie par le premier expérimentateur[7], même si tous deux sont dans deux galaxies lointaines très distantes l'une de l'autre. Cette possibilité pourrait être mise en œuvre pour construire une sorte de télégraphe, qui s'affranchirait totalement de toute limitation relativiste imposant un délai minimal de transmission (proportionnel à la distance couverte). Mais nous avons vu au §6.D.2 qu'il est impossible de déterminer complètement un état quantique à partir d'une seule réalisation de cet état. En effet, une seule réalisation ne permet qu'une seule mesure qui, sauf cas très particulier, perturbe l'état de sorte qu'une seconde mesure sur le même état n'est pas possible ; la première mesure ne donne pas, et de loin, suffisamment d'information pour complètement connaître l'état quantique – voir la discussion du § 6.D. Le télégraphe superluminal envisagé ne fonctionnerait donc pas.

Si l'utilisation directe d'une seule particule n'est pas possible pour envoyer le message, ne pourrions-nous pas reproduire son état en de multiples copies, et utiliser ces copies pour recevoir un message ? Supposons en effet pour un instant qu'un clonage parfait des états quantique soit possible – plus précisément que soit possible la reproduction multiple (avec de nombreuses particules) de l'état inconnu d'une particule unique[8]. L'application du processus de clonage à la seconde particule d'une paire EPR permettrait alors d'effectuer un nombre arbitraire de copies à l'identique de son état ; dans une seconde étape, on pourrait alors réaliser une série de mesures sur chacune de ces copies, et ainsi progressivement déterminer l'état inconnu avec une précision arbitraire. Mais nous avons également vu au § 6.D.1 que la mécanique quantique ne permet pas une telle duplication fidèle des états [254, 255] ; si l'on pense par exemple à utiliser l'émission stimulée pour cloner l'état de polarisation d'un photon unique en de multiples copies, la présence de l'émission spontanée introduit du bruit dans le processus et empêche la recopie exacte.

Tout ceci ne résout cependant pas complètement la question générale : même sans cloner des états quantiques ni mesurer parfaitement un état, donc en se contentant d'utiliser seulement l'information fournie par une seule mesure dans chaque région de l'espace, il n'est en rien évident que la réduction instantanée du vecteur d'état ne puisse pas être utilisée pour une communication plus rapide que la lumière. Après tout, il est également possible de répéter l'expérience de nombreuses fois avec des paires de particules indépendantes, et de chercher à extraire une information statistique des résultats des mesures. Or nous savons que les corrélations EPR sont très particulières et présentent des propriétés très inattendues, comme l'illustrent les violations des inégalités

7. Ce qui est discuté ici est l'envoi de messages via le choix des paramètres de mesure, qui sont librement choisis par les expérimentateurs. En revanche, les résultats des expériences ne sont pas choisis par eux, mais aléatoires ; même s'ils sont corrélés entre les deux régions de l'espace, ils ne peuvent être utilisés directement comme signaux transportant des messages.

8. L'opération de « clonage » ne doit pas être confondue avec la préparation d'une série de particules dans le même état quantique choisi par l'expérimentateur : une telle opération est réalisée par exemple en envoyant de nombreuses particules de spin $1/2$ à travers le même aimant de Stern et Gerlach jouant le rôle de filtre polarisant. Ce qui est théoriquement impossible est de dupliquer parfaitement un état quantique arbitraire et inconnu.

de Bell. Pourquoi ne pas imaginer qu'en utilisant des schémas EPR généralisés (plus de deux systèmes intriqués, systèmes délocalisés, etc.) il soit possible d'inventer des schémas d'expériences autorisant la communication superluminale de messages ? Nous allons maintenant montrer de façon générale que de tels schémas n'existent pas ; nous donnerons la preuve d'impossibilité dans le cas de deux particules (ou deux régions de l'espace), mais sa généralisation à un nombre plus grand de systèmes dans un nombre arbitraire de régions de l'espace différentes est directe.

9.F.2 Un premier schéma

Nous supposons donc qu'initialement deux observateurs éloignés ont accès à un ensemble de paires de particules corrélées deux à deux, qui se sont déjà propagées depuis leur source commune : la première vers la galaxie A où se trouve Alice, la seconde vers la galaxie B où se trouve Bob. Chaque paire est dans un état d'intrication quantique arbitraire ; nous la décrivons de façon générale par un opérateur densité avant la mesure $\rho(t_0)$. Une fois que les particules sont très éloignées, elles ne peuvent interagir, de sorte que leur hamiltonien est simplement la somme $H_1 + H_2$ de ceux de deux particules isolées. Alice choisit alors un paramètre de mesure a ou, plus généralement, une observable locale $O_A(1)$ à mesurer ; le second observateur, Bob, est lui aussi libre de choisir n'importe quelle observable locale $O_B(2)$, et peut utiliser autant de particules que nécessaire pour mesurer la fréquence d'apparition de chaque résultat. La question est alors de savoir si le second observateur peut extraire une information quelconque concernant le choix de O_A à partir d'une observation statistique quelconque des résultats qu'il observe en mesurant les différents O_B.

La formule (8.9) nous donne la probabilité de l'événement où Alice observe un résultat m à l'instant t_1 et Bob un résultat n à l'instant t_2 :

$$\mathcal{P}(m,t_1;n,t_2) = Tr\left\{\widehat{P}_{O_B}(n,t_2)\widehat{P}_{O_A}(m,t_1)\rho(t_0)\widehat{P}_{O_A}(m,t_1)\widehat{P}_{O_B}(n,t_2)\right\} \tag{9.25}$$

où $\widehat{P}_{O_A}(m,t_1)$ est, en point de vue de Heisenberg, le projecteur sur les états propres correspondant à la mesure d'Alice, et $\widehat{P}_{O_B}(n,t_2)$ le projecteur correspondant pour Bob. Mais Bob n'a pas connaissance des résultats obtenus par Alice, de sorte que la probabilité des événements qu'il observe est la somme de (9.25) sur m (§ 4.D.1) :

$$\mathcal{P}_B(n,t_2) = \sum_m \mathcal{P}(m,t_1;n,t_2) \tag{9.26}$$

Pour calculer cette somme, nous commençons par remarquer que les deux projecteurs $\widehat{P}_{O_A}(m,t_1)$ et $\widehat{P}_{O_B}(n,t_2)$ commutent entre eux : ils correspondent en effet à des opérateurs agissant sur des particules différentes, et évoluent en point de vue de Heisenberg sous l'influence d'hamiltoniens indépendants H_1

et H_2. Dans le membre de droite de (9.25), considérons l'avant-dernier opérateur $\widehat{P}_{O_A}(m,t_1)$; nous pouvons l'amener en dernière position puis, à cause de l'invariance par permutation des opérateurs sous la trace, le faire passer en toute première position, juste avant le premier $\widehat{P}_{O_B}(n,t_2)$, ou d'ailleurs également juste après puisqu'il commute avec cet opérateur. Comme le carré du projecteur $\widehat{P}_{O_A}(m,t_1)$ est égal au projecteur lui-même, pour finir nous avons ainsi simplement fait disparaître l'un des opérateurs $\widehat{P}_{O_A}(m,t_1)$ de (9.25). Il ne nous reste maintenant qu'à effectuer la sommation sur m. Comme :

$$\sum_m \widehat{P}_{O_A}(m,t_1) = 1 \tag{9.27}$$

nous obtenons pour finir :

$$\mathcal{P}_B(n,t_2) = Tr\left\{\widehat{P}_{O_B}(n,t_2)\rho(t_0)\widehat{P}_{O_B}(n,t_2)\right\} \tag{9.28}$$

On constate alors que, dans cette probabilité, toute dépendance en fonction du choix de l'opérateur O_A effectué par Alice a simplement disparu. Ainsi, en mesurant les probabilités des résultats des mesures locales qu'il peut effectuer, Bob n'a aucun moyen de pouvoir en déduire le choix de l'opérateur O_A effectué par Alice.

La démonstration se généralise aisément au cas où Alice et Bob effectuent, non pas une seule mesure, mais plusieurs à des instants différents[9]. Il s'ensuit que, de façon générale, le second observateur reçoit exactement la même information, de façon totalement indépendante des décisions prises par le premier observateur ; même le fait qu'Alice ait effectué ou non des mesures est indétectable dans la galaxie de Bob. Aucune communication plus rapide que la vitesse de la lumière n'est ainsi possible.

9.F.3 Généralisation

On pourrait objecter qu'il n'est pas nécessaire de supposer que la particule 1 se trouve dans la région de l'espace A et la particule 2 dans la région B : si chacune des particules se trouve à la fois dans les deux régions, n'est-il pas possible d'imaginer des cas où les probabilités concernant Bob dépendent du choix des mesures effectuées par Alice ? En fait, cette situation n'est pas

9. On procède comme plus haut, en commençant pas le dernier projecteur associé à une mesure effectuée par Alice ; on le fait passer en dernier dans la trace, puis en premier par permutation circulaire, puis on le regroupe avec son analogue en un seul projecteur. La sommation de ce projecteur résiduel sur les résultats correspondants donne alors 1. Puis on procède de même pour le second projecteur associé à la seconde mesure effectuée par Alice, etc. À la fin des sommations sur les m, on obtient une probabilité d'où toute dépendance par rapport aux choix des O_A a disparu.
Bien sûr, le cas intéressant est celui où les intervalles de temps entre les mesures sont plus courts que le temps de propagation de la lumière entre les deux régions de l'espace. Sinon, les particules auraient théoriquement le temps de se propager entre elles, de sorte que la comparaison avec la relativité perdrait son intérêt.

réellement différente de la précédente car, cette fois encore, tous les opérateurs correspondant aux mesures effectuées dans le région A commutent avec tous ceux associés aux mesures effectuées dans la région B. En théorie des champs, cette propriété découle du fait que des opérateurs champs en des points d'espace-temps séparés par des intervalles du genre espace commutent. En théorie plus élémentaire, si Alice peut détecter les deux particules, on peut écrire l'opérateur de mesure qui lui correspond comme une somme d'opérateurs agissant sur les deux particules :

$$O_{Alice} = P_A(1)O_A(1)P_A(1) + P_A(2)O_A(2)P_A(2) \tag{9.29}$$

où $P_A(1,2)$ est le projecteur sur tous les états de la particule 1, 2 sur tous les états localisés dans la région A ; le premier terme correspond au cas où Alice détecte la particule 1, le second à celui ou c'est la particule 2. De façon similaire, la mesure effectuée par Bob correspond à l'opérateur :

$$O_{Bob} = P_B(1)O_B(1)P_B(1) + P_B(2)O_B(2)P_B(2) \tag{9.30}$$

Il n'est alors par difficile de vérifier que O_{Alice} et O_{Bob} commutent. En effet, dans le produit entre ces deux opérateurs les termes en P_AP_B s'annulent lorsque les deux projecteurs contiennent la même particule ; il ne subsiste donc que la somme de deux termes :

$$P_A(1)O_A(1)P_A(1) \times P_B(2)O_B(2)P_B(2) \tag{9.31}$$

et celui où les numéros des deux particules sont échangées. Ceci correspond au fait que, si les deux opérateurs effectuent chacun une mesure sur une particule, c'est soit la particule 1 qui est dans la région A et la particule 2 qui est dans le région B, soit l'inverse, mais les deux particules ne peuvent pas se trouver du même côté. On voit alors immédiatement qu'il est possible d'intervertir l'ordre des facteurs dans (9.31) sans changer le résultat, de sorte que les deux opérateurs O_{Alice} et O_{Bob} commutent. Cette commutation nous permet donc d'appliquer la démonstration précédente et d'obtenir le même résultat : l'information disponible dans une région de l'espace est totalement indépendante de la nature de la mesure qui est effectuée dans l'autre. L'envoi de messages superluminaux est donc impossible, et la mécanique quantique n'est pas contradictoire avec la relativité !

9.G Appendice G : Mesures quantiques à des instants différents

Dans cet appendice nous nous intéressons aux probabilités associées à plusieurs mesures effectuées sur le même système quantique à des instants différents. Nous commençons par démontrer la relation (8.7), que nous avons utilisée dans le § 8.A.2 sans justification, afin d'en déduire la règle de Wigner

(8.9) à partir du postulat de réduction du vecteur d'état (§ 1.B.2). Inversement, ce postulat peut être déduit comme une conséquence d'une règle de Born généralisée au cas de plusieurs mesures effectuées à des instants différents. Dans une seconde partie de l'appendice, nous discutons cette déduction avec un raisonnement qui fait intervenir le couplage du système avec l'environnement des appareils de mesure.

9.G.1 Formule de Wigner

Pour voir comment (8.7) peut être démontré, commençons par calculer la probabilité pour que la première mesure donne le résultat m au temps t_1. La règle de Born habituelle (1.6) indique que cette probabilité est donnée par le carré de la norme du ket $|\Psi_m(t_1)\rangle$ défini en (8.3) :

$$\mathcal{P}_1(m, t_1) = \langle\Psi_m(t_1)\,|\Psi_m(t_1)\rangle \tag{9.32}$$

que nous pouvons également exprimer sous la forme d'une trace :

$$\mathcal{P}_1(m, t_1) = Tr\left\{|\Psi_m(t_1)\rangle\,\langle\Psi_m(t_1)|\right\} \tag{9.33}$$

comme le montre immédiatement la définition de la trace dans une base orthonormée quelconque. Évaluons alors la probabilité conditionnelle $\mathcal{Q}_{N/M}$ pour que, si le résultat m a été obtenu, la seconde mesure donne le résultat n. Après la première mesure, la relation (1.8) permet d'écrire le vecteur d'état normalisé sous la forme :

$$|\Psi'_m(t_1)\rangle = \frac{1}{\sqrt{\langle\Psi_m(t_1)\,|\Psi_m(t_1)\rangle}}\,|\Psi_m(t_1)\rangle \tag{9.34}$$

qui, après évolution entre les instants t_1 et t_2, n'est autre que le ket $|\Psi_m(t_2)\rangle$ écrit en (8.4) et (8.5), divisé par la racine carrée de $\langle\Psi_m(t_1)\,|\Psi_m(t_1)\rangle$. Le même raisonnement que ci-dessus donne alors la probabilité conditionnelle sous la forme :

$$\mathcal{Q}_{N/M}(m, t_1; n, t_2) = \frac{1}{\langle\Psi_m(t_1)\,|\Psi_m(t_1)\rangle}\,\langle\Psi_{m,n}(t_2)\,|\Psi_{m,n}(t_2)\rangle \tag{9.35}$$

où $|\Psi_{m,n}(t_2)\rangle$ est défini par (8.6). Nous en déduisons la probabilité d'obtenir la séquence des résultats m_1 et n_2 :

$$\mathcal{P}_1(m, t_1; n, t_2) = \mathcal{P}_1(m, t_1) \times \mathcal{Q}_{N/M}(m, t_1; n, t_2) = \langle\Psi_{m,n}(t_2)\,|\Psi_{m,n}(t_2)\rangle \tag{9.36}$$

(dans le numérateur et le dénominateur deux facteurs $\langle\Psi_m(t_1)\,|\Psi_m(t_1)\rangle$ s'annulent mutuellement). De façon équivalente, on peut exprimer le membre de droite de (9.36) comme une trace :

$$\mathcal{P}_1(m, t_1; n, t_2) = Tr\left\{|\Psi_{m,n}(t_2)\rangle\,\langle\Psi_{m,n}(t_2)|\right\} \tag{9.37}$$

Par récurrence, (9.36) conduit à (8.7).

Pour démontrer (8.9), nous introduisons l'opérateur de projection dans le point de vue de Heisenberg :

$$\widehat{P}_M(m,t_1) = U^\dagger(t_1,t_0)P_M(m)U(t_1,t_0) \tag{9.38}$$

Les relations (8.3) et (8.1) donnent, puisque $U(t_1,t_0)U^\dagger(t_1,t_0)=1$:

$$|\Psi_m(t_1)\rangle = P_M(m)U(t_1,t_0)\,|\Psi(t_0)\rangle = U(t_1,t_0)\widehat{P}_M(m,t_1)\,|\Psi(t_0)\rangle$$

et la relation (9.33), puisque $P_M(m)$ est hermitique :

$$\begin{aligned}\mathcal{P}_1(m,t_1) = Tr&\left\{U(t_1,t_0)\widehat{P}_M(m,t_1)\,|\Psi(t_0)\rangle\,\langle\Psi(t_0)|\,\widehat{P}_M(m,t_1)U^\dagger(t_1,t_0)\right\}\\ &= Tr\left\{\widehat{P}_M(m,t_1)\,|\Psi(t_0)\rangle\,\langle\Psi(t_0)|\,\widehat{P}_M(m,t_1)\right\}\\ &= Tr\left\{\widehat{P}_M(m,t_1)\rho(t_0)\widehat{P}_M(m,t_1)\right\}\end{aligned} \tag{9.39}$$

(nous avons effectué une permutation circulaire d'opérateurs sous la trace, ce qui nous a permis de supprimer deux opérateurs d'évolution dont le produit vaut 1).

Un calcul du même type peut être mené à partir de (9.36). Le ket $|\Psi_{m,n}(t_2)\rangle$ est donné par :

$$\begin{aligned}&|\Psi_{m,n}(t_2)\rangle = P_N(n)\;U(t_2,t_1)\;\;|\Psi_m(t_1)\rangle\\ &= P_N(n)\;U(t_2,t_1)U(t_1,t_0)U^\dagger(t_1,t_0)\;P_M(m)\;U(t_1,t_0)\,|\Psi(t_0)\rangle\end{aligned} \tag{9.40}$$

où nous avons inséré la relation $U(t_1,t_0)U^\dagger(t_1,t_0)=1$ afin de faire apparaître à nouveau le projecteur en représentation de Heisenberg $\widehat{P}_M(m,t_1)$; nous simplifions[10] alors le produit $U(t_2,t_1)U(t_1,t_0)$ en $U(t_2,t_0)$ et utilisons l'unitarité de U pour écrire :

$$|\Psi_{m,n}(t_2)\rangle = U(t_2,t_0)\widehat{P}_N(n,t_2)\widehat{P}_M(m,t_1)\,|\Psi(t_0)\rangle \tag{9.41}$$

Pour finir, compte tenu de (9.37) et après une permutation circulaire d'opérateurs sous la trace (qui fait disparaître deux U), nous obtenons :

$$\mathcal{P}_1(m,t_1;n,t_2) = Tr\left\{\widehat{P}_N(n,t_2)\widehat{P}_M(m,t_1)\,|\Psi(t_0)\rangle\,\langle\Psi(t_0)|\,\widehat{P}_M(m,t_1)\widehat{P}_N(n,t_2)\right\} \tag{9.42}$$

qui conduit à (8.9). Par la même méthode, il est possible de généraliser cette formule à plus de deux mesures, avec des projecteurs supplémentaires des deux côtés de $\rho(t_0)$. Par linéarité, le résultat reste valable dans les cas où l'opérateur densité $\rho(t_0)$ n'est pas un projecteur (état pur) comme dans (8.8), mais un mélange statistique.

10. L'opérateur d'évolution $U(t,t_0)$ entre les instants t_0 et t obéit à la relation en chaîne traduisant une évolution entre les instants t et t'', suivie par une évolution entre les temps t'' et t' : $U(t',t) = U(t',t'')\;U(t'',t)$.

9.G.2 Règle de Born généralisée

Nous adoptons maintenant une approche différente qui met l'accent sur l'intrication du système mesuré S avec les appareils de mesure. Une mesure associée avec l'opérateur M est effectuée à l'instant t_1, une autre associée à l'opérateur N à l'instant t_2, etc. (nous supposons que deux mesures sont effectuées, mais la généralisation à un nombre arbitraire de mesures ne pose aucun problème).

Initialement, à l'instant t_0, le système S est dans l'état $\left|\Psi^S(t_0)\right\rangle$; les deux appareils de mesure M et N, qui n'ont pas encore servi, sont dans les états de départ $\left|\Psi^M(t_0)\right\rangle$ et $\left|\Psi^N(t_0)\right\rangle$, et le vecteur d'état $\left|\overline{\Psi}(t_0)\right\rangle$ du système total y compris les appareils est le produit (tensoriel) :

$$\left|\overline{\Psi}(t_0)\right\rangle = \left|\Psi^S(t_0)\right\rangle \otimes \left|\Psi^M(t_0)\right\rangle \otimes \left|\Psi^N(t_0)\right\rangle \tag{9.43}$$

Nous supposons que les trois systèmes évoluent indépendamment (sans aucune interaction), excepté entre les instants t_1 et t'_1 où S interagit avec le premier appareil de mesure M, et entre les instants t_2 et t'_2 où il interagit avec le second appareil de mesure N. Les deux appareils de mesure sont macroscopiques ; chacun d'entre eux comprend une aiguille de mesure (pointeur) qui, une fois la mesure effectuée, indique le résultat qu'il fournit. Ils n'interagissent jamais entre eux, mais seulement avec le système S.

Entre les instants t_0 et t_1 l'état de S évolue de $\left|\Psi^S(t_0)\right\rangle$ vers $\left|\Psi^S(t_1)\right\rangle$ selon l'équation de Schrödinger (8.1) et, de même, les vecteurs d'état des appareils de mesure deviennent $\left|\Psi^M(t_1)\right\rangle$ et $\left|\Psi^N(t_1)\right\rangle$.

Considérons maintenant l'effet de la première mesure. Comme dans les §§ 1.B.2.a et 8.A.2, nous appelons $P_M(m)$ les projecteurs sur les vecteurs propres de l'opérateur M, de valeurs propres $m = m_1, m_2,..,m_i,..$, et développons $\left|\Psi^S(t_1)\right\rangle$ sur ces vecteurs propres ; les relations (8.2) et (8.3) deviennent ici :

$$\left|\Psi^S(t_1)\right\rangle = \sum_m \left|\Psi^S_m(t_1)\right\rangle \tag{9.44}$$

avec :

$$\left|\Psi^S_m(t_1)\right\rangle = P_M(m)\left|\Psi^S(t_1)\right\rangle \tag{9.45}$$

S'il se trouve que $\left|\Psi^S(t_1)\right\rangle$ est un vecteur propre de M avec la valeur propre m_i, alors un seul terme $m = m_i$ est présent dans la sommation ; le résultat de la première mesure est certain. À l'instant t'_1 juste après cette mesure, le premier appareil de mesure atteint un état bien défini $\left|\Psi^M_{m_i}(t'_1)\right\rangle$ où l'aiguille de mesure indique le résultat. Donc, dans ce cas particulier, juste après la mesure l'état du système total est :

$$\left|\overline{\Psi}(t'_1)\right\rangle = \left|\Psi^S_{m_i}(t'_1)\right\rangle \otimes \left|\Psi^M_{m_i}(t'_1)\right\rangle \otimes \left|\Psi^N(t'_1)\right\rangle \tag{9.46}$$

En général, lorsque $\left|\Psi^S(t_1)\right\rangle$ est quelconque, la linéarité de l'équation de Schrödinger entraîne que l'état du système total juste après la première mesure est :

$$\left|\overline{\Psi}(t_1')\right\rangle = \sum_m \left|\Psi_m^S(t_1')\right\rangle \otimes \left|\Psi_m^M(t_1')\right\rangle \otimes \left|\Psi^N(t_1')\right\rangle \tag{9.47}$$

Le premier appareil de mesure atteint alors un état qui dépend de la valeur propre m, mais pas le second, qui n'a pas encore interagi avec S. Notons au passage que toutes les évolutions des vecteurs d'état individuels sont décrites par des évolutions unitaires qui conservent la norme ; cependant le développement (9.44) contient des kets $\left|\Psi_m^S(t_1)\right\rangle$ dont la norme est en général plus petite que celle de $\left|\Psi^S(t_1)\right\rangle$.

Pour la seconde mesure, nous recommençons le même calcul. Entre les instants t_1' et t_2, pour chaque valeur de m dans (9.47) chaque terme dans le produit évolue indépendamment (évolution unitaire), et $\left|\overline{\Psi}(t_2)\right\rangle$ est obtenu en remplaçant t_1' par t_2 dans (9.47). Les expressions analogues de (9.44) et (9.45) sont alors :

$$\left|\Psi_m^S(t_2)\right\rangle = \sum_n \left|\Psi_{m,n}^S(t_2)\right\rangle \tag{9.48}$$

avec :

$$\left|\Psi_{m,n}^S(t_2)\right\rangle = P_N(n)\left|\Psi_m^S(t_2)\right\rangle \tag{9.49}$$

La seconde mesure corrèle l'état du second appareil de mesure à celui du système S. Pour finir, l'état de l'ensemble du système à l'instant t_2' après la seconde mesure est :

$$\left|\overline{\Psi}(t_2')\right\rangle = \sum_m \sum_n \left|\Psi_{m,n}^S(t_2')\right\rangle \otimes \left|\Psi_m^M(t_2')\right\rangle \otimes \left|\Psi_n^N(t_2')\right\rangle \tag{9.50}$$

Ce vecteur d'état contient une superposition cohérente de diverses composantes associées à toutes les paires possibles (m, n) de résultats de mesures ; dans chacune de ces composantes, l'état des appareils de mesure a enregistré les résultats.

C'est à ce stade que nous pouvons introduire une « règle de Born généralisée » et postuler que la probabilité d'obtenir les résultats (m, n) est donnée par le carré de la norme de chacune de ces composantes. Nous avons déjà remarqué que, tant que les trois sous-systèmes n'interagissent pas, la norme de chaque facteur dans une composante donnée reste constante. De fait, le seuls changements de norme interviennent pendant les interactions (les mesures) et sont contenus dans les développements (9.44) et (9.48). La probabilité $\mathcal{P}_{m,n}$ d'un résultat quelconque (m, n) est alors :

$$\mathcal{P}_{m,n} = \left\langle\Psi_{m,n}^S(t_2')\right|\left.\Psi_{m,n}^S(t_2')\right\rangle \tag{9.51}$$

qui n'est autre que la norme du ket :

$$\begin{aligned} &P_N(n)U(t_2, t_1')\left|\Psi_m^S(t_1')\right\rangle = \\ &= P_N(n)U(t_2, t_1')P_M(m)U(t_1, t_0)\left|\Psi^S(t_0)\right\rangle \end{aligned} \tag{9.52}$$

Les vecteurs d'état associés aux appareils de mesure ont totalement disparu de ce résultat, qui possède une interprétation simple en termes du système S seul : si l'on lit la seconde ligne de la gauche vers la droite, le système S était initialement dans l'état $|\Psi^S(t_0)\rangle$, a évolué librement de l'instant t_0 à l'instant t_1, a alors subi une projection sur un état propre correspondant au résultat de mesure m, puis a de nouveau évolué librement de l'instant t_1' à l'instant t_2, pour être enfin projeté sur les états propres correspondant au second résultat de mesure n. De plus, (9.51) est équivalent à la relation (8.7), obtenue dans la première partie de cet appendice en appliquant le postulat de réduction du paquet d'ondes. A partir des probabilités d'événements combinés (m, n), on peut obtenir les probabilités conditionnelles d'autres événements en utilisant les lois habituelles des probabilités. Le résultat final est que les deux méthodes conduisent exactement aux mêmes résultats pour toutes les probabilités : on peut indifféremment, soit mettre en jeu les appareils de mesure et utiliser une règle de Born généralisée, soit ne considérer que le seul système S et appliquer le postulat de réduction du vecteur d'état (§ 1.B.2.a). C'est donc une simple question de goût que de choisir une des méthodes comme postulat et d'en déduire l'autre méthode, ou le contraire.

9.H Appendice H : manipulation et sélection des variables supplémentaires

L'idée d'utiliser les équations hydrodynamiques (Madelung [344]) associées à l'évolution de la fonction d'onde pour guider le mouvement de variables supplémentaires (positions de particules) peut sembler très naturelle. En dynamique des fluides, des équations hydrodynamiques peuvent être obtenues en prenant la moyenne de quantités microscopiques sur les positions et les vitesses de particules ponctuelles – c'est ainsi qu'on peut obtenir les équations hydrodynamiques macroscopiques de Navier-Stokes à partir de l'équation de Boltzmann, grâce à des moyennes appropriées (méthode de Chapman-Enskog). Inversement, les variables hydrodynamiques influencent le mouvement des particules individuelles. Il existe même une certaine analogie entre le terme de guidage quantique et le terme de force dans une équation cinétique de Landau, où chaque particule est soumise à une force moyenne proportionnelle au gradient de la densité des autres. Cependant, ici nous étudierons une particule unique, de sorte que le terme de guidage ne peut pas provenir d'une interaction entre particules. De plus, nous savons dès le départ que des propriétés plutôt inhabituelles doivent être contenues dans les équations de guidage, au moins dans le cas où nous souhaitons reproduire parfaitement les prédictions de la mécanique quantique : le théorème de Bell impose que les variables additionnelles évoluent de façon non-locale dans l'espace habituel à trois dimensions (elles n'évoluent localement que dans l'espace plus grand des configurations du système, exactement comme pour le vecteur d'état). En d'autres termes, dans l'espace réel les variables supplémentaires doivent être capables de s'influencer mutuellement à des distances arbitrairement grandes. Effectivement, en théorie de Bohm la vitesse d'une particule contient une dépendance explicite par rapport à sa propre position, comme naturel, mais aussi par rapport à la position de toutes les autres particules qui sont intriquées avec la particule étudiée. En soi, ceci n'est pas un problème insurmontable : comme nous l'avons mentionné dans le § 8.F, on peut prendre le point de vue où le fait de rendre la non-localité complètement explicite est perçu comme une qualité de la mécanique quantique de Bohm.

Mais il faut prendre des précautions chaque fois que l'on ajoute un terme non-local dans les équations du mouvement : comme la relativité implique l'impossibilité de transmettre un message plus vite qu'à la vitesse de la lumière, il faut éviter tout élément dans la théorie qui entre en conflit avec ce principe. Nous devons distinguer deux cas, suivant que l'on considère les influences sur les variables supplémentaires qui sont directes (on les modifie « à la main », de façon complètement arbitraire, comme par exemple la position d'une boule de billard), ou indirectes (appliquer des champs externes modifie l'hamiltonien du système, ce qui modifie l'évolution de la fonction d'onde et, ensuite, affecte l'évolution des variables additionnelles). Dans le second cas, on peut vérifier que le terme non-local ne pose aucun problème, car il ne peut pas être utilisé pour envoyer instantanément une information via les variables additionnelles. Il s'agit là d'un résultat général, valable simplement parce que les prédictions statistiques de la théorie de Bohm sont équivalentes à la mécanique quantique standard, qui elle-même ne permet aucune communication superluminale (§ 4.D et Appendice F). Mais supposons par exemple que nous puissions directement manipuler la variable supplémentaire associée à une particule d'une paire EPR corrélée, et de façon totalement arbitraire (même à une échelle microscopique), sans changer la fonction d'onde ; alors le terme de vitesse quantique agissant sur les variables supplémentaires de la seconde particule en serait immédiatement changé, ainsi donc que ses positions ultérieures dans l'espace ; comme cette seconde particule peut se trouver à une distance en principe arbitrairement grande, on pourrait utiliser ce phénomène pour envoyer des messages plus rapidement que la vitesse de la lumière. La conclusion est, bien sûr, qu'une telle manipulation doit être considérée comme impossible : le seul mécanisme d'évolution des variables supplémentaires doit rester leur couplage à la fonction d'onde, sans intervention humaine directe.

Si les variables additionnelles ne peuvent pas être directement manipulées à une échelle microscopique, pourrions nous alors supposer qu'il est possible par une méthode appropriée de les filtrer dans un domaine donné, comme on le fait pour le vecteur d'état lorsque l'on sélectionne une composante selon Oz à la sortie d'un aimant de Stern et Gerlach ? Si nous pouvions par exemple, pour une particule dans un état propre de la composante Oz de son spin, sélectionner les valeurs d'une variable additionnelle en choisissant celles qui donnent un résultat $+1$ dans une mesure future de la composante du spin selon

Ox, que se produirait-il ? Si une telle sélection était possible grâce à un appareil de physique approprié, la théorie à variables supplémentaires cesserait d'être équivalente à la mécanique quantique standard, puisqu'elle introduirait du déterminisme à un endroit où la théorie standard l'exclut[11]. De plus, Valentini a montré [345] que, si la distribution initiale des positions de Bohm est différente de celle donnée par « l'équilibre quantique » habituel (§ 8.F.1.a), alors l'envoi de messages plus rapides que la lumière devient possible. Donc, si l'on pouvait d'une façon ou d'une autre préparer à la main une distribution des positions de Bohm qui diffère de $|\Psi(\mathbf{r}_1, \mathbf{r}_2, ...)|^2$, comme par exemple une distribution plus étroite, des contradictions avec la relativité apparaîtraient immédiatement. C'est la raison pour laquelle on considère généralement que de telles préparations sont impossibles[12].

En résumé, il est nécessaire de supposer que les variables supplémentaires ne peuvent, ni être manipulées directement, ni filtrées, contrairement au vecteur d'état. Les variables additionnelles décrivent une réalité objective, mais à un niveau différent de la réalité associée à la fonction d'onde, puisque seule cette dernière peut être influencée directement par des décisions humaines. Les variables supplémentaires sont bien visibles (les résultats des expériences) mais non-contrôlables, alors que les fonctions d'onde possèdent les propriétés complémentaires. Nous avons donc deux niveaux de réalité, l'un correspondant à des champs classiques (les fonctions d'onde) qui sont expérimentalement contrôlables mais non-observables, l'autre pour les positions qui sont directement observables mais non-contrôlables.

9.I Appendice I : Corrélations en théorie de Bohm

9.I.1 Fonction de corrélation temporelle

En mécanique quantique standard, le calcul de toute fonction de corrélation à deux temps doit inclure l'évolution du système entre les deux instants considérés ; cette évolution est contenue dans l'opérateur d'évolution unitaire $U(t', t)$, comme par exemple dans la relation (8.9). En théorie de Bohm, il est important de prendre en compte l'effet de la première mesure, qui corrèle le système étudié à un appareil de mesure et crée des « ondes vides » (§ 8.F.1.c).

11. En théorie orthodoxe, si une particule de spin 1/2 est initialement mise dans l'état de spin +1 par un appareil de Stern et Gerlach orienté selon Oz, il devient totalement impossible de faire aucune prédiction concernant la déviation observée lorsque la particule atteint ensuite un appareil de Stern et Gerlach orienté selon Ox.

12. Historiquement, Bohm et Bub ont envisagé une telle possibilité [5] – voir § 8.H.1.a. Bien évidemment, personne ne peut prédire le futur, et des révolutions conceptuelles sont toujours possibles, mais pour le moment il peut sembler plus raisonnable de conférer aux théories à variables supplémentaires toutes les propriétés qui les rendent équivalentes en termes de prédictions à la théorie standard.

Si on omet de le faire, on tombe immédiatement sur des contradictions avec les prédictions standard.

Par exemple, la Ref. [362] considère un oscillateur harmonique à 1 dimension qui est initialement dans un état stationnaire, et étudie la fonction de corrélation de la position aux instants t et t', dans le cas particulier où $t'-t$ est égal à la demi période de l'oscillateur $2\pi/\omega$. En mécanique quantique standard, il est facile de montrer que les opérateurs de position correspondants $X(t)$ et $X(t')$ sont alors simplement opposés l'un de l'autre, de sorte que la fonction de corrélation $\langle X(t)X(t')\rangle$ est égale à $-\left\langle [X(t)]^2\right\rangle$, donc forcément négative. En mécanique de Bohm, la particule est initialement statique puisque la fonction d'onde est réelle. Si l'on ignore l'effet de la première mesure, la particule va rester au même endroit, ce qui correspond à une fonction de corrélation égale à $\left\langle [X(t)]^2\right\rangle$, donc positive : on semble arriver à une contradiction. Mais si l'on tient compte de l'effet de la première mesure on trouve que, juste après la première mesure, chaque position de l'oscillateur est corrélée avec des positions différentes de l'aiguille de l'appareil de mesure. Comme la fonction d'onde n'est alors plus un produit, les mouvements des deux systèmes se corrèlent : pour chaque position de l'aiguille, la particule qui a été mesurée prend une vitesse différente. En pratique, juste après la première mesure, la distribution de position de l'oscillateur devient une étroite fonction, qui commence à osciller dans le puits de potentiel, de sorte que la fonction de corrélation de la position à deux temps devient une fonction oscillante. Le désaccord avec la fonction de corrélation quantique standard disparaît alors totalement, ainsi bien sûr que la contradiction de signe.

Un cas semblable est étudié dans la Ref. [361], avec deux oscillateurs harmoniques indépendants, initialement dans l'état :

$$|\Psi\rangle = \frac{2}{\sqrt{2}}\left[|1,0\rangle + |0,1\rangle\right] \tag{9.53}$$

où $|n,p\rangle$ désigne l'état où le premier oscillateur a le nombre quantique n et le second oscillateur le nombre quantique p ; pour simplifier, nous supposons que les fréquences des deux oscillateurs sont les mêmes, égales à $\omega/2\pi$. Comme les fonctions d'onde stationnaires de l'oscillateur harmonique peuvent être choisies réelles, les fonctions d'ondes associées le sont également, ce qui implique qu'aucune des deux particules ne subit le moindre mouvement.

Les opérateurs de position des deux oscillateurs commutent entre eux et peuvent être mesurés, soit simultanément, soit avec un délai entre les deux mesures (on peut par exemple supposer que les deux oscillateurs sont centrés en des points différents de l'espace, de sorte que faire la distinction entre leurs deux positions ne pose aucun problème particulier). Cette commutation rend le calcul standard de la fonction de corrélation des positions des deux particules très simple ; on trouve qu'elle comprend une composante oscillante à la fréquence $\omega/2\pi$. Mais d'autre part nous avons vu que les positions de

Bohm sont statiques, de sorte qu'une moyenne de leur produit sur toutes les trajectoires possibles donne un résultat constant. A nouveau, on a l'impression d'arriver à une contradiction entre les prédictions de la mécanique quantique standard et celles de la théorie de Bohm.

Mais en réalité ce n'est pas ainsi que les fonctions de corrélation doivent être calculées en théorie de Bohm : ici aussi, il faut tenir compte correctement de l'effet de la première mesure, même si les deux observables commutent, et même si elles correspondent à des systèmes indépendants. La première mesure corrèle la position de la particule avec celle d'une aiguille de mesure, ce qui crée des « ondes vides » et entraîne une dynamique modifiée du système, ce qui modifie à son tour la fonction de corrélation. Le cas étudié dans la Ref. [361] est en fait particulièrement intéressant, car les effets de la première mesure sont de débrancher (et non de brancher, comme on aurait pu le croire) des effets non-locaux. Le scénario est le suivant :

(i) Initialement, comme la fonction d'onde n'est pas un produit, les mouvements des deux particules sont soumis à des effets non-locaux compliqués. Pour une fonction d'onde réelle comme (9.53), les effets non-locaux s'ajoutent aux effets locaux du potentiel pour les compenser exactement, ce qui entraîne le mouvement le plus simple possible : aucune particule ne se déplace.

(ii) Quand la particule 1 est mesurée, le système devient un système à trois corps (ou plus) comprenant les positions des deux particules et celles de l'aiguille de mesure. Chaque trajectoire de Bohm sélectionne une position de l'aiguille (par exemple celle correspondant à une mesure positive dans le volume de détection) ; pour chacune de ces trajectoires les deux particules se déplacent ensuite guidées par une fonction d'onde qui est maintenant un produit. Les corrélations ont disparu de sorte que les effets non-locaux ont fait de même ; les deux particules subissent alors une évolution de Schrödinger locale.

(iii) Après la mesure, les deux particules oscillent dans leurs puits de potentiel, d'une façon qui reproduit exactement le résultat de la mécanique quantique standard pour la fonction de corrélation.

9.I.2 Corrélations de deux particules

9.I.2.a Expérience EPRB

Considérons, dans le cadre d'une expérience EPRB (§ 3.C.1), deux particules éloignées, la première de fonction d'onde $\varphi(\mathbf{r}_1)$ et la seconde de fonction d'onde $\chi(\mathbf{r}_2)$. Nous supposons de plus que ces particules ont chacune un spin 1/2 et que leurs spins sont intriqués dans un état singulet. En théorie de Bohm, il est commode d'expliciter les fonctions d'onde, de sorte que nous adoptons ici une notation mixte où ces dernières caractérisent les variables orbitales, alors que les spins sont traités comme des kets en notation de Dirac. Nous pouvons alors écrire la fonction d'onde/vecteur d'état du système de deux particules sous la forme :

$$|\Psi\rangle = \varphi(\mathbf{r}_1)\chi(\mathbf{r}_2)\frac{1}{\sqrt{2}}\left[|1:+,2:-\rangle - |1:-,2:+\rangle\right] \tag{9.54}$$

Supposons maintenant que la première particule pénètre dans un gradient de champ magnétique comme celui d'un aimant de Stern et Gerlach orienté selon la direction a, qui divise la fonction d'onde $\varphi(\mathbf{r}_1)$ en deux composantes spatialement séparées $\varphi'_+(\mathbf{r}_1)$ et $\varphi'_-(\mathbf{r}_1)$. Alors $|\Psi\rangle$ devient :

$$|\Psi'\rangle = \frac{1}{\sqrt{2}}\left[\varphi'_+(\mathbf{r}_1)\,|1:+\rangle_a\,|2:-\rangle_a - \varphi'_-(\mathbf{r}_1)\,|1:-\rangle_a\,|2:+\rangle_a\right]\chi(\mathbf{r}_2) \tag{9.55}$$

où les indices a dans les états de spin indiquent que la direction de quantification a été choisie parallèle à la direction a. Dans une telle situation, la position de Bohm de la première particule doit se trouver, soit dans le paquet d'ondes $\varphi'_+(\mathbf{r}_1)$, soit dans le paquet d'ondes $\varphi'_-(\mathbf{r}_1)$. L'autre onde est nécessairement une « onde vide », qui ne joue plus aucun rôle, et que l'on peut supprimer sans conséquence. Une des composantes de (9.55) ayant ainsi disparu, tout se passe comme si l'état de spin de la seconde particule avait été projeté sur l'état de spin opposé à celui de la première particule. La séparation spatiale du paquet d'ondes d'une des particules est donc suffisante pour effectuer une projection de l'état des deux spins, avant même que la seconde particule ait éventuellement pénétré dans un autre gradient de champ magnétique. On obtient ainsi un mécanisme très efficace qui reproduit la projection du vecteur d'état.

9.I.2.b Interférences à deux photons

Une réfutation expérimentale de la théorie de Bohm a été publiée dans la Ref. [363], mettant en jeu des corrélations entre deux photons, chacun passant par une fente différente dans un écran ; la réfutation en question se base sur des calculs théorique antérieurs visant à trouver une contradiction entre la théorie de Bohm et la mécanique quantique standard [364]. Mais, ici aussi, ce qui est réfuté n'est pas la vraie théorie de Bohm, mais une version modifiée de cette théorie. La théorie de Bohm complète est bâtie pour reproduire exactement les résultats de la mécanique quantique standard, pourvu que la même fonction d'onde soit utilisée dans les deux cas (symétrique par échange des deux bosons dans ce cas) ; de telles contradictions ne peuvent donc pas se produire. Dans le cas en question, l'hypothèse ajoutée est que les trajectoires des deux bosons sont toujours symétriques par rapport au plan de symétrie de l'expérience. Mais, dans la vraie théorie de Bohm, les positions des particules remplissent tout le volume à 6 dimensions disponible dans l'espace des configurations ; dans ce volume, des configurations de paires non symétriques sont parfaitement possibles.

9.J Appendice J : Modèles de réduction spontanée du vecteur d'état

Nous discutons dans cet appendice quelques modèles simples mettant en jeu une dynamique de Schrödinger modifiée stochastique, afin de montrer comment ils peuvent conduire à une évolution reproduisant la réduction du vecteur d'état lors d'une mesure (émergence d'une seule valeur propre dans une réalisation, avec une valeur aléatoire). Pour simplifier, nous ignorerons l'évolution habituelle sous l'effet de l'hamiltonien du système pendant le temps que dure la mesure, supposant par exemple que ce temps est trop court pour que cette évolution joue un rôle significatif; dans le cas contraire, il faudrait mener les mêmes calculs en représentation d'interaction, ce qui n'est pas très différent mais introduit une dépendance en temps des opérateurs.

9.J.1 Un seul opérateur

Considérons la mesure d'une certaine observable quantique associée à un opérateur hermitique A, et cherchons une équation d'évolution qui contienne un processus de réduction du vecteur d'état associé à cette mesure particulière. Comme le vecteur propre obtenu à la fin du processus doit varier aléatoirement d'une réalisation de la mesure à la suivante, cette équation d'évolution contient nécessairement une composante aléatoire, qui ici prendra la forme d'une fonction aléatoire du temps (alors que dans la théorie GRW ce sont les « hitting processes » qui introduisent cette composante aléatoire, cf. § 8.H.1.b).

9.J.1.a Équation d'évolution

Nous supposons que le vecteur d'état $|\Psi(t)\rangle$ évolue selon :

$$\frac{d}{dt}|\Psi(t)\rangle = -\left[w(t) - A\right]^2 \, |\Psi(t)\rangle \tag{9.56}$$

où $w(t)$ est une fonction aléatoire réelle du temps. Pour simplifier autant que possible, on peut discrétiser le temps en petits intervalles finis Δt pendant lesquels on suppose que $w(t)$ reste constante, et de plus ne peut prendre qu'un ensemble discret fini de valeurs w_1, w_2,..., w_N. On peut ensuite choisir une règle pour spécifier la progression dans le temps de $w(t)$, et éventuellement une règle d'interpolation pour rendre toutes les fonctions continues. Une autre possibilité est de choisir un autre modèle où $w(t)$ correspond à un bruit blanc (« Wiener process »), de mémoire temporelle nulle. Pour le moment, nous ne spécifions pas plus précisément cette fonction aléatoire.

L'équation (9.56) ne conserve pas la norme de $|\Psi(t)\rangle$, mais on peut définir un vecteur d'état normalisé $|\Phi(t)\rangle$ par :

$$|\Phi(t)\rangle = \frac{|\Psi(t)\rangle}{\langle\Psi(t)\,|\Psi(t)\rangle^{1/2}} \tag{9.57}$$

On a alors :

$$\begin{aligned}\frac{d}{dt}\left|\Phi(t)\right\rangle &= -\left[w(t)-A\right]^2 \left|\Phi(t)\right\rangle \\ &-\frac{1}{2\left\langle\Psi(t)\left|\Psi(t)\right\rangle\right.^{3/2}}(-2)\left\langle\Psi(t)\right|\left[w(t)-A\right]^2\left|\Psi(t)\right\rangle \times \left|\Psi(t)\right\rangle\end{aligned} \quad (9.58)$$

soit :

$$\frac{d}{dt}\left|\Phi(t)\right\rangle = \left\{-\left[w(t)-A\right]^2 + \left\langle\Phi(t)\right|\left[w(t)-A\right]^2\left|\Phi(t)\right\rangle\right\}\left|\Phi(t)\right\rangle \quad (9.59)$$

Avec cette équation non-linéaire, la norme de $\left|\Phi(t)\right\rangle$ ne varie pas dans le temps, quel que soit le choix fait pour la fonction aléatoire $w(t)$.

9.J.1.b Solution de l'équation

Si les $\left|a_n\right\rangle$ sont les vecteurs propres de A avec des valeurs propres[13] a_n, nous pouvons développer $\left|\Psi(t)\right\rangle$ selon :

$$\left|\Psi(t)\right\rangle = \sum_n x_n(t)\ \left|a_n\right\rangle \quad (9.60)$$

Nous avons alors :

$$\frac{d}{dt}x_n(t) = -\left[w(t)-A\right]^2 x_n(t) \quad (9.61)$$

de sorte que :

$$x_n(t) = e^{-\int_0^t dt'\left[w(t')-a_n\right]^2}\ x_n^0 \quad (9.62)$$

où x_n^0 est la valeur initiale de $x_n(t)$ à l'instant $t=0$. De façon équivalente, nous pouvons aussi écrire :

$$\left|\Psi(t)\right\rangle = e^{-\int_0^t dt'\left[w(t')-A\right]^2}\ \left|\Psi(0)\right\rangle \quad (9.63)$$

Selon (9.62), toutes les composantes de $\left|\Psi(t)\right\rangle$ décroissent constamment dans le temps, sauf si $w(t)=a_n$; dans ce cas particulier, les composantes associées avec une valeur propre de A restent constantes tant que l'égalité est satisfaite.

9.J.1.c La règle de probabilité CSL

Nous supposons maintenant que la probabilité de chaque réalisation de $w(t)$ (ces réalisations sont en nombre fini si l'on adopte les hypothèses simples ci-dessus) est proportionnelle au carré de la norme de la valeur de $\left|\Psi(t)\right\rangle$ obtenue à partir de (9.56) :

$$\mathcal{P}(w_1, w_2, .., w_N) = c_N \left\langle\Psi(t)\left|\Psi(t)\right\rangle\right.^{1/2} \quad (9.64)$$

13. En cas de dégénérescence, plusieurs valeurs consécutives de a_n sont égales, mais correspondent à des vecteurs propres différents (orthogonaux).

où $t = N\Delta t$, et où $w_1, w_2, ...w_N$ sont les valeurs choisies pour $w(t)$; le coefficient de normalisation c_N est obtenu en écrivant que la somme des probabilités pour toutes les réalisations est 1. La relation (9.64) est appelée la loi de probabilité CSL (pour « continuous spontaneous localization »). A partir de cette condition, le théorème de Bayes permet de calculer la probabilité que, si $w(t)$ a une valeur donnée à un instant donné, la fonction va sauter à n'importe quelle valeur pendant l'intervalle de temps discret suivant.

Parmi toutes les réalisations possibles des fonctions aléatoires $w(t)$, la loi de probabilité CSL favorise fortement un petit sous-ensemble, les fonctions qui préservent une grande norme pour $|\Psi(t)\rangle$, donc les fonctions qui sont constamment égales (ou presque) à l'une des valeurs propres a_n. Toutes les autres possibilités, si nombreuses qu'elles soient, sont par hypothèse considérées comme très peu probables. Le mécanisme ainsi obtenu brise la symétrie entre toutes les valeurs propres : la même fonction aléatoire ne peut pas rester la plupart du temps très proche de plus d'une valeur propre a_n ; elle doit faire un choix entre elles. Il en résulte que, au bout d'un certain temps, on finit toujours par obtenir un vecteur d'état qui est très proche d'un vecteur propre de A ; toutefois, en fonction de la fonction aléatoire $w(t)$, qui est a priori différente pour chaque réalisation de l'expérience, une valeur propre différente est obtenue à chaque fois. C'est exactement le comportement nécessaire pour reproduire la réduction du vecteur d'état.

Remarques :

(i) Ce modèle ne correspond pas stricto sensu à une théorie à variables supplémentaires, mais en est relativement similaire ; ce qui est ajouté à la mécanique quantique standard est une fonction aléatoire qui intervient dans la dynamique du vecteur d'état, pas une variable de type « variable cachée » qui correspondrait directement à la quantité mesurée, la position par exemple. On pourrait plutôt l'appeler un « modèle à fonctions cachées ».

(ii) La loi de probabilité CSL donne la probabilité de la réalisation d'une fonction aléatoire particulière, mais pas d'une valeur particulière de $|\Psi(t)\rangle$, puisque plusieurs fonctions aléatoires différentes peuvent conduire au même vecteur d'état.

9.J.2 Plusieurs opérateurs

Lorsqu'on mesure la position d'une particule, on peut imaginer la présence de nombreux détecteurs de position situés en différents points de l'espace, chacun signalant la présence éventuelle de la particule dans son domaine spatial. Il s'agit alors de la mesure simultanée d'un grand nombre d'observables commutant entre elles. Nous généralisons donc le modèle précédent au cas où plusieurs opérateurs A_k interviennent dans la dynamique du vecteur d'état.

9.J.2.a Équation d'évolution

Nous postulons maintenant l'équation d'évolution :

$$\frac{d}{dt}|\Psi(t)\rangle = -\sum_k [w_k(t) - A_k]^2 \ |\Psi(t)\rangle \tag{9.65}$$

qui contient un ensemble de fonctions aléatoires réelles $w_k(t)$ et une série d'opérateurs A_k commutant tous entre eux. Par exemple, ces opérateurs sont diagonaux en représentation position, et ont pour effet de multiplier la fonction d'onde par une fonction donnée $\varphi_k(\mathbf{r})$. Ces fonctions $\varphi_k(\mathbf{r})$ sont, par exemple, des fonctions gaussiennes de largeur $\alpha^{-1/2}$ centrées sur un réseau régulier de points remplissant tout l'espace et repérés par l'indice k. Les opérateurs A_k commutent alors toujours entre eux, mais leur produit pour deux valeurs différentes de k n'est pas nécessairement nul à cause du recouvrement mutuel des $\varphi_k(\mathbf{r})$.

Nous introduisons alors un second réseau, bien plus fin que le précédent, fait de « cellules » cubiques de dimensions bien plus petites que $\alpha^{-1/2}$, qui sont repérées par l'indice q. À l'intérieur de chacune de ces cellules, chacun des $\varphi_k(\mathbf{r})$ reste pratiquement constant, de sorte que dans ce volume l'action de A_k peut être assimilée à une multiplication par une constante, la valeur φ_k^q de $\varphi_k(\mathbf{r})$ au centre de la cellule. Ainsi, si nous développons le vecteur d'état initial sur ses composantes dans les cellules[14] :

$$|\Psi(0)\rangle = \sum_q \left|\overline{\Psi}_q^0\right\rangle \tag{9.66}$$

nous avons :

$$A_k \left|\overline{\Psi}_q^0\right\rangle \simeq \varphi_k^q \left|\overline{\Psi}_q^0\right\rangle \tag{9.67}$$

qui signifie que $\left|\overline{\Psi}_q^0\right\rangle$ est pratiquement un vecteur propre de A_k. Dans ces conditions :

$$|\Psi(t)\rangle \simeq \sum_q \left[e^{-\int_0^t dt' \sum_k \left[w_k(t') - \varphi_k^q\right]^2}\right] \left|\overline{\Psi}_q^0\right\rangle \tag{9.68}$$

Nous pouvons également écrire l'équation d'évolution du vecteur d'état $|\Phi(t)\rangle$ défini par (9.57) ; nous obtenons :

$$\frac{d}{dt}|\Phi(t)\rangle = \left\{-\sum_k [w_k(t) - A]^2 + \langle\Phi(t)|\sum_k [w_k(t) - A]^2 |\Phi(t)\rangle\right\}|\Phi(t)\rangle \tag{9.69}$$

14. La composante $\left|\overline{\Psi}_q^0\right\rangle$ est définie par le fait que, dans la cellule q, sa fonction d'onde est égale à celle de $|\Psi(0)\rangle$, mais qu'elle est nulle hors de la cellule q.

9.J.2.b Émergence spontanée d'une localisation du vecteur d'état

La situation est alors semblable à celle qui se produit pour un seul opérateur A. En effet, l'équation (9.68) montre qu'une composante associée à une cellule q particulière ne peut garder une norme importante que si chaque fonction aléatoire $w_k(t)$ reste très proche de la valeur φ_k^q pendant presque tout l'intervalle de temps $[0, t]$. Cela signifie que la fonction $w_k(t)$ correspondant au point k du réseau initial le plus proche de la cellule q doit prendre une valeur significative ; quant aux autres fonctions aléatoires $w_{k'}(t)$ avec $k' \neq k$, elles doivent être bien plus petites puisque $\varphi_{k'}^q$ prend une valeur d'autant plus faible (exponentiellement) que le point k' est éloigné de la cellule considérée. Il en découle que les fonctions aléatoires $w_k(t)$ peuvent sélectionner une cellule q particulière, ou même un ensemble de cellules proches si elles sont petites et si le temps n'est pas trop grand, mais certainement pas plusieurs cellules éloignées à la fois. Ainsi, si l'on postule comme plus haut la règle de probabilité CSL, on favorise des ensembles de fonctions très particulières, ceux pour lesquels la fonction d'onde se localise dans des cellules avoisinantes, voire une seule au bout d'un certain temps. On réalise ainsi l'équivalent d'une réduction du vecteur d'état dans une petite région quelconque et aléatoire de l'espace.

9.K Appendice K : Familles d'histoires cohérentes

Cet appendice discute la condition de cohérence (8.32) et comment construire des familles d'histoires cohérentes. En premier lieu, il nous faut mentionner que d'autres conditions de cohérence ont été proposées et utilisées dans la littérature ; dans l'article de Griffiths initial sur les histoires [15], une condition plus faible était introduite, ne demandant que l'annulation de la partie réelle de (8.32). Pour simplifier, nous nous limiterons ici à une discussion de la condition plus forte (8.32), condition suffisante mais pas nécessaire de l'autre forme ; en effet il se trouve, comme le remarque la Ref. [431], qu'il semble plus utile dans ce contexte d'introduire plus de sélectivité que de généralité dans la définition des histoires cohérentes.

À première vue, une question vient tout de suite à l'esprit : est-il facile, ou même tout simplement possible, de remplir exactement le grand nombre de conditions exprimées par (8.32) ? D'ailleurs, Gell-Mann et Hartle ont proposé d'attribuer un rôle fondamental aux familles qui ne satisfont à cette condition que de façon approchée [423] ; ici nous ne prenons pas ce point de vue et ne prenons en compte que des conditions de cohérence exactes. Supposons par exemple que le système étudié soit une particule se propageant dans l'espace libre ; les divers projecteurs peuvent alors définir des domaines pour la position de la particule, qui jouent des rôles un peu semblables à des diaphragmes ou filtres spatiaux en optique classique, confinant un faisceau optique dans la direction transverse. Dans ces conditions, la condition de cohérence apparaît comme similaire à une condition de non-interférence pour les ondelettes de Huyghens qui sont émises par la surface interne de chaque diaphragme. Mais nous savons par ailleurs que la diffraction est un phénomène inévitable lors de la propagation de la lumière ; même si elle peut rester très faible lorsque la longueur d'onde est suffisamment courte et les diaphragmes suffisamment larges, elle n'est jamais strictement zéro. La question se pose donc : pouvons-nous vraiment satisfaire la condition de non-interférence de façon exacte ? La réponse à la question est oui, mais il est nécessaire de jouer sur la grande flexibilité dont nous disposons pour le choix des sous-espaces dans un grand espace des états, et de ne pas nous limiter uniquement à des projecteurs sur des positions bien définies. Pour mieux comprendre pourquoi, esquissons maintenant une méthode systématique possible pour construire des familles cohérentes.

La méthode la plus simple est de guider la construction sur la structure de la relation (8.32), et d'introduire les états propres $|\varphi_n^0>$ de l'opérateur densité $\rho(t_0)$ (un opérateur hermitique peut toujours être diagonalisé) ; définissons alors les opérateurs $\widehat{P}_{1,j_1}(t_1)$ par :

$$\widehat{P}_{1,n}(t_1) = \left|\varphi_n^0\right\rangle \left\langle\varphi_n^0\right| \tag{9.70}$$

ce qui est équivalent à supposer que les opérateurs $P_{1,j}$ qui leur correspondent dans le point de vue de Schrödinger sont les projecteurs sur les états qui ont évolué à partir des $\left|\varphi_n^0\right\rangle$ entre les instants t_0 et t_1. Comme $\rho(t_0)$ est évidemment diagonal dans sa propre base, ce choix assure déjà la présence d'un facteur $\delta_{j_1,j_1'}$ dans le membre de droite de (8.32). Ensuite nous pouvons également supposer que les P_{2,j_2} sont définis comme les projecteurs sur les états qui ont évolué à partir des $\left|\varphi_n^0\right\rangle$ entre les instants t_0 et t_2, de sorte qu'une relation semblable à (9.70) est obtenue à nouveau ; ceci introduit, non seulement la présence de facteurs $\delta_{j_2,j_2'}$ dans le membre de droite de (8.32), mais également l'apparition d'une fonction delta δ_{j_1,j_2}. La procédure peut être répétée autant de fois que nécessaire, et de cette façon une famille cohérente est obtenue.

Il s'agit toutefois d'une famille très spéciale, et pour plusieurs raisons. La première est que chaque projecteur correspond à un sous-espace de dimension 1 seulement, ce qui correspond aux familles qui ont une « précision maximale ». La seconde est que la plupart des histoires ont une probabilité nulle : en fait, seules celles correspondant à $j_1 = j_2 = j_3 = ...$ sont possibles, ce qui signifie que l'indéterminisme n'intervient qu'au temps initial t_1, tous les sous-espaces à des temps ultérieurs étant parfaitement déterminés. La description est, en un sens, triviale : le système part de l'un des états propres de $\rho(t_0)$ et évolue ensuite de façon déterministe à partir de cet état initial.

Mais il est également possible de rendre la famille moins singulière en groupant, pour chaque temps t_i, plusieurs projecteurs en un seul ; on peut procéder à des associations différentes à des temps différents. La description de l'évolution de l'état au sein de cette famille est alors moins précise, mais aussi moins triviale puisque les projecteurs différents ne sont plus associés deux par deux. Cependant, on peut vérifier que le caractère cohérent de la famille n'a pas été détruit par ce regroupement de projecteurs. La méthode que nous avons présentée n'est certainement pas la seule ; bien d'autre méthodes existent pour construire des familles d'histoires cohérentes.

Bibliographie

[1] N. Bohr, « The Solvay meetings and the development of quantum mechanics », Essays 1958-62 on atomic physics and human knowledge, Vintage, New York (1966) ; « Atomic physics and the Description of Nature », Cambridge University Press, 1930.

[2] J. von Neumann, « Mathematische Grundlagen des Quantenmechanik », Springer, Berlin (1932) ; « Mathematical Foundations of Quantum Mechanics », Princeton University Press (1955).

[3] J.S. Bell, « On the problem of hidden variables in quantum mechanics », Rev. Mod. Phys. **38**, 447-452 (1966) ; reproduit dans « Quantum theory of measurement », J.A. Wheeler and W.H. Zurek editors, Princeton University Press (1983), 396-402 et dans le chapitre 1 de [4].

[4] J.S. Bell, « Speakable and unspeakable in quantum mechanics », Cambridge University Press (1987) ; deuxième édition (2004) avec la série complète des articles de J. Bell sur la mécanique quantique.

[5] D. Bohm and J. Bub, « A proposed solution of the measurement problem in quantum mechanics by a hidden variable theory », Rev. Mod. Phys. **38**, 453-469 (1966).

[6] D. Bohm and J. Bub, « A refutation of the proof by Jauch and Piron that hidden variables can be excluded in quantum mechanics », Rev. Mod. Phys. **38**, 470-475 (1966).

[7] N.D. Mermin, « Hidden variables and the two theorems of John Bell », Rev. Mod. Phys. **65**, 803-815 (1993) ; voir en particulier le § III.

[8] A. Shimony, « Role of the observer in quantum theory », Am. J. Phys. **31**, 755-773 (1963).

[9] D. Bohm, « A suggested interpretation of the quantum theory in terms of "hidden" variables », Phys. Rev. **85**, 166-179 and 180-193 (1952) ; par le même auteur, voir également « Quantum Theory », Constable, London (1954), bien que cet ouvrage ne discute pas les théories à variables supplémentaires.

[10] N. Wiener and A. Siegel, « A new form for the statistical postulate of quantum mechanics », Phys. Rev. **91**, 1551-1560 (1953) ; A. Siegel and N. Wiener, « Theory of measurement in differential space quantum theory », Phys. Rev. **101**, 429-432 (1956).

[11] P. Pearle, « Reduction of the state vector by a non-linear Schrödinger equation », Phys. Rev. **D 13**, 857-868 (1976).

[12] P. Pearle, « Toward explaining why events occur », Int. J. Theor. Phys. **18**, 489-518 (1979).

[13] G.C. Ghirardi, A. Rimini, T. Weber, « Unified dynamics for microscopic and macroscopic systems », Phys. Rev. **D 34**, 470-491 (1986) ; « Disentanglement of quantum wave functions », Phys. Rev. **D 36**, 3287-3289 (1987).

[14] B.S. DeWitt, « Quantum mechanics and reality », Physics Today **23**, 30-35 (September 1970).

[15] R.B. Griffiths, « Consistent histories and the interpretation of quantum mechanics », Journ. Stat. Phys. **36**, 219-272 (1984).

[16] S. Goldstein, « Quantum theory without observers », Physics Today **51**, 42-46 (March 1998) and 38-41 (April 1998).

[17] « Quantum mechanics debate », Physics Today **24**, 36-44 (April 1971) ; « Still more quantum mechanics », Physics Today **24**, 11-15 (Oct. 1971).

[18] B.S. DeWitt and R.N. Graham, « Resource letter IQM-1 on the interpretation of quantum mechanics », Am. J. Phys. **39**, 724-738 (1971).

[19] M. Jammer, « The conceptual development of quantum mechanics », Mc. Graw Hill (1966) ; deuxième édition (1989).

[20] O. Darrigol, « From c-numbers to q-numbers ; the classical analogy in the history of quantum theory », Univ. of California Press (1992).

[21] B. d'Espagnat, « Conceptual foundations of quantum mechanics », Benjamin, New York (1971).

[22] B. d'Espagnat, « Veiled reality ; an Analysis of present day quantum mechanics concepts », Addison Wesley (1995) ; « Le réel voilé, analyse des concepts quantiques », Fayard, Paris (1994) ; « Une incertaine réalité, la connaissance et la durée », Gauthier-Villars, Paris (1985) ; « A la recherche du réel », Gauthier Villars Bordas, Paris (1979).

[23] M. Planck, « Über eine Verbesserung des Wienerschen Spektralgleichung », Verhandlungen der Deutschen Physikalischen Gesellschaft, **2**, 202-204 (1900). Physikalische Abhandlungen und Vorträge, vol. 1, 493-600, Friedrich Vieweg und Sohn (1958).

[24] A. Pais, « Einstein and the quantum theory », Rev. Mod. Phys. **51**, 863-911 (1979).

[25] E.H. Lieb and R. Seiringer, « The stability of matter in quantum mechanics », Cambridge Univ. Press (2010).

[26] L. de Broglie, « Recherches sur la théorie des quanta », thèse Paris (1924).

[27] C.J. Davisson and L.H. Germer, « Reflection of electrons by a crystal of nickel », Nature, **119**, 558-560 (1927).

[28] O. Darrigol, « Strangeness and soundness in Louis de Broglie's early works », Physis **30**, 303-372 (1993).

[29] E. Schrödinger, « Quantisierung als Eigenwert Problem » ; Annalen der Physik ; 1st communication : **79**, 361-376 (1926) ; 2nd communication : **79**, 489-527 (1926) ; 3rd communication : **80**, 437-490 (1926) ; 4th communication : **81**, 109-139 (1926).
[30] M. Born, « Quantenmechanik der Stossvorgänge », Zeitschrift der Physik **38**, 803-827 (1926) ; « Zur Wellenmechanik der Stossvorgänge », Göttinger Nachrichten 146-160 (1926).
[31] E.A. Cornell and C.E. Wieman, « The Bose-Einstein condensate », Scientific American **278**, 26-31 (March 1998).
[32] W. Heisenberg, « The physical principles of the quantum theory », University of Chicago Press (1930).
[33] P.A.M. Dirac, « The principles of quantum mechanics », Oxford University Press (1930, 1958).
[34] D. Howard, « Who Invented the Copenhagen Interpretation ? A study in Mythology », Philosophy of Science **71**, 669-682 (2004).
[35] P. Grangier, J.A. Levenson and J.P. Poizat, « Quantum non demolition measurements in optics », Nature **396**, 537-542 (1998).
[36] N. Bohr, « Can quantum-mechanical description of physical reality be considered complete ? », Phys. Rev. **48**, 696-702 (1935).
[37] H.P. Stapp, « S-matrix interpretation of quantum theory », Phys. Rev. **D3**, 1303-1320 (1971).
[38] H.P. Stapp, « The Copenhagen interpretation », Am. J. Phys. **40**, 1098-116 (1972).
[39] A. Peres, « What is a state vector ? », Am. J. Phys. **52**, 644-650 (1984).
[40] J.B. Hartle, « Quantum mechanics of individual systems », Am. J. Phys. **36**, 704-712 (1968).
[41] N. Bohr, « On the notions of causality and complementarity », Dialectica **2**, 312-319 (1948).
[42] J.S. Bell, « Quantum mechanics for cosmologists », in Quantum Gravity, C. Isham, R. Penrose and D. Sciama editors, **2**, 611-637, Clarendon Press (1981) ; pages 117-138 de [4].
[43] D. Mermin, « Is the moon there when nobody looks ? Reality and the quantum theory », Physics Today **38**, 38-47 (April 1985).
[44] F. London and E. Bauer, « La théorie de l'observation en mécanique quantique », no 775 des Actualités scientifiques et industrielles, exposés de physique générale, Hermann, (Paris, 1939) ; traduit en anglais dans « The theory of observation in quantum mechanics » in « Quantum theory of measurement », J.A. Wheeler and W.H. Zurek editors, Princeton University Press, pages 217-259 (1983) ; voir en particulier le §11, mais aussi 13 et 14.
[45] M. Jammer, « The Philosophy of quantum mechanics », Wiley (1974).
[46] E. Schrödinger, « Die gegenwärtige Situation in der Quantenmechanik », Naturwissenschaften **23**, 807-812, 823-828, 844-849 (1935).

[47] J.D. Trimmer, « The present situation in quantum mechanics : a translation of Schrödinger's cat paradox paper », Proc. Amer. Phil. Soc. **124**, 323-338 (1980). Disponible également dans les pages 152-167 de « Quantum theory of measurement », J.A. Wheeler and W.H. Zurek editors, Princeton University Press (1983).

[48] A. Einstein, lettre à Schrödinger du 8 août 1935 ; voir par exemple page 238 de [68].

[49] E.P. Wigner, « The problem of measurement », Am. J. Phys. **31**, 6-15 (1963) ; reproduit dans « Symmetries and Reflections », Indiana University Press, page 153-170 ; ou encore dans « Quantum theory of measurement », J.A. Wheeler and W.H. Zurek editors, Princeton University Press (1983), 324-341.

[50] E.P. Wigner, « Remarks on the mind-body question » in « The scientist speculates », 284-302, I.J. Good ed. Heinemann, London (1961) ; reproduit dans E.P. Wigner, « Symmetries and reflections », Indiana University Press (1967), 171-184.

[51] A.C. Elitzur and L. Vaidman, « Quantum mechanical interaction-free measurements », Found. Phys. **23**, 987-997 (1993).

[52] P. Kwiat, H. Weinfurter, T. Herzog, A. Zeilinger and M.A. Kasevich, « Interaction-free measurement », Phys. Rev. Lett. **74**, 4763-4766 (1995).

[53] L. Hardy, « On the existence of empty waves in quantum theory », Phys. Lett. **167**, 11-16 (1992).

[54] Tae-Gon Noh, « Counterfactual quantum cryptography », Phys. Rev. Lett. **103**, 230501 (2009).

[55] A. Petersen, « The philosophy of Niels Bohr », in Bulletin of the Atomic Scientists **19** (sept. 1963).

[56] C. Chevalley, « Niels Bohr's words and the Atlantis of Kantianism », pages 33-57 de « Niels Bohr and contemporary philosophy », J. Faye and H. Folse editors, Dordrecht Kluwer (1994).

[57] N. Bohr, « The unity of human knowledge » (october 1960) ; « Atomic physics and human knowledge », Wiley (1958 et 1963).

[58] C. Norris, « Quantum theory and the flight from realism », p. 233, Routledge (2000).

[59] N. Bohr, « Quantum physics and philosophy : causality and complementarity », in « Philosophy in the mid-century : a survey » ; R. Klibansky ed., La Nuova Italia Editrice, Firenze (1958). Voir également « The quantum of action and the description of nature », dans « Atomic theory and the description of nature », Cambridge University Press, 92-101 (1934).

[60] P. Bokulich and A. Bokulich, « Niels Bohr's generalization of classical mechanics », Foundations of Physics **35**, 347-371 (2005).

[61] N. Bohr, « Atomic theory and mechanics », Nature **116**, 845-852 (1925).

[62] N. Bohr, collected works, F. Aaserud editor, Elsevier (2008) ; voir également « collected works, complementarity beyond physics (1928-1962) ».
[63] M. Born, « Physical aspects of quantum mechanics », Nature **119**, 354-357 (1927).
[64] W. Heisenberg, « Physics and philosophy », Harper and brothers publishers (1958) ; Harper Perennial Modern Classics (2007).
[65] J.S. Bell, « Bertlmann's socks and the nature of reality », J. Physique colloques **C2**, 41-62 (1981). Cet article est reproduit pages 139-158 de [4].
[66] E. Schrödinger, « What is life ? Mind and matter », Cambridge University Press, p. 137 (1944 et 1967).
[67] A. Einstein, lettre à Schrödinger du 31 mai 1928 ; disponible par exemple (traduite en français) page 213 de [68].
[68] F. Balibar, O. Darrigol and B. Jech, « Albert Einstein, oeuvres choisies I, quanta », Editions du Seuil et Editions du CNRS (1989).
[69] A. Einstein, « Physik und Realität », Journal of the Franklin Institute **221**, 313-347 (1936).
[70] J.S. Bell, « Against measurement », dans « 62 years of uncertainty », Erice meeting in August 1989 (Plenum Press) ; reproduit dans l'édition 2004 de [4].
[71] L. Rosenfeld, « The measuring process in quantum mechanics », Suppl. Prog. Theor. Phys., extra number 222 « Commemoration of the thirtiest anniversary of the meson theory by Dr. H. Yukawa » (1965).
[72] K. Gottfried, « Quantum mechanics », Benjamin (1966) ; deuxième édition : K. Gottfried and Yan Tun-Mow, Springer (2003).
[73] A.J. Leggett, « Testing the limits of quantum mechanics : motivation, state of play, prospects », J. Phys. Condens. Matter **14**, R415-R451 (2002).
[74] A.J. Leggett, « Macroscopic quantum systems and the quantum theory of measurement », Supplement of the Progr. Theor. Phys. no 69, 80-100 (1980).
[75] A.J. Leggett, « The problems of physics », Oxford University Press (1987).
[76] N.G. van Kampen, « Ten theorems about quantum mechanical measurements », Physica **A 153**, 97-113 (1988).
[77] B.G. Englert, M.O. Scully and H. Walther, « Quantum erasure in double-slit interferometers with which-way detectors », Am. J. Phys. **67**, 325-329 (1999) ; voir les premières lignes du § IV.
[78] C.A. Fuchs and A. Peres, « Quantum theory needs no 'interpretation' », Physics Today **53**, March 2000, 70-71 ; voir également des réactions variées à ce texte dans les lettres reproduites dans le numéro de Septembre 2000.
[79] C.F. von Weizsäcker, « Voraussetzungen des naturwissenschaftlichen Denkens », Hanser Verlag (1971).

[80] A. Einstein, B. Podolsky and N. Rosen, « Can quantum-mechanical description of physical reality be considered complete ? », Phys. Rev. **47**, 777-780 (1935) ; ou dans « Quantum theory of measurement », J.A. Wheeler and W.H. Zurek editors, Princeton University Press (1983), 138-141.

[81] M. Born editor, « The Einstein-Born letters » (1916 - 1955), MacMillan, London (1971).

[82] A. Einstein, lettre à Schrödinger du 19 juin 1935 ; disponible par exemple page 234 de [68].

[83] A. Einstein, « Quantenmechanik und Wirklichkeit », Dialectica **2**, 320-324 (1948).

[84] A. Einstein « Autobiographical notes » pages 5-94 (particulièrement p. 85) et « Reply to criticism » pages 663-688 (particulièrement 681-3) dans « Albert Einstein : philospher-scientist », P.A . Schilpp editor, Open Court and Cambridge University Press (1949).

[85] T. Sauer, « An Einstein manuscript on the EPR paradox for spin observables », Studies in history and philosophy of modern physics, **38**, 879-887 (2007).

[86] A. Peres, « Einstein, Podolsky, Rosen, and Shannon », Found. Phys. **35**, 511-514 (2005).

[87] D. Home and F. Selleri, « Bell's theorem and EPR paradox », Rivista del Nuov. Cim. **14**, 1-95 (1991).

[88] D. Bohm, « Quantum Theory », Prentice Hall (1951).

[89] N. Bohr, « Quantum mechanics and physical reality », Nature **136**, 65 (1935).

[90] P. Pearle, « Alternative to the orthodox interpretation of quantum theory », Am. J. Phys. **35**, 742-753 (1967).

[91] J.F. Clauser and A. Shimony, « Bell's theorem : experimental tests and implications », Rep. Progr. Phys. **41**, 1881-1927 (1978).

[92] F. Laloë, « The hidden phase of Fock states; quantum non-local effects », European Physical Journal **33**, 87-97 (2005) ; « Bose-Einstein condensates and quantum non-locality », in « Beyond the quantum », T. M. Nieuwenhiuzen et al. editors, World Scientific (2007).

[93] P.W. Anderson, in « The lesson of quantum theory », J. de Boer, E. Dahl, and O. Ulfbeck editors, Elsevier, New York (1986).

[94] W.J. Mullin and F. Laloë, « Quantum non-local effects with Bose-Einstein condensates », Phys. Rev. Lett. **99**, 150401 (2007) ; « EPR argument and Bell inequalities for Bose-Einstein spin condensates », Phys. Rev. **A 77**, 022108 (2008).

[95] J.S. Bell, « On the Einstein-Podolsky-Rosen paradox », Physics, **I**, 195-200 (1964) ; reproduit dans le chapitre 2 de [4].

[96] F. Laloë, « Les surprenantes prédictions de la mécanique quantique », La Recherche n° 182 (novembre 1986), 1358-1367.

[97] F. Laloë, « Cadre général de la mécanique quantique ; les objections de Einstein, Podolsky et Rosen », J. Physique colloques **C-2**, 1-40 (1981). Voir également les autres articles qui suivent, en particulier celui de J. Bell qui est un classique !

[98] P. Eberhard, « Bell's theorem and the different concepts of locality », Nuov. Cim. **B 46**, 392-419 (1978).

[99] J.F. Clauser, M.A. Horne, A. Shimony and R.A. Holt, « Proposed experiment to test local hidden-variables theories », Phys. Rev. Lett. **23**, 880-884 (1969).

[100] A. Peres, « Unperformed experiments have no results », Am. J. Phys. **46**, 745-747 (1978).

[101] J.A. Wheeler, « Niels Bohr in today's words » in Quantum Theory and Measurement, J.A. Wheeler and W.H. Zurek editors, Princeton University Press (1983).

[102] E.P. Wigner, « On hidden variables and quantum mechanical probabilities », Am. J. Phys. **38**, 1005-1009 (1970).

[103] C.A. Kocher and E.D. Commins, « Polarization correlation of photons emitted in an atomic cascade », Phys. Rev. Lett. **18**, 575-577 (1967).

[104] J.F. Clauser, M.A. Horne, A. Shimony and R.A. Holt, « Experiments to test local hidden variables theories », Phys. Rev. Lett. **23**, 880-883 (1969).

[105] S.J. Freedman and J.F. Clauser, « Experimental test of local hidden variable theories », Phys. Rev. Lett. **28**, 938-941 (1972) ; S.J. Freedman, thèse, Université de Californie, Berkeley.

[106] J.F. Clauser, « Experimental investigations of a polarization correlation anomaly », Phys. Rev. Lett. **36**, 1223 (1976).

[107] E.S. Fry and R.C. Thompson, « Experimental test of local hidden variable theories », Phys. Rev. Lett. **37**, 465-468 (1976).

[108] M. Lamehi-Rachti and W. Mittig, « Quantum mechanics and hidden variables : a test of Bell's inequality by the measurement of spin correlation in low energy proton-proton scattering », Phys. Rev. **D14**, 2543-2555 (1976).

[109] A. Aspect, P. Grangier et G. Roger, « Experimental tests of realistic local theories via Bell's theorem », Phys. Rev. Lett. **47**, 460-463 (1981).

[110] A. Aspect, P. Grangier et G. Roger, « Experimental realization of Einstein-Podolsky-Bohm Gedankenexperiment : a new violation of Bell's inequalities », Phys. Rev. Lett. **49**, 91-94 (1982).

[111] A. Aspect, J. Dalibard and G. Roger, « Experimental tests of Bell's inequalities using time varying analyzers », Phys. Rev. Lett. **49**, 1804-1807 (1982).

[112] W. Perrie, A.J. Duncan, H.J. Beyer and H. Kleinpoppen, « Polarization correlations of the two photons emitted by metastable atomic deuterium : a test of Bell's inequality », Phys. Rev. Lett. **54**, 1790-1793 (1985).

[113] T.E. Kiess, Y.E. Shih, A.V. Sergienko, and C.O. Alley, « Einstein-Podolsky-Rosen-Bohm experiments using light quanta produced by type-II parametric conversion », Phys. Rev. Lett. **71**, 3893-3897 (1993).

[114] W. Tittel, J. Brendel, H. Zbinden and N. Gisin, « Violations of Bell inequalities by photons more than 10 km apart », Phys. Rev. Lett. **81**, 3563-3566 (1998).

[115] T. Scheidl, R. Ursin, J. Kofler, S. Ramelow, X.S. Ma, T. Herbst, L. Ratschbacher, A. Fedrizzi, N.K. Langford, T. Jennenwein and A. Zeilinger, « Violations of local realism with freedom of choice », Proc. Nat. Acad. Sciences (November 2010).

[116] J.C. Howell, A. Lamas-Linares and D. Bouwmeester, « Experimental violation of a spin-1 Bell inequality using maximally entangled four photon states », Phys. Rev. Lett. **88**, 030401 (2002).

[117] K. Hess and W. Philipp, « The Bell theorem as a special case of a theorem of Bass », Found. Phys. **35**, 1749-1767 (2005).

[118] J. Bass, « Sur la compatibilité des fonctions de répartition », C.R. Académie des Sciences **240**, 839-841 (1955).

[119] N.D. Mermin, « Bringing home the atomic world : quantum mysteries for anybody », Am. J. Phys. **49**, 940-943 (1981).

[120] A. Fine, « Hidden variables, joint probability, and the Bell inequalities », Phys. Rev. Lett. **48**, 291-295 (1982).

[121] J.S. Bell, « Introduction to the hidden variable question », contribution to « Foundations of quantum mechanics », Proceedings of the International School of Physics Enrico Fermi, cours II, page 171, Academic, New York (1971) ; reproduit dans les pages 29-39 de [4].

[122] J.D. Franson, « Bell inequality for position and time », Phys. Rev. Lett. **62**, 2205-2208 (1989).

[123] J. Brendel, E. Mohler and W. Martienssen, « Experimental test of Bell's inequality for energy and time », Eur. Phys. Lett. **20**, 575-580 (1993).

[124] V. Capasso, D. Fortunato and F. Selleri, « Sensitive observables of quantum mechanics », Int. Journ. Theor. Phys. **5**, 319-326 (1973).

[125] N. Gisin, « Bell's inequality holds for all non-product sates », Phys. Lett. **A154**, 15-17 (1991).

[126] N. Gisin and A. Peres, « Maximal violation of Bell's inequality for arbitrarily large spin », Phys. Lett. **A162**, 201-202 (1992).

[127] S. Popescu and D. Rohrlich, « Generic quantum non locality », Phys. Lett. **A166**, 293-297 (1992).

[128] S.L. Braunstein, A. Mann and M. Revzen, « Maximal violation of Bell inequalities for mixed states », Phys. Rev. Lett. **68**, 3259-3261 (1992).

[129] R.F. Werner, « Quantum states with Einstein-Podolsky-Rosen correlations admitting a hidden variable model », Phys. Rev. **A 40**, 4277-4281 (1989).

[130] S. Popescu, « Bell's inequalities and density matrices : revealing "hidden" nonlocality », Phys. Rev. Lett. **74**, 2619-2622 (1995).

[131] A. Peres, « Collective tests for quantum nonlocality », Phys. Rev. **A 54**, 2685-2689 (1996).

[132] B. Yurke and D. Stoler, « Bell's-inequality experiments using independent-particle sources », Phys. Rev. **A46**, 2229-2234 (1992).

[133] F. Laloë and W.J. Mullin, « Interferometry with independent Bose-Einstein condensates : parity as an EPR/Bell quantum variable », Eur. Phys. Journal. B **70**, 377–396 (2009).

[134] A.J. Leggett and A. Garg, « Quantum mechanics versus macroscopic realism : is the flux there when nobody looks ? », Phys. Rev. Lett. **54**, 857-860 (1985).

[135] S.M. Tan, D.F. Walls and M.J. Collett, « Nonlocality of a single photon », Phys. Rev. Lett. **66**, 252-255 (1991).

[136] L. Hardy, « Nonlocality of a single photon revisited », Phys. Rev. Lett. **73**, 2279-2283 (1994).

[137] L. Heaney, A. Cabello, M.F. Santos and V. Vedral, « Extreme nonlocality with one photon », arXiv :0911.0770 (2009).

[138] B.F. Toner and D. Bacon, « Comunication cost of simulating Bell correlations », Phys. Rev. Lett. **91**, 187904 (2003).

[139] B.S. Cirel'son, « Quantum generalizations of Bell's inequality » Lett. Math. Phys. **4**, 93-100 (1980).

[140] L.J. Landau, « On the violations of Bell's inequality in quantum theory », Phys. Lett. **A 120**, 54-56 (1987).

[141] J.P. Jarrett, « On the physical significance of the locality conditions in the Bell Arguments », Nőus **18**, 569-589 (1984).

[142] L.E. Ballentine and J.P. Jarrett, « Bell's theorem : does quantum mechanics contradict relativity ? », Am. J. Phys. **55**, 696-701 (1987).

[143] A. Shimony, « Events and processes in the quantum world », pages 182-203 in « Quantum concepts in space and time », R. Penrose and C.J. Isham editors, Oxford University Press (1986).

[144] S. Popescu and D. Rohrlich, « Quantum nonlocality as an axiom », Found. of Phys. **24**, 379-85 (1987).

[145] J. Barrett, N. Linden, S. Massar, S. Pironio, S. Popescu and D. Roberts, « Nonlocal correlations as an information-theoretic resource », Phys. Rev. **A 71**, 022101 (2005).

[146] L. Masanes, A. Acin and N. Gisin, « General properties of nonsignalling theories », Phys. Rev. **A 73**, 012112 (2006).

[147] G. Brassard, H. Buhrman, N. Linden, A.A. Méthot, A. Tapp and F. Unger,« Limit on nonlocality in any world in which communication complexity is not trivial », Phys. Rev. Lett. **96**, 250401 (2006).

[148] M. Pawlowski, T. Paterek, D. Kaszlikowski, V. Scarani, A. Winter and D. Rohrlich, « Information causality as a physical principle », Nature **461**, 1101-1104 (2009).

[149] H. Barnum, S. Beigi, S. Boixo, M.B Elliott and S. Wehner, « Local quantum measurements and no-signaling imply quantum correlations », Phys. Rev. Lett. **104**, 140401 (2010).

[150] M.L. Almeida, J.-D. Bancal, N. Brunner, A. Acin, N. Gisin and S. Pironio, « Guess your neighbor's input : a multipartite nonlocal game with no quantum advantage », Phys. Rev. Lett. **104**, 230404 (2010).

[151] P. Pearle, « Hidden-variable example based upon data rejection », Phys. Rev. **D 2**, 1418 (1970).

[152] J.F. Clauser and M.A. Horne, « Experimental consequences of objective local theories », Phys. Rev. **D 10**, 526-535 (1974).

[153] J.S. Bell, présentation orale à la conférence EGAS à Paris, juillet 1979 (publiée en version abrégée dans la référence suivante).

[154] J.S. Bell, « Atomic cascade photons and quantum mechanical nonlocality », Comments on atomic and molecular physics **9**, 121 (1980) ; CERN preprint TH.2053 et TH 2252 ; chapitre 13 de [4].

[155] P.H. Eberhard, « Background level and counter efficiencies required for a loophole-free Einstein-Podolsky-Rosen experiment », Phys. Rev. **A 47**, R747 (1993).

[156] P.G. Kwiat, P.H. Eberhard, A.M. Steinberg and R.Y. Chiao, « Proposal for a loophole-free Bell inequality experiment », Phys. Rev. **A 49**, 3209-3220 (1994).

[157] E.S. Fry, T. Walther and S. Li, « Proposal for a loophole-free test of the Bell inequalities », Phys. Rev. **A 52**, 4381-4395 (1995).

[158] R. Garcia-Patron, J. Fiurasek, N.J. Cerf, J. Wenger, R. Tualle-Brouri and P. Grangier, « Proposal for a loophole-free Bell test using homodyne detection », Phys. Rev. Lett **93**, 130409 (2004).

[159] J. Wenger, M. Hafezi, F. Grosshans, R. Tualle-Brouri and P. Grangier, « Maximal violation of Bell inequalities using continuous-variable measurements », Phys. Rev. **A 67**, 012105 (2003).

[160] M.A. Rowe, D. Kielpinski, V. Meyer, C.A. Sackett, W.M. Itano, C. Monroe and D.J. Wineland, « Experimental violation of a Bell's inequality with efficient detection », Nature **409**, 791-794 (2001).

[161] C. Simon and W.T.M. Irvine « Robust long-distance entanglement and a loophole-free Bell test with ions and photons », Phys. Rev. Lett. **91**, 110405 (2003).

[162] D.N. Matsukevich, P. Maunz, D.L. Moehring, S. Olmschenk and C. Monroe, « Bell inequality violation with two remote atomic qubits », Phys. Rev. Lett. **100**, 150404 (2008).

[163] M. Ansmann, H. Wang, R.C. Bialczak, M. Hofheinz, E. Lucero, M. Neeley, A.D. O'Connell, D. Sank, M. Weides, J. Wenner, A.N. Cleland and J.M. Martinis, « Violation of Bell's inequality in Josephson phase qubits », Nature **461**, 504-506 (2009).

[164] G. Weihs, T. Jennewein, C. Simon, H. Weinfurter and A. Zeilinger, « Violation of Bell's inequality under strict Einstein locality conditions », Phys. Rev. Lett. **81**, 5039-5043 (1998).

[165] C.H. Brans, « Bell's theorem does not eliminate fully causal hidden variables », Int. Journ. Theor. Phys. **27** 219-226 (1988).

[166] J.S. Bell, « Free variables and local causality », chapitre 12 de [4].

[167] M.J.W. Hall, « Local deterministic model of singlet state correlations based on relaxing measurement independence », Phys. Rev. Lett. **105** 250404 (2010).

[168] J.S. Bell, « La nouvelle cuisine », § 24 de la seconde édition de [4].

[169] H.P. Stapp, « Whiteheadian approach to quantum theory and the generalized Bell's theorem », Foundations of Physics **9**, 1-25 (1979) ; « Bell's theorem and the foundations of quantum physics », Am. J. Phys. **53,** 306-317 (1985).

[170] H.P. Stapp, « Nonlocal character of quantum theory », Am. J. Phys. **65**, 300-304 (1997).

[171] D. Mermin, « Nonlocal character of quantum theory ? », Am. J. Phys. **66**, 920-924 (1998).

[172] M. Redhead, « Incompleteness, nonlocality and realism », chapitre 4, Clarendon Press (1988).

[173] H.P. Stapp, « Meaning of counterfactual statements in quantum physics », Am. J. Phys. **66**, 924-926 (1998).

[174] B. d'Espagnat, « Nonseparability and the tentative descriptions of reality », Phys. Rep. **110**, 201-264 (1984).

[175] B. d'Espagnat, « Reality and the physicist », Cambridge University Press (1989).

[176] R.B. Griffiths, « Consistent quantum counterfactuals », Phys. Rev. **A 60**, R5-R8 (1999).

[177] D.M. Greenberger, M.A. Horne and A. Zeilinger, « Bell's theorem, quantum theory, and conceptions of the universe », M. Kafatos editor, Kluwer, p. 69-72, 1989 ; cette référence n'est pas toujours facile à obtenir, mais on peut également consulter l'article qui suit, publié l'année suivante.

[178] D.M. Greenberger, M.A. Horne, A. Shimony and A. Zeilinger, « Bell's theorem without inequalities », Am. J. Phys. **58**, 1131-1143 (1990).

[179] N.D. Mermin, « Quantum mysteries revisited », Am. J. Phys. **58**, 731-733 (1990).

[180] D. Bouwmeester, J.W. Pan, M. Daniell, H. Weinfurter and A. Zeilinger, « Observation of three-photon Greenberger-Horne-Zeilinger entanglement », Phys. Rev. Lett. **82**, 1345-1349 (1999).

[181] J.W. Pan, D. Bouwmeester, M. Daniell, H. Weinfurter and A. Zeilinger, « Experimental test of quantum nonlocality in three-photon Greenberger-Horne-Zeilinger entanglement », Nature **403**, 515-519 (2000).

[182] Z. Zhao, T. Yang, Y.-A Chen, A.-N. Zhang, M. Zukowski and J.W. Pan, « Experimental violation of local realism by four-photon Greenberger-Horne-Zeilinger entanglement », Phys. Rev. Lett. **91**, 180401 (2003).

[183] R. Laflamme, E. Knill, W.H. Zurek, P. Catasi and S.V.S Mariappan, « NMR GHZ », quant-phys/9709025 and Phil. Trans. Roy. Soc. Lond. **A 356**, 1941-1948 (1998).

[184] S. Lloyd, « Microscopic analogs of the Greenberger-Horne-Zeilinger experiment », Phys. Rev. **A 57**, R1473-1476 (1998).

[185] U. Sakaguchi, H. Ozawa, C. Amano and T. Fokumi, « Microscopic analogs of the Greenberger-Horne-Zeilinger experiment on an NMR quantum computer », Phys. Rev. **60**, 1906-1911 (1999).

[186] N.D. Mermin, « Extreme quantum entanglement in a superposition of macroscopically distinct states », Phys. Rev. Lett. **65**, 1838-1841 (1990).

[187] J. Acacio de Barros and P. Suppes, « Inequalities for dealing with detector efficiencies in Greenberger-Horne-Zeilinger experiments », Phys. Rev. Lett. **84**, 793-797 (2000).

[188] B. Yurke and D. Stoler, « Einstein-Podolsky-Rosen effects from independent particle sources », Phys. Rev. Lett. **68**, 1251-1254 (1992).

[189] S. Massar and S. Pironio, « Greenberger-Horne-Zeilinger paradox for continuous variables », Phys. Rev. **A 64**, 062108 (2001).

[190] H. J. Bernstein, D.M. Greenberger, M.A. Horne and A. Zeilinger, « Bell theorem without inequalities for two spinless particles », Phys. Rev. **A 47**, 78-84 (1993).

[191] F. Laloë, « Correlating more than two particles in quantum mechanics », Current Science **68**, 1026-1035 (1995) ; http ://hal.archives-ouvertes.fr/hal-00001443.

[192] D.J. Wineland, J.J Bollinger, W.M. Itano, F.L. Moore and D.J. Heinzen, « Spin squeezing and reduced quantum noise in spectroscopy », Phys. Rev. **A 46**, R6797-6800 (1992).

[193] J.J Bollinger, W.M. Itano, D.J. Wineland and D.J. Heinzen, « Optimal frequency measurements with maximally correlated states », Phys. Rev. **A 54**, R4649-4652 (1996).

[194] J.A. Dunningham, K. Burnett and S.M. Barnett, « Interferometry below the standard limit with Bose-Einstein condensates lithography », Phys. Rev. Lett. **89**, 150401 (2002).

[195] A.N. Boto, P. Kok, D.S. Abrams, S.L. Braunstein, C.P. Williams and J.P. Dowling « Quantum interferometric optical lithography : exploiting entanglement to beat the diffraction limit », Phys. Rev. Lett. **85**, 2733-2736 (2000).

[196] G. Björk, L.L. Sanchez-Soto and J. Söderholm « Entangled state lithography : tailoring any pattern with a single state », Phys. Rev. Lett. **86**, 4516-4519 (2001).

[197] M. d'Angelo, M.V. Chekhova and Y. Shih « Two-photon diffraction and quantum lithography », Phys. Rev. Lett. **87**, 013602 (2001).

[198] A. Zeilinger, M.A. Horne, H. Weinfurter and M. Zukowski, « Three-particle entanglements from two entangled pairs », Phys. Rev. Lett. **78**, 3031-3034 (1997).

[199] K. Molmer and A. Sorensen, « Multiple particle entanglement of hot trapped ions », Phys. Rev. Lett. **82**, 1835-1838 (1999).

[200] C.A. Sackett, D. Klepinski, B.E King, C. Langer, V. Meyer, C.J. Myatt, M. Rowe, O.A. Turchette, W.M. Itano, D.J Wineland and C. Monroe, « Experimental entanglement of four particles », Nature **404**, 256-259 (2000).

[201] A. Cabello, « Violating Bell's inequalities beyond Cirelson's bound », Phys. Rev. Lett. **88**, 060403 (2002).

[202] S. Marcovitch, B. Reznik and L. Vaidman, « Quantum mechanical realization of a Popescu-Rohrlich box », Phys. Rev. **A 75**, 022102 (2007).

[203] L. Hardy, « Quantum mechanics, local realistic theories, and Lorentz invariant realistic theories », Phys. Rev. Lett. **68**, 2981-2984 (1992).

[204] N.D. Mermin, « What's wrong with this temptation ? », Physics Today **47**, June 1994, pages 9-11 ; « Quantum mysteries refined », Am. J. Phys. **62**, 880-887 (1994).

[205] D. Boschi, S. Branca, F. De Martini and L. Hardy, « Ladder proof of nonlocality without inequalities : theoretical and experimental results », Phys. Rev. Lett. **79**, 2755-2758 (1997).

[206] S. Goldstein, « Nonlocality without inequalities for almost all entangled states for two particles », Phys. Rev. Lett. **72**, 1951-1954 (1994).

[207] G. Ghirardi and L. Marinatto, « Proofs of nonlocality without inequalities revisited », Phys. Lett. **A 372**, 1982-1885 (2008).

[208] S. Kochen and E.P. Specker, « The problem of hidden variables in quantum mechanics », J. Math. Mech. **17**, 59-87 (1967).

[209] F. Belifante, « Survey of hidden variables theories », Pergamon Press (1973).

[210] A. Peres, « Incompatible results of quantum measurements », Phys. Lett. **A 151**, 107-108 (1990).

[211] N.D. Mermin, « Simple unified form for the major no-hidden-variables theorems », Phys. Rev. Lett. **65**, 3373 (1990).

[212] A. Cabello, « Experimentally testable state-independent quantum contextuality », Phys. Rev. Lett. **101**, 210401 (2008).

[213] Y.-F. Huang, C.-F. Li, Y.-S. Zhang, J.-W. Pan and G.-C. Guo, « Experimental test of Kochen-Specker theorem with single photons », Phys. Rev. Lett. **90**, 250401 (2003).

[214] Y. Hasegawa, R. Loidl, G. Badurek, M. Baron and H. Rauch, « Quantum contextuality in a single-neutron optical experiment », Phys. Rev. Lett. **97**, 230401 (2006).

[215] G. Kirchmair, F. Zähringer, R. Gerritsma, M. Kleinmann, O. Gühne, A. Cabello, R. Blatt and C.F. Roos, « State-independent experimental test of quantum contextuality », Nature **460**, 494-497 (2009).

[216] E. Schrödinger, « Discussion of probability relations between separated systems », Proc. Cambridge Phil. Soc. **31**, 555 (1935) ; « Probability relations between separated systems », Proc. Cambridge Phil. Soc. **32**, 446 (1936).

[217] http ://en.wikiquote.org/wiki/Werner_Heisenberg.

[218] M. Horodecki, P. Horodecki and R. Horodecki, « Limits for entanglement measures », Phys. Rev. Lett. **84**, 2014-2017 (2000).

[219] M. B. Plenio and S. Virmani, « An introduction to entanglement measures », quant-ph/0504163 (2006) ; Quant. Info. Comput. **7**, 1-51 (2007).

[220] V. Coffman, J. Kundu and W. Wootters, « Distributed enganglement », Phys. Rev. **A 61**, 052306 (2000).

[221] T.J. Osborne and F. Verstraete, « General monogamy inequality for bipartite qubit entanglement », Phys. Rev. Lett. **96**, 220503 (2006).

[222] B. Toner, « Monogamy of non-local quantum correlations », Proc. Roy. Soc. **A 465**, 59-68 (2009).

[223] B. Toner and F. Verstraete, « Monogamy of Bell correlations and Tsirelson's bound », quant-ph/0611001 (2008).

[224] A. Peres, « Separability criterion for density matrices », Phys. Rev. Lett. **77**, 1413-1415 (1996).

[225] M. Horodecki, P. Horodecki and R. Horodecki, « Separability of mixed states : necessary and sufficient conditions », Phys. Lett. **A 223**, 1-8 (1996).

[226] E. Hagley, X. Maître, G. Nogues, C. Wunderlich, M. Brune, J.M. Raimond and S. Haroche, « Generation of EPR pairs of atoms », Phys. Rev. Lett. **79**, 1-5 (1997).

[227] Q.A. Turchette, C.S. Wood, B.E. King, C.J. Myatt, D. Leibfried, W.M. Itano, C. Monroe and D.J. Wineland « Deterministic entanglement of two trapped ions », Phys. Rev. Lett. **81**, 3631-3634 (1998).

[228] J.I. Cirac and P. Zoller, « Quantum computation with cold trapped ions », Phys. Rev. Lett. **74**, 4091-4094 (1995).

[229] R. Blatt and D. Wineland « Entangled states of trapped atomic ions », Nature **453**, 1008-1015 (2008).

[230] M. Steffen, M.A. Ansmann, R.C. Bialczak, N. Katz, E. Lucero, R. McDermott, M. Neeley, E.M. Weig, A.N. Cleland and J.M. Martinis, « Measurement of the entanglement of two superconducting qubits via state tomography », Science **313**, 1423-1425 (2006).

[231] M. Zukowski, A. Zeilinger, M.A Horne and A.K. Ekert, « Event ready detectors Bell experiments via entanglement swapping », Phys. Rev. Lett. **71**, 4287-4290 (1993).

[232] J.W. Pan, D. Bouwmeester, H. Weinfurter and A. Zeilinger, « Experimental entanglement swapping : entangling photons that never interacted », Phys. Rev. Lett. **80**, 3891-3894 (1998).

[233] D. Leibfried, E. Knill, S. Seidelin, J. Britton, R.B. Blakestad, J. Chiaverini, D.B. Hume, W.M. Itano, J.D. Jost, C. Langer, R.Ozeri, R. Reichle and D.J. Wineland « Creation of a six-atom "Schrödinger cat" state », Nature **438**, 639-42 (2005).

[234] H. Häffner, W. Hänsel, C.F. Roos, J. Benhelm, D. Chek-al-kar, M. Chwalla, T. Körber, U.D. Rapol, M. Riebe, P.O. Schmidt, C. Becher, O. Gühne, W. Dür and R. Blatt « Scalable multiparticle entanglemùent of trapped ions », Nature **438**, 643-46 (2005).

[235] M. Radmark, M. Zukowski and M. Bourennane, « Experimental tests of fidelity limits in six-photon interferometry and of rotational invariance properties of the photonic six-qubit entanglement singlet state », Phys. Rev. Lett. **103**, 150501 (2009).

[236] M. Radmark, M. Wiesniak, M. Zukowski and M. Bourennane, « Experimental filtering of two-, four-, and six-photon singlets from a single parametric down-conversion source », Phys. Rev. **A 80**, 040302(R) (2009).

[237] J.F. Poyatos, J.I. Cirac and P. Zoller « Quantum reservoir engineering with laser cooled trapped ions », Phys. Rev. Lett. **77**, 4728-4731 (1996).

[238] S. Diehl, A. Micheli, A. Kantian, B. Kraus, H.P. Büchler and P. Zoller, « Quantum states and phases in driven open quantum systems with cold atoms », Nature Physics **4**, 878-883 (2008).

[239] B. Kraus, H.P. Büchler, S. Diehl, A. Kantian, A. Micheli and P. Zoller, « Preparation of entangled states by quantum Markov processes », Phys. Rev. **A 78**, 042307 (2008).

[240] M. Brune, E. Hagley, J. Dreyer, X. Maître, A. Maali, C. Wunderlich, J.M. Raimond et S. Haroche, « Observing the progressive decoherence of the meter in a quantum measurement », Phys. Rev. Lett. **77**, 4887-4890 (1996).

[241] C.H. Bennett, G. Brassard, S. Popescu, B. Schumacher, J.A. Smolin and W.K. Wootters, « Purification of noisy entanglement and faithful teleportation via noisy channels », Phys. Rev. Lett. **76**, 722-725 (1996).

[242] C.H. Bennett, H. Bernstein, S. Popescu and B. Schumacher « Concentrating partial entanglement by local operations », Phys. Rev. **A 53**, 2046-2052 (1996).

[243] C.H. Bennett, D.P. DiVincenzo, J.A. Smolin and W.K. Wootters, « Mixed-state entanglement and quantum error correction », Phys. Rev. **A 54**, 3824-3851 (1996).

[244] J.W. Pan, C. Simon, C. Brukner and A. Zeilinger, « Entanglement purification for quantum communication », Nature **410**, 1067-1070 (2001).

[245] H.D. Zeh, « On the interpretation of measurement in quantum theory », Found. Physics **I**, 69-76 (1970).

[246] W.H. Zurek, « Pointer basis of quantum apparatus : into what mixture does the wave packet collapse ? », Phys. Rev. **D 24**, 1516-1525 (1981) ; « Environment-induced superselection rules », Phys. Rev. **D 26**, 1862-1880 (1982).

[247] W.H. Zurek, « Decoherence, einselection, and the quantum origin of the classical », Rev. Mod. Phys. **75**, 715-775 (2003).

[248] K. Hepp, « Quantum theory of measurement and macroscopic observables », Helv. Phys. Acta **45**, 237-248 (1972).

[249] J.S. Bell, « On the wave packet reduction in the Coleman-Hepp model », Helv. Phys. Acta **48**, 93-98 (1975).

[250] W.H. Zurek, « Preferred states, predictability, classicality and the environment-induced decoherence », Progr. Theor. Phys. **89**, 281-312 (1993) ; une version plus courte est parue dans « Decoherence and the transition from quantum to classical », Physics Today, October 1991, p. 36-44 (1991).

[251] W.H. Zurek, « Environment-assisted invariance, entanglement, and probabilities in quantum physics », Phys. Rev. Lett. **90**, 120404 (2003).

[252] F. Hund, « Zur Deutung der Molekelspektren III », Zeit. Phys. **43**, 805-826 (1927).

[253] J. Trost and K Hornberger, « Hund's paradox and the collisional stabilization of chiral molecules », Phys. Rev. Lett. **103**, 023202 (2009).

[254] W.K. Wooters and W.H. Zurek, « A single quantum cannot be cloned », Nature **299**, 802-803 (1982).

[255] D. Dieks, « Communication by EPR devices », Phys. Lett. **A 92**, 271-272 (1982).

[256] A. Peres, « How the no-cloning theorem got its name », Fortschritte der Phys. **51**, 458-461 (2003).

[257] N. Gisin and S. Massar, « Optimal quantum cloning machines », Phys. Rev. Lett. **79**, 2153-2156 (1997).

[258] A.E. Allahverdyan, R. Balian and Th. M. Nieuwenhuizen, « Determining a quantum state by means of a single apparatus », Phys. Rev. Lett. **92**, 120402 (2004).

[259] C.H. Bennett and G. Brassard « Quantum cryptography : public key distribution and coin tossing », in Proceedings of the IEEE international conference on computers systems and signal processing, Bangalore India, p. 175-179 (1984).

[260] A.K. Ekert, « Quantum cryptography based on Bell's theorem », Phys. Rev. Lett. **67**, 661-663 (1991).

[261] C.H. Bennett, G. Brassard, N.D. Mermin, « Quantum cryptography without Bell's theorem », Phys. Rev. Lett. **68**, 557-559 (1992).

[262] C.H. Bennett, G. Brassard and A.K. Ekert, « Quantum cryptography », Sci. Am. **267**, 50-57 (oct. 1992).

[263] N. Gisin, G. Ribordy, W. Tittel and H. Zbinden, « Quantum cryptography », Rev. Mod. Phys. **74**, 145-190 (2002).

[264] C.H. Bennett, « Quantum cryptography using any two nonorthogonal states », Phys. Rev. Lett. **68**, 3121-3124 (1992).

[265] P. Townsend, J.G. Rarity and P.R. Tapster, « Single photon interference in a 10 km-long optical fiber interferometer », Electron. Lett. **29**, 634-639 (1993).

[266] C.H. Bennett, G. Brassard, C. Crépeau, R. Jozsa, A. Peres and W.L. Wootters, « Teleporting an unknown quantum state via dual classical and Einstein-Podolsky-Rosen channels », Phys. Rev. Lett. **70**, 1895-1898 (1993).

[267] D. Bouwmeester, J.W. Pan, K. Mattle, M. Eibl, H. Weinfurter and A. Zeilinger, « Experimental quantum teleportation », Nature **390**, 575-579 (1997).

[268] M. Le Bellac, « Physique quantique », 2e édition, CNRS Editions et EDP Sciences (2007).

[269] S. Massar and S. Popescu, « Optimal extraction of information from finite quantum ensembles », Phys. Rev. Lett. **74**, 1259-1263 (1995).

[270] S. Popescu, « Bell's inequalities versus teleportation : what is nonlocality ? », Phys. Rev. Lett. **72**, 797-800 (1994) ; quant phys.9501020.

[271] T. Sudbury, « The fastest way from A to B », Nature **390**, 551-552 (1997).

[272] G.P. Collins, « Quantum teleportation channels opened in Rome and Innsbruck », Physics Today **51**, 18-21 (February 1998).

[273] Y. Xia, J. Song, P-M. Lu and H-S. Song, « Teleportation of an N-photon GHZ polarization-entangled state using linear elements », J. Opt. Soc. Am. B **27**, A1-A6 (2010).

[274] X.M. Jin, J.G. Ren, B. Yang, Z.H. Yi, F. Zhou, X.F. Xu, S.K. Wang, D. Yang, Y.F. Hu, S. Jiang, T. Yang, H. Yin, K. Chen, C.Z. Peng and J.W. Pan, « Experimental free-space quantum teleportation », Nature Photonics **4**, 376-381 (2010).

[275] C.H. Bennett, « Quantum information and computation », Phys. Today **48**, 24-30 (October 1995).

[276] D.P. DiVicenzo, « Quantum computation », Science **270**, 255-261 (October 1995).

[277] C.H. Bennett and D.P. DiVicenzo, « Quantum information and computation », Science **404**, 247-255 (2000).

[278] D. Bouwmeester, A.K. Ekert and A. Zeilinger editors, « The physics of quantum information : quantum cryptography, quantum teleportation, quantum computation », Springer (2000).

[279] D. Mermin, « Quantum computer science, an introduction », Cambridge University Press (2007).

[280] D. Deutsch, « Quantum theory, the Church-Turing principle and the universal quantum computer », Proc . Roy. Soc. **A 400**, 97-117 (1985).

[281] M. Le Bellac, « Le monde quantique », EDP Sciences (2010).

[282] P. Shor, Proceedings of the 55th annual symposium on the foundations of Computer Science, IEEE Computer Society Press, p. 124-133, Los Alamitos, California (1994).

[283] D. Mermin, « What has quantum mechanics to do with factoring ? », Physics Today, 8-9 (apr. 2007) ; « Some curious facts about quantum factoring », Physics Today, 10-11 (oct. 2007).

[284] L.K. Grover, « A fast quantum mechanical algorithm for database search », Proceedings, 28th Annual ACM Symposium on the Theory of Computing, p. 212 (May 1996) ; « From Schrödinger's equation to quantum search algorithm », Am. J. Phys. **69**, 769-777 (2001).

[285] D. Deutsch and R. Jozsa, « Rapid solutions of problems by quantum computation », Proceedings of the Royal Society of London A **439**, 553 (1992).

[286] D.S. Abrams and S. Lloyd, « Simulation of many-body Fermi systems on a universal quantum computer », Phys. Rev. Lett. **79**, 2586-2589 (1997).

[287] A.W. Harrow, A. Hassidim and S. Lloyd, « Quantum algorithm for linear systems of equations », Phys. Rev. Lett. **103**, 150502 (2009).

[288] L. Vandersypen, M. Steffen, G. Breyta, C. Yannoni, M. Sherwood and I. Chuang, « Experimental realization of quantum Shor's factoring algorithm using nuclear magnetic resonance », Nature **414**, 883 (2001).

[289] P.W. Shor, « Scheme for reducing decoherence in quantum computer memory », Phys. Rev. **A 52**, 2493-2496 (1995).

[290] A.M. Steane, « Error correcting codes in quantum theory », Phys. Rev. Lett. **77**, 793-796 (1996).

[291] J. Preskill, « Battling decoherence : the fault-tolerant quantum computer », Phys. Today **52**, 24-30 (June 1999).

[292] C.H. Bennett, G. Brassard, S. Popescu, B. Schumacher, J.A. Smolin and W.K. Wootters, « Purification of noisy entanglement and faithful teleportation via noisy channels », Phys. Rev. Lett. **76**, 722-725 (1996).

[293] C.H. Bennett, D.P. DiVincenzo, J.A. Smolin and W.A. Wootters, « Mixed-state entanglement and quantum error correction », Phys. Rev. **A 54**, 3824-3851 (1996).

[294] H.J. Briegel, W. Dür, J.I. Cirac and P. Zoller, « Quantum repeaters : the role of imperfect local operations in quantum communication », Phys. Rev. Lett. **81**, 5932-5935 (1998).

[295] R.B. Griffiths and Chi-Sheng Niu, « Semiclassical Fourier transform for quantum computation », Phys. Rev. Lett. **76**, 3228-3231 (1996).

[296] F. Verstraete, M.M. Wolf and J.I Cirac, « Quantum computation and quantum-state engineering driven by dissipation », Nature Physics **5**, 633-636 (2009).

[297] S. Haroche and J.M. Raimond, « Quantum computing : dream or nightmare ? », Phys. Today **49**, 51-52 (August 1996).

[298] N.F. Mott, « The wave mechanics of α-ray tracks », Proc. Royal Soc. **A 216**, 79-84 (1929).

[299] W. Nagourney, J. Sandberg and H. Dehmelt, « Shelved optical electron amplifier : observation of quantum jumps », Phys. Rev. Lett. **56**, 2797-2799 (1986) ; H. Dehmelt, « Experiments with an isolated subatomic particle at rest », Rev. Mod. Phys. **62**, 525-530 (1990).

[300] T. Sauter, W. Neuhauser, R. Blatt and P.E. Toschek, « Observation of quantum jumps », Phys. Rev. Lett. **57**, 1696-1698 (1986).

[301] J.C. Bergquist, R.G. Hulet, W.M. Itano and D.J. Wineland, « Observation of quantum jumps in a single atom », Phys. Rev. Lett. **57**, 1699-1702 (1986).

[302] W.M. Itano, J.C. Bergquist, R.G. Hulet and D.J. Wineland, « Radiative decay rates in Hg^+ from observation of quantum jumps in a single ion », Phys. Rev. Lett. **59**, 2732-2735 (1987).

[303] E. Schrödinger, « Are there quantum jumps ? », British J. Phil. Sci. **3**, 109-123 et 233-242 (1952).

[304] G. Greenstein and A.G. Zajonc, « Do quantum jumps occcur at well-defined moments of time ? », Am. J. Phys. **63**, 743-745 (1995).

[305] C. Cohen-Tannoudji and J. Dalibard, « Single-atom laser spectroscopy looking for dark periods in fluorescence light » ; Europhys. Lett. **1**, 441-448 (1986).

[306] M. Porrati and S. Puttermann, « Wave-function collapse due to null measurements : the origin of intermittent atomic fluorescence », Phys. Rev. **A 36**, 929-932 (1987).

[307] S. Peil and G. Gabrielse, « Observing the quantum limit of an electron cyclotron : QND measurements of quantum jumps between Fock states », Phys. Rev. Lett. **83**, 1287-1290 (1999).

[308] D. Hanneke, S. Fogwell and G. Gabrielse, « New measurement of the electron magnetic moment and the fine structure constant », Phys. Rev. Lett. **100**, 120801 (2008).

[309] M. Brune, S. Haroche, V. Lefevre, J.M. Raimond and N. Zagury, « Quantum nondemolition measurement of small photon numbers by Rydberg-atom phase-sensitive detection », Phys. Rev. Lett. **65**, 976-979 (1990).

[310] S. Haroche and J.-M. Raimond, « Exploring the quantum ; atoms, cavities and photons », Oxford Univ. Press (2008) ; voir en particulier le § 6.2.

[311] S. Gleyzes, S. Kuhr, C. Guerlin, J. Bernu, S. Deleglise, U. Busk Hoff, M. Brune, J.-M. Raimond and S. Haroche, « Quantum jumps of light recording the birth and death of a photon in a cavity », Nature **446**, 397-300 (2007) ; C. Guerlin, J. Bernu, S. Deleglise, C. Sayrin, S. Gleyzes, S. Kuhr, M. Brune, J.M. Raimond and S. Haroche, « Progressive state collapse and quantum non-demolition photon counting », Nature **448**, 889-893 (2007).

[312] J. Javanainen and S.M Yoo, « Quantum phase of a Bose-Einstein condensate with arbitrary number of atoms », Phys. Rev. Lett. **76**, 161-164 (1996).

[313] M.R. Andrews, C.G. Townsend, D.S. Durfee, D.M. Kurn and W. Ketterle, « Observation of interference between two Bose condensates », Science **275**, 637-641 (1997).

[314] A.J. Leggett and F. Sols, « On the concept of spontaneously broken gauge symmetry in condensed matter physics », Found. Phys. **21**, 353-364 (1991).

[315] E.P. Wigner, « Interpretation of quantum mechanics », lectures given in 1976 at Princeton University ; publié plus tard dans « Quantum theory of measurement », J.A. Wheeler and W.H. Zurek editors, Princeton University Press (1983), 260-314 ; voir également Wigner's contribution in « Foundations of quantum mechanics », Proc. Enrico Fermi Int. Summer School, B. d'Espagnat editor, Academic Press (1971).

[316] N.D. Mermin, « What is quantum mechanics trying to tell us ? », Am. J. Phys. **66**, 753-767 (1998).

[317] B. Misra and E.C.G. Sudarshan, « The Zeno's paradox in quantum theory », J. Math. Phys. (NY) **18**, 756-763 (1977).

[318] A. Peres, « Quantum theory : concepts and methods », Kluwer (1993) ; voir également [86].

[319] A. Zeilinger, « A foundational principle for quantum mechanics », Found. Physics **29**, 631-643 (1999).

[320] C. Brukner and A. Zeilinger, « Operationally invariant information in quantum measurements », Phys. Rev. Lett. **83**, 3354-3357 (1999).

[321] C.A. Fuchs, « Quantum foundations in the light of quantum information », arXiv :quant-ph/0106166 (2001).

[322] C.A. Fuchs, « Quantum mechanics as quantum information (and only a little more) », arXiv :quant-ph/0205039 (2002).

[323] I. Pitowsky, « Betting on the outcomes of measurements : a Bayesian theory of quantum probability », Studies in History and Philosophy of Modern Physics **34**, 395-414 (2003).

[324] G. Auletta, « Quantum information as a general paradigm », Found. Physics **35**, 787-815 (2005).

[325] D. Deutsch and P. Hayden, « Information flow in entangled quantum systems », Proc. Royal Soc. **A 456**, 1759-1774 (1999).

[326] J. Bub, « Quantum probabilities : an information-theoretic interpretation », in « Probabilities in Physics », Oxford University Press (2011).

[327] L.E. Ballentine, « The statistical interpretation of quantum mechanics », Rev. Mod Phys. **42**, 358-381 (1970).

[328] A.J. Leggett, « Probing quantum mechanics towards the everyday world : where do we stand ? », Physica Scripta **T102**, 69-73 (2002).

[329] Y. Aharonov, J. Anandan and L. Vaidman, « Meaning of the wave function », Phys. Rev. **A 47**, 4616-4626 (1993).

[330] C. Rovelli, « Relational quantum mechanics », Int. Journ. Theor. Phys. **35**, 1637-1678 (1996).

[331] F. Zwicky, « On a new type of reasoning and some of its possible consequences », Phys. Rev. **43**, 1031-1033 (1933).

[332] G. Birkoff and J. von Neumann, « The logic of quantum mechanics », Ann. of math. **37**, 823-843 (1936).

[333] P. Jordan, « Zur Quantum-Logik » ; Archiv der Mathematik **2**, 166-171 (1949).

[334] M. Strauss, « Grundlagen der modernen Physik » in Mikrokosmos-Makrokosmos : Philosophish-theoretische Probleme der Naturwissenchaften, Technik und Medizin, Akademie Verlag, Berlin (1967).

[335] K.R. Popper, « Birkhoff and von Neumann's interpretation of quantum mechanics », Nature **219**, 682-685 (1968).

[336] H. Reichenbach, « Philosophic foundations of quantum mechanics », University of California Press (1965).

[337] C.F. von Weizsäcker, Göttingische Gelehrte Anzeigen **208**, 117-136 (1954).

[338] G. Mackey, « Mathematical foundations of quantum mechanics », Benjamin, New York (1963).

[339] J.S. Bell, « Are there quantum jumps ? », in « Schrödinger-centenary celebration of a polymath » C.W. Kilmister ed., Cambridge University Press (1987), p. 41 ; chap. 22 of [4].

[340] J.S. Bell, « Beables for quantum field theory », CERN-TH.4035/84 (Aug. 2 1984) ; chapitre 19 de [4].

[341] L. de Broglie, « La mécanique ondulatoire et la structure atomique de la matière et du rayonnement », J. Physique et le Radium, série VI, tome VIII, 225 (1927) ; « Interpretation of quantum mechanics by the double solution theory », Ann. Fond. Louis de Broglie **12**, 1 (1987).

[342] L. de Broglie, « Tentative d'interprétation causale et non-linéaire de la mécanique ondulatoire », Gauthier-Villars, Paris (1956).

[343] D. Bohm, « Proof that probability density approaches $|\Psi|^2$ in causal interpretation of quantum theory », Phys. Rev. **108**, 1070-1076 (1957).

[344] E. Madelung ; « Quantentheorie in hydrodynamische Form », Z. Phys. **40**, 322-326 (1927).

[345] A. Valentini, « Signal-locality in hidden-variables theories », Phys. Lett. **A 297**, 273-278 (2002).

[346] C. Philippidis, C. Dewdney and B.J. Hiley, « Quantum interference and the quantum potential », Nuov. Cim. **52 B**, 15-23 (1979).

[347] P.R. Holland, « The quantum theory of motion », Cambridge University Press (1993).

[348] J.S. Bell, « De Broglie-Bohm, delayed choice double slit experiment, and density matrix », International Journal of Quantum Chemistry, symposium **14**, 155-159 (1980) ; chapitre 14 de [4].

[349] B.G. Englert, M.O. Scully, G. Süssmann and H. Walther, « Surrealistic Bohm trajectories », Z. Naturforschung **47a**, 1175-1186 (1992).
[350] E.P. Wigner, « Rejoinder », Am. J. Phys. **39**, 1097 (1971).
[351] J. Clauser, « Von Neumann's informal hidden-variable argument », Am. J. Phys. **39**, 1095 (1971) ; « Reply to Dr Wigner's objections », Am. J. Phys. **39**, 1098 (1971).
[352] E. Deotto and G.C. Ghirardi, « Bohmian mechanics revisited », Found. Phys. **28**, 1-30 (1998).
[353] D. Dürr, S. Goldstein, R. Tumulka and N. Zanghi, « Bohmian mechanics and quantum field theory », Phys. Rev. Lett. **93**, 090402 (2004).
[354] D. Dürr, R. Tumulka, S. Goldstein and N. Zanghì, « Trajectories and particle creation and annihilation in quantum field theory », J. Phys. A Math. Gen. **36**, 4143-4149 (2003) ; voir également « Bohmian mechanics and quantum field theory », Phys. Rev. Lett. **93**, 090402 (2004).
[355] W. Struyve, « Field beables for quantum field theory », arXiv :0707.3685v2 [quant-ph] (2009).
[356] K. Berndl, D. Dürr, S. Goldstein and N. Zhanghi, « Nonlocality, Lorentz invariance, and Bohmian quantum theory », Phys. Rev. **A53**, 2062-2073 (1996).
[357] J.S. Bell, chapitre 18 de [42] (page 128 de [4]).
[358] C. Dewdney, L. Hardy and E.J. Squires, « How late measurements of quantum trajectories can fool a detector », Phys. Lett. **A 184**, 6-11 (1993).
[359] C. Cohen-Tannoudji, B. Diu et F. Laloë, « Mécanique quantique », Hermann (1973 et 1977) ; « Quantum mechanics », Wiley (1977).
[360] R.B. Griffiths, « Bohmian mechanics and consistent histories », Phys. Lett. **A 261**, 227-234 (1999).
[361] M. Correggi and G. Morchio, « Quantum mechanics and stochastic mechanics for compatible observables at different times », Ann. Physics **296**, 371-389 (2002).
[362] A. Neumaier, « Bohmian mechanics contradicts quantum mechanics », arXiv :quant-ph/0001011 (2000).
[363] G. Brida, E. Cagliero, G. Falzetta, M. Genovese, M. Gramegna and C. Novero, « A first experimental test of the de Broglie-Bohm theory against standard quantum mechanics », arXiv :quant-ph/0206196 (2002).
[364] P. Ghose, « An experiment to distinguish between de Broglie-Bohm and standard quantum mechanics », arXiv :quant-ph/0003037 (2003).
[365] I. Fenyes, « Eine wahrscheinlichkeitstheoretische Begründung und Interpretation der Quantenmechanik » ; Zeit. Physik **132**, 81-106 (1952).
[366] E. Nelson, « Derivation of the Schrödinger equation from Newtonian mechanics », Phys. Rev. **150**, 1079-1085 (1966).
[367] R. Werner, « A generalization of stochastic mechanics and its relation to quantum mechanics », Phys. Rev. **D 34**, 463-469 (1986).

[368] T.C. Wallstrom, « Inequivalence between the Schrödinger equation and the Madelung hydrodynamic equations », Phys Rev. **A 49**, 1613-1617 (1994).

[369] P. Damgaard and H. Hüffel editors, « Stochastic quantization », World Scientific (1988).

[370] M. Masujima, « Path integral quantization and stochastic quantization », Springer Verlag (2000 and 2009).

[371] G. Parisi and Y-S. Wu, « Perturbation theory without gauge fixing », Sci. Sin. **24** 483-96 (1981).

[372] E. Gozzi, « Functional-integral approach to Parisi-Wu stochasitic quantization : scalar theory », Phys. Rev. **D 28** 1922-30 (1983).

[373] M. Dickson and D. Dieks, « Modal interpretation of quantum mechanics », Stanford Encyclopedia of Philosophy (2007), http://plato.stanford.edu/entries/qm-modal/.

[374] B. van Fraassen, « A formal approach to the philosophy of science », dans « Paradigms and paradoxes : The philosophical challenge of the quantum domain », R. Colodny editor, pp. 303-366 (1972) ; « A formal approach to the philosophy of science », dans « Paradigms and paradoxes » (1974) ; « The Einstein-Podolsky-Rosen paradox », Synthese, **29**, 291-309 (1974) ; Quantum mechanics, Oxford, Clarendon Press (1991).

[375] S. Kochen, « A new interpretation of quantum mechanics », in Symposium on the Foundations of Modern Physics, P. Mittelstaedt and P. Lahti editors, p. 151-169, World Scientific (1985).

[376] D. Dieks, « The formalism of quantum theory : an objective description of reality ? », Annalen der Physik **7**, 174-190 (1988) ; « Quantum mechanics without the projection postulate and its realistic interpretation », Found. Phys. **19**, 1397-1423 (1989) ; « Resolution of the measurement problem through decoherence of the quantum state », Phys. Lett. **A 142**, 439-446 (1989) ; « Modal interpretation of quantum mechanics, measurements, and macroscopic behaviour », Phys. Rev. **A 49**, 2290-2300 (1994).

[377] R. Healey, « The philosophy of quantum mechanics, an interactive interpretation », Cambridge University Press (1989) ; « Measurement and quantum indeterminateness », Found. Phys. Lett. **6**, 307-316 (1993).

[378] G. Bacciagaluppi, « Topics in the modal interpretation of quantum mechanics », dissertation, Cambridge University (1996) ; « Delocalized properties in the modal interpretation of a continuous model of decoherence », Found. Phys. **30**, 1431-1444 (2000).

[379] M. Dickson, « Wavefunction tails in the modal interpretation », Proceedings of the Philosophy of Science Association 1994, D. Hull, M. Forbes and R. Burian editors, Vol. 1, 366-376 (1994).

[380] J. Berkovitz and M. Hemmo, « Modal interpretations of quantum mechanics and relativity : a reconsideration », Found. Phys. **35**, 373-397 (2005).

[381] R. Healey, « Modal interpretation, decoherence, and the quantum measurement problem », in « Quantum measurement, beyond paradox », R. Healey and G. Hellmann editors, Minnesota studies in the philosophy of science, 52-86 (1998).

[382] W. Mryvold, « Modal interpretation and relativity », Found. Phys. **35**, 373-397 (2005).

[383] R. Clifton, « The modal interpretation of algebraic quantum field theory », Phys. Lett. **A 271**, 167-177 (2000).

[384] N. Gisin, « Quantum measurements and stochastic processes », Phys. Rev. Lett. **52**, 1657-1660 (1984).

[385] L. Diosi, « Quantum stochastic processes as models for state vector reduction », J. of Physics **A 21**, 2885-2898 (1988).

[386] P. Pearle, « How stands collapse I », J. Phys. A : Math. Theor. **40**, 3189-3204 (2007).

[387] P. Pearle, « On the time it takes a state vector to reduce », J. Stat. Phys. **41**, 719-727 (1985).

[388] A. Barchielli, L. Lanz and G.M. Prosperi, « A model for the macroscopic description and continual observations in quantum mechanics », Nuov. Cim. **42 B**, 79-121 (1982).

[389] A. Barchielli, « Continual measurements for quantum open systems », Nuov. Cim. **74 B**, 113-138 (1983) ; « Measurement theory and stochastic differential equations in quantum mechanics », Phys. Rev. **A 34**, 1642-1648 (1986).

[390] F. Benatti, G.C. Ghirardi, A. Rimini and T. Weber, « Quantum mechanics with spontaneous localization and the quantum theory of measurement », Nuov. Cim. **100 B**, 27-41 (1987).

[391] F. Benatti, G.C. Ghirardi, A. Rimini and T. Weber, « Operations involving momentum variables in non-hamiltonian evolution equations », Nuov. Cim. **101 B**, 333-355 (1988).

[392] P. Pearle, « Combining stochastic dynamical state-vector reduction with spontaneous localization », Phys. Rev. **A 39**, 2277-2289 (1989).

[393] G.C. Ghirardi, P. Pearle and A. Rimini, « Markov processes in Hilbert space and continuous spontaneous localization of systems of identical particles », Phys. Rev. **A 42**, 78-89 (1990).

[394] « Experimental metaphysics, quantum mechanical studies for Abner Shimony », Festschrift volumes 1 et 2, R.S. Cohen, M.A. Horne, J.J. Stachel editors, Boston studies in the philosophy of science, vol. 193 and 194, Kluwer academic publishers (1997) ; P. Pearle, vol. 1, p. 143 ; G. Ghirardi and T. Weber, vol. 2, p. 89.

[395] A. Shimony, « Desiderata for a modified quantum dynamics », p. 49-59 dans « PSA 1990 vol. 2 » (Proceedings of the 1990 biennial meeting of the Philosophy of Science Association) A. Fine, M. Forbes and L. Wessel editors, Philosophy of Science Association, East Lansing, MI (USA).

[396] P. Pearle, « How stands collapse II », in « Quantum reality, relativistic causality and closing the epistemic circle : essays in honour of Abner Shimony », W. Mryvold and J. Christian editors, 257-92, Springer (2009).

[397] L.F. Santos and C.O. Escobar, « A solution to the tail problem of dynamical reduction models », Phys. Lett. **A 278**, 315-318 (2001).

[398] L. Diosi, « Continuous quantum measurement and Ito formalism », Phys. Lett. **129 A**, 419-423 (1988).

[399] L. Diosi, « Models for universal reduction of macroscopic quantum fluctuations », Phys. Rev. **A 40**, 1165-1174 (1989).

[400] G.C. Ghirardi, R. Grassi and A. Rimini, « Continuous-spontaneous-reduction model involving gravity », Phys. Rev. **A 42**, 1057-1064 (1990).

[401] R. Penrose, « The Emperor's new mind », Oxford Press (1989) ; « Shadows of the mind », Oxford Press (1994).

[402] N. Gisin, « Stochastic quantum dynamics and relativity », Helv. Phys. Acta **62**, 363-371 (1989).

[403] G.C. Ghirardi, R. Grassi and P. Pearle, « Relativistic dynamical reduction models : general framework and examples », Found. Phys. **20**, 1271-1316 (1990).

[404] P. Pearle, « Completely quantized collapse and consequences », Phys. Rev. **A 72**, 022112 (2005).

[405] D.J. Bedingham, « Relativistic state reduction dynamics », arXiv :1003.2774 (2010).

[406] N. Gisin, « Weinberg's non-linear quantum mechanics and supraluminal communications », Proc. Roy. Soc. **462**, 1-2 (1990).

[407] R. Tumulka, « On spontaneous wave function collapse and quantum field theory », Phys. Lett. **143**, 1897-1908 (2006) ; « A relativistic version of the Ghirardi-Rimini-Weber model », J. Stat. Phys **125**, 835-844 (2006) ; « Collapse and relativity », arXiv :quant-ph/0602208 (2006).

[408] A. Bassi and G. Ghirardi, « Dynamical reduction models », Phys. Rep. **379**, 257-426 (2003).

[409] S. Weinberg, « Precision tests of quantum mechanics », Phys. Rev. Lett. **62**, 485-488 (1989).

[410] K. Wodkiewicz and M.O. Scully, « Weinberg's nonlinear wave mechanics », Phys. Rev. **A 42**, 5111-5116 (1990).

[411] P. Pearle, J. Ring, J.I Collar and F.T. Avignone, « The CSL collapse model and spontaneous radiation : an update », Found. Phys. **29**, 465-80 (1998).

[412] H.S. Miley, F.T. Avignone, R.L. Brodzinski, J.I. Collar and J.H. Reeves, « Suggestive evidence for the two-neutrino double-β decay of ^{76}Ge », Phys. Rev. Lett. **65**, 3092-3095 (1990).

[413] G.C. Ghirardi, « Quantum superpositions and definite perceptions : envisaging new feasible tests », Phys. Lett. **A 262**, 1-14 (1999).

[414] J. Dalibard, Y. Castin and K. Molmer, « Wave function approach to dissipative processes in quantum optics », Phys. Rev. Lett. **68**, 580 (1992).

[415] K. Molmer, Y. Castin and J. Dalibard, « Monte Carlo wave-function method in quantum optics », Journ. Optical. Soc. Am. B, **10**, 524 (1993).

[416] H.J. Carmichael, « An open system approach to quantum optics », Springer-Verlag (1993).

[417] M.B. Plenio and P. Knight, « The quantum-jump approach to dissipative dynamics in quantum optics », Rev. Mod. Phys. **70**, 101-141 (1998).

[418] N. Gisin and I. Percival, « The quantum-state diffusion model applied to open systems », J. Phys. **A 25**, 5677-5691 (1992) ; « Quantum state diffusion, localization and quantum dispersion entropy », **26**, 2233-2243 (1993) ; « The quantum state diffusion picture of physical processes », **26**, 2245-2260 (1993).

[419] I. Percival,« Quantum state diffusion », Cambridge University Press (1998).

[420] J.G. Cramer, « The transactional interpretation of quantum mechanics », Rev. Mod. Phys. **58**, 647-687 (1986) ; dans un appendice, cet article contient une revue des diverses interprétations de la mécanique quantique.

[421] J.G. Cramer, « Generalized absorber theory and the Einstein-Podolsky-Rosen paradox », Phys. Rev. **D 22**, 362-376 (1980).

[422] R. Omnès, « Logical reformulation of quantum mechanics », Journ. Stat. Phys. **53**, « I : Foundations », 893-932 ; « II : Interferences and the EPR experiments », 933-955 ; « III : Classical limit and irreversibility », 957-975 (1988).

[423] M. Gell-Mann and J.B. Hartle, « Classical equations for quantum systems », Phys. Rev. **D47**, 3345-3382 (1993).

[424] R. Omnès, « The interpretation of quantum mechanics », Princeton University Press (1994) ; « Understanding quantum mechanics », Princeton University Press (1999).

[425] R.B. Griffiths and R. Omnès, « Consistent histories and quantum measurements », Physics Today **52**, 26-31 (August 1999).

[426] Y. Aharonov, P.G. Bergmann and J.L. Lebowitz, « Time symmetry in the quantum process of measurement », Phys. Rev. **B 134**, 1410-1416 (1964).

[427] R.B. Griffiths, « Consistent histories and quantum reasoning », Phys. Rev. **A 54**, 2759-2774 (1996).

[428] R.B. Griffiths, « Choice of consistent family, and quantum incompatibility », Phys. Rev. **A 57**, 1604-1618 (1998).

[429] Physics Today, « Observant readers take the measure of novel approaches to quantum theory ; some get Bohmed », **52**, 11-15 et 89-92 (February 1999).

[430] R.B. Griffiths, « Correlations in separated quantum systems : a consistent history analysis of the EPR problem », Am. J. Phys. **55**, 11-17 (1987).
[431] F. Dowker and A. Kent, « Properties of consistent histories », Phys. Rev. Lett. **75**, 3038-3041 (1995) ; « On the consistent histories approach to quantum mechanics », J. Stat. Phys. **82**, 1575-1646 (1996).
[432] A. Kent, « Quasiclassical dynamics in a closed quantum system », Phys. Rev. **A 54**, 4670-4675 (1996).
[433] T.A. Brun, « Continuous measurements, quantum trajectories, and decoherent histories », Phys. Rev. **A 61**, 042107 (2000).
[434] H. Everett III, « Relative state formulation of quantum mechanics », Rev. Mod. Phys. **29**, 454-462 (1957) ; reprinted in « Quantum theory and measurement », J.A. Wheeler and W.H. Zurek editors, 315-323, Princeton University Press (1983).
[435] H. Everett III, lettre à L.D. Raub datée du 7 avril (1983).
[436] D. Deutsch, « The structure of the multiverse », Proc. Roy. Soc. London **A 458**, 2911-2923 (2002).
[437] D. Deutsch, « Quantum Theory of probability and decisions », Proc. Roy. Soc. London **A 455**, 3129-3137 (1999).
[438] M. Rubin, « Relative frequency and probability in the Everett interpretation of Heisenberg-picture quantum mechanics », Found. Phys. **33**, 279-405 (2002).
[439] A.M. Gleason, « Measures on the closed subspaces of a Hilbert space », J. Math. Mech. **6**, 885-893 (1957).
[440] D. Wallace, « Everettian rationality : defending DeutschŠs approach to probability in the Everett interpretation », Stud. Hist. Phil. Mod. Phys. **34**, 415-438 (2003).
[441] S. Saunders, « Derivation of the Born rule from operational assumptions », Proc. Roy. Soc. London **A 460**, 1771-1788 (2004).
[442] W.H. Zurek, « Probabilities from entanglement, Born's rule $p_k = |\Psi_k|^2$ from envariance », Phys. Rev. **A 71**, 052105 (2005).
[443] A. Kent, « Against many world interpretations », Int. J. Mod. Phys **A 5**, 1745-1762 (1990).
[444] P. Van Esch, « Derivation of the Born rule from operational assumptions », Ann. Found. Louis de Broglie **32**, 51-59 (2007).
[445] D. Wallace, « Quantum probability from subjective likelihood : improving on Deutsch's proof of the probability rule », Studies in history and philosophy of modern physics **38**, 311-332 (2007).
[446] H. Price, « Probability in the Everett world : comments on Wallace and Greaves », arXiv :quant-ph/0604191 (2006) ; « Decisions, decisions, decisions : can Savage salvage the Everettian probability ? », arXiv :quant-ph/0802.1390 (2008).
[447] H.D. Zeh, « Roots and fruits of decoherence », Séminaire Poincaré **1**, 115-129 (2005) ; disponible à http ://www.bourbaphy.fr/.

[448] D. Deutsch and P. Hayden, « Information flow in entangled quantum systems », Proc. Roy. Soc. London **A 456**, 1759-1774 (2004).
[449] B. DeWitt, « The global approach to quantum field theory », vol. 1, page 144, Clarendon Press (2003).
[450] M. Tegmark, « Parallel universes », in « From quantum to cosmos », J.D. Barrow, P.C.W. Davies and C.L. Harper editors, Cambridge University Press (2003) ; « Many worlds in context », arXiv0905.2182 (2010).
[451] T. Damour, « Einstein 1905-1955 : son approche de la physique », Séminaire Poincaré **1**, 1-25 (2005) ; available at http ://www.bourbaphy.fr/.
[452] A. Einstein, « Quantentheorie des einatomigen idealen Gases », Sitzungsberichte der Preussischen Akademie der Wissenschaften **1**, 3-14 (1925).
[453] M.H. Anderson, J.R. Ensher, M.R. Matthews, C.E. Wieman, and E.A. Cornell, « Observation of Bose–Einstein condensation in a dilute atomic vapor », Science **269,** 198–201 (1995).
[454] K.B. Davis, M.-O. Mewes, M.R. Andrews, N.J. van Druten, D.S. Durfee, D.M. Kurn, and W. Ketterle, « Bose–Einstein condensation in a gas of sodium atoms », Phys. Rev. Lett. **75**, 3969–3973 (1995).
[455] H. Hertz, Miscellaneous papers, translated from first German edition (1895) by D.E. Jones and J.A. Schott, MacMillan (London, 1896), vol. **1**, p. 318.

Table des figures

Index

O

P

Q

R

S

T

Physique quantique - 2e édition

M. Le Bellac

• 2007 • 978-2-86883-998-5 • 768 pages • 49 €

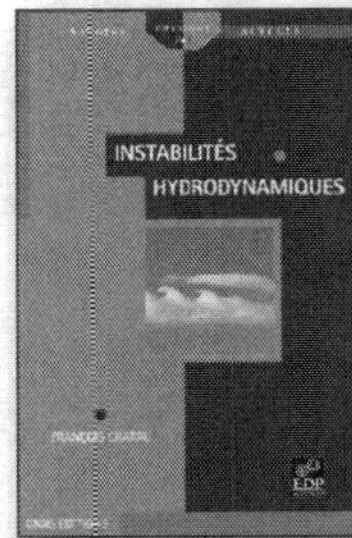

Instabilités hydrodynamiques

F. Charru

• 2007 • 978-2-86883-985-5 • 408 pages • 44 €

Physique statistique hors d'équilibre

N. Pottier

• 2007 • 978-2-86883-934-3 • 544 pages • 49 €

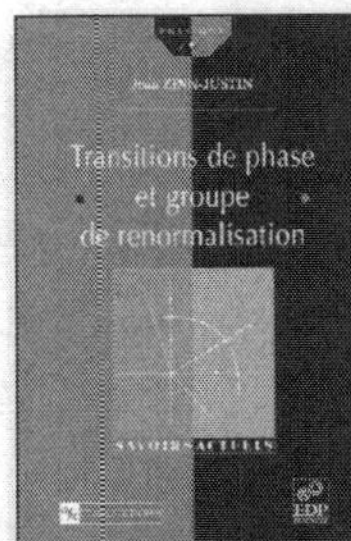

Transitions de phase et groupe de renormalisation

J. Zinn-Justin

• 2005 • 2-86883-790-5 • 512 pages • 45 €

Les surfaces solides : concepts et méthodes

S. Andrieu et P. Müller

• 2005 • 2-86883-773-5 • 536 pages • 49 €

Einstein aujourd'hui

A. Aspect, F. Bouchet, É. Brunet, C. Cohen-Tannoudji, J. Dalibard, T. Damour, O. Darrigol, B. Derrida, P. Grangier, F. Laloë et J.-P. Pocholle - Coordonné par Michel Le Bellac et Michèle Leduc

• 2005 • 2-86883-768-9 • 428 pages • 39 €

Des phénomènes critiques aux champs de jauge

Une introduction aux méthodes et aux applications de la théorie quantique des champs

M. Le Bellac

• 1998 • 2-86883-359-4 • 640 pages • 59 €

Magnétisme et supraconductivité

L.-P. Lévy

• 1997 • 2-86883-380-2 • 480 pages • 49 €

Processus d'interaction entre photons et atomes

C. Cohen-Tannoudji, J. Dupont-Roc et G. Grynberg

• 1996 • 2-86883-358-6 • 648 pages • 59 €

Analyse continue par ondelettes

B. Torrésani

• 1995 • 2-86883-377-2 • 256 pages • 30 €

Physique des plasmas (Vol. I et II)

J.-L. Delcroix, A. Bers

Vol I : 1994 • 2-86883-368-3 • 416 pages • 39 €

Vol II : 1994 • 2-86883-369-1 • 532 pages • 49 €

Théorie statistique des champs (Vol. I et II)

C. Itzykson, J.-M. Drouffe

Vol I : 1989 • 2-86883-360-8 • 408 pages • 43 €

Vol II : 1989 • 2-86883-361-6 • 408 pages • 44 €

Photons et atomes

Introduction à l'électrodynamique quantique

C. Cohen-Tannoudji, J. Dupont-Roc et G. Grynberg

• 1987 • 2-86883-535-X • 492 pages • 46 €

Achevé d'imprimer sur les presses de la sepec, Péronnas (France)
Numéro d'impression : 04545110439 - Dépôt légal : mai 2011

IMPRIM'VERT®